Lämmerhirdt, Elektrische Maschinen und Antriebe

Lernbücher der Technik

herausgegeben von Dipl.-Gewerbelehrer Manfred Mettke,
Oberstudiendirektor an der Schule für Elektrotechnik in Essen

Bisher liegen vor:

Bauer/Wagener, Bauelemente und Grundschaltungen der Elektronik
Bände 1 und 2

Bauckholt, Grundlagen und Bauelemente der Elektrotechnik

Felderhoff, Elektrische Meßtechnik

Felderhoff, Leistungselektronik

Fischer, Werkstoffe in der Elektrotechnik

Freyer, Meßtechnik in der Nachrichtenelektronik

Freyer, Nachrichten-Übertragungstechnik

Lämmerhirdt, Elektrische Maschinen und Antriebe

Richard, Datenverarbeitung mit Mikroprozessoren
Teil 1: Hardware
Teil 2: Software

Schaaf, Digital- und Mikrocomputer-Technik

Weinert/Baumgart, Fachzeichnen für Starkstromanlagen und Elektronik

Weinert/Baumgart, Technisches Zeichnen im Berufsfeld Elektrotechnik

Carl Hanser Verlag München Wien

Elektrische Maschinen und Antriebe

Aufbau – Wirkungsweise – Prüfung – Anwendung

von Erich-Herbert Lämmerhirdt

mit 445 Bildern sowie zahlreichen Beispielen, Übungen und Testaufgaben

Carl Hanser Verlag München Wien

Dipl.-Ing. Erich-Herbert Lämmerhirdt
Dozent an der Staatlichen Technikerschule Berlin
Lehrbeauftragter an der Technischen Fachhochschule Berlin

CIP-Titelaufnahme der Deutschen Bibliothek

Lämmerhirdt, Erich-Herbert
Elektrische Maschinen und Antriebe : Aufbau – Wirkungsweise
– Prüfung – Anwendung / von E.-H. Lämmerhirdt. – München ;
Wien : Hanser, 1989
   (Lernbücher der Technik)
   ISBN 3-446-15316-0

Dieses Werk ist urheberrechtlich geschützt.
Alle Rechte, auch die der Übersetzung, des Nachdrucks und der Vervielfältigung des Buches oder Teilen daraus, vorbehalten. Kein Teil des Werkes darf ohne schriftliche Genehmigung des Verlages in irgendeiner Form (Fotokopie, Mikrofilm oder einem anderen Verfahren), auch nicht für Zwecke der Unterrichtsgestaltung – mit Ausnahme der in den §§ 53, 54 URG ausdrücklich genannten Sonderfälle –, reproduziert oder unter Verwendung elektronischer Systeme verarbeitet, vervielfältigt oder verbreitet werden.
© Carl Hanser Verlag München Wien 1989
Satz: Schmitt u. Köhler, Würzburg
Druck und Bindung: Georg Wagner, Nördlingen
Printed in Germany

Vorwort des Herausgebers

Was können Sie mit diesem Buch lernen?

Wenn Sie dieses Buch durcharbeiten, dann lernen Sie die Struktur elektrischer Maschinen und Antriebe kennen. Der Umfang dessen, was wir Ihnen anbieten, orientiert sich an
- der „Rahmenvereinbarung über Fachschulen" der Kultusministerkonferenz,
- den Lehrplänen der Fachschulen für Technik in den Bundesländern,
- den Anforderungen der beruflichen Praxis,
- dem Stand der Technik.

Sie werden systematisch mit dem Aufbau, der Wirkungsweise, des Betriebsverhaltens, der Prüfung und den Anwendungen elektrischer Maschinen und Antriebe vertraut gemacht. Jeder Problemkreis ist dabei praxisgerecht aufbereitet. Das heißt, Sie gehen stets folgenden Fragen nach:
- Welche Gesetzmäßigkeiten gelten?
- Welche Funktionsprinzipien werden wirksam?
- Welche schaltungstechnischen und/oder technologischen Problemlösungen gibt es?
- Wo liegen die Anwendungsmöglichkeiten und ihre Grenzen?

Wer kann mit diesem Buch lernen?

Jeder, der
- logisch denken kann
- Grundlagen der Mathematik beherrscht
- Kenntnisse über Grundlagen der Elektrotechnik, Steuerungstechnik, Regelungstechnik und Meßtechnik besitzt.

Das können sein:
- Studenten an Fachhochschulen, Fachrichtung Elektrotechnik
- Schüler an Fachschulen für Technik, Fachrichtung Elektrotechnik
- Technische Assistenten der Elektrotechnik
- Facharbeiter, Gesellen und Meister, während und nach der Ausbildung
- Umschüler
- Teilnehmer an Fort- und Weiterbildungskursen
- Autodidakten

Wie können Sie mit diesem Buch lernen?

Ganz gleich, ob Sie mit diesem Buch in Schule, Betrieb, Lehrgang oder zu Hause im „stillen Kämmerlein" lernen, es wird Ihnen letztlich Freude machen.
Warum?
Ganz einfach, weil Ihnen hier ein Buch vorgelegt wird, das in seiner Gestaltung die Gesetze des menschlichen Lernens beachtet. Deshalb werden Sie in jedem Kapitel zuerst mit dem bekannt gemacht, was Sie am Ende können sollen, nämlich mit den Lernzielen.
– Ein Lernbuch also! –

Danach beginnen Sie sich mit dem Lerninhalt, dem Lehrstoff, auseinanderzusetzen. Schrittweise dargestellt, ausführlich beschrieben in der linken Spalte jeder Seite und umgesetzt in die technisch-wissenschaftliche Darstellung in den rechten Spalten der Buchseiten. Die eindeutige Zuordnung des behandelten Stoffes macht das Lernen viel leichter, umblättern ist nicht mehr nötig. Zur Vertiefung stellt Ihnen der Autor Beispiele vor.
– Ein unterrichtsbegleitendes Lehrbuch. –

Jetzt können und sollten Sie sofort die Übungsaufgaben durcharbeiten, um das Gelernte zu festigen. Den wesentlichen Lösungsgang und das Ergebnis der Übungen hat der Autor am Ende des Buches für Sie aufgeschrieben.
– Also auch ein Arbeitsbuch mit Lösungen. –

Sie wollen sicher sein, daß Sie richtig und vollständig gelernt haben. Deshalb bietet Ihnen der Autor zur Lernerfolgskontrolle lernzielorientierte Tests an. Ob Sie richtig geantwortet haben, können Sie aus den Lösungen am Ende des Buches ersehen.
– Lernzielorientierte Tests mit Lösungen. –

Trotz intensiven Lernens durch Beispiele, Übungen und Bestätigung des Gelernten im Test, als erste Wiederholung, verliert sich ein Teil des Wissens und Könnens wieder, wenn Sie nicht bereit sind, regelmäßig und bei Bedarf zu wiederholen!
Das will Ihnen der Autor erleichtern.
Er hat die jeweils rechten Spalten der Buchseiten so geschrieben, daß hier die wichtigsten Kerninhalte als stichwortartiger Satz, als Formel oder als Skizze zusammengefaßt sind. Sie brauchen deshalb beim Wiederholen und auch Nachschlagen meistens nur die rechten Spalten lesen.
– Schließlich noch ein Repetitorium! –

Für das Aufsuchen entsprechender Kapitel verwenden Sie bitte das Inhaltsverzeichnis am Anfang des Buches, für die Suche bestimmter Begriffe steht das Sachwortregister am Ende des Buches zur Verfügung.
– Selbstverständlich mit Inhaltsverzeichnis und Sachwortregister. –

Sicherlich werden Sie durch die intensive Arbeit mit dem Buch auch Ihre „Bemerkungen zur Sache" in diesem Buch unterbringen wollen, um es so zum individuellen Arbeitsmittel zu machen, das Sie auch später gerne benutzen. Deshalb haben wir für Ihre Notizen auf den Seiten Platz gelassen.
– Am Ende ist „Ihr" Buch entstanden. –

Möglich wurde dieses Lernbuch für Sie durch die Bereitschaft des Autors und die intensive Unterstützung des Verlages mit seinen Mitarbeitern. Ihnen sollten wir herzlich danken.
Beim Lernen wünsche ich Ihnen viel Freude und Erfolg.

Manfred Mettke

Inhalt

0 Einleitung	12
1 Wichtige Bestimmungen, Normen und Gewährleistungen im Elektromaschinenbau.	13
1.1 Einführung	13
1.2 Die wichtigsten Angaben auf dem Leistungsschild.	14
1.2.1 Nenndaten	14
1.2.2 Aussagen zur Ausführung der Maschine.	15
1.3 Aus dem Leistungsschild ableitbare Kenndaten	17
1.3.1 Wirkungsgrad	17
1.3.2 Drehmoment	18
Lernzielorientierter Test zu Kapitel 1	20
2 Einteilung, Wirkungsprinzipien und Aufbau elektrischer Maschinen	21
2.1 Einteilung	21
2.2 Wirkungsprinzipien.	23
2.2.1 Der magnetische Kreis.	23
2.2.2 Spannungserzeugung im magnetischen Feld	25
2.2.3 Kraftwirkung im magnetischen Feld	28
2.3 Aufbau elektrischer Maschinen	29
Lernzielorientierter Test zu Kapitel 2	30
3 Gleichstrommaschinen	32
3.1 Erzeugung einer Gleichspannung durch rotierende Maschinen	32
3.1.1 Unipolarmaschinen	32
3.1.2 Indirekte Erzeugung einer Gleichspannung. Übliche Bauweise.	33
3.1.2.1 Hauptpol mit weit ausladendem Polschuh	33
3.1.2.2 Stromwender oder Kommutator	33
3.1.2.3 Schleifenwicklung/Wellenwicklung.	35
3.1.3 Quellenspannung; Frequenzunabhängigkeit	38
3.2 Drehmoment	41
3.2.1 Inneres/äußeres Moment. Quellenspannung/Klemmenspannung.	42
3.3 Erregungsarten	43
3.4 Prinzipschaltbilder nach DIN VDE 0530, Teil 8, Festlegungen	43
3.4.1 Klemmenbezeichnungen	44
3.4.2 Praktische Schaltungen	45
3.5 Innere Spannungsabfälle	46
3.6 Kennlinien der Gleichstrommaschine im Generator- und Motorbetrieb	49
3.6.1 Kennlinien bei Fremderregung	49
3.6.2 Kennlinien bei Selbsterregung.	49
3.6.3 Kennlinien bei Reihenschlußerregung	52
3.6.4 Kennlinien bei Verbund-(Compound-) Erregung	52
3.6.5 Laststrom und Drehmomentenforderung bei Motoren	55
3.7 Wirkungsgrad und Verluste	56
3.8 Ankerrückwirkung	59
3.8.1 Sättigung einer Polschuhkante	59
3.8.2 Bürstenverschiebung	62
3.8.3 Bedeutung der Wendepole	63
3.8.4 Bedeutung der Kompensationswicklung	64

3.9 Kommutierung 66
   3.9.1 Elektrische Ursachen schlechter Kommutierung und deren Beseitigung. . . . 66
   3.9.2 Mechanische Ursachen schlechter Kommutierung und deren Beseitigung. . . 69
3.10 Drehzahlsteuerung beim Gleichstrommotor. 69
   3.10.1 Spannungssteuerung. 69
   3.10.2 Feldsteuerung 71
   3.10.3 Leonard-Schaltung 71
   3.10.4 Anlaßvorgang 74
3.11 Dynamische Beanspruchungen im Betrieb 75
   3.11.1 Konsequenzen der dynamischen Beanspruchung 75
   3.11.2 Mischstrombetrieb 76
3.12 Parallelbetrieb von Motoren und Generatoren 78
Lernzielorientierter Test zu Kapitel 3 79

4 Transformatoren 81
4.1 Einphasentransformator 81
   4.1.1 Die Grundgleichungen. 81
   4.1.2 Widerstandstransformation 84
   4.1.3 Aufbau 85
      4.1.3.1 Eisenkern 86
      4.1.3.2 Wicklungen 86
   4.1.4 Transformator im Betrieb. 88
   4.1.5 Ersatzschaltbild für Übersetzungsverhältnis $ü = 1$ 88
      4.1.5.1 Einfluß der Kupferverluste 89
      4.1.5.2 Einfluß der Streuung 90
      4.1.5.3 Einfluß der Eisenverluste 90
      4.1.5.4 Auswertung und Vereinfachung des Ersatzschaltbildes. . . . 91
   4.1.6 Vollständiges Zeigerdiagramm 91
      4.1.6.1 Vereinfachtes Zeigerdiagramm 92
      4.1.6.2 Kappsches Dreieck 93
   4.1.7 Leerlauf- und Kurzschlußversuch zur Bestimmung wichtiger Kenngrößen . . 93
      4.1.7.1 Leerlaufversuch 94
      4.1.7.2 Kurzschlußversuch 95
   4.1.8 Spannungsänderung. Typische Belastungsfälle. 98
      4.1.8.1 Ohmsche Last $Z_2 = R$. 100
      4.1.8.2 Induktive Last $Z_2 = \omega L$ 100
      4.1.8.3 Kapazitive Last $Z_2 = \dfrac{1}{\omega C}$. 100
   4.1.9 Nennleistung; Wirkungsgrad 101
      4.1.9.1 Leistungswirkungsgrad 102
      4.1.9.2 Arbeits-(Jahres-) Wirkungsgrad 104
4.2 Drehstromtransformator. 105
   4.2.1 Besonderheiten des Aufbaus 106
   4.2.2 Grundgleichungen im Vergleich zum Einphasentransformator. 107
   4.2.3 Unsymmetrische Belastung 109
      4.2.3.1 Verhalten bei einphasiger Belastung 110
      4.2.3.2 Zickzackschaltung. 112
   4.2.4 Anschlußkennzeichnungen 113
   4.2.5 Schaltgruppen nach IEC 115
   4.2.6 Bedingungen für Parallelbetrieb 117

4.3 Sonderbauformen.	118
4.3.1 Spartransformator	118
4.3.2 Meßwandler	122
4.3.3 Stelltransformator	123
4.3.4 Streufeldtransformator	123
Lernzielorientierter Test zu Kapitel 4	124
5 Wechsel- und Drehstrommaschinen	**127**
5.1 Wechselfeld	127
5.2 Drehfeld	127
5.2.1 Drehfelddrehzahl	129
5.2.2 Schlupf	131
5.2.3 Spannung und Frequenz in einer Läuferwicklung	132
5.3 Allgemeine Drehfeldmaschine	134
Lernzielorientierter Test zu Kapitel 5	135
6 Drehstrom-Asynchronmotor	**136**
6.0 Einführung	136
6.1 Ständer mit Wicklung	137
6.2 Läufer mit Wicklung	141
6.2.1 Schleifringläufer	141
6.2.2 Käfigläufer	142
6.3 Strom- und Drehmomentenverlauf	145
6.3.1 Betriebskennlinien beim Schleifringläufer	147
6.3.2 Betriebskennlinien beim Kurzschlußläufer	148
6.3.3 Inneres/äußeres Moment	150
6.4 Zusätzliche Maßnahmen zur Verringerung des Anlaufstromes	152
6.4.1 Vergrößerung des Läuferwiderstandes	152
6.4.2 Verringerung der Ständerspannung	154
6.4.2.1 Stern-Dreieck-Anlauf	154
6.4.2.2 Anlauf mit Anlaßtransformator	156
6.5 Wirkungsgrad, Verluste	158
6.5.1 Wirkleistungsflußbild	158
6.6 Ersatzschaltung	161
6.6.1 Leerlauf- und Kurzschlußversuch beim Asynchronmotor	163
6.7 Zeigerdiagramm/Ortskurve	166
6.7.1 Kreisdiagramm als Ortskurve für die Ströme bei veränderlicher Belastung	166
6.7.2 Aufstellung des Kreisdiagrammes	168
6.7.3 Auswertung des Kreisdiagrammes	170
6.8 Möglichkeiten der Drehzahlsteuerung	173
6.8.1 Beeinflussung des Schlupfes	173
6.8.2 Umschaltung der Polzahl	175
6.8.3 Veränderung der speisenden Frequenz	177
Lernzielorientierter Test zu Kapitel 6	179
7 Drehstrom-Synchronmaschine	**181**
7.1 Voraussetzung für synchrone Drehzahl	181
7.1.1 Synchronisierte Asynchronmaschine	181
7.2 Ständer mit Wicklung bei der Synchronmaschine	182
7.3 Läufer mit Wicklung	183
7.3.1 Einzelpolläufer	184

    7.3.2 Volltrommelläufer 185
    7.3.3 Erregungsarten. 186
 7.4 Betriebsverhalten 187
    7.4.1 Spannungsverhalten im Leerlauf 187
    7.4.2 Spannungsverhalten bei Belastung 188
    7.4.3 Kurzschlußversuch. 190
    7.4.4 Zeigerdiagramm, Ersatzschaltung. 191
 7.5 Parallelbetrieb. 195
    7.5.1 Voraussetzungen für das Zuschalten 195
    7.5.2 Nachträgliche Änderung des Polrad-Erregerstromes 195
    7.5.3 Nachträgliche Änderung der Drehzahl-Einstellung bei der
         gekuppelten Arbeitsmaschine. 196
    7.5.4 V-Kurven. 197
    7.5.5 Beeinflussung des Gesamt-Leistungsfaktors 198
 7.6 Drehmoment 200
    7.6.1 Kippmoment 201
    7.6.2 Anlauf bei Motorbetrieb 202
 7.7 Abweichendes Verhalten der Schenkelpolmaschinen. 203
 Lernzielorientierter Test zu Kapitel 7 204

8 Drehstrom-Stromwendermaschinen 206
 8.0 Allgemeines. 206
 8.1 Nebenschlußmotor 206
    8.1.1 Ständerspeisung 206
    8.1.2 Läuferspeisung. 210
 8.2 Reihenschlußmotor. 211
 Lernzielorientierter Test zu Kapitel 8 214

9 Einphasen-Wechselstrommotoren 215
 9.0 Allgemeines. 215
 9.1 Repulsionsmotor 215
 9.2 Universalmotor 218
 9.3 Spaltpolmotor. 221
 9.4 Einphasenmotor mit Hilfsphase 222
 9.5 Magnetläufermotor. Nutzung als Schrittmotor 228
 Lernzielorientierter Test zu Kapitel 9 230

10 Prüfung elektrischer Maschinen 232
 10.0 Allgemeines. 232
 10.1 Allgemeine/spezielle Prüfungen 232
    10.1.1 Erwärmung 233
    10.1.2 Überlastbarkeit 236
    10.1.3 Schleuderprüfung 236
    10.1.4 Isoliervermögen – Wicklungsprüfung 237
    10.1.5 Bestimmung des Massenträgheitsmomentes J. 238
 10.2 Zulässige Abweichungen von gewährleisteten Werten. 239
 Lernzielorientierter Test zu Kapitel 10 241

11 Zusammenspiel zwischen Antriebsmaschine und Arbeitsmaschine. 242
 11.0 Allgemeines. 242
 11.1 Widerstandskraft bzw. Widerstandsmoment. 243

11.1.1 Widerstandsmomenten-Kennlinie 244
11.1.2 Einfluß der Zeit. Mittleres Drehmoment 245
11.2 Anlauf unter Berücksichtigung der Motorkennlinie. 248
11.2.1 Anlaufzeit 249
11.3 Mechanische Antriebsleistungen 250
11.3.1 Einige Beispiele für den Leistungsbedarf von Arbeitsmaschinen. 251
Lernzielorientierter Test zu Kapitel 11 253

12 Anpassungsmöglichkeiten an veränderte Betriebs- und Einsatzbedingungen 255
12.0 Allgemeines. 255
12.1 Nennleistung und Isolierstoffklasse. 255
12.2 Nennleistung und Betriebsart. 257
12.3 Nennleistung und Kühlung der Maschine 260
12.4 Nennleistung und Aufstellungshöhe der Maschine 261
Lernzielorientierter Test zu Kapitel 12 262

Lösungen 263
Sachwortverzeichnis 291

0 Einleitung

Die Energietechnik mit den Teilgebieten
- Erzeugung elektrischer Energie,
- Übertragung elektrischer Energie und
- Anwendung elektrischer Energie

wird von der elektrischen Maschine beherrscht.

- Als Generatoren dienen sie der Umwandlung mechanischer in elektrische Energie;
- als Transformatoren oder
- als Umformer setzen sie elektrische Energie in solche einer anderen Darbietungsform um, und
- als Motoren wandeln sie elektrische Energie in mechanische Energie um.

Der elektrische Antrieb ist gekennzeichnet durch das Zusammenspiel und die gegenseitige Beeinflussung von Motor und gekuppelter Arbeitsmaschine.

Das vorliegende Lernbuch will die elektrische Maschine aus der Sicht des späteren Anwenders vorstellen. Besondere Gesichtspunkte der Auslegung finden nur insoweit Berücksichtigung, wie sie zum Verständnis der Funktion und des Zusammenwirkens mit der Arbeitsmaschine notwendig sind.

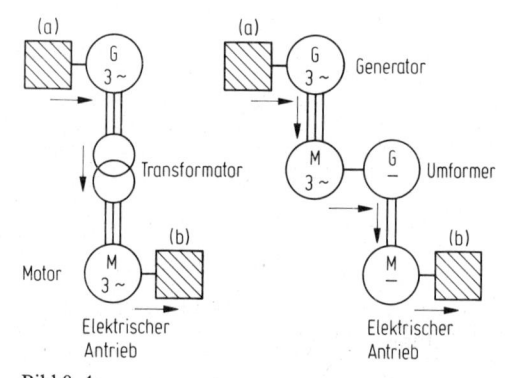

Bild 0-1
Die elektrische Maschine im Energiefluß (→)
(a) Antriebsmaschine, (b) Arbeitsmaschine

1 Wichtige Bestimmungen, Normen und Gewährleistungen im Elektromaschinenbau

Lernziele

Nach der Durcharbeitung dieses Kapitels können Sie
- die Zielsetzung der Bestimmungen erkennen,
- die Nenndaten auf dem Leistungsschild der Maschine deuten,
- wichtige Kenngrößen zur Ausführung der Maschine erklären,
- den Begriff des Wirkungsgrades erläutern,
- das Drehmoment einer Maschine berechnen.

1.1 Einführung

Mehrere nationale Kommissionen haben für die einzelnen Länder und Bereiche Bestimmungen und Regeln für „Elektrische Maschinen" aufgestellt. Sie sollen sicherstellen, daß Auswahl, Auslegung, Prüfung und Kennzeichnung der Maschinen nach einheitlichen Gesichtspunkten erfolgen. Nur so sind Vergleich und Bewertung der Produkte verschiedener Hersteller möglich.

Für den deutschen Bereich hat sich der **V**erband **D**eutscher **E**lektrotechniker (VDE) dieser Aufgabe angenommen. So wurde für umlaufende elektrische Maschinen ein Richtlinienwerk geschaffen, das sich mit Überarbeitungen laufend der Weiterentwicklung anpaßt. In neuerer Zeit erfolgt diese Überarbeitung durchweg in Abstimmung mit internationalen Gremien, um so bestehende Unterschiede in den nationalen Regeln zunehmend zu beseitigen.

DIN 57 530
VDE 0530/... (Ausgabedatum)
Bestimmungen für umlaufende elektrische Maschinen

Bei der praktischen Arbeit müssen die Originalunterlagen herangezogen werden. Hier können und sollen nur grundsätzliche Hinweise gegeben werden. Dabei finden Sie in diesem Kapitel allgemein gültige Festlegungen. Soweit – maschinen-spezifisch – Ergänzungen notwendig sind, folgen diese in den späteren Abschnitten, und es werden bei der Betrachtung der Anpassungsbedingungen noch einmal größere Zusammenhänge aufgezeigt.

1.2 Die wichtigsten Angaben auf dem Leistungsschild

Das Leistungsschild informiert den Benutzer über die Betriebsbedingungen und -grenzen der jeweiligen elektrischen Maschine und steckt damit die Gewährleistung seitens des Herstellers ab. Die Angaben, die den Normalbetrieb kennzeichnen, werden dabei mit der Vorsilbe „Nenn-" belegt.

```
┌─────────────────────────────────────────┐
│ O         Lieferfirma              O    │
│ │ Typ     │    GM 70 60/6               │
│ │ —       │ Mot │ Nr  6 321 543         │
│ │    800       V │    2010         A    │
│ │ 1500  kW │  S1    │  cos φ            │
│ │     ←→  380 - 1160  1/min │  Hz       │
│ │ Erregung:     110    V │ 112    A     │
│ │ I. Kl. F │ IP 44 │         12      t  │
│ O    VDE 0530/12.84   Luft 6 m³/s    O  │
└─────────────────────────────────────────┘
```

Bild 1.2–1   Beispiel eines Leistungsschildes für einen fremd erregten Gleichstrommotor (Vgl.: DIN 42961)

1.2.1 Nenndaten

Aus der Analyse des Leistungsschildes gemäß Bild 1.2–1 lassen sich folgende Nenndaten ableiten:

– Art der Maschine
  Motor (Mot)
  Generator (Gen)

– Stromart
  Gleichstrom   —
  Wechselstrom ∼
  Drehstrom   3 ∼

– Nennspannung U_N in V
– Nennstrom I_N in A
– Nennleistung P_N in W $= P_{ab}$
  Als Nennleistung wird grundsätzlich der zulässige Wert der abgegebenen Leistung angegeben.
– Nenn-Leistungsfaktor $\cos \varphi_N$
– Nennfrequenz f_N in Hz
– Nenndrehzahl n_N in min^{-1}
– Bereich der Nenndrehzahlen $n_{N1} \div n_{N2}$

In diesem Zusammenhang ist von Bedeutung:
– Drehrichtung
  → Rechtslauf
  ← Linkslauf
  ↔ Umkehrbetrieb

Diese Aussage gilt in der Regel bei: Blick auf die Antriebsseite

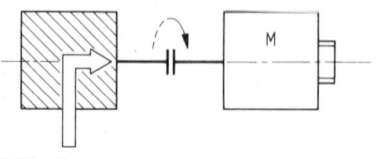

Bild 1.2.1–1
Blickrichtung bei Festlegung des Drehsinns

1.2 Die wichtigsten Angaben auf dem Leistungsschild

– Nennbetriebsart
Über eine Kurzbezeichnung wird die Zuordnung – insbesondere der Nennleistung – zu ihrer zulässigen Dauer bzw. zeitlichen Folge festgelegt.

S1; S2; S3; ...

Bild 1.2.1–2 Schematische Darstellungen $P = f(t)$ für drei typische Betriebsarten

Übung 1.2.1–1

Erläutern Sie das Leistungsschild nach Bild 1.2–1 über die entsprechenden Nenndaten und ihre Schreibweise.

Lösung:

1.2.2 Aussagen zur Ausführung der Maschine

Isolierstoffklasse

Über eine Buchstabenkennzeichnung erfolgt eine Klasseneinteilung der eingesetzten Isolierstoffe mit Zuordnung der zulässigen Grenztemperaturen, die bei Betrieb der Maschine für die mit dieser Isolation versehenen Wicklungen zulässig sind.

Isolierstoffklasse ϑ_{max}
A 105 °C
E 120 °C
B 130 °C
F 155 °C
H 180 °C

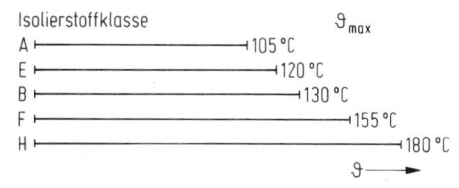

Bild 1.2.2–1 Isolierstoffklassen mit den zulässigen Grenztemperaturen.
Eine typische Isolierstoffklasse bei modernen Maschinen ist die Klasse F.

Schutzart

Allgemeines Kennzeichen

Hier wird zum Ausdruck gebracht, daß wichtige Bauvorschriften beachtet wurden, die
– dem Schutz von Personen vor Berührung spannungsführender Teile und
– dem Schutz der Maschine vor Eindringen von Fremdkörpern und Wasser dienen.

DIN 40050

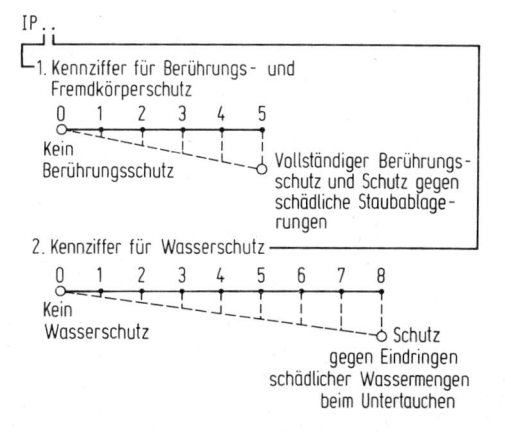

IP . .

1. Kennziffer für Berührungs- und Fremdkörperschutz
0 1 2 3 4 5
Kein Berührungsschutz — Vollständiger Berührungsschutz und Schutz gegen schädliche Staubablagerungen

2. Kennziffer für Wasserschutz
0 1 2 3 4 5 6 7 8
Kein Wasserschutz — Schutz gegen Eindringen schädlicher Wassermengen beim Untertauchen

Schlagwetter- und Explosionsschutz DIN/VDE 0170/0171
Verschärfte Bestimmungen gelten für den Einsatz elektrischer Maschinen in schlagwetter- und explosions-gefährdeten Bereichen.

Bauform DIN 42 950
Weitgehend unabhängig vom Maschinentyp sind
- Ausführung und Anordnung der Lager
- Ausführung und Anordnung der Welle
- Ausführung und Befestigung des Gehäuses

In einer Kombination von Kennbuchstabe und Kennzahl sind die wichtigsten Aussagen zusammengefaßt.
DIN 42 950 definiert in diesem Falle:

Beispiel „B 3"
- Zwei Lagerschilde
- waagerechte Welle mit einem freien Wellenende
- Gehäuse mit Füßen; Aufstellung auf Fundament

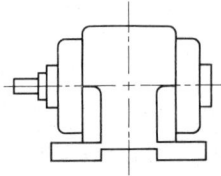

Kühlung der Maschine
Bei der Energie-Umwandlung ergibt sich als unvermeidliche Folge der Verluste eine Erwärmung (Temperatur-Zunahme) der Maschine. Um diese in Grenzen zu halten, ist man bestrebt, möglichst viel Wärme abzuführen.
Die Wärmeübertragung an das umgebende Medium – meist die Kühlluft – erfolgt durch Strahlung und Konvektion (Übergang). Dabei hängt letztere in ihrer Wirksamkeit stark von der Geschwindigkeit der Kühlluft ab.

| Erzeugte Wärme |
| = Gespeicherte Wärme |
| + Abgegebene Wärme |

Wir unterscheiden in diesem Zusammenhang zwischen drei Verfahren:
- Die Luftbewegung erfolgt ohne Zuhilfenahme eines Lüfters nur durch die rotierenden Maschinenteile.
- Die Luftbewegung erfolgt durch einen am Läufer angebrachten oder von ihm angetriebenen Lüfter.
- Die Luftbewegung erfolgt durch einen getrennt angetriebenem Lüfter (unabhängig von der Läufer-Drehzahl).

Selbstkühlung

Eigenkühlung

Fremdkühlung

Wirksamkeit der Kühlung in dieser Richtung steigend

Bei Fremdkühlung erscheint auf dem Leistungsschild eine Angabe zur benötigten Luftmenge.

1.3 Aus dem Leistungsschild ableitbare Kenndaten

Einfache Umrechnungen führen zu zwei wichtigen Kenngrößen:

1.3.1 Wirkungsgrad

Wegen der schon erwähnten unvermeidlichen Verluste P_v ist die abgegebene Leistung P_{ab} stets kleiner als die zugeführte Leistung P_{zu}.
Die Verlustarbeit $W_v = P_v \cdot t$ (t = Zeit) führt zu zusätzlichen Kosten; deshalb wird der Wirkungsgrad in der Definition:
zu einem entscheidenden wirtschaftlichen Bewertungsfaktor.
Dem Charakter der Energieumwandlung entsprechend erscheinen

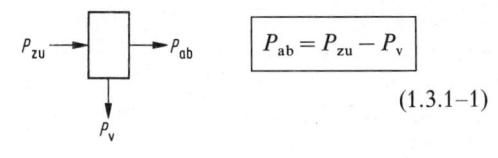

$$P_{ab} = P_{zu} - P_v \quad (1.3.1\text{--}1)$$

$$\eta = \frac{P_{ab}}{P_{zu}} \quad (1.3.1\text{--}2)$$

P_{zu} als	$P_{ab}\,(P_N)$ als		
elektrische	mechanische	Größe bei	Motor-Betrieb
mechanische	elektrische		Generator-Betrieb

Bei der späteren Einzelbetrachtung der Maschinentypen werden Sie lernen, wie sich die jeweilige elektrische Leistung aus den Nenndaten – insbesondere U_N und I_N – errechnet.

Beispiel 1.3.1–1

Ein Motor hat bei einer Nennleistung von $P_N = 100\,\text{kW}$ einen Wirkungsgrad $\eta = 90\%$. Bestimmen Sie die Gesamtverluste P_v.

Lösung:

$P_{ab} = P_N = 100\,\text{kW}$

$P_{zu} = \dfrac{P_{ab}}{\eta} = \dfrac{100\,\text{kW}}{0{,}9} = 111{,}1\,\text{kW}$

$P_v = P_{zu} - P_{ab} = 111{,}1\,\text{kW} - 100\,\text{kW} = \mathbf{11{,}1\,kW}$

Beispiel 1.3.1–2

Ein Motor (1) und ein Generator (2) haben beide im Nennbetrieb einen Einzelwirkungsgrad $\eta = 0{,}895$. Sie sind als Umformer starr miteinander gekuppelt. Bestimmen Sie den Gesamtwirkungsgrad η_g und die Leistungsaufnahme des Motors, wenn die Nennleistung des Generators mit $P_{N(2)} = P_{ab(2)} = 400\,\text{kW}$ bekannt ist.

Lösung:

Die zugeführte Leistung des Generators entspricht der abgegebenen Leistung des Motors.

$\eta_g = \dfrac{P_{ab(1)}}{P_{zu(1)}} \cdot \dfrac{P_{ab(2)}}{P_{zu(2)}} = \dfrac{P_{ab(2)}}{P_{zu(1)}} = \eta_1 \cdot \eta_2$

$\eta_g = 0{,}895 \cdot 0{,}895 = \mathbf{0{,}8}$

$P_{zu(1)} = \dfrac{P_{N(2)}}{\eta_g} = \dfrac{400\,\text{kW}}{0{,}8} = \mathbf{500\,kW}$

Übung 1.3.1–1

Bei einem Motor mit der Nennleistung $P_N = 80\,\text{kW}$ und dem Nennwirkungsgrad $\eta_N = 0{,}88$ gehen bei Belastung mit $0{,}5\,P_N$ die Verluste auf $0{,}25\,P_{vN}$ zurück.
Berechnen Sie den sich dabei ergebenden Wirkungsgrad.

Lösung:

Übung 1.3.1–2

Bestimmen Sie für die Daten des Leistungsschildes gemäß Bild 1.2–1 den Wirkungsgrad η_N dieser Maschine.
Dabei ist zu berücksichtigen, daß neben der Leistung $U_N \cdot I_N$ auch die Erregerleistung $U_{eN} \cdot I_{eN}$ zugeführt werden muß.

Lösung:

1.3.2 Drehmoment

Motoren üben am Umfang der Welle oder Kupplung eine bestimmte Kraft F aus. Aus dem Produkt mit dem Hebelarm, dem Radius r der Welle, ergibt sich

– das Drehmoment

$$M = F \cdot r \qquad (1.3.2\text{--}1)$$

$[M]$ Nm
$[F]$ N
$[r]$ m

Das Drehmoment ist in Verbindung mit der Drehbewegung zu sehen.

Wandert ein Punkt am Umfang der Welle unter Einfluß des Drehmomentes von *1* nach *2*, so ist dazu eine Energie (Arbeit) notwendig:

$$\Delta W = \underbrace{\frac{M}{r} \cdot r\Delta\varphi}_{\text{Kraft} \cdot \text{Weg}} = M\,\Delta\varphi$$

Die Leistung ist die auf die Zeiteinheit bezogene Arbeit:

$$P = \frac{\Delta W}{\Delta t} = M\,\frac{\Delta\varphi}{\Delta t}$$

und mit

$$\frac{\Delta\varphi}{\Delta t} = \omega = \text{Winkelgeschwindigkeit}; \quad [\omega] = \frac{1}{\text{s}}$$

ergibt sich

$$P = M \cdot \omega \qquad (1.3.2\text{--}2)$$

als normale Größengleichung mit der Vergleichseinheit $1\,\text{W} = 1\,\dfrac{\text{Nm}}{\text{s}}$

Im Elektromaschinenbau arbeitet man mit der Drehzahl n:

$$[n] = \frac{1}{\min} = \frac{1}{60\,\text{s}}$$

Bei Einführung des Umrechnungsfaktors:

$$\omega = \frac{2\pi n}{60} = \frac{\pi n}{30}$$

folgt:

$$P = M\,\frac{\pi n}{30}$$

Zur Bestimmung des Drehmomentes M aus den Maschinendaten „P" und „n" ergibt sich demzufolge die Zahlenwertgleichung

$$M = 9{,}55\,\frac{P}{n}$$

mit $[M] = \text{Nm}$
$[P] = \text{W}$
$[n] = \min^{-1}$

Üblicherweise rechnet man

$$\boxed{M = 9550\,\frac{P}{n}} \qquad (1.3.2\text{–}3)$$

mit $[M] = \text{Nm}$
$[P] = \text{kW}$
$[n] = \min^{-1}$

Beispiel 1.3.2–1

Welches Drehmoment entwickelt ein Motor, der bei einer Drehzahl $n = 500\,\min^{-1}$ eine Leistung $P_{ab} = 1000\,\text{kW}$ abgibt?

Lösung:

$M = 9550\,\dfrac{P}{n}$ mit $[M] = \text{Nm}$; $[P] = \text{kW}$; $[n] = \min^{-1}$

$$M = 9550\,\frac{1000\,\text{kW}}{500\,\min^{-1}}$$
$$= 19100\,\text{Nm} = \mathbf{19{,}1\,\text{kNm}}$$

Übung 1.3.2–1

Ein Motor mit einer Nennleistung $P_N = 400\,\text{kW}$ und einer Nenndrehzahl $n_N = 730\,\min^{-1}$ wird kurzzeitig im Drehmoment um 60% überlastet ($M_{II} = 1{,}6 \cdot M_N$), während gleichzeitig die Drehzahl auf $n_{II} = 700\,\min^{-1}$ sinkt.
Welche Leistung P_{II} muß bei der Überlast zur Verfügung gestellt werden?

Das aus den Nenndaten bestimmbare Drehmoment ist nicht nur eine wichtige Größe für Festigkeits-Berechnungen, sondern stellt auch die Basis für das erforderliche Bauvolumen der Maschine dar.

Lösung:

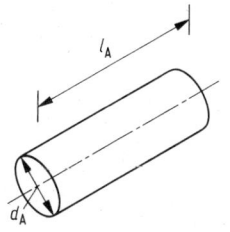

Bauvolumen: $d_A^2 \cdot \pi \cdot l_A$

Bauvolumen $\sim M$

Beispiel 1.3.2–2

Zu vergleichen sind zwei Maschinen mit folgenden Nenndaten bei sonst identischen Randbedingungen:

	(I)	(II)
P_N	1000 kW	800 kW
n_N	500 min^{-1}	250 min^{-1}

Welche Maschine weist das größere Bauvolumen auf?

Lösung:

$$M \sim \frac{P}{n}$$

$$M_{(I)} \sim \frac{1000}{500} = 2; \quad M_{(II)} \sim \frac{800}{250} = 3{,}2$$

Der Motor (II) weist das größere Bauvolumen auf. Das kann sich im Durchmesser und/oder in der Länge der Maschine auswirken.

Lernzielorientierter Test zu Kapitel 1

1. Worin besteht die wesentliche Aufgabe nationaler und internationaler Bestimmungen für elektrische Maschinen?
   - ○ Sie legen die Berechnungsmethoden für die einzelnen Typen fest.
   - ○ Sie geben genaue Konstruktions-Vorschriften.
   - ○ Sie definieren vergleichbare Kenndaten für Maschinen verschiedener Fabrikate.
   - ○ Sie legen Grenzen der Gewährleistung fest.

2. Gibt es für die elektrische Maschine in der Zusammenfassung der Nenndaten nur einen bestimmten Nennbetriebspunkt oder können es mehrere sein?
   - • Geben Sie zu Ihrer Antwort eine Begründung und ein Beispiel.

3. Bei einer Raumtemperatur von 40 °C erreicht die Wicklung einer elektrischen Maschine nach einem längeren Betrieb mit konstanter Leistung eine Temperatur von 140 °C.
   - • In welcher Isolierstoffklasse muß die Wicklung mindestens ausgeführt sein?
   - • Welcher Betriebsart entsprach der zeitliche Verlauf der Belastung?

4. Zu vergleichen sind zwei Maschinen in den Schutzarten IP 12 bzw. IP 21
   Welche der beiden Maschinen ist relativ stärker geschützt?
   - • gegen Fremdkörper?   ○ IP 12   • gegen Wassereinfluß?   ○ IP 12
   - ○ IP 21   ○ IP 21

5. Von einem Motor kennt man – wie dargestellt – den Verlauf der Drehzahl n in Abhängigkeit vom Lastmoment M.
   - • Bestimmen Sie den Verlauf der abgegebenen Leistung P_{ab} in Abhängigkeit vom Drehmoment M.
   - • Tragen Sie für den Nennpunkt (×) die aufgenommene Leistung P_{zu} ein, wenn hier der Wirkungsgrad mit $\eta = 0{,}897$ bekannt ist.

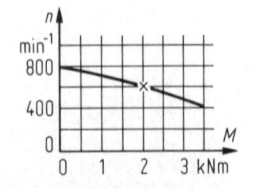

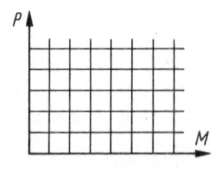

2 Einteilung, Wirkungsprinzipien und Aufbau elektrischer Maschinen

Lernziele

Nach der Durcharbeitung dieses Kapitels können Sie
- wichtige Gesichtspunkte für die Einteilung elektrischer Maschinen beschreiben,
- erste Hinweise auf die Auswahlkriterien geben,
- die genutzten Erscheinungen des magnetischen Kreises erklären,
- den grundsätzlichen Aufbau der Maschine erläutern.

2.1 Einteilung

Die Einteilung kann – je nach Betrachtungsweise – nach unterschiedlichen Gesichtspunkten erfolgen, z.B.

– nach der *grundsätzlichen Funktion:*
  Generatoren
  Motoren   Rotierende elektrische Maschinen
  Umformer
  Blindleistungsmaschinen

  Transformatoren   Ruhende elektrische Maschinen

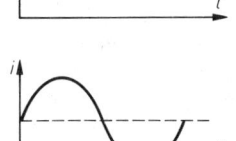

– nach der *Stromart:*
  Gleichstrom (-Spannung)   konstante Größe und Richtung

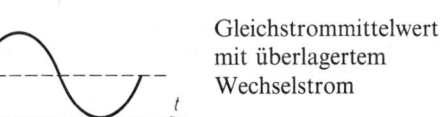

  Mischstrom (-Spannung),   Gleichstrommittelwert
  z.B. bei Stromrichterspeisung   mit überlagertem Wechselstrom

  Wechselstrom (-Spannung),
  Frequenz vorzugsweise 50 Hz oder 16⅔ Hz   Mittelwert = Null

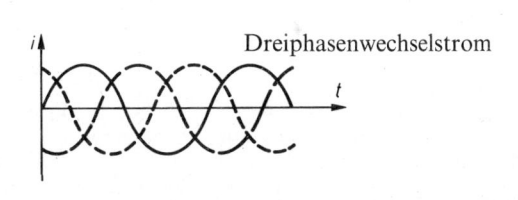

  Drehstrom (-Spannung),   Dreiphasenwechselstrom
  z.B. zum Aufbau eines Drehfeldes

– nach dem *Drehzahlverhalten* des Motors bei veränderter Belastung:

Gleichbleibende Drehzahl

Wenig veränderliche Drehzahl („Nebenschlußverhalten")

Stark veränderliche Drehzahl („Reihenschlußverhalten")

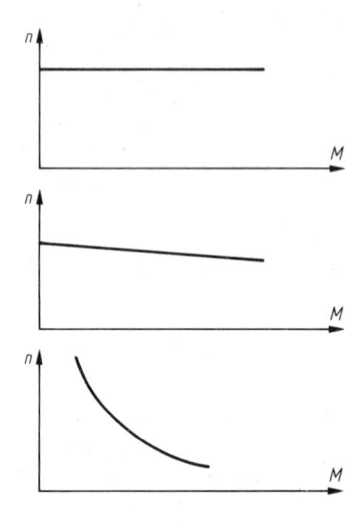

– nach der *Einstellbarkeit der Drehzahl* des Motors:

Maschinen mit nur einer Drehzahl

Maschinen mit mehreren in Stufen einstellbaren Drehzahlen

Maschinen, bei denen die Drehzahlen in einem bestimmten Bereich stetig einstellbar sind

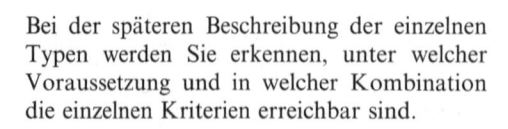

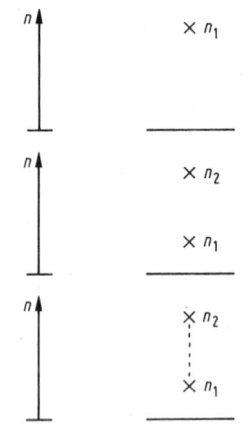

Bei der späteren Beschreibung der einzelnen Typen werden Sie erkennen, unter welcher Voraussetzung und in welcher Kombination die einzelnen Kriterien erreichbar sind.

2.2 Wirkungsprinzipien

2.2.1 Der magnetische Kreis

Allen elektrischen Maschinen gemeinsam ist die technische Nutzung wichtiger Grundgesetze des elektromagnetischen Feldes mit den Basisgrößen:

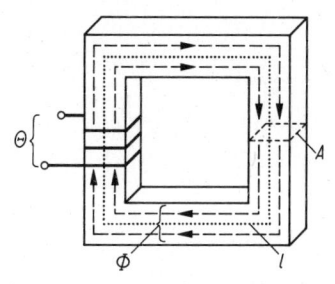

A Kernquerschnitt
l mittlere Feldlinienlänge
μ Permeabilität („Durchlässigkeit") als spezifische Materialgröße

Durchflutung als Ursache
Magnetischer Fluß als Wirkung

Θ in A $\Theta = I \cdot N$ (Strom × Windungszahl)
Φ in Vs oder Wb

Magnetischer Widerstand ⎫
                            ⎬ als Einflußgröße
Magnetischer Leitwert   ⎭

R_m in $\dfrac{A}{Vs}$ $R_m = \dfrac{l}{\mu \cdot A}$

Λ_m in $\dfrac{Vs}{A}$ $\Lambda_m = \dfrac{1}{R_m}$

Das Ersatzschaltbild des magnetischen Kreises macht die Analogie zum elektrischen Stromkreis deutlich.

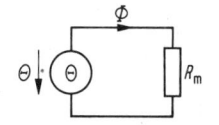

Ersatzschaltbild magn. Kreis 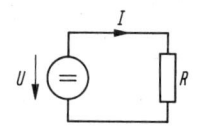   Stromkreis

Das Verknüpfungsgesetz – auch ohmsches Gesetz des magnetischen Kreises genannt:

$$\boxed{\Phi = \Lambda_m \Theta} \quad \text{bzw.} \quad \boxed{\Theta = R_m \Phi} \quad (2.2.1-1)$$

ist durchaus vergleichbar mit dem allgemeinen Ohmschen Gesetz, das für den elektrischen Stromkreis gilt:

$$I = G \cdot U \qquad U = R \cdot I$$

Als Besonderheit ist zu vermerken, daß bei ferromagnetischen Materialien, die sich durch eine sehr gute magnetische Leitfähigkeit auszeichnen, R_m bzw. Λ_m keine Konstanten sind. Man wählt für den Zusammenhang $\Phi = f(\Theta)$ vorzugsweise die graphische Darstellung in Gestalt der Magnetisierungskurve.

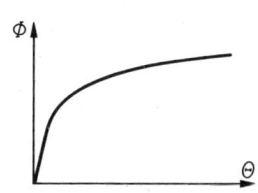

Bild 2.2.1–1   Magnetisierungskurve $\Phi = f(\Theta)$ für ferromagnetisches Material

Häufig wird auch mit spezifischen Größen gerechnet.

Im homogenen Feld gilt:

$$\frac{\text{Durchflutung}}{\text{Länge (der Feldlinie)}} = \text{magn. Feldstärke} \qquad H \text{ in } \frac{A}{m} \qquad H = \frac{\Theta}{l}$$

$$\frac{\text{Magnetischer Fluß}}{\text{(Durchtritts-)Querschnitt}} = \text{magn. Flußdichte} \qquad B \text{ in } \frac{Vs}{m^2} \quad \text{oder} \quad T \qquad B = \frac{\Phi}{A}$$

Das spezifische Verknüpfungsgesetz lautet dann:

$$\boxed{B = \mu_0 \mu_r H} \qquad (2.2.1\text{-}2)$$

Das Produkt $\mu = \mu_0 \mu_r$, für den magnetischen Kreis ist in der Auswirkung vergleichbar mit $\gamma =$ spezifische Leitfähigkeit für den Stromkreis.

$\mu_0 =$ Permeabilitätskonstante
$\quad = 4 \cdot \pi \cdot 10^{-7} \frac{Vs}{Am}$

$\mu_r =$ relative Permeabilitätszahl der verschiedenen Werkstoffe ($\neq$ konst. bei Eisen)

Beispiel 2.2.1–1

Der gemessenen Magnetisierungskurve einer elektrischen Maschine entnimmt man nachfolgende Wertepaare:

	(a)	(b)
$\Phi =$	0,054 Vs	0,144 Vs
$\Theta =$	2290 A	8100 A

Bestimmen Sie den magnetischen Widerstand bzw. Leitwert, der bei den beiden Betriebspunkten wirksam war.

Lösung:

Magn. Widerstand $R_m = \frac{\Theta}{\Phi}$;

magn. Leitwert $\Lambda_m = \frac{\Phi}{\Theta}$

$[\Theta] = A; \quad [\Phi] = Vs; \quad [R_m] = \frac{A}{Vs}; \quad [\Lambda_m] = \frac{Vs}{A}$

	(a)	(b)
$R_m =$	$\frac{2290 \text{ A}}{0{,}054 \text{ Vs}} = 4{,}24 \cdot 10^4 \frac{A}{Vs}$	$\frac{8100 \text{ A}}{0{,}144 \text{ Vs}} = 2{,}36 \cdot 10^{-5} \frac{Vs}{A}$
$\Lambda_m =$	$\frac{0{,}054 \text{ Vs}}{2290 \text{ A}} = 5{,}63 \cdot 10^4 \frac{A}{Vs}$	$\frac{0{,}144 \text{ Vs}}{8100 \text{ A}} = 1{,}78 \cdot 10^{-5} \frac{Vs}{A}$

Beispiel 2.2.1–2

Welche Teildurchflutung ist notwendig, um einen magnetischen Fluß $\Phi = 0{,}0075$ Vs über einen Luftspalt der gekennzeichneten Abmessungen zu treiben? $\mu_{r\text{Luft}} = 1$.

Lösung:

$$B = \frac{\Phi}{A} = \frac{0{,}0075 \text{ Vs}}{150 \cdot 10^{-3} \text{ m} \cdot 50 \cdot 10^{-3} \text{ m}} = 1 \frac{Vs}{m^2}$$

$$H = \frac{B}{\mu_0 \mu_r} = \frac{1 \text{ Vs/m}^2}{4 \cdot \pi \cdot 10^{-7} \frac{Vs}{Am} \cdot 1} = 795775 \frac{A}{m}$$

$$\Theta = H \cdot l = 795775 \frac{A}{m} \cdot 10^{-3} \text{ m} = \mathbf{796 \text{ A}}$$

Übung 2.2.1–1

Bestimmen Sie die Größe des magnetischen Widerstandes, den der Luftspalt des Beispiels 2.2.1–2 darstellt.

Lösung:

2.2.2 Spannungserzeugung im magnetischen Feld

Nach dem Induktionsgesetz wird bei Änderung des umfaßten Flusses in einer Spule eine Spannung u_q erzeugt.

$$u_q = -N \frac{\Delta \Phi}{\Delta t} \qquad (2.2.2-1)$$

mit N Windungszahl der Spule
$\frac{\Delta \Phi}{\Delta t}$ zeitliche Flußänderung

– Das kann bei ruhender Spule durch ein zeitlich veränderliches Magnetfeld geschehen:

Transformatorprinzip

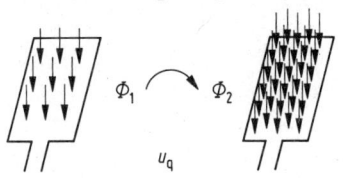

Ist der Verlauf des Flusses $\Phi(t)$ als Ergebnis einer Wechselstromdurchflutung sinusförmig, so ergibt sich für die induzierte Spannung $u_q(t)$ phasenverschoben ebenfalls ein Sinusverlauf.

Die Windungszahl N der Spule bestimmt die Höhe der Spannung.

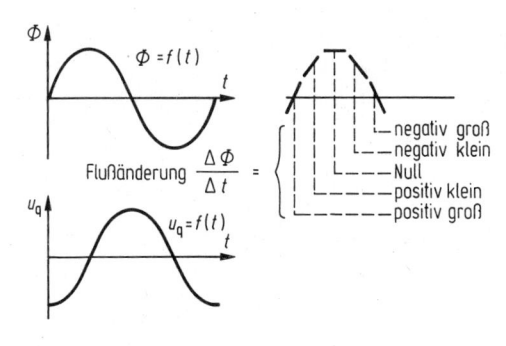

– Das kann bei zeitlich konstantem magnetischen Feld durch Rotation der Spule geschehen:

Generatorprinzip

Bei homogenem Feld genügender Ausdehnung und konstanter Drehzahl ändert sich der umfaßte Fluß $\Phi(t)$ sinusförmig.

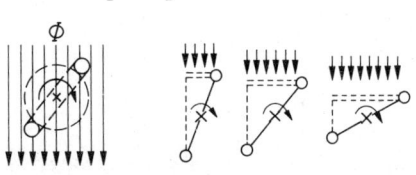

Die obere Kathete des rechtwinkligen Dreiecks ist ein Maß für den umfaßten Fluß

Für die induzierte Sinusspannung $u_q(t)$ bleibt die Flußänderung $\frac{\Delta\Phi}{\Delta t}$ maßgebend.

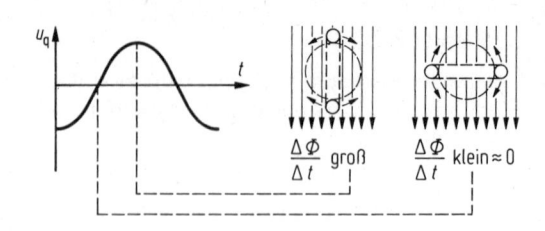

$\frac{\Delta\Phi}{\Delta t}$ groß $\frac{\Delta\Phi}{\Delta t}$ klein ≈ 0

Führt man jeweils die örtlich wirksame Flußdichte B ein, so ergibt sich die Beziehung:

$$U_q = N \cdot B \cdot l \cdot v \qquad (2.2.2\text{--}2)$$

Für das Verständnis hilfreich ist dabei die Vorstellung, daß die Häufigkeit des „Schneidens von Kraftlinien" ein Maß für die induzierte Spannung ist.

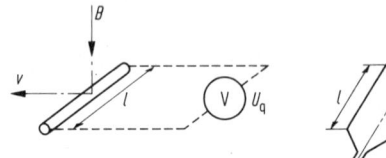

Bild 2.2.2-1 Spule mit $N = 1$ Windung

Bei der rotierenden Maschine ist v die Umfangsgeschwindigkeit

$$[v] = \frac{m}{s}$$

Als Länge l ist die wirksame Länge eines Leiters im Bereich des Feldes einzusetzen.

$[l] = m$

Bild 2.2.2-1 verdeutlicht, daß bei einer Spule die doppelte Länge $2l$ zu berücksichtigen ist.

Bei $[B] = \frac{Vs}{m^2}$ ergibt sich $[U_q] = V$

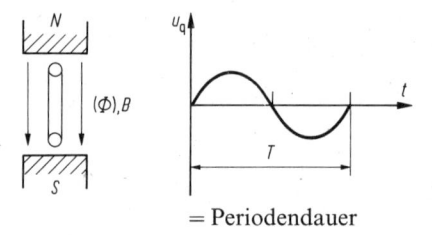

T = Periodendauer

Bei *einer* Umdrehung der Spule und einer Ausführung der Maschine mit der Polzahl 2 bzw. der Polpaarzahl 1 (Magnetpole treten immer paarweise auf) bildet sich *eine* Periode der Wechselspannung u_q ab.

$2p = 2$
$p = 1$

Erfolgt die *eine* Umdrehung während *einer* Sekunde, so entspricht dies der Frequenz:

$f = 1\,\text{Hz}$

Erhöhung der Polpaarzahl und Vergrößerung der Drehzahl steigern die Frequenz.

Als Zahlenwertgleichung gilt:

$$f = \frac{p \cdot n}{60} \qquad (2.2.2\text{--}3)$$

mit $[f] = \text{Hz} = \frac{1}{s}$ und $[n] = \text{min}^{-1}$

Schon diese einführenden Hinweise kennzeichnen die besondere Bedeutung der Wechselstromtechnik im Elektromaschinenbau.

Beispiel 2.2.2–1

Ein magnetischer Wechselfluß trifft zwei Spulen mit den Windungszahlen $N_1 = 100$ und $N_2 = 50$.
In welchem Verhältnis stehen die dort induzierten Spannungen?

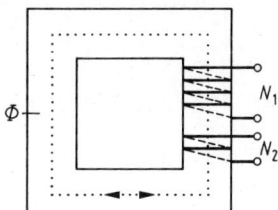

Lösung:

$$u_{q1} = -N_1 \frac{\Delta \Phi}{\Delta t}; \quad u_{q2} = -N_2 \frac{\Delta \Phi}{\Delta t}$$

Für beide Spulen gilt derselbe Wert $\frac{\Delta \Phi}{\Delta t}$

$$\frac{u_{q1}}{u_{q2}} = \frac{\hat{u}_{q1}}{\hat{u}_{q2}} = \frac{U_{q1}}{U_{q2}} = \frac{N_1}{N_2} = \frac{100}{50} = \mathbf{2}$$

Beispiel 2.2.2–2

Eine Spule mit $N = 1000$ Windungen und einer wirksamen Länge des Einzelleiters von $l = 25$ cm rotiert mit einer Umfangsgeschwindigkeit $v = 0,5$ m/s. Die örtlich maximale Flußdichte B_{max} beträgt 1 Vs/m².
Bestimmen Sie den Höchstwert der induzierten Spannung.

Lösung:

$$\hat{u}_q = N \cdot B_{max} \cdot 2 \cdot l \cdot v$$
$$= 1000 \cdot 1 \frac{Vs}{m^2} \cdot 2 \cdot 0,25\,m \cdot 0,5 \frac{m}{s}$$
$$\hat{u}_q = \mathbf{250\,V}$$

Übung 2.2.2–1

Die im Beispiel 2.2.2–2 betrachtete Spule möge einen Windungsdurchmesser $d = 20$ cm haben. Mit welcher Drehzahl muß sie rotieren, um auf die Umfangsgeschwindigkeit $v = 0,5$ m/s zu kommen und welche Frequenz f ergibt sich im zweipoligen System?

Lösung:

Die beim Generatorprinzip erforderliche „Rotation" ist relativ. Man kommt zu einer entsprechenden Spannungserzeugung auch bei ruhender Spule und rotierendem Magnetsystem (Innenpolausführung).

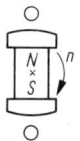

Bild 2.2.2–2 Innenpolausführung

2.2.3 Kraftwirkung im magnetischen Feld

Ein stromdurchflossener Leiter im Magnetfeld wird abgelenkt. Bei der dargestellten Anordnung gilt für die Ablenkkraft F:

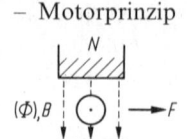

– Motorprinzip

$$F = B \cdot I \cdot l \qquad (2.2.3-1)$$

Mit Strom im Leiter $\quad [I] = \text{A}$

Leiterlänge im Bereich des Feldes $\quad [l] = \text{m}$

Flußdichte im homogenen Feld $\quad [B] = \dfrac{\text{Vs}}{\text{m}^2}$

ergibt sich $\quad [F] = \dfrac{\text{Vs}}{\text{m}^2} \cdot \text{A} \cdot \text{m} = \dfrac{\text{Ws}}{\text{m}} = \dfrac{\text{Nm}}{\text{m}} = \text{N}$

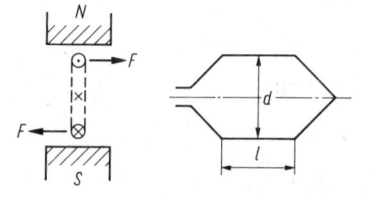

Erweitert man den Leiter zur Spule mit N Windungen,

Drehmoment

$$M = 2 \cdot F \cdot \frac{d}{2} = F \cdot d$$

so folgt für die Drehmomentengleichung:

$$M = N \cdot B \cdot I \cdot l \cdot d \qquad (2.2.3-2)$$

$[M] = \text{Nm}$

Vergleichen Sie die Prinzipdarstellungen für Motor- und Generatorbetrieb, so fällt Ihnen die weitgehende Analogie auf.

Es wird augenscheinlich, daß bei Rotation der motorisch betriebenen Spule auch eine Spannung induziert wird, ebenso, wie bei der generatorisch angetriebenen Leiterschleife bei Strombelastung auch Kräfte auftreten.

Motor und Generator sind also nicht durch grundsätzliche Unterschiede gekennzeichnet, sondern stellen nur verschiedene Betriebszustände derselben Maschine dar.

Beispiel 2.2.3–1

Eine Spule mit $N = 16$ Windungen, einem mittleren Windungsdurchmesser $d = 40$ cm und einer wirksamen Länge des Einzelleiters $l = 30$ cm trifft auf eine maximale Flußdichte $B = 1 \frac{Vs}{m^2}$.

Welche Kraft wirkt auf jede Seite der Leiterschleife, wenn diese von einem Strom $I = 10$ A durchflossen wird, und wie groß ist das dabei entstehende gesamte Drehmoment?

Lösung:

$$F = N \cdot B \cdot I \cdot l$$
$$= 16 \cdot 1 \frac{Vs}{m^2} \cdot 10 \, A \cdot 0{,}3 \, m = 48 \frac{Ws}{m} = \mathbf{48 \, N}$$

$$M = F \cdot d$$
$$= 48 \, N \cdot 0{,}4 \, m = \mathbf{19{,}2 \, Nm}$$

Übung 2.2.3–1

Eine Spule weist eine Durchflutung $\Theta = 240$ A auf; die wirksame Länge des Einzelleiters beträgt $l = 50$ cm.

Welche Flußdichte ist erforderlich, wenn am Umfang der Leiterschleife eine Kraft $F = 60$ N wirken soll?

Lösung:

2.3 Aufbau elektrischer Maschinen

Der Aufbau ist im wesentlichen durch drei Bestandteile gekennzeichnet:

- als Träger und Leiter des elektrischen Stromes: • die Wicklungen
- als Träger und (vornehmlicher) Leiter des magnetischen Flusses: • die Eisenteile (Eisenkerne)
- als Lagerungs- und Befestigungsteile: • allgemeine Konstruktionselemente (Lager, Wellen, Lagerschild, Gehäuse)

In Hinblick auf die Beeinflussung der Nenndaten wird unterschieden:

Wicklungen ⎫
Eisen   ⎬   aktiver Teil der Maschine
Reine Konstruktionselemente   inaktiver Teil der Maschine

Die Wicklungen bestehen überwiegend aus Kupfer, gelegentlich auch aus Aluminium.   Wicklungsmaterial

Die umhüllende Isolierung wird als „notwendiges Übel" zum Bestandteil.

Die Magnetkreise werden meist aus weichmagnetischen Materialien aufgebaut. Soweit sie von Gleichflüssen durchsetzt werden, kann eine massive Ausführung in Frage kommen. Bei   Werkstoff des Eisenkreises

Wechselflüssen müssen die Eisenteile zur Herabsetzung der Wirbelstromverluste aus gegeneinander isolierten Blechen aufgebaut werden (z. B. „Dynamoblech" nach DIN 46400).

Die Wicklungen werden – je nach Maschinenart – entweder auf das Eisenteil aufgeschoben oder in speziell geformten Nuten untergebracht. Die letztere Anordnung findet sich vornehmlich bei rotierenden Maschinen, wobei über die Nuten nicht nur eine Festlegung der Leiter, sondern auch eine bestimmte räumliche Verteilung der Wicklung erreicht wird.

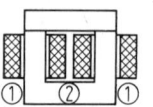

Bild 2.3–1 Transformator
1 Wicklungen, *2* Eisenkern

Bild 2.3–1 kennzeichnet bereits den Aufbau der ruhenden Anordnung, des Transformators. Ohne nennenswerte Luftspalte wird der Fluß über einen in sich geschlossenen Eisenkreis geleitet.

Bild 2.3–2 Wicklung in Nuten

Rotierende elektrische Maschinen benötigen zur Trennung von Ständer und Läufer einen Luftspalt.

a) Ständer- und Läuferwicklung in Nuten

b) Ständerwicklung in Nuten;
   umlaufendes Innenpolsystem

c) ruhendes Außenpolsystem;
   Läuferwicklung in Nuten

Die Wicklung, in der eine Spannung induziert wird, bezeichnet man häufig auch als „Anker"-Wicklung. Im Bild 2.3–3 wäre dies bei b) die Ständer- und bei c) die Läuferwicklung.

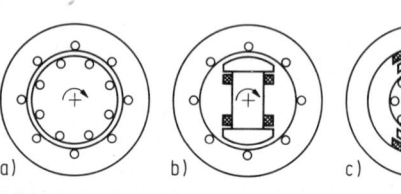

Bild 2.3–3 Beispiele für verschiedene Ständer- und Läufer-Ausführungen
a) Ständer- und Läuferwicklung in Nuten,
b) Ständerwicklung in Nuten, umlaufendes Innenpolsystem,
c) ruhendes Außenpolsystem, Läuferwicklung in Nuten

Lernzielorientierter Test zu Kapitel 2

1. Wie würden Sie den nebenstehend skizzierten Spannungsverlauf $u = f(t)$ kennzeichnen?
   ○ Wechselspannung
   ○ Gleichspannung mit Unterbrechung
   ○ Mischspannung

2. Eine Leiterschleife rotiert mit konstanter Drehzahl in einem vierpoligen Magnetsystem.
   Markieren Sie die momentane Lage der Leiterschleife, bei der der Augenblickswert der induzierten Spannung gleich Null ist.

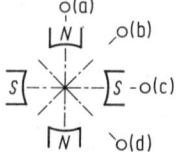

3. Bekannt ist der Zusammenhang zwischen dem geforderten Drehmoment und dem notwendigen Bauvolumen.
   Worauf bezieht sich diese Aussage?
   o auf die Gesamtabmessungen der Maschine.
   o auf die Abmessungen des aktiven Teils.

4. Auf dem Leistungsschild stehen u.a. folgende Nenndaten: 1000 kW; 400 ÷ 800 min^{-1}.
   Wie deuten Sie die Drehzahl-Angabe?
   o als zwei in Stufen einstellbare Drehzahlen
   o als Bereich, in dem die Drehzahl stetig einstellbar ist.

5. Welches Drehmoment entwickelt eine Leiterschleife in der gekennzeichneten momentanen Lage, wenn folgende Daten bekannt sind:

   $N = 1$; $B = 0{,}8 \dfrac{\text{Vs}}{\text{cm}^2}$; $l = 20$ cm (wirksame Leiterlänge);
   $I = 50$ A; $d = 15$ cm ?

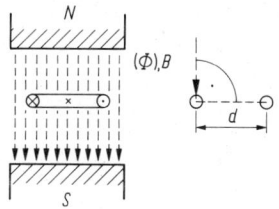

6. Markieren Sie bei den in Nuten untergebrachten Leitern die Stromrichtung, wenn – wie gekennzeichnet – die Polarität und die Drehrichtung bekannt sind.

7. Welche der beiden Wicklungen in Aufgabe 6 würden Sie als „Anker"-Wicklung bezeichnen?
   o die Ständerwicklung,
   o die Läuferwicklung.

3 Gleichstrommaschinen

Lernziele

Nach der Durcharbeitung dieses Kapitels können Sie
- die typischen Bauelemente der Gleichstrommaschine beschreiben,
- eine Aussage zur Quellenspannung und zum Drehmoment machen,
- die Prinzipschaltbilder für Generator- und Motorbetrieb bei verschiedenen Erregungsarten deuten,
- die Betriebskennlinien darstellen und erläutern,
- die Einzelverluste aufzeigen,
- den Begriff „Ankerrückwirkung" erklären,
- den Kommutierungsvorgang verständlich machen,
- die Verfahren zur Drehzahlsteuerung erläutern und einordnen.

3.1 Erzeugung einer Gleichspannung durch rotierende Maschinen

Die angestrebte zeitliche Konstanz der Spannung

$$U_q = \text{konst.}$$

setzt in Anwendung des Induktionsgesetzes (vgl. (2.2.2–2))

$$U_q = N \cdot B \cdot l \cdot v$$

voraus:

– zeitliche Konstanz der Flußdichte B bei genügender räumlicher Ausdehnung des magnetischen Feldes
– konstante Umfangsgeschwindigkeit v nach Größe und Richtung

Sie erkennen sofort, daß die übliche Bauweise der Maschinen mit wechselnder Polfolge (N-/S-Pol) diese Bedingung nicht erfüllt und bekommen einen ersten Hinweis auf die Problematik.

3.1.1 Unipolarmaschinen

Einen Weg zur direkten Erzeugung einer Gleichspannung zeigt die als Unipolarmaschine bekannt gewordene Konstruktion auf.

Zwei im Ständer umlaufende, gegensinnig vom Strom durchflossene Spulen führen zu einer Verteilung des magnetischen Flusses, die für jede Schnittebene längs der Mittelachse im Bild 3.1.1–1 wiedergegeben ist. Ein am Um-

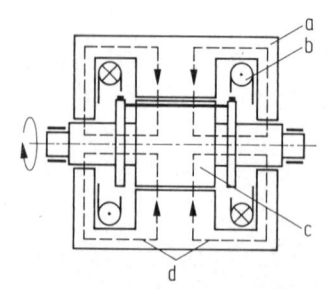

Bild 3.1.1–1 Unipolarmaschine schematisch

fang des Läufers rotierender Leiter trifft gleichsam nur auf *einen* Pol.

Die bei konstanter Drehzahl und konstanter Erregung in dem Leiter induzierte Gleichspannung wird über Schleifringe abgegriffen.

Die erreichbare Spannung ist gering, da Windungszahlen $N > 1$ kaum ausführbar sind.

Deshalb hat die Unipolarmaschine nur wenige Einsatzgebiete gefunden.

3.1.2 Indirekte Erzeugung einer Gleichspannung Übliche Bauweise

Die angestrebte Freizügigkeit in der Wahl der Windungszahl N zwingt zu einem Umweg auf der Basis einer Maschine mit wechselnder Polfolge im Ständer.

In der rotierenden Läuferwicklung wird dadurch zwangsläufig eine Wechselspannung induziert.

Dem Ziel, letztlich doch zu einer Gleichspannung im äußeren Kreis zu kommen, dienen zwei typische Bauelemente der Maschine:
- der Hauptpol mit weit ausladendem Polschuh
- der Stromwender oder Kommutator.

In der rotierenden Läufer- (Anker-) Wicklung der Gleichstrommaschine üblicher Bauweise tritt eine Wechselspannung und bei Belastung ein Wechselstrom auf.

3.1.2.1 Hauptpol mit weit ausladendem Polschuh

Durch eine besondere Formgebung des Polschuhs bei den im Ständer angeordneten Hauptpolen wird erreicht, daß die rotierende Läuferspule während eines großen Teils ihres Umlaufes auf eine konstante Flußdichte trifft.

Die induzierte Wechselspannung hat dadurch den in Bild 3.1.2.1–2 skizzierten zeitlichen Verlauf; sie erscheint also gegenüber einer Sinuskurve in wesentlichen Abschnitten abgeflacht.

Zum Abgriff dieser Spannung würde man zwei Schleifringe benötigen.

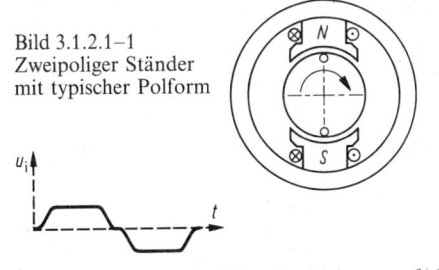

Bild 3.1.2.1–1
Zweipoliger Ständer
mit typischer Polform

Bild 3.1.2.1–2 Verlauf der Spannung $u_i = f(t)$ bei einer Umdrehung der Leiterschleife im Läufer

3.1.2.2 Stromwender oder Kommutator

Verwendet man statt der beiden Schleifringe nur einen und unterteilt diesen in zwei voneinander isolierte Halbschalen, so erhält man die einfachste Ausführung eines Stromwenders.

Während des Umlaufs dieses Stromwenders berühren die zur Spannungsabnahme eingesetzten ruhenden Bürsten die Isolierung zwischen den Halbschalen gerade in dem Augenblick, wo die Spule genau zwischen den Hauptpolen liegt, also die Spannung $u_i = 0$ führt. Anschließend gleiten sie auf die jeweils andere Halbschale über. Das ist gleichbedeutend mit der Umpolung der Anschlüsse des äußeren Kreises, was hier zu dem in Bild 3.1.2.2–1 skizzierten zeitlichen Verlauf der äußeren Spannung u_a führt.

Eine Vergrößerung der Spannung durch Erhöhung der Windungszahl ist hier ohne weiteres möglich. Verteilt man dabei die in Reihe geschalteten Windungen über den ganzen Umfang des Läufers, so erreicht man gleichzeitig eine Verbesserung der Kurvenform im Sinne der angestrebten konstanten Gleichspannung.

Dies wird aus einer einfachen Überlegung verständlich: Gemäß Bild 3.1.2.2–2 sind die Enden von drei räumlich verteilten Leiterschleifen an die passend angeordneten Halbsegmente je eines einfachen Stromwenders angeschlossen. Bei äußerer Reihenschaltung der Kreise über die Bürsten ergibt sich eine Summenspannung $u_1 + u_2 + u_3$, die eine wesentlich kleinere Welligkeit aufweist.

In der Praxis ersetzt man die schon wegen der vielen Bürstenübergänge umständliche äußere Reihenschaltung durch eine innere Verbindung. Der Stromwender erhält so viele Segmente, wie räumlich verteilte Leiter vorhanden sind. Dadurch ist für jeden Leiter die Umschaltmöglichkeit vorbereitet; tatsächlich umgeschaltet aber wird nur der Leiter, der sich gerade in der Mitte zwischen den Hauptpolen befindet.

Aus Symmetriegründen erfolgt die Ausführung als Zweischichtwicklung, bei der jede den Leiter am Umfang des Läufers fixierende Nut nicht nur den eigenen Hinleiter, sondern auch den Rückleiter von der gegenüberliegenden Nut aufnimmt.

Bild 3.1.2.2–3 zeigt eine solche Wicklung in ebener Darstellung. Die an den Bürsten abgreifbare Spannung $u_1 + u_2 + u_3 = u_4 + u_5 + u_6$ entspricht – in Abhängigkeit von der Zeit t – dem in Bild 3.1.2.2–2 skizzierten Verlauf.

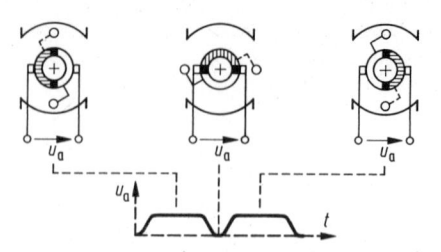

Bild 3.1.2.2–1 Prinzipdarstellung eines einfachen Stromwenders mit Auswirkung auf den Verlauf der äußeren Spannung $u_a = f(t)$

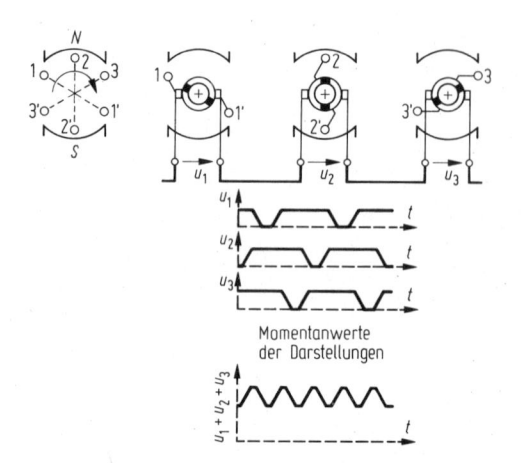

Bild 3.1.2.2–2 Reihenschaltung räumlich verteilter Leiter zur Erhöhung der Spannung und Verbesserung der Wellenform mit Darstellung der Spannungsverläufe $u_v = f(t)$

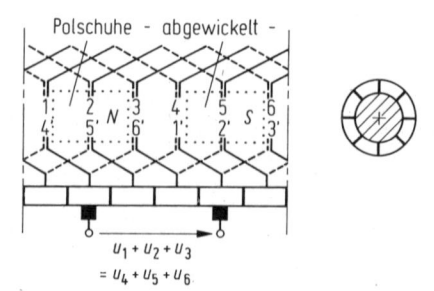

Bild 3.1.2.2–3 Zweischichtwicklung mit 2·3 räumlich verteilten Leiterschleifen in der Abwicklung und Stromwender mit 6 Segmenten

Die bei dieser momentanen Lage der Spulen sich ergebenden Spannungsverhältnisse verdeutlicht ein Ersatzschaltbild – gemäß Bild 3.1.2.2–4. Dabei sollen die dargestellten Batterien die Augenblickswerte der in den einzelnen Leiterschleifen induzierten Spannungen kennzeichnen.

Dieses Bild wiederholt sich nach jeweils 1/6 Umdrehung, nur daß dann Leiterschleife *6* an die Stelle von *1*, Leiterschleife *1* an die Stelle von *2* usw. getreten und die Bürsten auf das nachfolgende Segment hinübergeglitten sind.

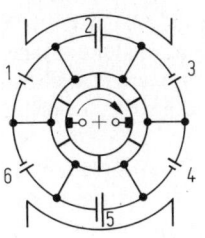

Bild 3.1.2.2–4 Ersatzschaltbild mit den Spannungen in den 6 räumlich verteilten Leiterschleifen

Sie erkennen, daß von den 6 Leiterschleifen je 3 in Reihe und diese dann in 2 Gruppen parallel geschaltet sind.

In Analogie zur Kennzeichnung der Polzahl „$2p$" (p = Polpaarzahl) – vgl. auch 2.2.2 – führt man „$2a$" als Kennzeichnung der Zahl der parallelen Ankerzweige ein, da auch hier allgemein nur gerade Zahlen möglich sind.

Für das bisherige Beispiel:
Polzahl
Zahl der parallelen Ankerzweige

$$\left.\begin{array}{l}2p = 2\\ 2a = 2\end{array}\right\} \text{ für zweipolige Maschinen}$$

Diese Kombination gilt allgemein für zweipolige Maschinen.

3.1.2.3 Schleifenwicklung/Wellenwicklung

Mit größerer Polzahl wachsen im allgemeinen der Läuferdurchmesser und damit die Möglichkeit, eine wesentlich größere Zahl von Leiterschleifen unterzubringen.

Die auch bei gleicher Nennleistung oft recht unterschiedlichen Forderungen nach Nennspannung und Nennstrom erfüllt man durch geeignete Reihen- bzw. Parallelschaltung dieser Leiterschleifen. Hierbei helfen unterschiedliche Wicklungsausführungen.

Bild 3.1.2.3–1
Wicklungselement einer Schleifenwicklung

Die im Bild 3.1.2.2–3 dargestellte Wicklung ist schleifenförmig am Läuferumfang verlegt und führt daher den Namen „Schleifenwicklung". Wird diese Wicklung aus vorgefertigten Wicklungselementen aufgebaut, so hat das einzelne Element die typische Form gem. Bild 3.1.2.3–1.

Fügt man gedanklich an die zweipolige Wicklung des Bildes 3.1.2.2–3 (I) ein weiteres zweipoliges Schema (II) an und schließt den Kreis erst dann, so kommt man formal zu einer vierpoligen Wicklung, wie sie Bild 3.1.2.3–2 zeigt. Das zusätzliche Polpaar ist dem ersten völlig gleichwertig. In Leitern mit entsprechender momentaner Lage zum Pol werden gleiche Teilspannungen induziert.

Demzufolge werden an dem zusätzlichen Bürstenpaar auch gleiche Summenspannungen abgegriffen. Aus der Potentialgleichheit vergleichbarer Bürsten ergibt sich hier die Parallelschaltung.

An der Zahl der in Reihe geschalteten Leiterschleifen hat sich bei unserem Beispiel nichts geändert, wohl aber an der Zahl der parallelen Ankerzweige, die Sie unschwer mit $2a = 4$ ablesen können.

Wird die Maschine später mit dem Strom I belastet, so fließt über jede Bürste der Strom $I/2$, während er im Leiter den Wert $I/4$ annimmt.

Die Betrachtungsweise des Bildes 3.1.2.3–2 ist ausdehnbar auch auf höhere Polzahlen. Mit jedem Polpaar kommt ein weiteres, parallel zu schaltendes Bürstenpaar hinzu.

Die allgemeine Aussage über die Zahl der parallelen Ankerzweige bei der Schleifenwicklung lautet:

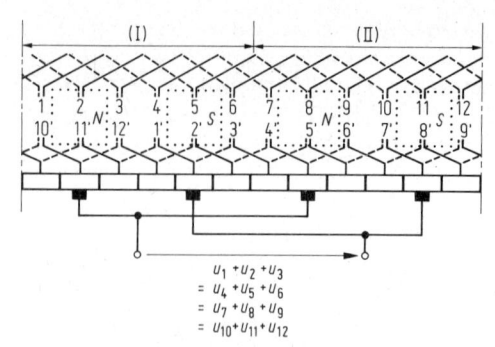

Bild 3.1.2.3–2 Vierpolige Schleifenwicklung

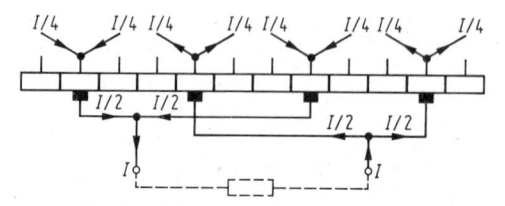

Bild 3.1.2.3–3 Stromverteilung bei der vierpoligen Schleifenwicklung

$$2a = 2p$$

Bei vier- und höherpoligen Maschinen besteht neben der Ausführung als Schleifenwicklung eine weitere Schaltmöglichkeit für die Läuferspulen. Die Wicklung wird gleichsam wellenförmig am Läuferumfang verlegt und trifft bei einem Umlauf bereits auf sämtliche Pole, ehe es in der jeweiligen Nachbarnut zu weiteren Umläufen kommt. Diese Schaltungsart führt den Namen „Wellenwicklung". Das typische Wicklungselement einer Wellenwicklung zeigt Bild 3.1.2.3–4.

Bei der vollständigen Darstellung muß man wissen, daß man nach einem Umlauf unter Verwendung gleicher Elemente nur dann zu der dem Ausgangssegment benachbarten Lamelle kommt, wenn man eine ungerade Segmentzahl für den Stromwender wählt.

Wir entscheiden uns für das Beispiel einer vierpoligen Wellenwicklung mit 13 Segmenten (Bild 3.1.2.3–5). Bezüglich der Zuordnung der Leiter zu den einzelnen Polen ergibt sich zwangsläufig eine kleine Unsymmetrie.

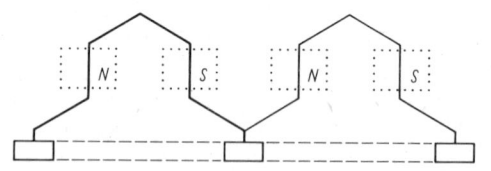

Bild 3.1.2.3–4
Prinzipdarstellung einer Wellenwicklung

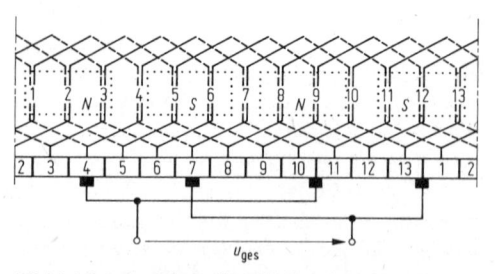

Bild 3.1.2.3–5 Vierpolige Wellenwicklung
—— Oberlage (OL), ---- Unterlage (UL)

Zur Überprüfung, wieviel Leiter in Reihe und wieviel parallel geschaltet sind, verfolgen Sie jetzt einmal den Weg – ausgehend vom Segment 4, auf dem ja im Augenblick eine Bürste schleift.

Zunächst links herum:
Segment 4 – UL 1 – OL 11 – UL 8 – OL 5 – UL 2 – OL 12 – UL 9 – OL 6 – UL 3 – OL 13 – Segment 13, auf dem sich eine Bürste entgegengesetzter Polarität findet.

Oberlage (OL)

Jetzt rechts herum:
Segment 4 – OL 4 – UL 7 – Segment 10, das gerade von einer Bürste gleicher Polarität bedeckt ist.

Unterlage (UL)

Sie erkennen:
Auf dem Wege links herum wurden eine Vielzahl von Leitern berührt, die – bedingt durch ihre momentane Lage zu den Polen – alle spannungsführend sind. Auf dem Wege rechts herum wurden nur zwei Leiter erfaßt, die gerade im Bereich zwischen benachbarten Hauptpolen liegen. Es handelt sich hier lediglich um eine zusätzliche Verbindung zwischen Segmenten, die sowieso über die beiden gleichnamigen Bürsten verbunden sind.

Daraus folgt:
Die Erhöhung der Leiterzahl kommt bei der Wellenwicklung der Reihenschaltung zu Gute; es bleibt – über die Bürsten – bei $2a = 2$ parallelen Stromkreisen.

Die allgemeine Aussage über die Zahl der parallelen Ankerzweige bei der einfachen Wellenwicklung lautet – unabhängig von der Polzahl:

$2a = 2$

Übung 3.1.2.3–1

Lösung:

a) Markieren Sie im Bild 3.1.2.3–5 – zweckmäßig in unterschiedlichen Farben – die beschriebenen beiden Wege, ausgehend vom Segment 4.

b) Beschreiben Sie die Wege, ausgehend vom parallel geschalteten Segment 10.

Übung 3.1.2.3–2

Lösung:

Tragen Sie im Bild 3.1.2.3–2 für die Schleifenwicklung die Stromrichtung für alle Leiter ein, wobei die Darstellung im Bild 3.1.2.3–3 die Basis bildet.

Bei der höherpoligen Schleifenwicklung sieht man häufig eine zusätzliche Leitung vor, die potentialgleiche Segmente des Stromwenders direkt miteinander verbindet.

Sie entspricht dem sich automatisch ergebenden Leitungsweg Segment 4 – OL4 – UL7 – Segment 10 in unserem Beispiel für die Wellenwicklung (Bild 3.1.2.3–5). Diese sollen parallelgeschaltete Bürsten von möglichen Ausgleichsströmen – etwa bei geringen fertigungsbedingten Luftspaltunterschieden unter gleichnamigen Hauptpolen – entlasten.

Ausgleichsleiter

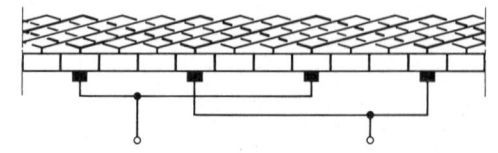

Bild 3.1.2.3–6 Schaltung der Ausgleichsleiter bei einer Schleifenwicklung am Beispiel der Darstellung Bild 3.1.2.3–2

3.1.3 Quellenspannung; Frequenzunabhängigkeit

Die noch im Bild 3.1.2.2–3 dargestellten Schwankungen der resultierenden Spannung schwinden mit zunehmender Zahl der räumlich verteilten Leiterschleifen. Der Verlauf strebt dem Mittelwert U = konst. zu.

Die an den äußeren Klemmen abgreifbare Spannung entspricht bei leerlaufender Maschine ($I = 0$) der inneren Quellenspannung U_q.

$U_q = N \cdot B \cdot l \cdot v$

Das schon bekannte Induktionsgesetz (2.2.2–2) erhält unter Nutzung einiger für diese Bauweise der Gleichstrommaschine typischer Kenngrößen eine zweckmäßigere Form.

Zahl der Stromwender-(Kommutator)-Segmente:

k

Wegen der Zweischichtwicklung und der Möglichkeit die Wicklungselemente mit einer Windungszahl pro Segment >1 auszuführen,

$w_s = 1 \qquad w_s = 2$

ergibt sich eine Aussage für die Gesamtzahl der Leiter Z:

$Z = 2 \cdot k \cdot w_s$

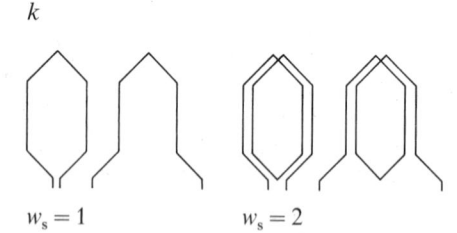

Davon ist aber nur ein Teil in Reihe – der Rest parallel geschaltet.

$\dfrac{1}{2a}$

Und davon ist weiter nur der Teil der Leiter an der Induktion beteiligt, die gerade unter einem

3.1 Erzeugung einer Gleichspannung durch rotierende Maschinen

Hauptpol liegen; der Rest befindet sich in der neutralen Zone zwischen den Polen

$$\frac{b_p \cdot 2p}{d \cdot \pi}$$

b_p Polbogen
$2p$ Polzahl
d Läuferdurchmesser

Es beträgt damit die zur Spannungserhöhung beitragende Zahl der Leiter Z':

$$Z' = 2 \cdot k \cdot w_s \cdot \frac{b_p \cdot 2p}{d \cdot \pi} \cdot \frac{1}{2a}$$

Die wirksame Windungszahl ist halb so groß; da bei dieser Betrachtung aber die Leiterlänge l später mit dem doppelten Wert einzusetzen wäre, bleibt „Z'" der entscheidende Einflußfaktor.

$$U_q = Z' \cdot B \cdot l \cdot v$$

Wir führen anstelle der Flußdichte B den magnetischen Fluß Φ ein.

$$B = \frac{\Phi}{A} = \frac{\Phi}{b_p \cdot l}$$

Und weiter anstelle der Umfangsgeschwindigkeit v die Drehzahl n ein.
Als Zahlenwertgleichung gilt:

$$v = \frac{d \cdot \pi \cdot n}{60}$$

Setzen Sie die erwähnten Einzelgrößen in die Gleichung für U_q ein, so erhalten Sie nach entsprechendem Kürzen als Ergebnis die Zahlenwertgleichung

$$\boxed{U_q = k \cdot w_s \cdot \frac{2p}{2a} \cdot \frac{1}{30} \cdot \Phi \cdot n} \quad (3.1.3-1)$$

$[U_q]$ V
$[\Phi]$ Vs = Wb
$[n]$ min^{-1}

$$k \cdot w_s \cdot \frac{2p}{2a}$$

Die Faktoren kennzeichnen Art und Ausführung der Wicklung.

Art und Ausführung der Wicklung

Nach erfolgter Auslegung stellen sie für die Maschine eine Konstante C_{Masch} dar.

$$\boxed{U_q = C_{\text{Masch}} \cdot \Phi \cdot n} \quad (3.1.3-2)$$

Für eine gegebene Maschine sind also Φ, n die betrieblichen Einflußgrößen.

Φ, n betriebliche Einflußgrößen

Die Formeln (3.1.3–1) bzw. (3.1.3–2) gelten für jede Betriebsart der Maschine.

$$\boxed{\text{Eine Quellenspannung } U_q \text{ wird bei Generator- und Motorbetrieb induziert.}}$$

Die an den Bürsten abgreifbare Gleichspannung ist durch die Frequenz gekennzeichnet.

$f_a = 0$

Im Innern der Wicklung tritt dagegen eine Wechselspannung mit der Frequenz auf.

$$f_i = \frac{p \cdot n}{60}$$

Der Stromwender ist ein automatisch wirkender mechanischer Frequenzwandler.

Er schaltet um:

mit der Drehzahl veränderliche Frequenz ↔ konstante Frequenz

Die innere Frequenz kann in weiten Grenzen beliebige Werte annehmen.

Dadurch ergibt sich bei der Gleichstrommaschine eine große Freizügigkeit bezüglich der Drehzahl.

große Freizügigkeit bezüglich der Drehzahl

Beispiel 3.1.3–1

Ein vierpoliger Gleichstromläufer ist mit einer Schleifenwicklung mit 1 Windung je Segment ausgerüstet. Der Stromwender besteht aus 200 Segmenten.
Bei einer Drehzahl von $500 \, \text{min}^{-1}$ soll eine Quellenspannung von 440 V auftreten.
a) Welcher magnetische Fluß ist erforderlich?
b) Welche Frequenz tritt im Innern der Läuferwicklung auf?

Lösung:

Zahlenwertgleichung

$$U_q = k \cdot w_s \cdot \frac{2p}{2a} \cdot \frac{1}{30} \cdot \Phi \cdot n$$

$$\Phi = \frac{U_q \cdot 30}{k \cdot w_s \cdot \frac{2p}{2a} \cdot n}$$

$[U_q]$ V; $[\Phi]$ Vs = Wb; $[n]$ min^{-1}

hier $2p = 4$; wegen $2a = 2p$: $\frac{2p}{2a} = 1$

a) $\quad \Phi = \dfrac{440 \cdot 30}{200 \cdot 1 \cdot 1 \cdot 500} = \mathbf{0{,}132 \, Vs}$

b) $\quad f = \dfrac{p \cdot n}{60} = \dfrac{2 \cdot 500}{60} = \mathbf{16{,}67 \, Hz}$

Beispiel 3.1.3–2

Eine achtpolige Gleichstrommaschine mit einer Schleifenwicklung wird im äußeren Kreis mit $I = 100 \, \text{A}$ belastet. Wie groß sind dabei:
a) der Strom über den einzelnen Bürstenbolzen,
b) der Strom im einzelnen Ankerleiter?

Lösung:

Es ergeben sich:
4 „+"- und 4 „–" Bürstenbolzen ($p = 4$).

a) Bürsten: $\quad I_{Bü} = \dfrac{I}{p} = \dfrac{100 \, \text{A}}{4} = \mathbf{25 \, A}$

b) Leiter $\quad I_L = \dfrac{I}{2a} = \dfrac{100 \, \text{A}}{8} = \mathbf{12{,}5 \, A}$

Übung 3.1.3–1

Ein vierpoliger Gleichstromläufer ist mit einer Wellenwicklung mit 2 Windungen je Segment bei 135 Stromwender-Segmenten ausgerüstet.

Welche Quellenspannung stellt sich bei einer Drehzahl von 600 min^{-1} und einem magnetischen Fluß von 0,01 Vs ein?

Lösung:

Übung 3.1.3–2

Eine achtpolige Gleichstrommaschine gegebener Bauweise erreicht bei einer Drehzahl $n_1 = 400$ min^{-1} und einem magnetischen Fluß $\Phi_1 = 0{,}12$ Vs eine Quellenspannung $U_q = 850$ V.

a) Welcher Fluß muß bei einer Drehzahl $n_2 = 500$ min^{-1} eingestellt werden, wenn eine unveränderte Quellenspannung U_q angestrebt wird?

b) Welche inneren Frequenzen stellen sich bei den beiden Drehzahlen n_1; n_2 ein?

Lösung:

3.2 Drehmoment

Sobald die Maschine belastet ist, also einen Läuferstrom I führt, ergibt sich eine Kraftwirkung und damit ein inneres Drehmoment. Das gilt für jede Betriebsweise.

> Ein inneres Drehmoment tritt bei Belastung im Motor- und Generatorbetrieb auf.

Ein einfacher Weg zur Bestimmung des inneren Drehmomentes M_i ergibt sich nach Definition der inneren Leistung

$$P_i = U_q \cdot I$$

unter Nutzung der Gleichung (1.3.2–2)

$$M_i = \frac{P_i}{\omega} = \frac{U_q \cdot I}{2 \cdot \pi \cdot n} \qquad (3.2\text{–}1)$$

Zu einem entsprechenden Ergebnis kommen Sie auch bei Anwendung der Drehmomentengleichung (2.2.3–2), wenn Sie bei der Ermittlung der wirksamen Leiterzahl wieder die Überlegungen anstellen, die uns zur Spannungsgleichung (3.1.3–1) führten.

als Größengleichung

$$M_i = \frac{k \cdot w_s}{\pi} \cdot \frac{2p}{2a} \cdot \Phi \cdot I \qquad (3.2\text{–}2)$$

Nach erfolgter Auslegung stellen die ersten Faktoren für die Maschine wieder eine Konstante C'_{Masch} dar.

$$M_i = C'_{\text{Masch}} \cdot \Phi \cdot I \qquad (3.2\text{–}3)$$

Für eine gegebene Maschine sind also Φ, I die betrieblichen Einflußgrößen.

Φ, I betriebliche Einflußgrößen

Beispiel 3.2–1

Gemäß Beispiel 3.1.3–1 führen bei einer Gleichstrommaschine mit Schleifenwicklung,

$2p = 4$; $w_s = 1$; $k = 200$

ein magnetischer Fluß $\Phi = 0{,}132$ Vs und eine Drehzahl $n = 500$ min^{-1} zu einer Quellenspannung $U_q = 440$ V.

Berechnen Sie das innere Drehmoment für den Fall, daß die Maschine mit $I = 100$ A belastet wird.

Lösung:

a) $M_i = \dfrac{U_q \cdot I}{2 \cdot \pi \cdot n}$

$= \dfrac{440 \text{ V} \cdot 100 \text{ A} \cdot 60 \text{ s} \cdot \text{min}^{-1}}{2 \cdot \pi \cdot 500 \text{ min}^{-1}}$

$\underline{\underline{M_i = 840{,}34 \text{ Ws (Nm)}}}$

b) $M_i = \dfrac{k \cdot w_s}{\pi} \cdot \dfrac{2p}{2a} \cdot \Phi \cdot I$

$= \dfrac{200 \cdot 1}{\pi} \cdot 1 \cdot 0{,}132 \text{ Vs} \cdot 100 \text{ A}$

$\underline{\underline{M_i = 840{,}34 \text{ Ws (Nm)}}}$

Übung 3.2–1

Eine Gleichstrommaschine ist mit konstantem (inneren) Moment belastet und führt beim Nennfluß Φ_N den Nennstrom I_N.

Auf welchen Wert ändert sich der Strom I, wenn der Fluß auf $0{,}8\,\Phi_N$ verringert wird?

Lösung:

3.2.1 Inneres/äußeres Moment Quellenspannung/Klemmenspannung

Das an der Welle zur Verfügung stehende bzw. dort aufzubringende äußere Moment M_a weicht vom inneren Moment M_i um den Betrag des Verlustmomentes M_v ab. Dieses dient im wesentlichen zur Überwindung der Reibung.

Motorbetrieb $M_a = M_i - M_v$
Generatorbetrieb $M_a = M_i + M_v$

Beim Motorbetrieb ist M_i als verursachende Größe deutbar. Beim Generatorbetrieb übernimmt M_i die Rolle eines „Gegenmomentes", das vom äußeren Antrieb überwunden werden muß.

Eine gewisse Analogie ergibt sich beim Vergleich von Quellenspannung U_q und Klemmenspannung U. Die Differenz liegt hier im inneren Spannungsabfall ΔU.

Generatorbetrieb
$U = U_q - \Delta U$

Beim Generatorbetrieb ist U_q die verursachende Größe. Beim Motorbetrieb stellt die Quellenspannung eine „Gegenspannung" dar, die von der angelegten Klemmenspannung überwunden werden muß.

Motorbetrieb
$U = U_q + \Delta U$

3.3 Erregungsarten

Bei Kleinst- und Sondermaschinen werden Permanentmagnete im Bereich der Hauptpole eingesetzt.

Günstige Steuerungsmöglichkeiten aber ergeben sich nur bei Spulenerregung durch Veränderung der Durchflutung in den auf den Hauptpolkern aufgesetzten Spulen.

Hinsichtlich der Quelle des Erregerstromes I_e unterscheidet man verschiedene Erregungsarten:

Erregung durch eine von der Maschine unabhängige Spannungsquelle (Batterie, Erregermaschine, Netzspannung über Gleichrichter).

Die Klemmenspannung dient bei Parallelschaltung der Erregerwicklung gleichzeitig als Erregerspannung.

Der Läuferstrom wird über die in Reihe geschaltete, entsprechend dimensionierte Erregerwicklung geleitet.

Kombination mehrerer Erregungsarten. Dazu sind auf jedem Hauptpol mehrere, entsprechend geschaltete Wicklungssysteme angeordnet.

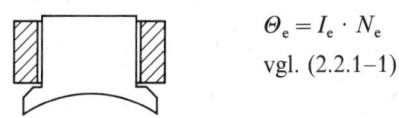

$\Theta_e = I_e \cdot N_e$

vgl. (2.2.1-1)

Bild 3.3-1 Hauptpol mit Erregerwicklung

Fremderregung

Selbsterregung, Nebenschlußerregung

Reihenschlußerregung

Compounderregung

3.4 Prinzipschaltbilder nach DIN VDE 0530, Teil 8 Festlegungen

Die Prinzipschaltbilder kennzeichnen nicht nur die notwendigen Schaltverbindungen, sondern geben – bei Einschaltung einer gewissen Systematik – auch Aufschluß über physikalische Zusammenhänge.

Zu den wichtigsten Festlegungen gehören:
- Darstellung grundsätzlich zweipolig.
- Darstellung von Läufer und Stromwender mit gleichem Durchmesser; dadurch erscheinen die Bürsten auf dem Läufer (Anker) schleifend.

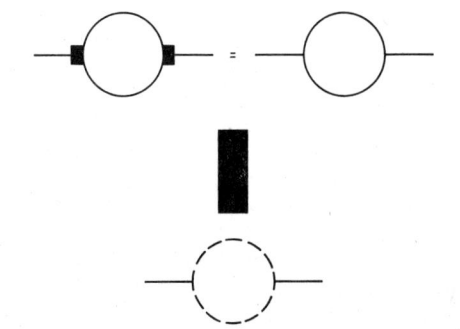

- Von den Erregerwicklungen auf den beiden Hauptpolen wird nur eine – aber in der richtigen Achse dargestellt.
- Strompfeile werden entsprechend dem Verbraucherzählpfeilsystem eingetragen. Sie zeigen also bei allen Wicklungen, einschließlich der motorisch betriebenen Ankerwicklung vom „+"- zum „–"-Pol. Bei der generatorisch betriebenen Läuferwicklung ergibt sich zwangsläufig die umgekehrte Stromrichtung.
- Die Drehrichtung wird entsprechend den unter 1.2.1 gegebenen Hinweisen (Blick auf Antriebsseite) eingetragen.
- Zwischen den Stromrichtungen (Polarität) und der Drehrichtung wird eine feste Zuordnung festgelegt.

  Beim Motorbetrieb ergibt sich die Drehrichtung aus einer gedachten Bewegungsrichtung des Ankerpfeiles, der auf kürzestem Wege in die Richtung des Feldpfeiles gelangen möchte. Hilfreich ist dabei der Gedanke an den „Drehwillen", der bei einer Ersatzanordnung mit einem festen und einem drehbar gelagerten permanenten Stabmagneten deutlich wird.

  Beim Generatorbetrieb ist die durch den äußeren Antrieb gegebene Drehrichtung dem „Drehwillen" entgegengesetzt gerichtet. Vergleichen Sie hierzu die Bemerkung zum „Gegenmoment" bei der Diskussion des inneren Drehmomentes (vgl. 3.2.1).
- Neben der Erregerwicklung gibt es bei größeren Gleichstrommaschinen noch eine Wendepol- und gelegentlich eine Kompensationswicklung. Beide wirken in der Ankerachse und sind mit der Ankerwicklung fest in Reihe geschaltet. An dieser Stelle soll nur auf die Darstellung im Prinzipschaltbild hingewiesen werden.

Läuferwicklung Motor

Läuferwicklung Generator

Motorbetrieb   „Drehwille"

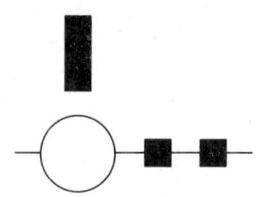

Generatorbetrieb

Gleichstrommaschine mit Wendepol- und Kompensationswicklung

3.4.1 Klemmenbezeichnungen

DIN-VDE hat seit 1977 in Anlehnung an internationale Regeln neue Klemmenbezeichnungen eingeführt, die von älteren deutschen Festlegungen abweichen.

Ankerwicklung	A1–A2
Wendepolwicklung	B1–B2
Kompensationswicklung	C1–C2
Erregerwicklung (Reihenschluß)	D1–D2
Erregerwicklung (Nebenschluß)	E1–E2
Erregerwicklung (Fremderregung)	F1–F2

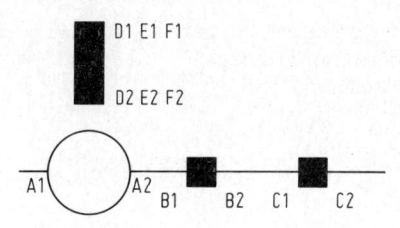

Bild 3.4–1
Anschlußbezeichnungen bei Gleichstrommaschinen

3.4.2 Praktische Schaltungen

Die skizzierten Schaltungen für die drei Erregungsarten gelten analog auch für Maschinen mit Wendepol- und Kompensationswicklung. An die Stelle des Anschlußpunktes „A2" tritt bei einer Wendepol-Wicklung ... „B2", bei einer Wendepol- und einer Kompensationswicklung ... „C2".

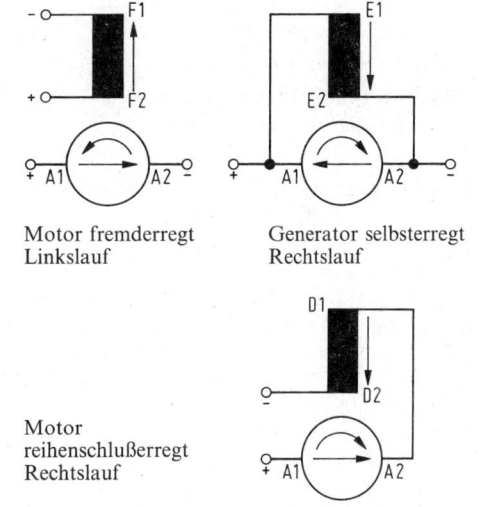

Motor fremderregt
Linkslauf

Generator selbsterregt
Rechtslauf

Motor reihenschlußerregt
Rechtslauf

Die konsequente Anwendung der Richtungsregeln führt ohne weiteres zu folgenden Aussagen:

> Beim Gleichstrommotor führt zu einer Änderung der Drehrichtung
> – die Änderung der Stromrichtung im Anker
> oder
> – die Änderung der Stromrichtung im Feld.
> Bei gleichzeitiger Änderung beider Größen bleibt die Drehrichtung unverändert.

> Beim Gleichstromgenerator führt zu einer Änderung der Polarität an den Bürsten
> – die Änderung der Drehrichtung
> oder
> – die Änderung der Stromrichtung im Feld.
> Bei gleichzeitiger Änderung beider Größen bleibt die Polarität unverändert.

Beispiel 3.4.2–1

Ein Gleichstrommotor mit Wendepolen besitzt eine Kompounderregung. Von den beiden sich unterstützenden Wicklungen auf den Hauptpolen ist die eine fremd-, die andere reihenschlußerregt.
Skizzieren Sie die beiden möglichen Schaltungen für Rechtslauf der Maschine.

Lösung:

Übung 3.4.2–1

Ein Gleichstromreihenschlußmotor mit Wendepolen soll im Linkslauf betrieben werden.
Skizzieren Sie die Schaltung für den Fall, daß die „A1"-Bürste an den Plus-Pol angeschlossen ist.

Lösung:

Übung 3.4.2–2

Ein fremd erregter Gleichstromgenerator wird in Drehrichtung links angetrieben.
Bestimmen Sie anhand des Prinzip-Schaltbildes die Polarität der Bürsten für den Fall, daß „F1"-Klemme der Feldwicklung an den Pluspol angeschlossen ist.

Lösung:

3.5 Innere Spannungsabfälle

Die für den Unterschied zwischen Quellen- und Klemmenspannung maßgebenden inneren Spannungsabfälle ΔU (vgl. 3.2.1) treten zunächst an allen vom Ankerstrom durchflossenen Wicklungen auf.

Dies sind – soweit vorhanden:

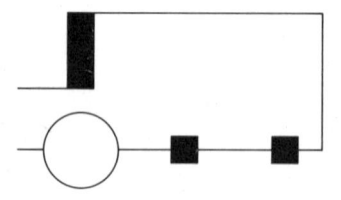

Ankerwicklung	$I_a \cdot R_a$
Wendepolwicklung	$I_a \cdot R_w$
Kompensationswicklung	$I_a \cdot R_k$
Reihenschlußerregte Feldwicklung	$I_a \cdot R_e$
	$I_a \cdot \Sigma R_i$

3.5 Innere Spannungsabfälle

Hinzu kommt der Spannungsabfall unter den Bürsten.

Messungen bestätigen, daß dieser Bürstenspannungsabfall nahezu lastunabhängig und auch – abhängig von Bürstenqualität, Bürstendruck usw. – nur geringen Schwankungen unterworfen ist.

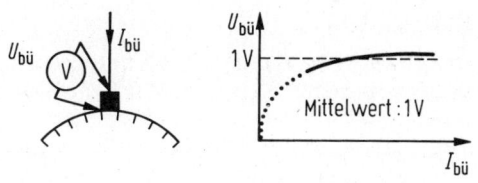

Mit Rücksicht auf die ständige Reihenschaltung einer „+" und einer „–" Bürste hat der VDE als Richtwert für den gesamten Bürstenspannungsabfall festgelegt:

Bild 3.5-1   Spannungsabfall unter einer Bürste

$$U_{\text{bü ges}} = 2 \text{ V}$$

Der Zusammenhang zwischen der Quellenspannung U_q und der Klemmenspannung U bei gegebenem Ankerstrom I_a läßt sich als Zahlenwertgleichung wie folgt formulieren:

Generatorbetrieb

$$U = U_q - (I_a \cdot \Sigma R_i + 2 \text{ V}) \tag{3.5-1}$$

Motorbetrieb

$$U = U_q + (I_a \cdot \Sigma R_i + 2 \text{ V}) \tag{3.5-2}$$

Bei fremd- und reihenschlußerregten Maschinen entspricht der äußerlich meßbare Strom I diesem Ankerstrom I_a.

Bei Maschinen mit Selbsterregung muß die innere Stromverzweigung beachtet werden.

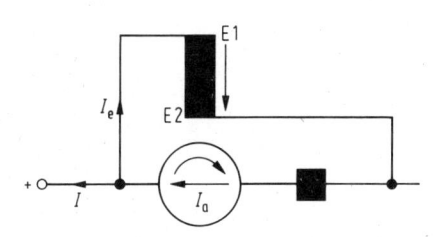

Generatorbetrieb

$$I_a = I + I_e \tag{3.5-3}$$

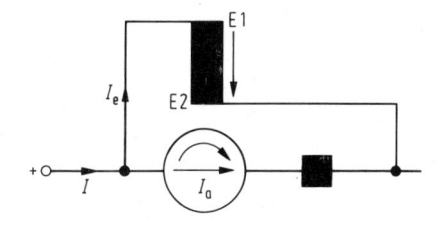

Motorbetrieb

$$I_a = I - I_e \tag{3.5-4}$$

Beispiel 3.5–1

Von einem fremd erregten Gleichstromgenerator kennt man die folgenden Wicklungswiderstände:

Ankerwicklung 0,05 Ω
Wendepolwicklung 0,03 Ω
Fremd erregte Feldwicklung 10,0 Ω

Bei einem Ankerstrom $I_a = 100$ A ergibt sich eine Klemmenspannung $U = 440$ V.

a) Welcher äußere Lastwiderstand muß eingesetzt werden?
b) Wie groß ist die Quellenspannung U_q?

Lösung:

a) $R_1 = \dfrac{U}{I_a} = \dfrac{440\,\text{V}}{100\,\text{A}} = \mathbf{4{,}4\,\Omega}$

b) ΣR_i:
Die fremd erregte Feldwicklung ist – weil in einem getrennten Kreis – ohne Einfluß.

$\Sigma R_i = R_a + R_w = (0{,}05 + 0{,}03)\,\Omega = 0{,}08\,\Omega$

$U_q = U + (I_a \cdot \Sigma R_i + 2\,\text{V})$

$\quad = 440\,\text{V} + (100\,\text{A} \cdot 0{,}08\,\Omega + 2\,\text{V}) = \mathbf{450\,V}$

Kontrolle:

$I_a = \dfrac{U_q - 2\,\text{V}}{R_i + R_1} = \dfrac{450\,\text{V} - 2\,\text{V}}{(0{,}08 + 4{,}4)\,\Omega}$

$\quad = 100\,\text{A}.$

Beispiel 3.5–2

Ein selbsterregter Gleichstrommotor nimmt an der Spannung $U = 220$ V einen Strom $I = 100$ A auf. Bekannt sind folgende Widerstände:

Ankerwicklung 0,08 Ω
Wendepolwicklung 0,07 Ω
Feldkreis 44,0 Ω

– Der Feldkreiswiderstand beinhaltet einen Vorwiderstand (Feldsteller) –

Wie groß ist die Quellenspannung U_q dieser Maschine?

Lösung:

Erregerstrom

$I_e = \dfrac{U}{R_e} = \dfrac{220\,\text{V}}{44\,\Omega} = 5\,\text{A}$

Ankerstrom

$I_a = I - I_e = 100\,\text{A} - 5\,\text{A} = 95\,\text{A}$

Quellenspannung

$U_q = U - (I_a \Sigma R_i + 2\,\text{V})$

$U_q = 220\,\text{V} - (95\,\text{A} \cdot 0{,}15\,\Omega + 2\,\text{V})$

$U_q = \mathbf{203{,}75\,V}$

Übung 3.5–1

Ein mit konstanter Drehzahl und konstantem magnetischen Fluß betriebener fremd erregter Gleichstrom-Generator gibt im Leerlauf eine Spannung $U_0 = 530$ V und bei Belastung mit $I_a = 150$ A eine Spannung $U = 500$ V ab.

Wie groß ist die Summe der inneren Widerstände?

Lösung:

3.6 Kennlinien der Gleichstrommaschine im Generator- und Motorbetrieb

Je nach Wahl der zugeordneten veränderlichen Betriebsgrößen und der konstant gehaltenen Parameter kann man die unterschiedlichsten Kennlinien konstruieren.

Besonders wichtig sind:
Wie ändert sich die jeweils wesentlichste Betriebsgröße in Abhängigkeit von der Belastung der Maschine?

Generator: Motor:
$U = f(I)$ $n = f(I)$
bei: $n =$ konst.   bei $U =$ konst.
          konstante Erregereinstellung

Die Basis für die Beantwortung bildet die Kurzform des Induktionsgesetzes (3.1.3–2).

Generator: Motor:
$U_q = C \cdot \Phi \cdot n$ $n = \dfrac{U_q}{C \cdot \Phi}$

3.6.1 Kennlinien bei Fremderregung

Der Parameter „konstante Erregereinstellung" bedeutet: $I_e =$ konst.

und weiter: $\Phi =$ konst.

Damit ergibt sich für den Generator ($n =$ konst.) bzw. für den Motor: $U_q =$ konst. $n \sim U_q$

Die Gleichungen (3.5–1) $U = U_q - (I_a \cdot \Sigma R_i + 2\,\text{V})$

bzw. (3.5–2) $U_q = U - (I_a \cdot \Sigma R_i + 2\,\text{V})$

erklären den Kennlinienverlauf, der in beiden Fällen schwach geneigt erscheint.

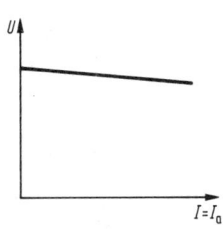

Bild 3.6.1–1
Kennlinie $U = f(I)$ eines fremderregten Gleichstromgenerators bei I_e und $n =$ konst

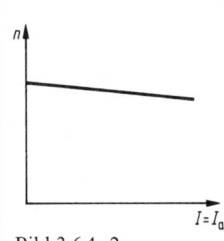

Bild 3.6.1–2
Kennlinie $n = f(I)$ eines fremderregten Gleichstrommotors bei I_e und $U =$ konst

3.6.2 Kennlinien bei Selbsterregung

Wegen der Parallelschaltung der Feldwicklung entspricht die Erregerspannung der Klemmenspannung

Generator: Motor:
$U_e = U$

	Generator:	Motor:
Trotz „konstanter Erregereinstellung" ergeben sich Unterschiede		
– beim Generator	U_e und damit I_e lastabhängig veränderlich	
– beim Motor		U_e und damit I_e konstant

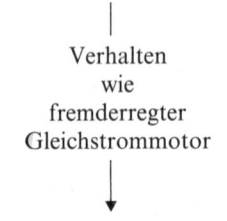

Um die Konsequenzen für den Generator verständlich zu machen, studieren wir zunächst die Erregungsverhältnisse beim unbelasteten Generator.

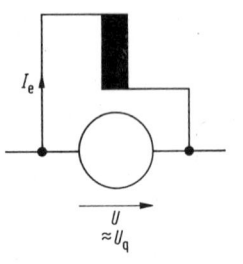

Verhalten wie fremderregter Gleichstrommotor

Zwischen I_e und U_q besteht ein doppelter Zusammenhang,

$I = 0$
$I_a = I_e =$ klein
$U \approx U_q$

a) über den magnetischen Kreis

$U_q \sim \Phi$
$\Phi = \Lambda \cdot \Theta_e$
$\Phi = \Lambda \cdot I_e \cdot N_e$

Bei ferromagnetischen Materialien wird der Zusammenhang zwischen Φ und I_e durch die Magnetisierungskurve beschrieben.

Wegen der Proportionalität zu Φ hat auch $U_q = f(I_e)$ den Charakter einer Magnetisierungskurve.

$U_q = f(I_e)$
Charakter einer Magnetisierungskurve

b) über das Ohmsche Gesetz

In der graphischen Darstellung ergibt dies eine Gerade durch den Nullpunkt.

$U_q = R_e \cdot I_e$
Gerade durch den Nullpunkt

Der Betriebspunkt stellt sich dort ein, wo beide Kurven zum Schnitt kommen.

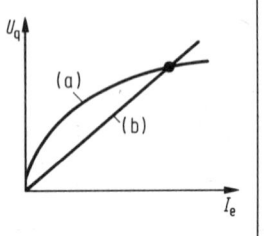

Wichtige Voraussetzung ist, daß die „Magnetisierungskurve" nicht durch den Nullpunkt geht, d.h.:

Wichtige Voraussetzung: Remanenz

3.6 Kennlinien der Gleichstrommaschine im Generator- und Motorbetrieb

Andernfalls würde sich bei „Null" ein zweiter Schnittpunkt ergeben, und es käme zu keiner Erregung („dynamoelektrisches Prinzip").

Sobald die Maschine belastet ist, treten die bekannten inneren Spannungsabfälle auf. In unserem Beispiel bei $\quad I = I_1 \ldots \Delta U_1$
$\qquad\qquad\qquad\qquad\quad I = I_2 \ldots \Delta U_2$

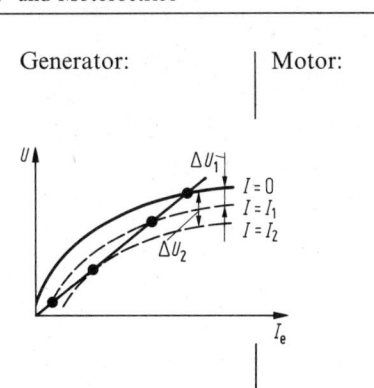

Bei jedem Erregerstrom I_e ist die Klemmenspannung U um den Betrag ΔU kleiner als die zugehörige Quellenspannung U_q. Es ergibt sich eine Parallelverschiebung für die Kurve $U = f(I_e)$ über den magnetischen Kreis mit $I = I_v$ als Parameter.

An der Widerstandsgeraden ändert sich nichts, da ihre Neigung ausschließlich durch den Widerstand R_e bestimmt wird.

Generator:

Motor:

Mit steigendem Strom I und damit zunehmender Parallelverschiebung bleibt es zunächst bei einem Schnittpunkt mit der Widerstandsgeraden. Dann kommt ein größerer Bereich mit zwei Schnittpunkten, bis schließlich die verschobene „Magnetisierungskurve" in einen Tangentenlage zur Widerstandsgeraden mit nur noch einem Berührungspunkt kommt.

Der hier zuzuordnende Strom I ist der größte, den der selbsterregte Generator abgeben kann.

| Selbsterregte Generatoren sind nur bis zu einem maximalen Strom belastbar |

Trägt man die Schnittpunkte in der Darstellung $U = f(I)$ ein, so erhält man die gesuchte Generatorkennlinie.

Der Schnittpunkt mit der „I"-Achse stellt bei $U = 0$ den Kurzschlußpunkt dar.

Ausgehend vom Leerlauf arbeitet die Maschine auf dem oberen Ast, ausgehend vom Kurzschluß auf dem unteren Ast der Kurve.

Im eigentlichen Arbeitsbereich ist die Kennlinie wesentlich stärker geneigt als die des fremd erregten Generators.

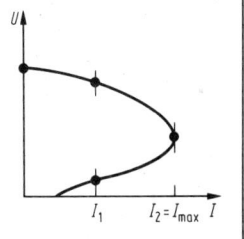

Bild 3.6.2–1
Kennlinie $U = f(I)$ eines selbsterregten Gleichstromgenerators bei R_e und n = konst

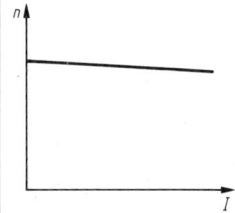

Bild 3.6.2–2
Kennlinie $n = f(I)$ eines selbsterregten Gleichstrommotors bei I_e und U = konst

3.6.3 Kennlinien bei Reihenschlußerregung

Wegen der Reihenschaltung wird der Ankerstrom gleichzeitig zum „Erregerstrom":

Generator: | Motor:

$$I = I_a = \text{„}I_e\text{"}$$

$$I \rightarrow \Phi$$

Magnetisierungskurve

Für den Generator (n = konst) gilt wieder:
Die Motordrehzahl muß sich anpassen:

$$U_q \sim \Phi$$

$$n \sim \frac{U_q}{\Phi}$$

Es gelten weiter (3.5–2):

(3.5–1): $\quad U = U_q - (I \cdot \Sigma R_i + 2\,\text{V}) \quad | \quad U_q = U - (I \cdot \Sigma R_i + 2\,\text{V})$

Eine wichtige Erkenntnis, die die Einsatzgebiete des Reihenschlußmotors einschränkt:

> Der Reihenschlußmotor am Netz konstanter Spannung erreicht bei kleinem Strom und damit kleinem Fluß unzulässig hohe Drehzahlen. Er „geht durch".

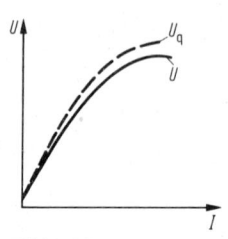

Bild 3.6.3–1
Kennlinie $U = f(I)$ eines Gleichstrom-Reihenschlußgenerators bei n = konst

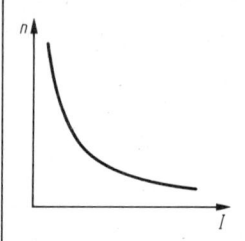

Bild 3.6.3–2
Kennlinie $n = f(I)$ eines Gleichstrom-Reihenschlußmotors bei U = konst

3.6.4 Kennlinien bei Verbund-(Compound-) Erregung

Bei den Grenzfällen ergab sich eine

Fremderregung | Reihenschlußerregung

schwach geneigte Kennlinie | sehr stark geneigte Kennlinie

Kombinationen

führen – je nach Aufteilung – zu einem Zwischenverlauf

3.6 Kennlinien der Gleichstrommaschine im Generator- und Motorbetrieb

Die Durchflutung auf den Hauptpolen bleibt bei Fremderregung – unabhängig vom Laststrom – konstant; bei Reihenschlußerregung ändert sie sich proportional mit dem Laststrom I.

Bei einer gleichsinnigen Verbunderregung mit z.B.
60% Fremderregung und
40% Reihenschlußerregung bei $I = I_1$
erhöht sich die Durchflutung
bei $I_2 = 2 \cdot I_1$ auf $\Theta_2 = 1{,}4\,\Theta_1$

Die Folge ist – verglichen mit der Reihenschlußerregung – eine wesentlich geringere Steigerung des Flusses Φ.

Die fremd- oder selbsterregte Wicklung bildet die für die Richtungsregeln maßgebende Grunderregung, die Reihenschlußwicklung die Zusatzerregung.

Diese Betrachtungsweise ist besonders wichtig, wenn in Sonderfällen eine Gegencompoundierung eingeführt wird.

Unter Berücksichtigung der inneren Spannungsabfälle gemäß (3.5–1) bzw. (3.5–2) ergeben sich z.B. folgende Kennlinien:

Generator:

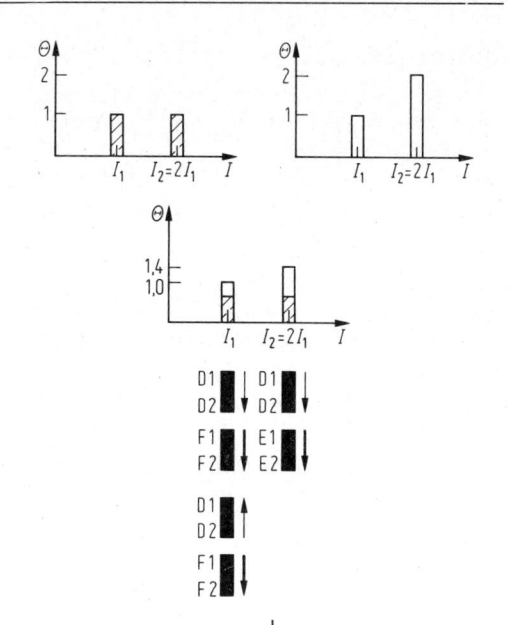

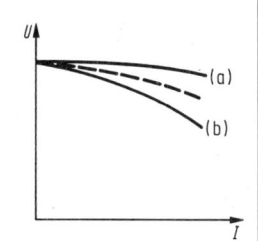

Bild 3.6.4–1
Kennlinie $U = f(I)$ eines selbsterregten Gleichstromgenerators
a) mit Compound-,
b) mit Gegencompoundwicklung
bei $n =$ konst

Motor:

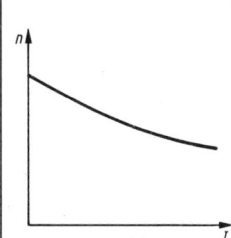

Bild 3.6.4–2
Kennlinie $n = f(I)$ eines fremderregten Gleichstrommotors mit Compoundwicklung bei $U =$ konst

Sie erkennen beim Compoundmotor einen wesentlichen Unterschied zum Reihenschlußmotor:

> Der Compound-Motor hat – wegen der verbleibenden Grunderregung – auch bei kleinem Ankerstrom eine endliche Drehzahl.

Beispiel 3.6.4–1

Bei einem Gleichstrom-Compoundmotor wird beim Nenn-Ankerstrom $I = I_N$ die Nenndurchflutung Θ_N zu je 50% von der fremderregten und der Reihenschlußwicklung aufgebracht. Maßgebend sei die nebenstehende relativierte Magnetisierungskurve

$$\Phi_{rel} = f(\Theta_{rel}).$$

An der Spannung $U = 500\,\text{V} = \text{konst.}$ wird beim Nennstrom $I_N = 100\,\text{A}$ die Nenndrehzahl $n_N = 300\,\text{min}^{-1}$ erreicht.

Die Summe der inneren Widerstände ist mit $\Sigma R_i = 0{,}3\,\Omega$ bekannt.

Bestimmen Sie die sich ergebenden Drehzahlen bei den Strömen

$I_2 = 0{,}5\, I_N = 50\,\text{A}$ und
$I_3 = 0$

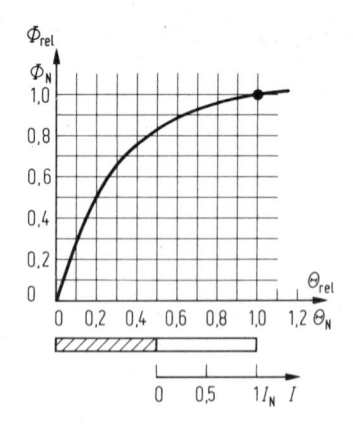

Lösung:

Aus der Magnetisierungskurve:

1) $\quad I = I_1 = I_N\ (100\,\text{A})$

   $\Theta_1 = 1\,\Theta_N$

   $\Phi_1 = 1\,\Phi_N$

2) $\quad I = I_2 = 0{,}5\,I_N\ (50\,\text{A})$

   $\Theta_2 = 0{,}75\,\Theta_N$

   $\Phi_2 = 0{,}94\,\Phi_N$

3) $\quad I = I_3 = 0$

   $\Theta_3 = 0{,}5\,\Theta_N$

   $\Phi_3 = 0{,}83\,\Phi_N$

Als Quellenspannungen U_q errechnen sich:

$U_q = U - (I\,\Sigma R_i + 2\,\text{V})$

Zu 1) $U_{q_1} = 468\,\text{V}$
Zu 2) $U_{q_2} = 483\,\text{V}$
Zu 3) $U_{q_3} = U = 500\,\text{V}$

An der stromlosen Bürste tritt kein Spannungsabfall auf.

Für die Drehzahl benutzen wir die Kurzform

$$n = \frac{U_q}{C\,\Phi}$$

und für Umrechnungen gilt

$$\frac{n_2}{n_1} = \frac{U_{q2}\,\Phi_1}{U_{q1}\,\Phi_2}$$

Die Bezugsgrößen mit dem Index 1 sind die Nenndaten:

$n_1 = \mathbf{300\,min^{-1}}.\ U_{q1} = 468\,\text{V};\ \Phi_1 = \Phi_N$

Zu 2) $I_2 = 50\,\text{A}$

$n_2 = 300\,\text{min}^{-1}\,\dfrac{483\,\text{V}\ \Phi_N}{468\,\text{V}\ 0{,}94\,\Phi_N} = \mathbf{329{,}4\,min^{-1}}$

Zu 3) $I_3 = 0$

$n_3 = 300\,\text{min}^{-1}\,\dfrac{500\,\text{V}\ \Phi_N}{468\,\text{V}\ 0{,}83\,\Phi_N} = \mathbf{386{,}2\,min^{-1}}$

3.6.5 Laststrom und Drehmomentenforderung bei Motoren

Die eigentliche Kenngröße für die Belastung von Motoren ist die Drehmomentenforderung M.

Der bei den bisherigen Kennlinien als Bezugsgröße gewählte Strom I ist bereits eine Konsequenz.

Beim Umzeichnen sind die Zusammenhänge zu beachten, die in Gleichung (3.2–3) deutlich wurden.

$$M_i = C' \Phi \cdot I$$

Bei fremderregten und selbsterregten Motoren ergibt sich – wegen des konstant gehaltenen Flusses – nahezu Proportionalität zwischen I und M.

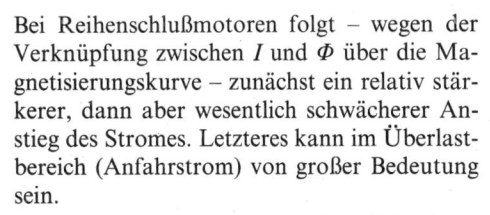

Bei Reihenschlußmotoren folgt – wegen der Verknüpfung zwischen I und Φ über die Magnetisierungskurve – zunächst ein relativ stärkerer, dann aber wesentlich schwächerer Anstieg des Stromes. Letzteres kann im Überlastbereich (Anfahrstrom) von großer Bedeutung sein.

Bei Kompoundmaschinen ergeben sich wieder Zwischenwerte.

Übung 3.6.5–1

Ausgehend von den Voraussetzungen und Ergebnissen des Beispiels 3.6.4–1 sind für den dort betrachteten Gleichstrom-Kompoundmotor den Strömen $I_1 = I_N$; $I_2 = 0{,}5\ I_N$ und $I_3 = 0$
relative (innere) Drehmomente $M = v \cdot M_N$ mit $0 \leq v \leq 1$ zuzuordnen.

Basis: $M_N = C' \cdot \Phi_N \cdot I_N$

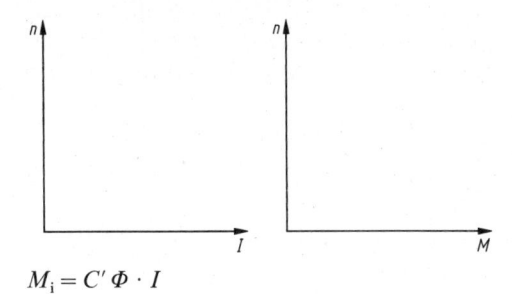

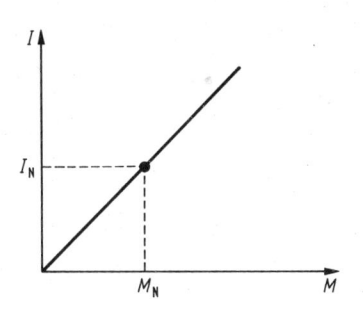

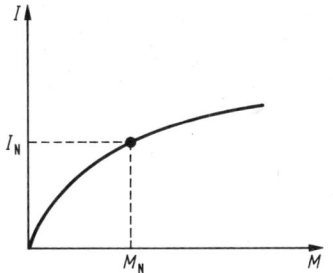

Lösung:

3.7 Wirkungsgrad und Verluste

Die grundsätzlichen Zusammenhänge haben Sie bereits im Abschnitt 1.3.1 kennengelernt.

$$P_{ab} = P_{zu} - P_v; \quad \eta = \frac{P_{ab}}{P_{zu}}$$

Hier geht es zunächst darum, die Verlustleistung – kurz „Verluste" – bei der Gleichstrommaschine näher zu definieren.

Man unterscheidet:

– Kupferverluste P_{vcu}

Das sind die Stromwärmeverluste in allen vom Ankerstrom durchflossenen Wicklungen – also auch in einer evtl. vorhandenen Reihenschlußwicklung.

$$\boxed{P_{vcu} = I_a^2 \cdot \Sigma R_i} \qquad (3.7–1)$$

– Erregerverluste P_{ve}

Sie werden nur getrennt ausgewiesen bei fremderregten und selbsterregten Maschinen und beinhalten neben den Verlusten in der Wicklung auch die Verluste in einem Feldsteller, der evtl. vorgeschaltet ist.

Deshalb errechnet man sie aus dem Produkt von Erregerspannung und Erregerstrom:

$$\boxed{P_{ve} = U_e \cdot I_e} \qquad (3.7–2)$$

Bei einem genormten Bürstenspannungsabfall $U_{bü} = 2\,V$ – vgl. 3.5 – ergibt sich:

– Bürstenübergangsverluste $P_{vbü}$

$$\boxed{P_{vbü} = I_a \cdot 2\,V} \qquad (3.7–3)$$

Bekanntlich treten im Läufer der Gleichstrommaschine Wechselspannungen auf. In diesem Zusammenhang ergeben sich Ummagnetisierung und auch Wirbelstrombildung, die beide zu Erwärmungen des Eisens führen.

– Eisenverluste P_{vfe}

Maßgebend sind neben Materialkonstanten die Frequenz f und der magnetische Fluß Φ. Eine Berechnung der Eisenverluste setzt deshalb eine genaue Kenntnis des magnetischen Kreises voraus.

Die Reibungsverluste setzen sich zusammen aus
Lagerreibung,
Luftreibung,
Bürstenreibung.

– Reibungsverluste P_{vrbg}

Sie sind nur bedingt in Formeln faßbar; deshalb spielen – konstruktionsbedingt – Erfahrungswerte eine große Rolle.

Vergleiche zwischen Ergebnissen bei direkter und indirekter Bestimmung des Wirkungsgra-

– Zusatzverluste P_{vzus}

3.7 Wirkungsgrad und Verluste

des machen das Auftreten zusätzlicher Verluste deutlich, die nicht mit den obigen Definitionen erfaßt sind. Sie können im magnetischen Kreis, in anderen Metallteilen, in stromführenden Leitern und in den Bürsten infolge der Stromwendung entstehen.

Wenn nicht exakt bestimmbar, empfiehlt der VDE, mit folgenden Richtwerten zu rechnen:

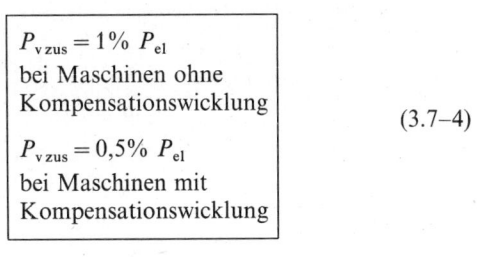

$P_{vzus} = 1\% \ P_{el}$
bei Maschinen ohne
Kompensationswicklung

$P_{vzus} = 0,5\% \ P_{el}$
bei Maschinen mit
Kompensationswicklung

(3.7–4)

$P_{el} = P_{ab}$ beim Generator
$\qquad$ im Nennbetrieb
$P_{el} = P_{zu}$ beim Motor (Ankerkreis)

Die Einzelverluste sind entweder direkt oder über lastbedingte Betriebsgrößen mehr oder weniger stromabhängig.

Damit ändert sich auch – stromabhängig – der Wirkungsgrad.

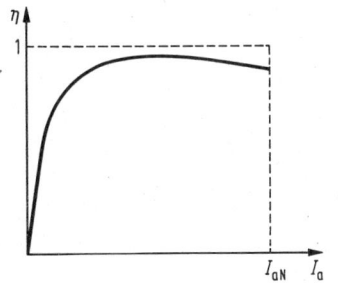

Bild 3.7–1 Typischer Verlauf des Wirkungsgrades in Abhängigkeit vom Ankerstrom bei einer Gleichstrommaschine

Beispiel 3.7–1

Ein fremd erregter Gleichstrommotor mit Wendepolen nimmt am Netz $U = 220$ V einen Ankerstrom $I = 150$ A auf. Die Erregerwicklung führt bei einer Spannung $U_e = 110$ V einen Strom $I_e = 2,5$ A.

Bekannt sind folgende Wicklungswiderstände:
Anker $\qquad\qquad\qquad R_a = 0,05 \ \Omega$,
Wendepole $\qquad\qquad R_w = 0,03 \ \Omega$,
Erregerwicklung $\qquad R_e = 30,0 \ \Omega$,
ferner der Gesamtwirkungsgrad mit $\eta = 90,16\%$.

Bestimmen Sie
a) den bei den Erregerdaten wirksamen Widerstand des Feldstellers,
b) die Kupferverluste,

Lösung:

Zugeführte Leistung Ankerkreis
$P_a = U \cdot I_a = 220$ V $\cdot$ 150 A $= 33\,000$ W

Zugeführte Leistung Erregerkreis
$P_e = U_e \cdot I_e = 110$ V $\cdot$ 2,5 A $= 275$ W

Insgesamt zugeführte Leistung
$P_{zu} = 33\,000$ W $+ 275$ W $= \mathbf{33\,275 \ W}$

a) Wirksamer Widerstand des Feldstellers

$$R_{fst} = \frac{U_e}{I_e} - R_e = \frac{110 \ \text{V}}{2,5 \ \text{A}} - 30 \ \Omega = \mathbf{14 \ \Omega}$$

b) Kupferverluste

$P_{vcu} = I_a^2 \cdot \Sigma R_i = (150 \ \text{A})^2 \cdot 0,08 \ \Omega = \mathbf{1800 \ W}$

c) die Erregerverluste,
d) die Bürstenübergangsverluste,
e) die Zusatzverluste und
f) die Summe aus Eisen- und Reibungsverlusten.

c) Erregerverluste
$$P_{ve} = U_e \cdot I_e = 110\,\text{V} \cdot 2{,}5\,\text{A} = \mathbf{275\,W}$$

d) Bürstenübergangsverluste
$$P_{vbü} = I_a \cdot 2\,\text{V} = 150\,\text{A} \cdot 2\,\text{V} = \mathbf{300\,W}$$

e) Zusatzverluste
$$P_{vzus} = 1\%\, P_{el} = 0{,}01 \cdot 33000\,\text{W} = \mathbf{330\,W}$$

f) Summe aus Eisen- und Reibungsverlusten
Der Wert ergibt sich als Differenz aus den Gesamtverlusten und der Summe der bisher ermittelten Einzelverluste.
$$P_{ab} = P_{zu} \cdot \eta = 33275\,\text{W} \cdot 0{,}9016 = 30000\,\text{W}$$
$$\Sigma P_v = 33275\,\text{W} - 30000\,\text{W} = 3275\,\text{W}$$
$$P_{vfe} + P_{vrbg}$$
$$= 3275\,\text{W} - (1800 + 275 + 300 + 330)\,\text{W}$$
$$= \mathbf{570\,W}$$

Übung 3.7–1

Ein selbsterregter Gleichstromgenerator mit Wendepolen gibt bei einer Spannung von 440 V eine Leistung von 44 kW ab.
Bekannt sind folgende Widerstände:

Anker $\quad R_a = 0{,}09\,\Omega$
Wendepole $\quad R_w = 0{,}06\,\Omega$
Erregerkreis $\quad R_e = 146{,}7\,\Omega$

Aus Messungen kennt man weiter
die Eisenverluste $\quad P_{vfe} = 500\,\text{W}$ und
die Reibungsverluste $\quad P_{vrbg} = 400\,\text{W}$.

Zu bestimmen ist – unter Berücksichtigung der sonstigen Verluste – der Wirkungsgrad η.

Lösung:

Übung 3.7–2

Von einem fremd erregten Gleichstrommotor mit einer Nennleistung $P_N = 590\,\text{kW}$ kennt man die Verluste bei Nennbetrieb:

Kupferverluste	32 000 W
Erregerverluste	7 750 W
Bürstenübergangsverluste	2 100 W
Zusatzverluste	3 150 W
Eisenverluste	5 000 W
Reibungsverluste	2 750 W

Zu bestimmen sind der Wirkungsgrad η bei Vollast $(I = I_N)$ und bei Halblast $(I = 0{,}5\,I_N)$.

Lösung:

Die Maschine wird mit konstanter Fremderregung betrieben; die geringe Drehzahländerung bei Übergang zur Halblast kann vernachlässigt werden.

Entsprechend VDE wird angenommen, daß sich die Zusatzverluste quadratisch mit dem Strom ändern.

3.8 Ankerrückwirkung

Bisher sind wir davon ausgegangen, daß der sich einstellende magnetische Fluß ausschließlich von der Durchflutung auf den Hauptpolen bestimmt wird.

Tatsächlich kann sich eine Beeinflussung durch den Ankerstrom ergeben.

Wesentlich sind zwei Arten der Ankerrückwirkung:

> Magnetisierende oder entmagnetisierende Einflüsse des stromdurchflossenen Ankers der Gleichstrommaschine auf die Hauptpole bezeichnet man als Ankerrückwirkung.

3.8.1 Sättigung einer Polschuhkante

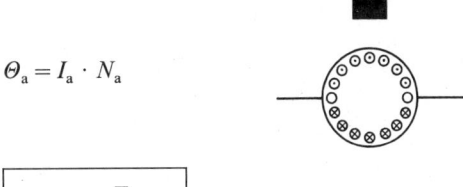

Sobald die Leiter der Ankerwicklung von einem Strom durchflossen werden, ergibt sich eine Ankerdurchflutung

$$\Theta_a = I_a \cdot N_a$$

Als die in diesem Zusammenhang wirksame Windungszahl N_a bezeichnet man die auf einen Pol und vollen Ankerstrom bezogene Gesamtwindungszahl (vgl. auch 3.1.3).

$$N_a = \frac{Z}{2 \cdot 2p \cdot 2a} \quad (3.8.1-1)$$

mit $Z = 2 \cdot k \cdot w_s$

Die Wirkungslinie dieser Ankerdurchflutung ist durch die Lage der Bürsten bestimmt und liegt damit senkrecht zur Achse der Hauptpole. Man spricht vom *Ankerquerfeld*.

Ankerquerfeld

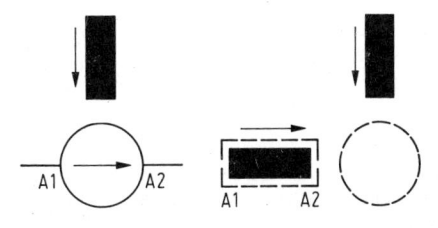

Bei stromlosem Anker und beispielsweise konstanter Hauptpoldurchflutung bestimmt die Hauptpolachse die Richtung des magnetischen Feldes.

Mit wachsendem Ankerstrom und damit wachsender Ankerdurchflutung ergibt sich zunehmend eine Drehung des Feldes.

Das zunächst homogene Magnetfeld mit konstanter Flußdichte längs des Polbogens erscheint in dem Sinne verzerrt, daß es an einer Polschuhkante zu einer höheren, an der anderen zu einer niedrigeren Flußdichte kommt.

Diese Wirkung kann man sich verdeutlichen, indem man den Teil der Ankerleiter herausgreift, der momentan gerade unter einem Hauptpol liegt. Vergleicht man – speziell im Bereich der Polschuhkanten – die Richtung des diese Leiter umschließenden Teilflusses mit der Richtung des Hauptpolflusses, so wird die verstärkende (linke Kante) bzw. schwächende (rechte Kante) Wirkung ohne weiteres verständlich.

In diesem Bereich unmittelbar wirksamer Teil der gesamten Ankerdurchflutung

$$\Theta_{a(b_p)} = \Theta_a \cdot \frac{b_p}{t_p}$$

mit b_p = Polbogen

$$t_p = \text{Polteilung} = \frac{d \cdot \pi}{2p}$$

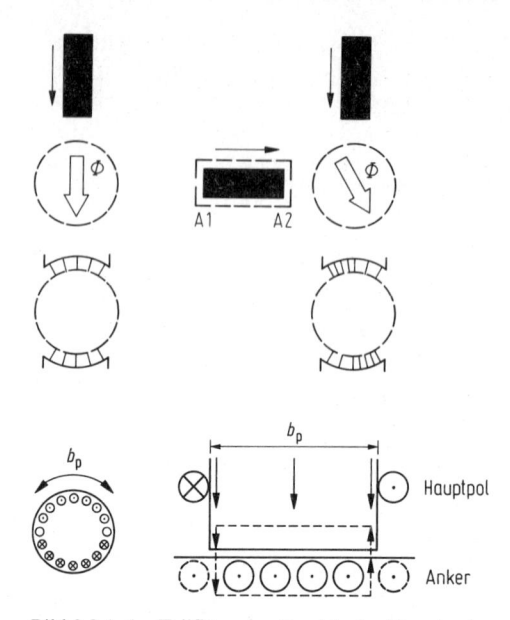

Bild 3.8.1-1 Teilflüsse im Bereich des Hauptpols

Trägt man diese Teildurchflutung in der Magnetisierungskurve – ausgehend von den durch die Hauptpoldurchflutung Θ_1 bzw. Θ_2 gegebenen Betriebspunkten P_1 bzw. P_2 – im verstärkenden und schwächenden Sinne an, so gewinnt man Hinweise auf die Zu- bzw. Abnahme der Flußdichte ΔB an den betroffenen Polschuhkanten.

Gleichzeitig werden die Einflüsse des Betriebspunktes deutlich.

- P_1 liegt im geradlinigen Teil der Magnetisierungskurve. $+\Delta B_1$ und $-\Delta B_1$ halten sich die Waage; der Mittelwert der Flußdichte bleibt etwa unverändert.
- P_2 liegt im Bereich beginnender Sättigung. Die mögliche Verstärkung der Flußdichte $+\Delta B_2$ ist wesentlich kleiner als die Verringerung $-\Delta B_2$; der Mittelwert der Flußdichte und damit des magnetischen Flusses ist kleiner als bei fehlender Ankerdurchflutung.

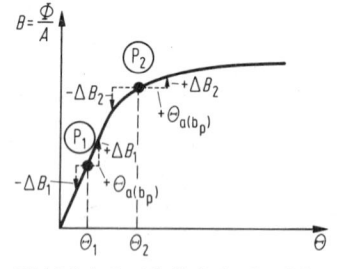

Bild 3.8.1-2 Einfluß des Betriebspunktes auf die Größe der Ankerrückwirkung bei Sättigung einer Polschuhkante

3.8 Ankerrückwirkung

Betriebspunkt P_2 erfüllt die Voraussetzung des Themas dieses Unterkapitels; damit gilt als Aussage:

> Die Ankerrückwirkung durch Sättigung einer Polschuhkante wirkt – unabhängig von Generator- oder Motorbetrieb und unabhängig von der Drehrichtung immer feldschwächend.

Die z.B. im Abschnitt 3.6.1 (Kennlinien bei Fremderregung) gemachte Aussage

I_e = konst. ... Φ = konst.

gilt bei Einfluß dieser Ankerrückwirkung nur bedingt. Das hat Auswirkungen auf den Verlauf der Kennlinien.

Bei fremderregten Gleichstrommotoren mit sehr schwach geneigter Ursprungskennlinie kann sich ein instabiler Verlauf mit steigender Drehzahl in Abhängigkeit vom Ankerstrom ergeben.

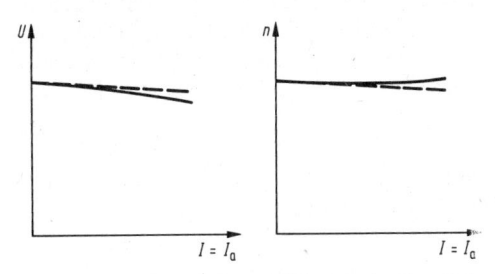

Bild 3.8.1–3 Kennlinie $U = f(I)$ eines fremderregten Gleichstromgenerators bei I_e und n = konst.

Bild 3.8.1–4 Kennlinie $n = f(I)$ eines fremderregten Gleichstrommotors bei I_e und U = konst.

unter Einfluß der Ankerrückwirkung durch Sättigung einer Polschuhkante

Beispiel 3.8.1–1

Entscheiden Sie anhand der Richtungsregeln bei den Prinzipschaltbildern, welche Polschuhkante – auf- oder ablaufend – bei Generator- bzw. Motorbetrieb von der Sättigung betroffen ist.

Lösung:

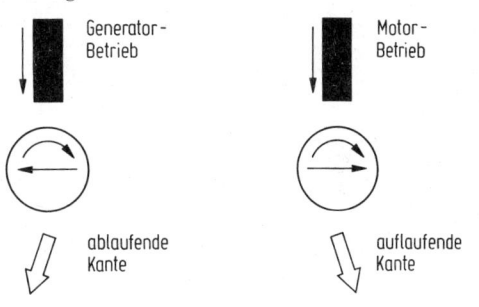

Generator-Betrieb — ablaufende Kante

Motor-Betrieb — auflaufende Kante

Übung 3.8.1–1

Bereits im Beispiel 3.2–1 wurde eine Gleichstrommaschine mit Schleifenwicklung, $2p = 4$; $w_s = 1$; $k = 200$ und einer Strombelastung $I = 100$ A betrachtet.

Bestimmen Sie die auf einen Pol bezogene Ankerdurchflutung Θ_a.

Lösung:

3.8.2 Bürstenverschiebung

Die Bürsten gehören in die neutrale Zone, d.i. der feldfreie Bereich, der normalerweise in der Mitte zwischen benachbarten Hauptpolen liegt. Nennenswerte Verschiebungen bergen die Gefahr in sich, daß die Bürsten mit Segmenten Kontakt bekommen, wo die angeschlossenen Leiter noch oder schon spannungsführend sind. Bürstenfeuer wäre die unvermeidliche Folge.

Unterhalb dieser Grenzen gibt es einen Bereich, in dem man sich gelegentlich der Bürstenverschiebung bedient und damit eine zweite Art der Ankerrückwirkung auslöst.

> Bei der Bürstenverschiebung beeinflußt eine Komponente der Ankerdurchflutung unmittelbar die resultierende Durchflutung in der Hauptpolachse.

Zur Erläuterung kann man wieder die Richtungsregeln bei den Prinzipschaltbildern nutzen:

Generator-Betrieb:

Bürstenvorschub: Feldschwächung

Bürstenrückschub: Feldverstärkung

Motor-Betrieb:

Bürstenvorschub: Feldverstärkung

Bürstenrückschub: Feldschwächung

Betrachten wir wieder die Kennlinien fremderregter Maschinen, so kennzeichnen die Bilder 3.8.2–1 und 3.8.2–2 in der Tendenz die Auswirkungen einer Bürstenverschiebung.

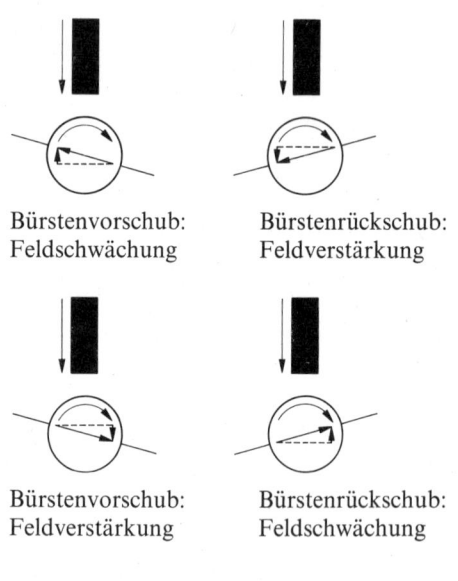

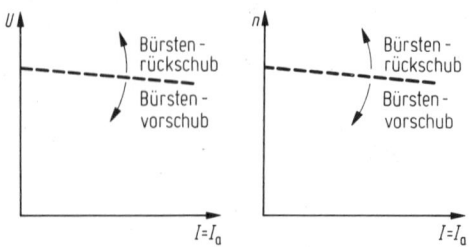

Bild 3.8.2–1 Einfluß der Bürstenverschiebung auf die Kennlinie $U = f(I)$ eines fremderregten Gleichstromgenerators bei I_e und $n =$ konst.

Bild 3.8.2–2 Einfluß der Bürstenverschiebung auf die Kennlinie $n = f(I)$ eines fremderregten Gleichstrommotors bei I_e und $U =$ konst.

3.8.3 Bedeutung der Wendepole

Die in Kapitel 3.8.1 angestellten Überlegungen verdeutlichten die Schrägstellung des resultierenden Feldes als Folge der Ankerdurchflutung.
Das aber ist gleichbedeutend mit einer Verschiebung der neutralen Zone.
Zur Vermeidung von Bürstenfeuer müssen die Bürsten in eine entsprechende Stellung gebracht werden, die bei Laständerungen anzupassen ist.
Das ist natürlich kein praktikabler Weg. Deshalb werden praktisch alle Maschinen mit Wendepolen ausgerüstet. Sie sind zwischen benachbarten Hauptpolen – also in der Querachse – angeordnet und sollen im Bereich der Wendezone – also der Bürsten – eine Gegendurchflutung zur Ankerdurchflutung aufbringen.

Um bei jedem Ankerstrom die richtige Gegenwirkung zu erreichen, ist die Reihenschaltung der Wendepolwicklung mit der Ankerwicklung die zwangsläufige Folge.
Streng genommen ist es eine Gegenreihenschlußschaltung. Das kam in der Prinzipdarstellung nach alter deutscher Norm besser zum Ausdruck als in der jetzt gültigen Norm. Die Wendepolwicklung wird zum festen Bestandteil des Ankerkreises; deshalb ist der Verbindungspunkt i.a. außen nicht zugänglich.
Nach unserem bisherigen Wissensstand gilt die Forderung:
und damit für die Windungszahl je Pol (N_A in der Definition der Gleichung (3.8.1–1)):

Wir werden im Rahmen der Diskussion über die Kommutierung (Abschn. 3.9) dem Wendepol eine weitere Aufgabe zuordnen und damit diese Aussage korrigieren.
Es bleibt die Feststellung:

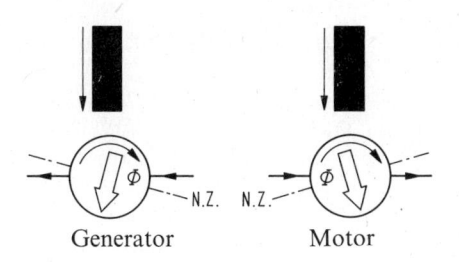

Bild 3.8.3–1 Verschiebung der neutralen Zone als Folge der Ankerdurchflutung

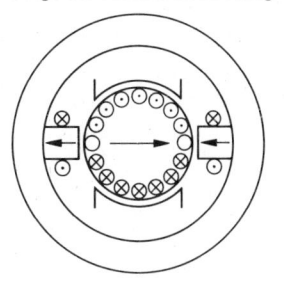

Bild 3.8.3–2 Anordnung der Wendepole

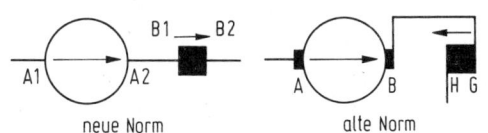

Bild 3.8.3–3 Schaltung der Wendepolwicklung nach neuer und alter Norm

$\Theta_w = \Theta_a$

$N_w = N_a$

> Bei Gleichstrommaschinen mit Wendepolen können die Bürsten fest in der Stellung verbleiben, die sich als neutrale Zone bei unbelastetem Anker ergibt.

Diese Stellung ist die Ausgangsbasis für gewollte geringe Verschiebungen im Sinne des Abschnittes 3.8.2.

3.8.4 Bedeutung der Kompensationswicklung

Auch bei Vorhandensein einer Wendepol-Wicklung mit ihren auf dem schmalen Wendepol konzentrierten Windungen ändert sich kaum etwas an den Teilflüssen im Bereich des Hauptpols, die Bild 3.8.1–1 verdeutlichte. Damit bleibt es bei der Sättigung einer Polschuhkante und der daraus resultierenden Ankerrückwirkung.

Will man auch dagegen etwas tun, muß man einen Teil der Wendepolwindungen mit größerem Windungsdurchmesser ausführen und in den Polschuhen der Hauptpole fixieren. Diesen Teil nennt man „Kompensationswicklung".

Die Fixierung erfolgt in besonderen Nuten der Hauptpolschuhe.

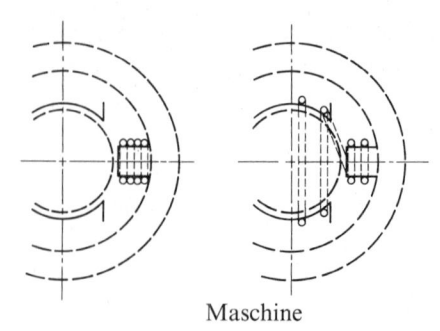

Die Schaltung wird am besten in der Abwicklung verdeutlicht. Dabei kennzeichnen die punktierten Linien die Umrisse des Hauptpolschuhs bzw. des Wendepols. Die Verbindung erfolgt meist für die Teilwicklungen jedes einzelnen Pols, so daß die Klemmenpunkte B1, B2, C1 und C2 eigentlich so oft existieren, wie Pole vorhanden sind.

Herausgeführt wird nur der Endpunkt der Gesamtschaltung, die sich z. B. aus der Reihenschaltung aller Pole ergibt.

Die Klemmen A1 und C2 bilden dann den Zugang zum Ankerkreis.

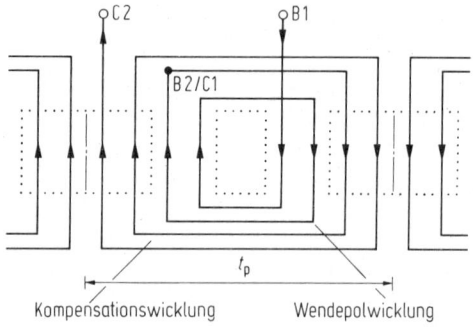

Der Anteil der Kompensationswindungen muß so gewählt werden, daß die daraus resultierende Durchflutung sich mit der Teildurchflutung der zugeordneten Ankerleiter praktisch aufhebt. Bild 3.8.4–2 tritt an die Stelle von Bild 3.8.1–1.

Im Idealzustand bleibt dann nur die ungestörte Durchflutung von der Hauptpol-Erregung übrig.

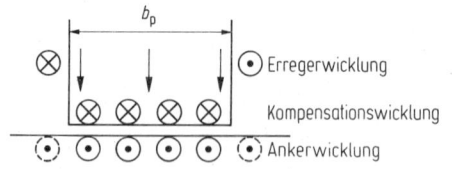

Maschine
nur mit Wendepolwicklung | mit Wendepol- und Kompensationswicklung

Bild 3.8.4–1 Schaltung von Wendepol- und Kompensations-Wicklung für einen Pol

Bild 3.8.4–2 Teildurchflutungen im Bereich des Hauptpols unter Einfluß der Kompensationswicklung

Als Zahlenwert für die erforderliche Windungszahl der Kompensationswicklung je Pol ergibt sich bei Beaufschlagung mit dem vollen Ankerstrom:

$$N_k = N_a \frac{b_p}{t_p} \qquad (3.8.4-1)$$

Der sich ergebende Wert muß natürlich auf eine ausführbare ganze Zahl gerundet werden.

> Die nur in Verbindung mit der Wendepolwicklung auftretende Kompensationswicklung vermeidet weitgehend Sättigungserscheinungen an den Kanten der Hauptpolschuhe und so die daraus resultierende Ankerrückwirkung.

Wegen des Schaltungsaufwandes wird die Kompensationswicklung normalerweise nur bei größeren und stark belasteten Gleichstrommaschinen eingesetzt.

Übung 3.8.4–1
Wir betrachten wieder die Gleichstrommaschine, mit der sich schon Übung 3.8.1–1 beschäftigte. Übernehmen Sie zunächst die dort ermittelte Ankerwindungszahl N_a.
Bestimmen Sie jetzt die erforderliche Windungszahl je Pol einer Kompensationswicklung, wenn das Verhältnis Polbogen/Polteilung $\dfrac{b_p}{t_p} = 0{,}65$ bekannt ist.

Lösung:
$N_a =$

3.9 Kommutierung

Unter der „Kommutierung" = Stromwendung versteht man den Umschaltvorgang beim Herübergleiten der Bürsten von einem Segment zum nächsten. In der Praxis schließt diese Betrachtung auch die Bewertung möglicher Folgeerscheinungen – wie etwa des Bürstenfeuers – ein. Ziel ist natürlich ein Betrieb, bei dem es zu keinerlei Funkenbildung unter den Bürsten bzw. an deren Kanten kommt. Dabei kann bei hohen Strombelastungen und großen Drehzahländerungen durchaus einmal ein harmloses Bürstenfeuer auftreten, das ohne weiteres hinzunehmen ist.

Die zulässige Grenze wird in den nationalen und internationalen Vorschriften ganz klar definiert.

> Die Kommutierung ist dann zu beanstanden, wenn es als Folge des Bürstenfeuers zu einer bleibenden Schädigung des Stromwenders und/oder der Bürsten kommt.

Eine Schädigung äußert sich vornehmlich in Schwärzungen der Segmente und/oder der Bürstenlauffläche. Die dann zusätzlich auftretenden Kontaktprobleme führen sehr schnell dazu, daß sich die Erscheinungen verstärken und ein weiterer Betrieb unmöglich wird. Die Kommutator-Oberfläche muß z. B. durch Abschmirgeln wieder in einen sauberen Zustand gebracht werden. Wenn die Ursache des Bürstenfeuers nicht beseitigt ist, hält die Besserung aber nur kurzzeitig an.

3.9.1 Elektrische Ursachen schlechter Kommutierung und deren Beseitigung

Wichtiger Grundsatz war, daß die betroffene Spule während des Kommutierungsvorganges spannungsfrei ist. Andernfalls ist ein Ausgleichsstrom während der momentanen Überbrückung durch die Bürste unvermeidlich. Wird dieser „Stromkreis" als Folge der Drehung unterbrochen, so ist – wie bei jedem Schalter – ein Funke das zwangsläufige Ergebnis.

Eine rotorisch induzierte Spannung wird dadurch vermieden, daß nur diejenigen Spulen von Bürsten überbrückt werden, die sich gerade im feldfreien Bereich befinden. Dazu ist die Neutralstellung der Bürsten eine wichtige Voraussetzung.

Die betroffenen Spulen dienen dann bestenfalls als Zuleitungen zu den spannungsführenden Nachbarspulen.

Schauen wir uns einmal die Verteilung des Laststromes vor, während und nach dem Kommutierungsvorgang an:

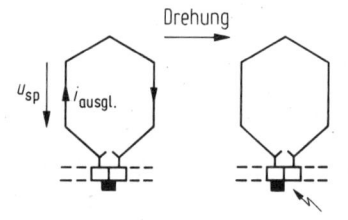

Bild 3.9.1–1 Ausgleichstrom in der kommutierenden Spule als Folge einer Spulenspannung

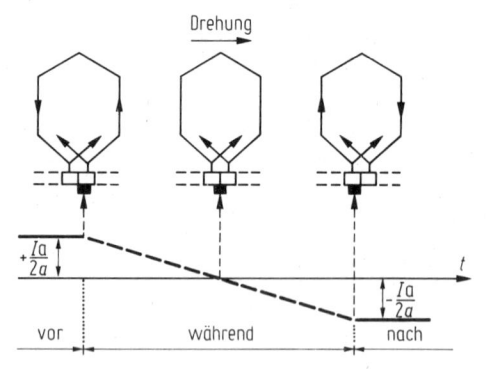

Bild 3.9.1–2 Stromverlauf in einer Spule vor, während und nach der Kommutierung

Der Kommutierungsvorgang ist durch zwei Erscheinungen gekennzeichnet:

– durch eine Stromänderung $\frac{\Delta I}{\Delta t}$ in der betroffenen Spule bei konstantem äußeren Laststrom,

– durch eine Überbrückung der betroffenen Spule über die Bürste im Sinne des Kurzschlusses.

3.9 Kommutierung

Die Stromänderung führt zu einer Selbstinduktionsspannung, hier genannt:

Reaktanzspannung $\quad u_r = L \dfrac{\Delta I}{\Delta t}$

Die Reaktanzspannung führt zu einem Ausgleichsstrom über den kurzgeschlossenen Spulenkreis mit allen Konsequenzen, die Bild 3.9.1–1 verdeutlichte.

Der Kurzschlußstrom überlagert sich dem Nutzstrom, so daß der Strom in einer Spule insgesamt etwa den folgenden Verlauf hat:

Da immer neue Spulen in die Lage der betroffenen Spule kommen, ergibt sich ein permanentes, u.U. sehr starkes Bürstenfeuer.

Um dem entgegenzuwirken, verfolgt man den Gedanken, in der betroffenen Spule im geeigneten Augenblick eine Gegenspannung zu induzieren, die der Reaktanzspannung das Gleichgewicht hält und diese so unwirksam macht.

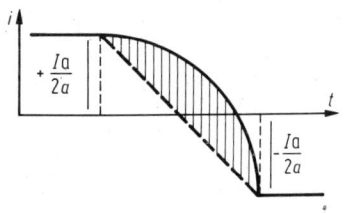

Bild 3.9.1–3 Tatsächlicher Stromverlauf in einer Spule unter Einfluß des Kurzschlußstromes

Aus der räumlichen Situation heraus kann diese Gegenspannung nur vom Wendepol aus induziert werden. Sie führt daher den Namen Wendespannung.

Wendespannung

$u_w = B_w \cdot l \cdot v$

Damit kommen wir zu der angekündigten zusätzlichen Aufgabe des Wendepols mit seiner Wicklung; sie wird zu seiner eigentlichen Aufgabe:

> Der Wendepol muß ein geeignetes Wendefeld aufbauen.

Die Wendepoldurchflutung Θ_w muß gegenüber der Ankerdurchflutung Θ_a vergrößert werden, damit eine Differenzdurchflutung zur Erzeugung des Wendefeldes übrigbleibt.

Bei Vorhandensein einer Kompensationswicklung gilt für die Windungszahlen eine entsprechende Gleichung, wenn die Wendepol- (und Kompensationswicklung) in Reihe geschaltet und damit vom vollen Ankerstrom durchflossen sind.

$$\boxed{\begin{array}{l}\Theta_w = c \cdot \Theta_a \\ (\Theta_w + \Theta_k) = c \cdot \Theta_a\end{array}} \qquad (3.9.1\text{--}1)$$

Der Faktor c ist für jede Maschine unter vereinfachenden Annahmen errechenbar.

Wir geben hier als Richtwert an:

$c \approx 1{,}2$

Wegen der Näherungsrechnung kommt man in der Praxis häufig ohne Nachjustierung nicht aus, wenn man einen wirklich funkenfreien Lauf erreichen will.

Diese Nachjustierung erfolgt durch Änderung der Windungszahl des Wendepols, häufiger aber durch Änderung des Wendepolluftspaltes, der ja auf die Größe des Wendepolflusses entscheidenden Einfluß hat. Blechunterlagen zwischen Wendepol und Joch bereiten eine solche Änderungsmöglichkeit vor.

Übung 3.9.1–1

Wir kommen noch einmal auf die Gleichstrommaschine der Übung 3.8.1–1 zurück und übernehmen:

Die Maschine sei mit Wendepol- und Kompensationswicklung ausgerüstet. In Übung 3.8.4–1 hatten wir die erforderliche Windungszahl der Kompensationswicklung ermittelt:

Bestimmen Sie jetzt die erforderlich Windungszahl des Wendepols unter der Annahme $c = 1,2$.

Lösung:

$N_a =$

$N_k =$

3.9.2 Mechanische Ursachen schlechter Kommutierung und deren Beseitigung

Die mechanische Ursachen lassen sich im wesentlichen in zwei Gruppen einteilen:

– Störung des Kontaktes zwischen Bürste und Oberfläche des Kommutators

Hierzu gehören u.a.:
Unrunder Kommutator,
vorstehende Isolation zwischen den Segmenten,
Klemmen der Kohlebürsten im Halter.

– Teilungsfehler, Unsymmetrien

Hierzu gehören u.a.:
Ungleicher Abstand zwischen den Befestigungsbolzen für die Bürstenbolzen,
ungleicher Abstand zwischen den Polen,
ungleiche Luftspalte,
Bürsten mit nicht vollständig ausgebildeter Lauffläche.
Festgestellte Fehler und Abweichungen, die eine gewisse Toleranzgrenze überschreiten, müssen unbedingt beseitigt werden.

3.10 Drehzahlsteuerung beim Gleichstrommotor

Die Drehzahl der Gleichstrommaschine ist wirtschaftlich in weiten Grenzen veränderbar. Darin zeichnet sie sich gegenüber der Mehrzahl anderer Maschinentypen aus. Nicht nur das natürliche Drehzahlverhalten, sondern auch die Maßnahmen zur gezielten Beeinflussung der Drehzahl lassen sich aus nebenstehender Formel ableiten:

$$n = \frac{U_q}{C \cdot \Phi}$$

3.10.1 Spannungssteuerung

Die reine Spannungssteuerung erfolgt bei konstanter Feldeinstellung.

Wegen $U_q \approx U$ folgt die Drehzahl annähernd proportional der angelegten Spannung nach Größe und Richtung. Bei genügender Feinstufigkeit der Spannungssteuerung ist das Durchfahren des Nullpunktes problemlos.

$U_q \approx U$

$n \sim U$

Grenzen für die maximale Spannung $U = U_{max}$ ergeben sich aus der Spannungsfestigkeit der eingesetzten Isolationsmaterialien und aus der Segmentspannung u_s. Das ist die Spannung zwischen benachbarten Kommutator-Segmenten, die im Mittelwert errechenbar ist zu

Segmentspannung u_s

$$\boxed{u_s = \frac{U \cdot 2p}{k}} \qquad (3.10.1\text{--}1)$$

mit $\dfrac{k}{2p}$ = Segmentzahl zwischen benachbarten Bürsten

Die Erfahrung lehrt, daß hier Höchstwerte – je nach Bauart – nicht überschritten werden sollten, wenn man Teilüberschläge über die den Kommutator umgebende Luftschicht sicher vermeiden will.

$u_{s\,max} = 15$ bis 20 V.

Die idealste Art der Spannungssteuerung ergibt sich bei der Leonardschaltung und den mit ihr verwandten modernen Stromrichterspeisungen.

Aber auch bei konstanter Netzspannung bestehen Möglichkeiten. So kann bei gleichzeitigem Betrieb zweier Maschinen eine Steuerung in zwei Stufen mittels Reihen-/Parallelschaltung erfolgen.

Reihen-/Parallelschaltung

Bild 3.10.1−1
Kennlinien eines fremderregten Gs-Motors bei Reihen-/Parallelschaltung bei U_{Netz} und I_e = konst.

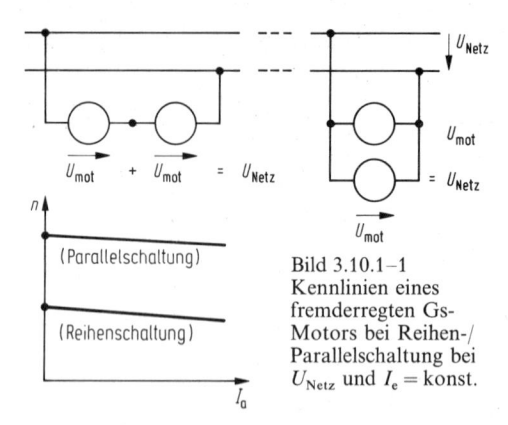

Im weiteren Sinne ist auch der veränderliche Ankerkreis-Vorwiderstand der Spannungssteuerung zuzuordnen.

Er vergrößert den inneren Spannungsabfall und damit die Differenz zwischen Klemmen- und Quellenspannung.

Die Wirkung ist allerdings lastabhängig und mit Verlusten verbunden.

Ankerkreis-Vorwiderstand R_{va}

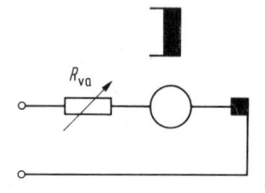

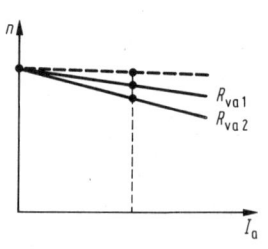

Bild 3.10.1−2 Kennlinien eines fremderregten Gs-Motors unter Einfluß eines Ankerkreis-Vorwiderstandes $R_{va2} > R_{va1}$ bei U und I_e = konst.

3.10.2 Feldsteuerung

Die reine Feldsteuerung erfolgt bei konstanter Klemmenspannung U.

Der Nennbetrieb des Motors führt bei der überwiegenden Mehrzahl der Maschinen zu einem Betriebspunkt auf der Magnetisierungskurve kurz oberhalb von deren Krümmung. Ausgehend von diesem Betriebspunkt ist die Feldsteuerung praktisch nur im Sinne der Feldschwächung − d.h. Drehzahlerhöhung − nutzbar. Eine Feldverstärkung würde bei starker Vergrößerung der Erregerverluste zu einer nur

3.10 Drehzahlsteuerung beim Gleichstrommotor

geringen Zunahme des magnetischen Flusses führen.

Die Drehzahl „null" ist mit der reinen Feldsteuerung nicht erreichbar.

Die Feldsteuerung erfolgt bei fremd- und selbsterregten Gs-Motoren über den Feldsteller, bei fremderregten Maschinen zusätzlich über die Erregerspannung.

Beim Reihenschlußmotor führt ein Parallelwiderstand zur Feldwicklung zur Feldschwächung, ein Parallelwiderstand zur Ankerwicklung zur Feldverstärkung. Im ersten Falle ist der Feldstrom kleiner, im zweiten größer als der Ankerstrom.

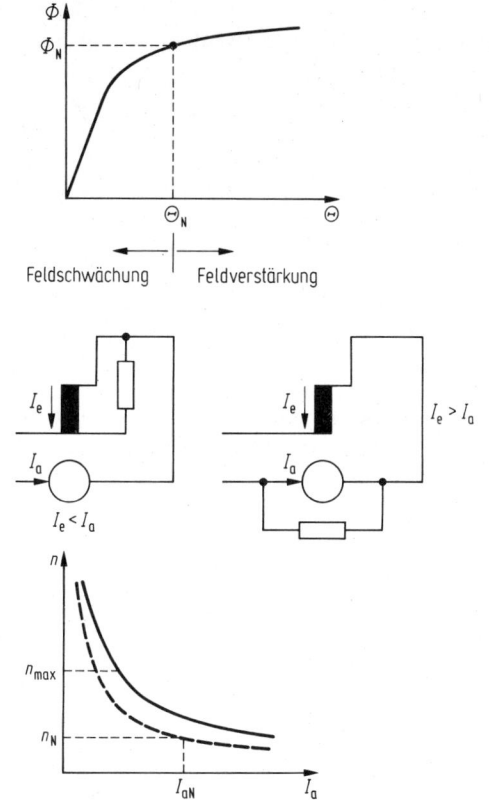

Bild 3.10.2–1 Kennlinie eines Gs-Reihenschlußmotors bei Feldschwächung
$U = $ konst.

3.10.3 Leonard-Schaltung

Die klassische Leonard-Schaltung ist gekennzeichnet durch die Zuordnung des in der Drehzahl zu verändernden Gleichstrommotors zu einem besonderen Leonard-Umformer. Dieser besteht aus einem den Motor speisenden Gleichstromgenerator und als Antrieb einem Drehstrommotor.

Die dem Anker des Gleichstrommotors zugeführte Spannung U wird durch Einstellen des Erregerstromes des Leonard-Generator $I_{e\,gen}$ geändert.

Die Motordrehzahl n_{mot} folgt annähernd proportional.

Als völlig gleichwertig sind moderne Stromrichterschaltungen einzuordnen, sofern die

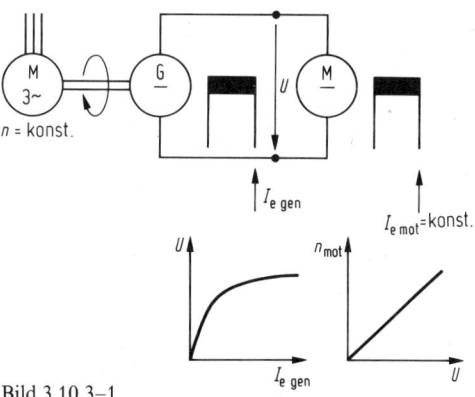

Bild 3.10.3–1
Leonard-Schaltung und Zusammenhang
$U = f(I_e)$ für den Generator
$n = f(U)$ für den Motor
bei den gekennzeichneten Parametern

Steuerbarkeit der Spannung und die spezielle Zuordnung zum betrachteten Gleichstrommotor gewährleistet sind.

Eine Umkehr des Generator-Erregerstromes bei der klassischen Leonard-Schaltung führt zu einer Änderung der Polarität der Spannung und damit zu einer Umkehr der Drehrichtung des Motors.

Die so in zwei Quadranten feinstufig steuerbare Ankerspannung und damit auch Motordrehzahl wirft die Frage nach den übrigen Betriebsgrößen auf.

Der Grenzwert des Ankerstromes im Dauerbetrieb wird wesentlich durch die zulässige Erwärmung der Wicklung bestimmt. In Annäherung kann man für jeden Wert der angelegten Spannung sagen:

Der zulässige Ankerstrom ist konstant.

$$P \approx U \cdot I$$

Wegen $P \approx U \cdot I$ gilt bei Vernachlässigung der Verluste im Bereich der Spannungssteuerung:

Die zulässige Leistung wächst proportional mit der angelegten Spannung und so annähernd auch mit der Drehzahl

$$M \sim \frac{P}{n}$$

Schließlich gilt wegen $M \sim \frac{P}{n}$:

Das zulässige Drehmoment ist im Bereich der Spannungssteuerung konstant.

Stellen wir ähnliche Überlegungen auch für den Bereich der Feldsteuerung mit Betrachtung nur der Feldschwächung an, so gilt analog:

Der zulässige Ankerstrom ist konstant.
Die zulässige Leistung ist im Bereich der Feldsteuerung konstant.
Das zulässige Drehmoment sinkt bei Feldschwächung mit wachsender Drehzahl.

Bei der Leonard-Schaltung schließt sich oft an den Bereich der Spannungssteuerung unmittelbar die Feldschwächung an, um so zu einer weiteren Erhöhung der Drehzahl zu kommen.

Die Betriebskennlinie, die sich dann in Abhängigkeit von der Drehzahl ergeben, kennzeichnet das idealisierte Bild 3.10.3−2.

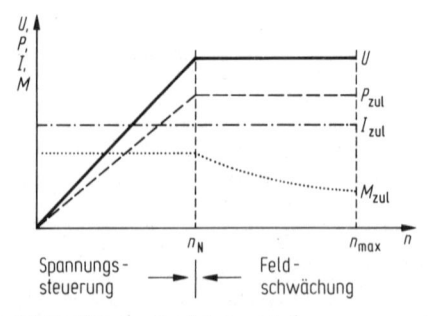

Bild 3.10.3−2 Betriebskennlinien

3.10 Drehzahlsteuerung beim Gleichstrommotor

Die Betriebskennlinien verdeutlichen ein wesentliches Merkmal für die Entscheidung „Spannungssteuerung oder Feldschwächung". Andernfalls wäre eine Steigerung des Ankerstromes die unvermeidliche Folge.

Die Nutzung der vom Aufwand her wesentlich einfacheren Feldschwächung ist nur möglich, wenn in diesem Bereich die äußere Drehmomenten-Forderung unter der bei Nennbetrieb liegt.

Beispiel 3.10.3–1

Dem in Abschnitt 1.2 betrachteten Leistungsschild entnehmen wir die folgenden Angaben: 800 V; 2010 A; 1500 kW; 380–1160 min^{-1}.
Der Motor wird zunächst über Spannungssteuerung, dann mit Feldschwächung betrieben.

a) Geben Sie den Drehzahlbereich für die Spannungssteuerung und für die Feldschwächung an.
b) Bestimmen Sie auf der Basis der idealisierten Betriebskennlinien die zulässigen Betriebsdaten bei einer Drehzahl von $n_1 = 200$ min^{-1} bzw. $n_2 = 1000$ min^{-1}.

Lösung:

a) Drehzahlbereich für Spannungssteuerung:

$0 \leq |n| \leq 380$ min^{-1}

Drehzahlbereich für Feldschwächung:

380 min^{-1} $< |n| \leq 1160$ min^{-1}

b1) Betriebspunkt im Bereich der Spannungssteuerung:

$$U_1 = \frac{n_1}{n_N} U_N = \frac{200 \text{ min}^{-1}}{380 \text{ min}^{-1}} 800 \text{ V} = \mathbf{421 \text{ V}}$$

$$I_{\text{zul}_1} = I_N = \mathbf{2010 \text{ A}}$$

$$P_{\text{zul}_1} = \frac{U_1}{U_N} P_N = \frac{421 \text{ V}}{800 \text{ V}} \cdot 1500 = \mathbf{789{,}4 \text{ kW}}$$

$$M_{\text{zul}_1} = 9550 \frac{P_{\text{zul}_1}}{n_1}$$

$$= 9550 \frac{789{,}4 \text{ kW}}{200 \text{ min}^{-1}} = \mathbf{37694 \text{ Nm}}$$

– als Zahlenwertgleichung

b2) Betriebspunkt im Bereich der Feldschwächung:

$U_2 = U_N = \mathbf{800 \text{ V}}$

$I_{\text{zul}_2} = I_N = \mathbf{2010 \text{ A}}$

$P_{\text{zul}_2} = P_N = \mathbf{1500 \text{ kW}}$

$$M_{\text{zul}_2} = 9550 \frac{P_{\text{zul}_2}}{n_2} = 9550 \frac{1500 \text{ kW}}{1000 \text{ min}^{-1}}$$

$$= \mathbf{14325 \text{ Nm}}$$

Übung 3.10.3–1

Geben Sie passend zu den Betriebskennlinien des Bildes 3.10.3–2 in einer ebenfalls idealisierten Kurve die Größe des relativen magnetischen Flusses Φ/Φ_N im ganzen Drehzahlbereich an.

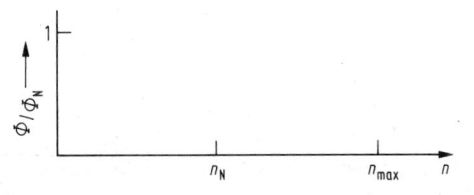

Lösung:

Übung 3.10.3–2

Ein im Sinne der idealisierten Betriebskennlinien zu betrachtender fremderregter Gleichstrommotor erreicht bei der Nennspannung $U_N = 440$ V die Nenndrehzahl $n_N = 600$ min^{-1}; die Nennleistung beträgt $P_N = 150$ kW.

a) Wie groß sind Drehzahl und zulässige Leistung bei einer Spannung $U_1 = 300$ V?
b) Mit welchem Drehmoment darf der Motor belastet werden, wenn im Bereich der Feldschwächung eine Drehzahl von $n_2 = 900$ min^{-1} erreicht wird?
c) Um wieviel % würde der Nennstrom steigen, wenn bei der Drehzahl $n_2 = 900$ min^{-1} gem. b) das Nennmoment gefordert wird?

Lösung:

3.10.4 Anlaßvorgang

Bei Vorhandensein jedweder Art von Spannungssteuerung mit genügender Feinstufigkeit im Bereich kleiner Spannungen ist das Anfahren problemlos.

Eine andere Situation ergibt sich beim Zuschalten des zunächst stillstehenden Motors auf ein Netz konstanter Spannung. Im ersten Augenblick wirkt hier nur der innere Widerstand des Ankerkreises begrenzend auf den Einschaltstrom. Die Begrenzung wird unterstützt durch den Spannungsabfall an der bei Stromanstieg wirksamen Ankerkreisinduktivität und durch die bei beginnender Umdrehung entstehende Quellenspannung.

$$I_{einsch} \approx \frac{U}{\Sigma R_i}$$

Auf den Drehzahlanstieg sind die Größe der zu beschleunigenden Massen im negativen und die Höhe des vom Motor entwickelten Anfahrmomentes im positiven Sinn von entscheidendem Einfluß.

Dadurch kommt es bei direkt eingeschalteten Doppel- und Reihenschlußmotoren zu wesentlich kleineren Stromspitzen als bei fremd- und selbsterregten Gs-Motoren. Wichtig ist hier der Grundsatz:

Fremd- und selbsterregte Motoren müssen bei vollem Feld angefahren werden.

Zur zusätzlichen Begrenzung des Einschaltstromes dienen gesteuerte Anlaßwiderstände, die im Sinne der Ankerkreisvorwiderstände von Bild 3.10.1–2 zusätzliche Spannungsabfälle verursachen und den Verlauf der sich ergebenden Kennlinie beeinflussen.

Man steuert die Anlaßwiderstände im allgemeinen so, daß der Strom beim Anfahren zwischen zwei Grenzwerten pendelt
- dem Anlaßspitzenstrom I_{sp} und
- dem Schaltstrom I_{sch}
  (> Nennstrom I_N)

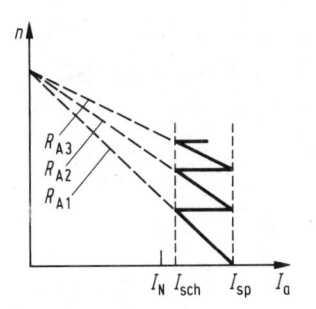

Bild 3.10.4–1 Anfahrkennlinien eines fremderregten Gleichstrommotors mit Anlaßwiderständen $R_{A1} > R_{A2} > R_{A3}$

3.11 Dynamische Beanspruchungen im Betrieb

Die Nutzung der guten Steuer- und Regel-Eigenschaften der Gleichstrommaschine läßt den stationären Betrieb mit zeitlich konstantem Gleichstrom fast zu den Ausnahmen werden.

Spannungs- und Flußänderungen, sowie lastbedingte Stromänderungen führen zu ständigen dynamischen Beanspruchungen. Dabei sind die möglichen Änderungsgeschwindigkeiten bei den modernen Stromrichterelementen außerordentlich groß geworden. Von einem Gleichstrom kann man oft nur bei Betrachtung der Mittelwerte sprechen.

3.11.1 Konsequenzen der dynamischen Beanspruchung

Konstruktionsprinzipien der Wechselstrommaschinen finden auch bei dynamisch beanspruchten Gleichstrommaschinen Eingang. Zu dem wichtigsten Prinzip gehört:

Das Ständerjoch und die Pole müssen – ebenso wie der Anker – aus Blechen aufgebaut werden, die gegeneinander isoliert sind.

Die in Massivteilen sonst auftretenden Wirbelströme wirken dämpfend und erhöhen die Verluste.

Die Folgen einer möglichen Dämpfung wirken sich besonders störend beim Wendepolfluß aus. Das angestrebte Gleichgewicht zwischen Reaktanz- und Wendespannung bedingt, daß der Wendepolfluß jeder Stromänderung momentan folgt.

Dämpfung führt im Sinne der Lenzschen Regel dazu, daß

– beim Stromanstieg

$\dfrac{\Delta I}{\Delta t} > 0$

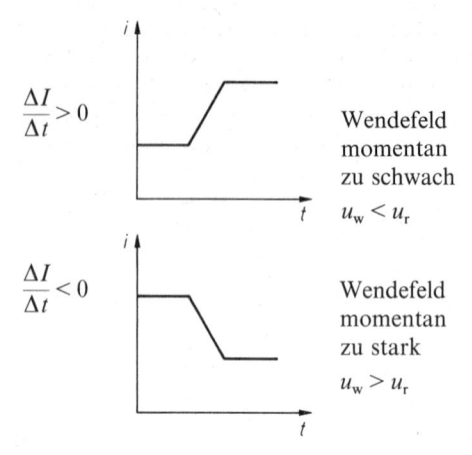

Wendefeld momentan zu schwach

$u_w < u_r$

– beim Stromabfall

$\dfrac{\Delta I}{\Delta t} < 0$

Wendefeld momentan zu stark

$u_w > u_r$

Bei starken Abweichungen wäre in jedem Fall Bürstenfeuer die unvermeidliche Folge.

Restdämpfungen sind unvermeidbar; es ist dabei wichtig, daß man bei den Abweichungen zwischen Wendespannung u_w und Reaktanzspannung u_r in einem für funkenfreien Lauf zulässigen Toleranzbereich bleibt. Gegebenenfalls muß man sich bei den Änderungsgeschwindigkeiten der Betriebsgrößen Beschränkungen auferlegen.

3.11.2 Mischstrombetrieb

Bei Speisung der Gleichstrommotoren über Stromrichter weisen Spannung und Strom je nach Pulszahl und Aussteuerungsgrad einen gewissen Oberschwingungsgehalt auf. Man spricht von Mischstrom (Mischspannung), weil man den Kurvenverlauf als Ergebnis der Überlagerungen aus einem mittleren Gleichstrom und einem oder mehreren Wechselströmen unterschiedlicher Frequenz deuten kann.

Als Kennzeichen wird die Welligkeit w eingeführt:

$$w = \dfrac{\text{Effektivwert der Oberschwingungen}}{\text{arithmetrischer Mittelwert}}$$

Extreme Bedingungen ergeben sich beim Zweipulsbetrieb mit Speisung aus dem Einphasen-Wechselstromnetz – hier dargestellt am Beispiel der Mittelpunktschaltung.

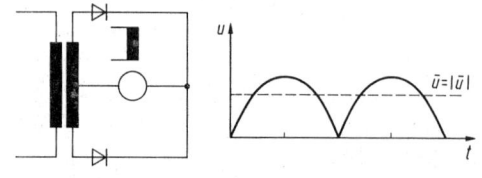

Bild 3.11.2–1 Spannungsverlauf $u = f(t)$ bei zweipulsiger Mittelpunktschaltung

3.11 Dynamische Beanspruchungen im Betrieb

Die Welligkeit ergibt sich rechnerisch zu $\quad w_u \approx 48\%$

Schaltungen mit höherer Pulszahl auf der Basis des Drehstromnetzes führen zu wesentlich geringeren Welligkeiten der Spannung.
Auf die für das Betriebsverhalten der Gleichstrommaschine entscheidendere Welligkeit des Stromes haben die Induktivitäten des Ankerkreises und einer gegebenenfalls vorgeschalteten Glättungsdrossel Einfluß. Sie ist deshalb immer kleiner als die der Spannung.

$w_i < w_u$

Jeder verbleibende Oberwellengehalt führt zu einer dynamischen Beanspruchung der Maschine, da Stromanstieg und Stromabfall ständig abwechseln. Die Stromrichterspeisung bedingt damit zwangsläufig eine gewisse dynamische „Grundbelastung", der sich die Änderung der Betriebsgrößen überlagert.

Für die Mehrzahl der Betrachtungen tritt an die Stelle des eindeutigen Gleichstromwertes I bei Mischstrombetrieb der arithmetische Mittelwert $\bar{i}$, der nach erfolgter Gleichrichtung mit dem Gleichrichtwert $|\bar{i}|$ identisch ist.

Das ist im übrigen der Wert, der – wie beim reinen Gleichstrombetrieb – von einem Drehspul-Instrument angezeigt wird.

Gleichstrom		Mischstrom
I	$\triangleq$	$\bar{i} = |\bar{i}|$

Eine Ausnahme bildet z. B. die Erwärmung der Wicklungen. Hier galt als maßgebende Verlustleistung:

$P_v = I^2 \cdot R$

Es tritt an die Stelle des Gleichstromes I der Effektivwert des Mischstromes I.

Gleichstrom		Mischstrom
I	$\triangleq$	I = Effektivwert

Beispiel 3.11.2–1

Ein Gleichstrommotor möge mit einem Mischstrom gespeist werden, dessen zeitlicher Verlauf der Darstellung im Bild 3.11.2–1 entspricht. Der Scheitelwert sei mit $\hat{i} = 7{,}85\,\text{A}$ bekannt.

a) Wie groß ist der z. B. bei Betrachtung der Drehzahlkennlinie $n = f(I)$ vergleichsweise heranziehende Strom?

b) Wie groß ist der bei Berechnung der Wicklungserwärmung anzusetzende Strom?

Lösung:

Halbwellen mit sinusförmigen Verlauf

a) $\bar{i} = |\bar{i}| = \dfrac{2}{\pi} \hat{i} = \dfrac{2}{\pi} \cdot 7{,}85\,\text{A} = \mathbf{5\,A}$

b) $I = \dfrac{\hat{i}}{\sqrt{2}} = \dfrac{7{,}85\,\text{A}}{\sqrt{2}} = \mathbf{5{,}55\,A}$

$I = \mathbf{1{,}11\,\bar{i}}$

3.12 Parallelbetrieb von Motoren und Generatoren

Im Zuge der nachträglichen Erweiterung oder auch als Ergebnis der ursprünglichen Planung kommt es nicht selten vor, daß z.B. zwei Maschinen des gleichen Typs parallel betrieben werden.

Dabei erwartet man bei gleichen Eingangswerten

– Drehzahl und Erregung beim Generator,
– Spannung und Erregung beim Motor,
 auch gleiche Ausgangswerte
– Spannung beim Generator,
– Drehzahl beim Motor.

Letzteres wird über die elektrische bzw. mechanische Kopplung erzwungen.

Dabei kann es allerdings passieren, daß die weitere Forderung:

gleiche Lastaufteilung

nicht ohne weiteres erfüllbar ist.

Im Kennlinienverlauf von Maschinen auch des gleichen Typs ergeben sich zwangsläufig Abweichungen, die von den VDE-Richtlinien mit zulässigen Toleranzen belegt werden.

Bild 3.12.1 veranschaulicht die Konsequenzen unterschiedlicher Kennlinien. Die schwach geneigten Kurven des fremderregten Gs-Motors führen zu erheblichen Abweichungen in der Stromaufnahme I_A bzw. I_B, während eigentlich der

Mittelwert $\dfrac{I_A + I_B}{2}$

für beide Maschinen zum angestrebten Drehmoment führen müßte.

Die Stromunterschiede werden mit wachsender Kennlinienneigung kleiner. Während sie beim Reihenschlußmotor i.a. hinzunehmen sind, kommt man beim fremd erregten Motor oft nicht ohne korrigierende Regelung aus, die dann z.B. die Erregerströme beeinflußt.

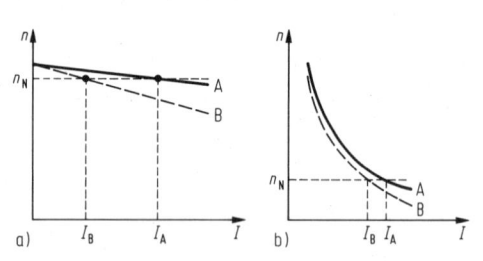

Bild 3.12–1 Parallelbetrieb zweier Gleichstrommotoren (A) und (B) mit unterschiedlichen Kennlinienverläufen
a) fremderregt, b) reihenschlußerregt

Übung 3.12–1

Zwei parallel geschaltete fremderregte Gs-Motoren (A) und (B) mögen die in Bild 3.12–1 dargestellten Drehzahlkennlinien $n = f(I)$ aufweisen, die bei der Drehzahl n_N zu den beträchtlichen Unterschieden in der Stromaufnahme I_A bzw. I_B führen.

In welchem Sinne muß ein Regeleingriff die Erregerströme $I_{e(A)}$ bzw. $I_{e(B)}$ verändern, um bei diesem Betriebspunkt zu annähernd gleicher Stromaufnahme beider Motoren zu kommen?

Lösung:

Lernzielorientierter Test zu Kapitel 3

1. Gegeben ist eine vierpolige Gleichstrommaschine mit der dargestellten räumlichen Anordnung der Pole.
   a) Ergänzen Sie die fehlenden Polaritätsangaben.
   b) Markieren Sie die relativ dazu elektrisch korrekte Stellung und Schaltung der Bürsten.

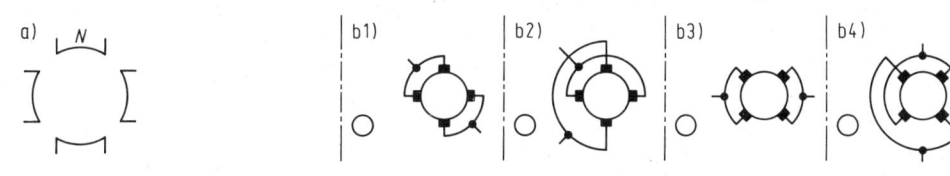

2. Wie erklären Sie, daß z. B. in Bild 3.1.2.3–2 die Bürsten räumlich vor Mitte Hauptpol dargestellt sind?

3. Zur Diskussion stehen zwei Gleichstrommaschinen mit den Nenndaten
   a) 500 V, 200 A   b) 200 V, 500 A
   Wo und mit welcher Begründung halten Sie die Anwendung der Schleifenwicklung bzw. der Wellenwicklung für wahrscheinlicher?

4. Eine vierpolige Gleichstrommaschine ist bei $k = 100$ Segmenten mit einer Schleifenwicklung und Ausgleichsleitern ausgerüstet.
   Welche Segmente sind – ausgehend vom Segment 1 – über Ausgleichsleiter miteinander verbunden?

5. Ein achtpoliger Gleichstrommotor, dessen „A1"-Bürste an „Plus" liegt, ist bei Ausführung mit einer Schleifenwicklung mit einem Strom von 100 A belastet.
   a) Bestimmen Sie die Stromrichtung A1 ... A2.
   b) Welcher Strom fließt über den einzelnen Bürstenbolzen?
   c) Welcher Strom fließt über den einzelnen Ankerleiter?

6. Ergänzen Sie das nachfolgend skizzierte Prinzip-Schaltbild hinsichtlich der Klemmenbezeichnungen und der fehlenden Stromrichtungspfeile und entscheiden Sie, ob es sich um einen Motor oder Generator handelt.

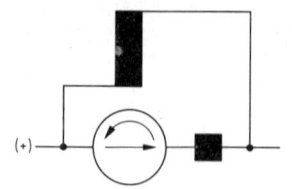

7. Ein mit konstanter Drehzahl angetriebener und konstant fremd erregter Gleichstrom-Generator hat eine Leerlaufspannung von 500 V. Bei Belastung mit dem Nennstrom $I_N = 100$ A liegt die Klemmenspannung U ohne Einfluß einer Ankerrückwirkung um 5% unter dieser Leerlaufspannung.
   a) Wie groß sind die inneren Widerstände?
   Die Maschine wird jetzt mit geringem Bürstenvorschub betrieben.
   b) Mit welcher Tendenz ändert sich die Spannungs-Differenz?

8. Bei einer Gleichstrommaschine ist bei Belastung kein Einfluß einer Ankerrückwirkung durch Sättigung einer Polschuhkante erkennbar.
   Woran kann das liegen?

9. Die vom Wendefeld induzierte Wendespannung möge bei einer Maschine erheblich größer sein als die durch die Stromänderung bedingte Reaktanzspannung.
   a) Skizzieren Sie in Analogie zum Bild 3.9.1–3 den zeitlichen Verlauf des Stromes in einer Spule unter Einfluß des Kurzschlußstromes.
   b) Welche Abhilfemaßnahmen bieten sich an?
   c) Genügt es, die Maschine mit einem anderen Nennstrom oder einer anderen Nenndrehzahl zu betreiben?

10. Ein Gleichstrom-Reihenschlußmotor wird zunächst in Normalschaltung und später mit zusätzlichem Ankervorwiderstand betrieben.
    Skizzieren Sie mit richtiger Tendenz die sich ergebenden Drehzahl-Kennlinien $n = f(I)$ bei konstanter Netzspannung.

4 Transformatoren

Lernziele

Nach der Durcharbeitung dieses Kapitels können Sie
- die Grundgleichungen des Transformators angeben,
- den konstruktiven Aufbau beschreiben,
- das Ersatzschaltbild aufzeichnen und erläutern,
- das Zeigerbild skizzieren und hinsichtlich typischer Belastungsfälle deuten,
- eine Angabe zum Wirkungsgrad machen,
- die Folgen der unsymmetrischen Belastung des Drehstromtransformators erklären,
- Sonderbauformen – wie den Spartransformator – verständlich machen.

4.1 Einphasentransformator

Die große Bedeutung der Wechselstromtechnik ganz allgemein hat ihre Begründung u. a. in der Wirkungsweise des Transformators, der in einfacher Weise Spannungsanpassungen erlaubt.

Obwohl in ruhender Anordnung rechnet man den Transformator im erweiterten Sinne zu den elektrischen Maschinen. Sein Einsatz erfolgt oft in enger Verbindung mit der rotierenden Maschine; seine Wirkungsweise spiegelt sich bei einigen dieser Maschinen deutlich wieder.

Der Einphasentransformator bildet die Basis auch für den Drehstromtransformator, der genauer „Dreiphasenwechselstrom"-Transformator heißen müßte.

Die analoge Bezeichnung lautet in der Nachrichtentechnik „Übertrager", in der Meßtechnik „Wandler".

4.1.1 Die Grundgleichungen

Bereits im Abschnitt 2.2.2 wurde der Hinweis auf das Transformatorprinzip gegeben. Wird eine ruhende Spule von einem zeitlich veränderlichen Fluß durchsetzt, so beträgt die induzierte Spannung:

$$u_q = -N \frac{\Delta \Phi}{\Delta t}$$

Trifft dieser Fluß gleichzeitig auf zwei Spulen mit den Windungszahlen N_1 und N_2, so stehen die induzierten Spannungen in dem Verhältnis

$$\frac{u_{q1}}{u_{q2}} = \frac{N_1}{N_2}$$

Diese Aussage gilt nicht nur für zwei sekundäre Wicklungen, sondern auch dann, wenn eine der Spulen bei entsprechender Strombeaufschlagung zur magnetischen Quelle wird.
Voraussetzung ist eine enge magnetische Kopplung, die dazu führt, daß der gesamte Fluß der Spule 1 auch die Spule 2 trifft.

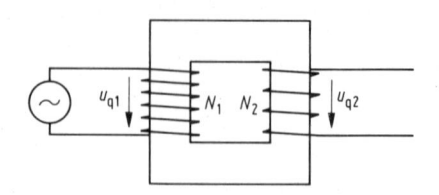

Bei Anschluß einer Sinusspannung zeigt der magnetische Fluß – phasenverschoben – ebenfalls sinusförmigen Verlauf:

$$\Phi = \hat{\Phi} \sin \omega t$$

Damit führt das Induktionsgesetz zu folgendem Ansatz:

$$|u_q| = N \frac{\Delta \hat{\Phi} \sin \omega t}{\Delta t}$$

und weiter nach abschnittsweiser Bestimmung des Differenzenquotienten:

$$|u_q| = N \omega \hat{\Phi} \cos \omega t$$

Der Scheitelwert der Spannung errechnet sich zu:

$$\hat{u}_q = N \omega \hat{\Phi}$$

und schließlich der Effektivwert:

$$U_q = \frac{\hat{u}_q}{\sqrt{2}} = \frac{1}{\sqrt{2}} N \omega \hat{\Phi} = \frac{1}{\sqrt{2}} N 2 \cdot \pi f \hat{\Phi}$$

$$\boxed{U_q = 4{,}44 \, N f \hat{\Phi}} \qquad (4.1.1-1)$$

mit $[U_q] = \text{V}$; $[\Phi] = \text{Vs}$; $[f] = \text{Hz} = \text{s}^{-1}$

Diese erste Grundgleichung verdeutlicht den Zusammenhang zwischen der Spannung und dem magnetischen Fluß bei gegebener Windungszahl und Frequenz.

Bezogen auf die Windungszahlen der beiden Spulen ergibt sich bei gegebenem Fluß und gegebener Frequenz:

$$\boxed{\frac{U_{q1}}{U_{q2}} = \frac{N_1}{N_2}} \qquad (4.1.1-2)$$

Diese zweite Grundgleichung bestätigt die frühere Aussage:
Der magnetische Fluß Φ, der aus Gleichung 4.1.1–1 zu ermitteln ist, bedarf zu seiner Aufrechterhaltung einer bestimmten Durchflutung. Sie muß von der primären Quelle gedeckt werden und tritt separat bei offenen Sekundärklemmen in Erscheinung.

$$\Theta_0 = I_{10} \cdot N_1$$

Dieser Durchflutungsbedarf bleibt auch bei Belastung annähernd konstant.

Sobald die Sekundärklemmen an einen Verbraucher angeschlossen sind, führt der dann fließende Strom I_2 zu einer Durchflutung, die der ursprünglichen entgegenwirkt. Das würde zu einer Flußminderung führen, was durch Steigerung des Primärstromes I_1 verhindert wird.

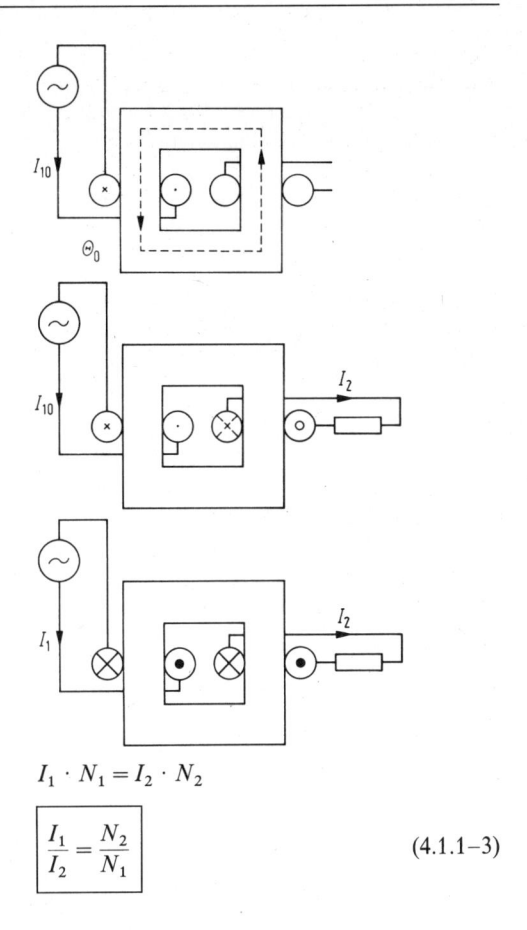

Vernachlässigt man die als Resultierende verbleibende Leerlauf-Durchflutung Θ_0, so ergibt sich mit:

$$I_1 \cdot N_1 = I_2 \cdot N_2$$

die dritte Grundgleichung:

$$\boxed{\frac{I_1}{I_2} = \frac{N_2}{N_1}} \qquad (4.1.1-3)$$

Es ist deutlich geworden, daß die Grundgleichungen in dieser Form nur bei vereinfachenden Annahmen gelten. Mit den tatsächlichen Gegebenheiten werden wir uns später zu beschäftigen haben.

Die Grundgleichungen führen unmittelbar zu zwei wichtigen Kenngrößen des Transformators.

Dividiert man die Gleichung 4.1.1–1 durch die Windungszahl N, so erhält man die:

Windungsspannung

$$\boxed{\frac{U_q}{N} = 4{,}44 f \cdot \hat{\Phi} = 4{,}44 f \cdot \hat{B} \cdot A} \qquad (4.1.1-4)$$

Sie ist wichtig für die Isolation zwischen benachbarten Windungen, wird aber auch – weil für Primär- und Sekundärwicklung gleichermaßen gültig – zu einer allgemeinen Basisgröße.

In den Gleichungen 4.1.1–2 und 4.1.1–3 taucht das Verhältnis der Windungszahlen auf.

Man definiert:

Übersetzungsverhältnis

$$\boxed{\ddot{u} = \frac{N_1}{N_2}} \qquad (4.1.1-5)$$

und kann schreiben:

$$\frac{U_{q1}}{U_{q2}} = \ddot{u}; \quad \frac{I_1}{I_2} = \frac{1}{\ddot{u}}$$

Aus der Sicht des Transformators ist es völlig gleichgültig, welcher Seite die Indizes 1 bzw. 2 zugeordnet werden. Üblicherweise folgt man der Energierichtung und kennzeichnet die Eingangsseite als „Primärwicklung" (1) und die Ausgangsseite als „Sekundärwicklung" (2).

Energierichtung

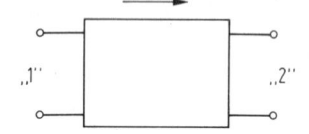

Beispiel 4.1.1-1

Ein Transformator soll näherungsweise nach den Grundgleichungen dimensioniert werden. Bekannt sind:
Die Windungsspannung mit 3,5 V, das Übersetzungsverhältnis mit $\ddot{u} = 30$ und die Eingangsspannung mit $U_1 = 6$ kV (50 Hz).
Bestimmen Sie:

a) die beiden Windungszahlen N_1 und N_2,
b) die Ausgangsspannung U_2,
c) den magnetischen Fluß $\hat{\Phi}$.

Lösung:

a) $N_1 = \dfrac{U_1}{U_{1/N_1}} = \dfrac{6000\,\text{V}}{3,5\,\text{V}} =$ **1714 Windungen**

$N_2 = N_1 \cdot \dfrac{1}{\ddot{u}} = \dfrac{1714\,\text{Wdgn}}{30} =$ **57 Windungen**

b) $U_2 = U_1 \dfrac{1}{\ddot{u}} = \dfrac{6000\,\text{V}}{30} =$ **200 V**

c) $\dfrac{U}{N} = 4,44 \cdot f \cdot \hat{\Phi}$ als Zahlenwertgleichung

$\hat{\Phi} = \dfrac{U}{N} \cdot \dfrac{1}{4,44 \cdot f} = 3,5\,\text{V}\,\dfrac{1}{4,44 \cdot 50\,\text{s}^{-1}}$

= **0,0158 Vs**

Übung 4.1.1-1

Der Transformator des Beispiels 4.1.1-1 wird sekundärseitig mit dem Strom $I_2 = 15$ A belastet.

a) Bestimmen Sie näherungsweise den Primärstrom I_1,
b) Vergleichen Sie die Scheinleistungen S_1 und S_2 auf Primär- und Sekundärseite.

Lösung:

4.1.2 Widerstandstransformation

Die Grundgleichungen 4.1.1-2 und 4.1.1-3 lassen sich zusammenfassen:

$$\frac{U_{q1}}{U_{q2}} \approx \frac{U_1}{U_2} = \frac{I_2}{I_1}$$

Der Strom I_2 ergibt sich durch Anschluß eines Scheinwiderstandes Z_2 auf der Sekundärseite.

$$I_2 = \frac{U_2}{Z_2}$$

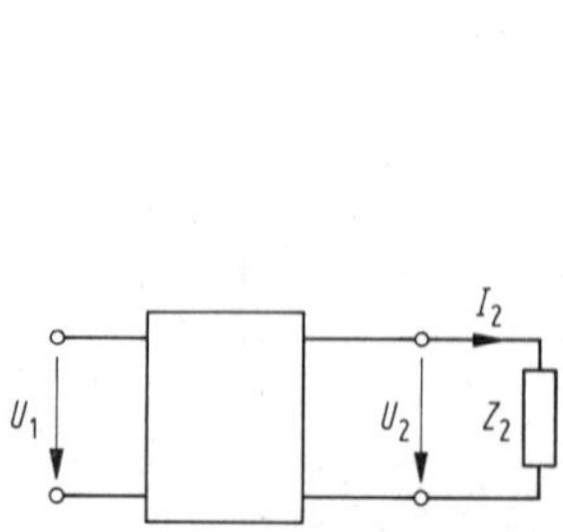

Die Primärgrößen reagieren so, als ob unmittelbar ein Scheinwiderstand Z_1 angeschlossen wäre:

$$I_1 = \frac{U_1}{Z_1}$$

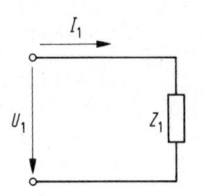

Eingesetzt ergibt sich:

$$\frac{U_1}{U_2} = \frac{I_2}{I_1} = \frac{U_2}{Z_2} \cdot \frac{Z_1}{U_1}$$

und weiter:

$$\boxed{\frac{Z_1}{Z_2} = \frac{U_1^2}{U_2^2} = ü^2} \qquad (4.1.2-1)$$

Durch die Einschaltung eines Transformators erscheint allgemein ein Wechselstromwiderstand verändert. Von dieser Widerstandstransformation macht vor allem die Nachrichtentechnik Gebrauch.

Diese Beziehung wird uns aber auch beim weiteren Studium des Transformators selbst von Nutzen sein.

Übung 4.1.2–1

Für einen elektrischen Kreis möge sich rechnerisch eine Kapazität $C_1 = 1\,F$ als notwendig erweisen. Sie ist in dieser Größe nicht zu verwirklichen.

Mit welchem Übersetzungsverhältnis $ü$ müßte ein Transformator ausgeführt werden, der unter Nutzung der Widerstandstransformation bei Verwendung eines Kondensators $C_2 = 25\,\mu F$ zu der gewünschten Kapazität führt?

Hinweis: Denken Sie an die Definition des kapazitiven Widerstandes X_c.

Lösung:

4.1.3 Aufbau

Der Lufttransformator wird später den Ausgangspunkt unserer Betrachtungen bilden. In der Praxis spielt er eine untergeordnete Rolle, da sich nur über ein Eisengerüst der Hauptweg des magnetischen Flusses festlegen läßt.

Insofern bilden der Eisenkern und die Wicklungen die beiden wesentlichen Teile des Transformators.

4.1.3.1 Eisenkern

Als Träger eines Wechselflusses ist der Kern aus dünnen, gegeneinander isolierten Blechen aufgebaut. Die Ausführung kann als Bandwickelkern oder als geschichtetes Blechpaket erfolgen. Im Vordergrund steht kaltgewalztes, kornorientiertes Transformatorenblech, das in Walzrichtung einen wesentlich geringeren Feldstärkenbedarf aufweist und entsprechend dieser magnetischen Vorzugsrichtung eingesetzt werden muß.

Das Eisenblechpaket bietet eine Reihe von Variations- und Anpassungsmöglichkeiten, so den gestuften Querschnitt, der sich der runden Spule besser anpaßt.

Die der Aufnahme der Wicklungen dienenden senkrechten Abschnitte bezeichnet man als Schenkel, die verbindenden waagerechten Abschnitte als Joch. Bei gegebener Schichthöhe ist die Breite jeweils der örtlichen Verteilung des magnetischen Flusses angepaßt.

Man unterscheidet zwei grundsätzliche Bauformen von Einphasentransformatoren:
- den Kerntransformator und
- den Manteltransformator.

Zum Aufbringen der vorgefertigten Wicklung muß der Kern unterteilt werden. Das führt zu bestimmten Blechschnitten, die nach ihrer Form z.B. als E-, U- oder I-Kernblech bezeichnet werden. Für kleinere Abmessungen gibt es standardisierte Kernblechmaße.

Beim Zusammenbau ist man bemüht, den zwangsweise sich ergebenden Luftspalt so klein wie irgendmöglich zu halten. Verzapfungen an der Nahtstelle sind dabei hilfreich. Bei kornorientierten Blechen muß in Hinblick auf die magnetische Vorzugsrichtung ein Schrägschnitt eingeführt werden.

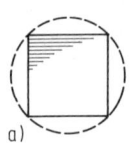

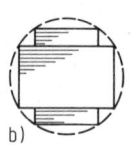

Bild 4.1.3.1–1 Quadratischer (a) und gestufter Kernquerschnitt (b)

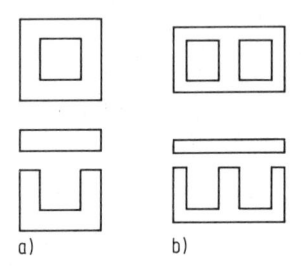

Bild 4.1.3.1–2 Kern-Transformator (a), Mantel-Transformator (b) und zugehörige Blechschnitte

4.1.3.2 Wicklungen

Die in den Prinzipbildern meist gewählte Darstellung mit je einer Wicklung auf den Schenkeln eines Kerntransformators gehört in der Praxis wegen der ungenügenden Kopplung der räumlich entfernten Spulen zu den Ausnahmen.

In der Regel werden Primär- und Sekundärwicklung entweder unmittelbar übereinander oder nebeneinander angeordnet. Dadurch ergeben sich die beiden typischen Wicklungsformen:
- Zylinderwicklung,
- Scheibenwicklung.

Die Anordnung erfolgt beim Kern-Transformator entweder auf einem oder symmetrisch auf beiden Schenkeln, beim Mantel-Transformator auf dem Mittelschenkel.

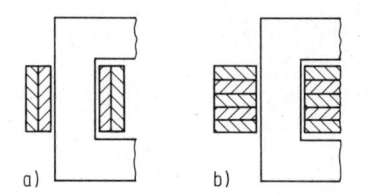

Bild 4.1.3.2–1 Zylinder-Wicklung (a) und Scheiben- Wicklung (b)

Abhängig von der Transformatorleistung und der in diesem Zusammenhang geforderten Spannungs- und Stromfestigkeit ergeben sich beträchtliche Unterschiede im Aufbau der Teilwicklungen. Hierbei spielen auch geforderte Wicklungsanzapfungen und Fragen der Kühlung eine entscheidende Rolle.

Bei Ausführung der Teilwicklung in mehreren Lagen wird die Lagenspannung – das ist die Spannung zwischen benachbarten Windungen verschiedener Lagen eines Wicklungsstranges – neben der schon im Abschnitt 4.1.1 betrachteten Windungsspannung innerhalb einer Spulenlage zu einer weiteren wichtigen Konstruktionsgröße.

Lagenspannung

Übung 4.1.3.2–1

Lösung:

Die Skizze zeigt die eine Hälfte einer gleichsinnig gewickelten Lagenwicklung, die an einer Spannung $U_1 = 110\,\text{V}$ liegen möge.

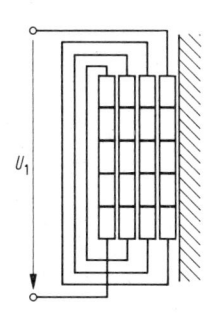

a) Bestimmen Sie
  - die Windungsspannung,
  - die Lagenspannung.
b) Haben Windungs- und Lagenspannung für die Sekundärwicklung zwingend gleiche oder unterschiedliche Werte?

4.1.4 Transformator im Betrieb

Bei den späteren Betrachtungen werden drei typische Betriebsfälle unterschieden:
- Leerlaufbetrieb,
- Lastbetrieb (Nennleistung),
- Kurzschluß.

Sowohl bei offenen, als auch bei kurzgeschlossenen Sekundärklemmen stellt der Transformator selbst die eigentliche Belastung für die speisende Quelle dar. Wir werden daraus wichtige Rückschlüsse auf die innere Funktion ziehen.

Beim normalen Lastbetrieb bestimmt der sekundärseitige Verbraucher im wesentlichen Größe und Phasenlage der auftretenden Ströme. Für den Transformator kann neben der auftretenden Spannung nur der Nennwert des Stromes angegeben werden. Im Produkt führt dies zur Nenn-Scheinleistung.

> Die Nennleistung eines Transformators wird als Scheinleistung in VA angegeben.

Betrachten wir noch einmal die beiden Grundgleichungen 4.1.1–2 und 4.1.1–3:

$$\frac{U_{q1}}{U_{q2}} = \frac{N_1}{N_2} \quad \text{und} \quad \frac{I_1}{I_2} = \frac{N_2}{N_1}$$

Durch Einsetzen ergibt sich mit:

$$U_{q1} \cdot I_1 = U_{q2} \cdot I_2$$

eine Aussage zur Scheinleistung:

$$S_1 = S_2,$$

die natürlich bei diesen idealisierten Voraussetzungen für beide Seiten gleich sein muß.

Zum Studium des Betriebsverhaltens des Transformators schaffen wir uns zweckmäßig ein Ersatzschaltbild.

4.1.5 Ersatzschaltbild für Übersetzungsverhältnis $ü = 1$

Beim Ersatzschaltbild ist man bemüht, unter Verwendung der Grundschaltelemente – hier nur ohmscher Widerstand und Induktivität – ein Modell zu schaffen, das das gleiche Verhalten wie der echte Transformator zeigt. Es bietet den Vorteil der besseren Übersichtlichkeit und damit der besseren Berechenbarkeit.

Dabei ist jede Vereinfachung zulässig, die das Prinzip nicht beeinflußt. Hierzu gehört das Übersetzungsverhältnis. Es werden z.B. für Trenn- und Schutzzwecke durchaus Transformatoren mit $ü = 1$ gebaut, ein Wert, der im Ersatzschaltbild allgemein zur Basis wird.

Die in den bisherigen Darstellungen gezeigten beiden Wicklungen lassen sich dann zu einer gemeinsamen Wicklung zusammenfassen. Sie wird als Hauptinduktivität L_h dargestellt, führt den Magnetisierungsstrom I_μ und ist genauso vom Hauptfluß durchsetzt, wie vorher die beiden getrennten Wicklungen.

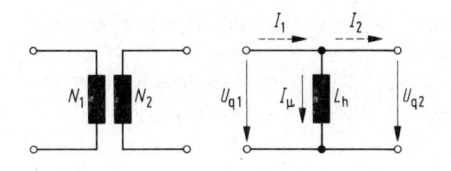

Bei diesen noch idealisierten Bedingungen wird das Grundgesetz 4.1.1–2 erfüllt. Die beiden Spannungen sind wegen $ü = 1$ gleich. Auch die Grundgleichung 4.1.1–3 für die Ströme wird eingehalten, wobei aber bereits der zunächst vernachlässigte Einfluß des Magnetisierungsstromes I_μ (Leerlauf-Durchflutung) deutlich wird.

4.1.5.1 Einfluß der Kupferverluste

Auf dem Wege von idealen zum realen Transformator stellen wir zunächst fest, daß die beiden Wicklungen ohmsche Widerstände aufweisen, die zu Spannungsabfällen und weiter zu Verlusten (Kupferverlusten) führen.

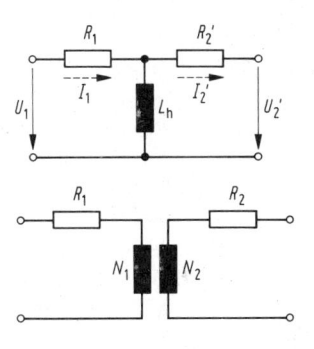

In einem ersten Korrekturschritt erscheinen sie als Vorwiderstände:

Wir haben im Ersatzschaltbild den Widerstand R_2 durch ein „ ' " gekennzeichnet, um auf eine evtl. bestehende Notwendigkeit zur Umrechnung hinzuweisen. Vergleicht man nämlich einen vorliegenden Transformator beliebigen Übersetzungsverhältnisses mit dem Ersatzbild, so kann für den primären Wicklungswiderstand durchaus der z.B. mit einer Brücke gemessene Wert eingesetzt werden. Bei der Sekundärseite ist die Widerstandstransformation gemäß 4.1.2 zu beachten.

Wird ein sekundärer Wicklungswiderstand zu $R = R_2$ gemessen, so gilt für das auf $ü = 1$ bezogene Ersatzschaltbild:

$$R_2' = R_2 \left(\frac{N_1}{N_2}\right)^2 = R_2 \cdot ü^2 \qquad (4.1.5.1-1)$$

Beispiel 4.1.5.1–1

Bei einem Einphasentransformator mit $ü = 5$ wurden folgende Wicklungswiderstände gemessen:

$R_1 = 0,75\,\Omega \qquad R_2 = 0,03\,\Omega$

Welche Werte sind in einem auf $ü = 1$ bezogenen Ersatzschaltbild einzusetzen?

Lösung:

R_1 unverändert $= \mathbf{0{,}75\,\Omega}$

$R_2' = R_2 \cdot ü^2 = 0,03\,\Omega \cdot 25 = \mathbf{0{,}75\,\Omega}$

Allgemein gilt: $R_2' \approx R_1$

In Konsequenz dazu werden auch die sekundären Ströme und Spannungen als bezogene Größen durch „ ' " gekennzeichnet. Gegenüber den echten Werten U_2 und I_2 bei beliebigem Übersetzungsverhältnis gilt:

$$\boxed{\begin{aligned} I'_2 &= I_2 \cdot \frac{1}{\ddot{u}} \\ U'_2 &= U_2 \cdot \ddot{u} \end{aligned}}$$

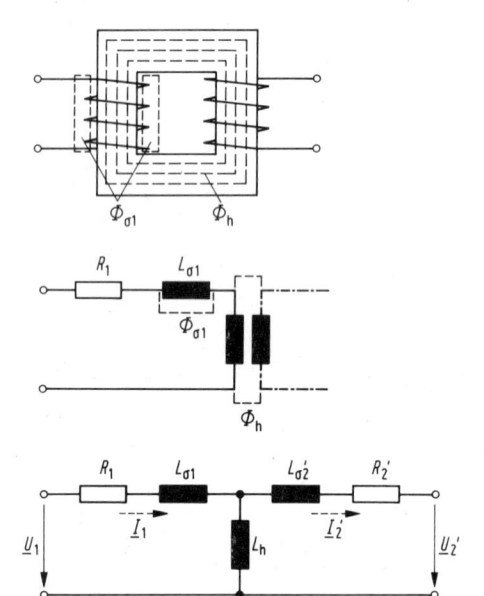

(4.1.5.1-1)

4.1.5.2 Einfluß der Streuung

Ein zweiter Korrekturschritt ergibt sich aus der Berücksichtigung der Tatsache, daß nur ein Teil des erzeugten Flusses als Hauptfluß Φ_h die zweite Wicklung trifft. Der Rest ist als Streufluß Φ_σ nur mit der eigenen Spule verknüpft.

Die nur für die Primärwicklung dargestellte Aufteilung gilt bei Belastung analog auch für die Sekundärwicklung.

Im Ersatzschaltbild wird diese Aufspaltung durch Einführung sog. Streuinduktivitäten $L_{\sigma 1}$ und $L'_{\sigma 2}$ die als induktive Vorwiderstände $X_L = \omega L$ in den Zuleitungen wirken.

Für Umrechnungen gilt analog die aus der Widerstandstransformation resultierende Gleichung 4.1.5.1-1.

Zu einer Aussage über die Größe der einzusetzenden Streuinduktivitäten bzw. induktiven Widerstände werden wir später in Auswertung von Meßergebnissen kommen.

Die beim idealen Transformator mit $\ddot{u} = 1$ gleichen Werte der Eingangs- und Ausgangsspannung werden damit nicht nur durch die ohmschen Spannungsabfälle gem. 4.1.5.1, sondern jetzt auch zusätzlich durch die induktiven Spannungsabfälle beeinflußt.

4.1.5.3 Einfluß der Eisenverluste

Die mit dem Wechselfluß zusammenhängenden Eisenverluste treten auf, sobald die Primärwicklung an Spannung liegt, und bleiben auch bei Belastung nahezu unverändert.

Wegen der gemäß Gl. (4.1.1-1) bestehenden Proportionalität zwischen dem für die Eisenverluste maßgebenden magnetischen Fluß Φ und der Quellenspannung U_q erfolgt die Darstellung gemäß:

$$P_{vfe} \sim \frac{U_q^2}{R_{fe}}$$

durch einen Parallelwiderstand R_{fe} an der Stel-

4.1 Einphasentransformator

le, wo im Ersatzschaltbild die Quellenspannung auftritt.

Mit diesem dritten Korrekturschritt erhalten wir das vollständige Ersatzschaltbild für den realen Transformator:

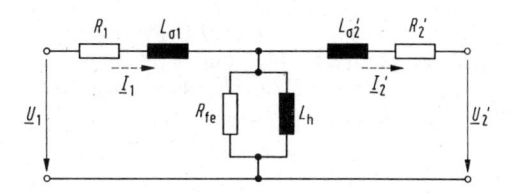

Bild 4.1.5.3–1 Vollständiges Ersatzschaltbild für den realen Transformator

4.1.5.4 Auswertung und Vereinfachung des Ersatzschaltbildes

Als sinusförmige Wechselstromgrößen lassen sich alle Ströme und Spannungen als Zeiger darstellen.

Betrachten wir zunächst den Knotenpunkt in der Mitte der Darstellung:

$\underline{I}_\mu + \underline{I}_{fe}$ ergeben resultierend den Leerlaufstrom $\underline{I}_0$.

Dieser Leerlaufstrom bleibt als Anteil auch bei Belastung annähernd konstant und verfälscht die Grundgleichung für die Ströme (4.1.1–3).

Der Einfluß wird mit wachsenden Lastströmen relativ immer geringer, und schon bei Nennstrom ist der Fehler, der sich bei Vernachlässigung ergibt, nicht allzu groß.

Überträgt man diese Vernachlässigung auf unser Ersatzschaltbild, so bedeutet dies Weglassen von R_{fe} und L_h. Auf diese Weise kommt man zu einem vereinfachten Ersatzschaltbild, bei dem sich die jetzt vom gleichen Strom durchflossenen Widerstände und Streuinduktivitäten jeweils zusammenfassen lassen.

$$\underline{I}_1 = \underline{I}_2' + \underbrace{\underline{I}_\mu + \underline{I}_{fe}}_{\underline{I}_0}$$

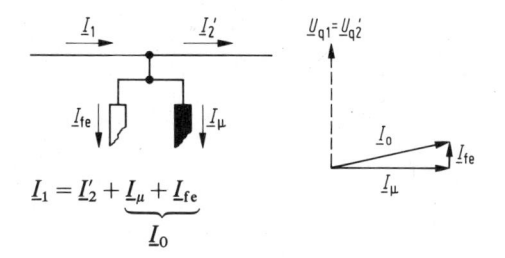

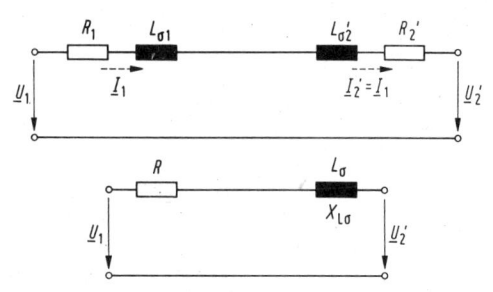

$$\frac{I_1}{I_2} = \frac{N_2}{N_1}$$

Bild 4.1.5.4–1 Vereinfachtes Ersatzschaltbild für den realen Transformator

4.1.6 Vollständiges Zeigerdiagramm

Passend zum vollständigen Ersatzschaltbild lassen sich die Zeigerdiagramme für die Ströme und die Spannungen zeichnen, nachdem man entsprechende Maßstäbe festgelegt hat.

Die Basis bildet in jedem Falle der Zeiger für $\underline{U}_{q2}'$ in willkürlicher – hier senkrechter – Lage. Bei der Entwicklung des Stromdiagramms können Sie von den Hinweisen zu Abschnitt 4.1.5.4 ausgehen. Größe und Phasenlage des Stromes $\underline{I}_2'$ werden vom sekundärseitigen Belastungswi-

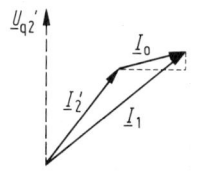

Bild 4.1.6–1 Stromdiagramm

derstand bestimmt und sind hier willkürlich gewählt. Zur Verdeutlichung des Einflusses ist der Leerlaufstrom $\underline{I}_0$ relativ groß eingesetzt.

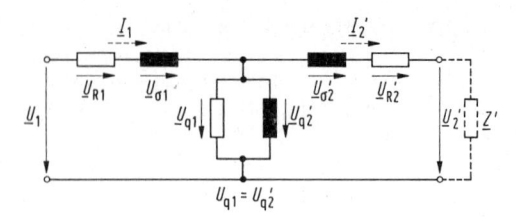

In Vorbereitung der Spannungsdiagramme stellen wir zunächst die Maschengleichungen auf:

Für die Darstellung der Spannungsdiagramme gilt die Regel, daß die Zeiger des ohmschen Spannungsabfalles in Phase, die Zeiger des induktiven Spannungsabfalls im voreilenden Sinne senkrecht zum jeweiligen Strom gezeichnet werden.

Der Deutlichkeit halber sind auch hier extreme Werte für die Spannungsabfälle gewählt worden.

Dadurch wird besonders die Abweichung von Eingangs- und Ausgangsspannung nach Größe und Phasenlage auch bei einem Übersetzungsverhältnis $ü = 1$ herausgestellt.

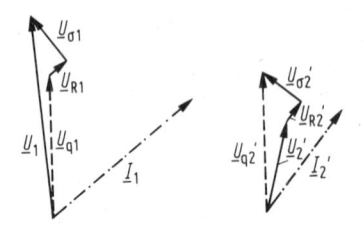

Linke Masche	Rechte Masche
(Primärkreis)	(Sekundärkreis)
$\underline{U}_1 = \underline{U}_{q1} + \underline{U}_{R1} + \underline{U}_{\sigma 1}$	$\underline{U}'_{q2} = \underline{U}'_2 + \underline{U}'_{R2} + \underline{U}'^2_\sigma$

Bild 4.1.6–2 Spannungsdiagramme

4.1.6.1 Vereinfachtes Zeigerdiagramm

Die in 4.1.5.4 eingeführten Vereinfachungen für das Ersatzschaltbild lassen sich auch auf das Zeigerdiagramm übertragen.

Wir gehen zweckmäßig von den Zeigern der Sekundärgrößen $\underline{U}'_2$ und $\underline{I}'_2$ aus, zumal hier der von der Art der Belastung abhängige Phasenverschiebungswinkel φ_2 unmittelbar in Erscheinung tritt.

Da wegen der Vernachlässigung des Leerlaufstromes $\underline{I}_0$ die Lastströme $\underline{I}_1$ und $\underline{I}'_2$ gleich sind, wird $\underline{I}'_2$ maßgebend für die Richtung aller Spannungsabfälle. Als Folge davon können wir die ohmschen und induktiven Anteile jeweils unmittelbar additiv zusammenfassen.

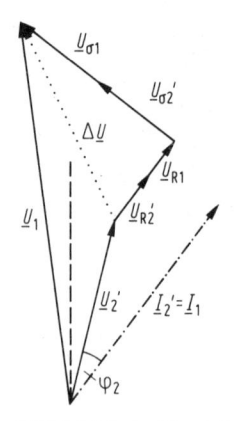

In Analogie zu Bild 4.1.5.4–1 lassen sich zusammenfassen:

$\Delta \underline{U}_R$ und $\Delta \underline{U}_\sigma$ bilden die Katheten eines rechtwinkligen Dreiecks, dessen Hypotenuse den verbindenden Zeiger zwischen Ein- und Ausgangsspannung liefert.

Bild 4.1.6.1–1 Vereinfachtes Zeigerdiagramm

$\underline{U}_{R1} + \underline{U}'_{R2} = \Delta \underline{U}_R$

$\underline{U}_{\sigma 1} + \underline{U}'_{\sigma 2} = \Delta \underline{U}_\sigma$

$\Delta \underline{U}_R + \Delta \underline{U}_\sigma = \Delta \underline{U}$

$$\boxed{\underline{U}_1 = \underline{U}'_2 + \Delta \underline{U}} \qquad (4.1.6.1–1)$$

4.1.6.2 Kappsches Dreieck

Das beschreibene Dreieck – bekannt als Kappsches Dreieck – erlangt für orientierende Betrachtungen eine erhebliche Bedeutung.

Seine Größe hängt vom Strom, sonst aber nur von Größen ab, die für den jeweiligen Transformator typisch sind.

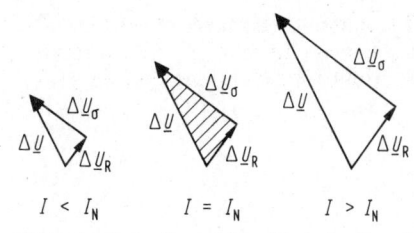

Bild 4.1.6.2–1 Kappsches Dreieck für einen bestimmten Transformator bei verschiedenen Strömen

Da man im allgemeinen auf den Nennstrom bezieht, gilt die Aussage:

> Jeder Transformator ist durch ein für ihn charakteristisches Kappsches Dreieck gekennzeichnet.

Die Lage des Kappschen Dreiecks im vereinfachten Zeigerdiagramm wird durch die Phasenlage des Stromes und damit durch die Art des angeschlossenen Verbrauchers bestimmt.

Entscheidend bleibt, daß die Kenngrößen des Kappschen Dreiecks in einem relativ einfachen Versuch bestimmbar sind.

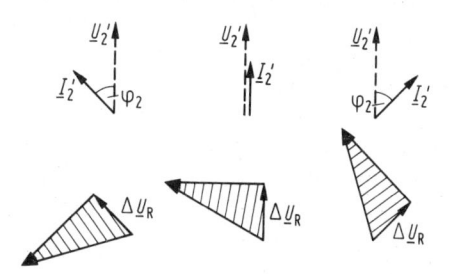

Bild 4.1.6.2–2 Kappsches Dreieck bei gegebenem Strom mit verschiedener Phasenlage

4.1.7 Leerlauf- und Kurzschlußversuch zur Bestimmung wichtiger Kenngrößen

Bei dieser grundlegenden Untersuchung geht es darum, den Einfluß von Spannung und Strom getrennt zu studieren, während die jeweils andere Größe vernachlässigbar klein ist.

Dies erfolgt

– beim Leerlaufversuch mit Nennspannung und

– beim Kurzschlußversuch mit Nennstrom.

Gemessen werden in jedem Falle neben Spannung und Strom die aufgenommene Wirkleistung.

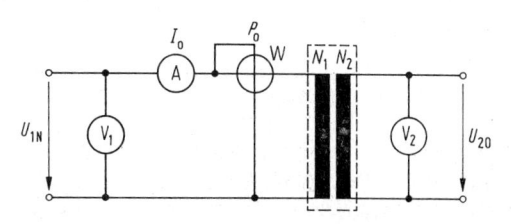

Bild 4.1.7–1 Meßschaltung zum Leerlaufversuch

4.1.7.1 Leerlaufversuch

Anzeige Voltmeter V_1: — angelegte primäre Nennspannung
$$U_{1N} \approx U_{1q}$$

Anzeige Voltmeter V_2: — sekundäre Leerlaufspannung
$$U_{20} = U_{2q}$$

Anzeige Amperemeter A — Leerlaufstrom I_0

Anzeige Wattmeter W — Aufgenommene Leerlaufleistung P_0

Wegen der bei dem kleinen Strom I_0 vernachlässigbaren primären Kupferverluste gilt:

> Die Leistung P_0 entspricht praktisch den Eisenverlusten P_{vfe} des Transformators

Aus P_0, I_0 und U_{1N} läßt sich der Leistungsfaktor und damit die Phasenverschiebung des Stromes I_0 bestimmen:

$$\cos \varphi_0 = \frac{P_0}{I_0 \cdot U_{1N}} \qquad (4.1.7.1-1)$$

Somit kennen wir die Querströme des vollständigen Ersatzschaltbildes:

$$I_{fe} = I_0 \cos \varphi_0$$
$$I_\mu = I_0 \sin \varphi_0$$

und können auch den für die Eisenverluste eingeführten Querwiderstand R_{fe} berechnen:

$$R_{fe} = \frac{(U_{1N})^2}{P_0}$$

Anhand der Anzeigen der beiden Spannungsmesser läßt sich schließlich das Übersetzungsverhältnis überprüfen:

$$ü \approx \frac{U_{1N}}{U_{20}}$$

Beispiel 4.1.7.1-1

Ein Transformator mit der primären Nennspannung $U_{1N} = 6000$ V wird einem Leerlaufversuch unterzogen.
Dabei ergeben sich folgende Meßwerte:
$U_{20} = 230$ V; $I_0 = 0{,}167$ A; $P_0 = 360$ W.
Bestimmen Sie:
a) das Übersetzungsverhältnis $ü$,
b) den Eisenverluststrom I_{fe} und den Magnetisierungsstrom I_μ,
c) Den Widerstand R_{fe} des Ersatzschaltbildes.

Lösung:

a) $ü = \dfrac{U_{1N}}{U_{20}} = \dfrac{6000 \text{ V}}{230 \text{ V}} = \mathbf{26}$

b) $I_{fe} = I_0 \cos \varphi_0$

$$\cos \varphi_0 = \frac{P_0}{I_0 \cdot U_{1N}}$$

$$I_{fe} = \frac{P_0}{U_{1N}} = \frac{360 \text{ W}}{6000 \text{ V}} = \mathbf{0{,}06 \text{ A}}$$

$$I_\mu = \sqrt{I_0^2 - I_{fe}^2}$$

$$I_\mu = \sqrt{(0{,}167 \text{ A})^2 - (0{,}06 \text{ A})^2} = \mathbf{0{,}156 \text{ A}}$$

c) $R_{fe} = \dfrac{U_{1N}^2}{P_0} = \dfrac{(6000 \text{ V})^2}{360 \text{ W}} = \mathbf{100 \text{ k}\Omega}$

4.1.7.2 Kurzschlußversuch

Bei kurzgeschlossenen Sekundärklemmen wird an die Primärseite eine so kleine Spannung angelegt, daß der Nennstrom fließt. Das erfolgt meist über einen vorgeschalteten, hier nicht dargestellten Stelltransformator.

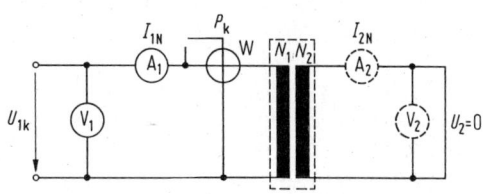

Wir vergegenwärtigen uns:
Bei angelegter Nennspannung würde der Kurzschluß zu dem sonst nur im Störungsfall auftretenden sehr großen Kurzschlußstrom führen.

Anzeige Voltmeter V_1:

Bild 4.1.7-2
Meßschaltung zum Kurzschlußversuch

– angelegte Spannung, die zum Nennstrom führt
$U_{1k} \ll U_{1N}$

Anzeige Amperemeter A_1:

– Nennstrom I_{1N}

Anzeige Wattmeter W:

– aufgenommene Kurzschlußleistung P_k

Wegen der bei der kleinen Spannung U_{1k} vernachlässigbaren Eisenverluste gilt:

Die Leistung P_k entspricht praktisch den Kupferverlusten P_{vcu} des Transformators.

Für die an sich verzichtbaren Instrumente der Sekundärseite gilt:
Anzeige Amperemeter A_2:
das liefert aber keine neue unabhängige Aussage.
Anzeige Voltmeter V_2:

– Nennstrom I_{2N};

– $U_2 = 0$

Aus P_k, I_{1N} und U_{1k} läßt sich wieder der Leistungsfaktor und damit die Phasenverschiebung des Stromes I_{1N} bestimmen:

$$\cos \varphi_k = \frac{P_k}{I_{1N} \cdot U_{1k}} \qquad (4.1.7.2-1)$$

Damit können wir die angelegte Spannung in zwei Komponenten zerlegen,
– eine in Richtung des Stromes:
– und eine senkrecht dazu:

$U_{1k} \cdot \cos \varphi_k$
$U_{1k} \cdot \sin \varphi_k$

Erinnern wir uns an das vereinfachte Ersatzschaltbild für den realen Transformator und skizzieren es noch einmal für die Verhältnisse des Kurzschlußversuches: 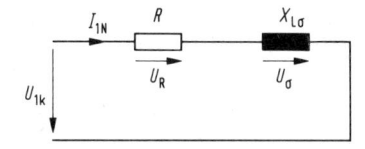
Mit der Komponentenzerlegung haben wir die Teilspannungen U_R und U_σ gefunden.

Der Kurzschlußversuch liefert die Teilspannungen des Kappschen Dreiecks.

Mit den dort gewählten Bezeichnungen gilt

$$\Delta U = U_{1k}$$
$$\Delta U_R = U_{1k} \cdot \cos\varphi_k$$
$$\Delta U_\sigma = U_{1k} \cdot \sin\varphi_k$$

(4.1.7.2–2)

Die beim Kurzschlußversuch mit Nennstrom anzulegende Spannung U_{1k} wird zu einer weiteren wichtigen Kenngröße des Transformators. Wegen der besseren Vergleichbarkeit wird die Kurzschlußspannung U_{1k} auf die Nennspannung U_{1N} bezogen und definiert als
– relative Kurzschlußspannung

$$u_k = \frac{U_{1k}}{U_{1N}} \cdot 100 \text{ in \%}$$

(4.1.7.2–3)

Dieser Wert erscheint auf dem Leistungsschild.

Analog lassen sich auch für die Komponenten Relativwerte angeben:

$$u_R = u_k \cdot \cos\varphi_k$$
$$u_\sigma = u_k \cdot \sin\varphi_k$$

(4.1.7.2–4)

Die Meßergebnisse des Kurzschlußversuches ermöglichen schließlich die Bestimmung der Widerstände des vereinfachten Ersatzschaltbildes:

$$R = \frac{U_{1k} \cdot \cos\varphi_k}{I_{1N}}$$
$$X_{L\sigma} = \frac{U_{1k} \cdot \sin\varphi_k}{I_{1N}}$$

(4.1.7.2–5)

Ein Rückschluß auf die Größen des vollständigen Ersatzschaltbildes wird möglich, wenn man in Annäherung setzt:

$$R_1 \approx R_2' \approx \frac{R}{2}$$
$$X_{L\sigma_1} \approx X_{L\sigma_2}' \approx \frac{X_{L\sigma}}{2}$$

(4.1.7.2–6)

Beispiel 4.1.7.2–1

Der schon im Beispiel 4.1.7.1–1 betrachtete Transformator wird anschließend einem Kurzschlußversuch mit dem Nennstrom $I_{1N} = 3{,}3$ A unterzogen.
Dabei werden ermittelt:
$U_{1k} = 240$ V; $P_k = 570$ W.
Bestimmen Sie:
a) Die Seiten des Kappschen Dreiecks,
b) die relative Kurzschlußspannung, sowie deren ohmsche und induktive Komponente,
c) die Widerstände des vereinfachten Ersatzschaltbildes, sowie die entsprechende Streuinduktivität bei einer Frequenz $f = 50$ Hz.

Lösung:

a) Hypotenuse

$$\Delta U = U_{1k} = \mathbf{240 \text{ V}}$$

Katheten

$$\Delta U_R = U_{1k} \cdot \cos\varphi_k$$

$$\cos\varphi_k = \frac{P_k}{U_{1k} \cdot I_{1N}}$$

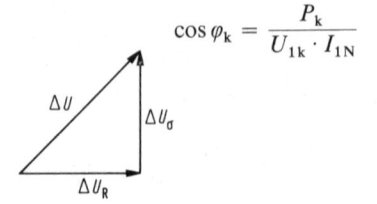

$$\Delta U_R = \frac{P_k}{I_{1N}} = \frac{570\,\text{W}}{3{,}3\,\text{A}} = 172{,}7\,\text{V}$$

$$\Delta U_\sigma = \sqrt{\Delta U^2 - \Delta U_R^2}$$

$$= \sqrt{(240\,\text{V})^2 - (172{,}7\,\text{V})^2} = 166{,}66\,\text{V}$$

b) Primäre Nennspannung $U_{1N} = 6000\,\text{V}$;

$$u_k = \frac{U_{1k}}{U_{1N}} = \frac{240\,\text{V}}{6000\,\text{V}} = 0{,}04 = 4\%$$

$$\frac{u_R}{u_k} = \frac{\Delta U_R}{\Delta U};\ u_R = 4\% \cdot \frac{172{,}7\,\text{V}}{240\,\text{V}} = 2{,}88\%$$

$$\frac{u_\sigma}{u_k} = \frac{\Delta U_\sigma}{\Delta U};\ u_\sigma = 4\% \cdot \frac{166{,}66\,\text{V}}{240\,\text{V}} = 2{,}78\%$$

c) $R = \dfrac{\Delta U_R}{I_{1N}} = \dfrac{172{,}7\,\text{V}}{3{,}3\,\text{A}} = 52{,}3\,\Omega$

$$= \frac{P_k \approx P_{vcu}}{I_{1N}^2} = \frac{570\,\text{W}}{(3{,}3\,\text{A})^2}$$

$$X_{L\sigma} = \frac{\Delta U_\sigma}{I_{1N}} = \frac{166{,}66\,\text{V}}{3{,}3\,\text{A}} = 50{,}5\,\Omega$$

$$L_\sigma = \frac{X_{L\sigma}}{2\cdot\pi\cdot f} = \frac{50{,}5\,\Omega}{2\cdot\pi\cdot 50\,\text{s}^{-1}} = 161\,\text{mH}$$

Übung 4.1.7.2–1

Skizzieren Sie – passend zu den Ergebnissen des Beispiels 4.1.7.2–1 – das Kappsche Dreieck unter folgenden Voraussetzungen:
– Maßstab: 1 cm $\triangleq$ 100 V,
– der maßgebende Stromzeiger liegt in der waagerechten positiven Achse.

Lösung:

Übung 4.1.7.2–2

Der in den Beispielen 4.1.7.1–1 und 4.1.7.2–1 betrachtete Transformator hat ein Übersetzungsverhältnis $ü = 26$.

Geben Sie in Anwendung der Näherungsbeziehung (4.1.7.2–6) die echten Längswiderstände der Primär- und Sekundärseite R_1; R_2; $X_{L\sigma_1}$ und $X_{L\sigma_2}$, sowie die Streuinduktivitäten L_{σ_1} und L_{σ_2} an.

Lösung:

Beispiel 4.1.7.2–2

Der betrachtete Transformator mit $I_{1N} = 3{,}3$ A und $u_k = 4\%$ wird bei kurzgeschlossenen Sekundärklemmen nicht an die Spannung $U_{1k} = 240$ V, sondern an die Nennspannung $U_{1N} = 6000$ V gelegt.
Wie groß ist der Dauerkurzschlußstrom I_{kd}?

Lösung:

Die angelegte Spannung $U_{1N} = \dfrac{1}{u_k} U_{1k}$ führt zu

$$I_{kd} = \frac{1}{u_k} \cdot I_{1N} = \frac{1}{0{,}04} \cdot 3{,}3 \text{ A} = \mathbf{82{,}5 \text{ A}}$$

4.1.8 Spannungsänderung Typische Belastungsfälle

Wie jede reale Spannungsquelle mit Innenwiderstand ändert auch der Transformator seine Ausgangsspannung abhängig von der Belastung. Das wurde bereits beim Studium des vollständigen und des vereinfachten Spannungsdiagramms deutlich.

Im vorliegenden Abschnitt steht im Mittelpunkt die Beziehung:

$$U_2 = f(I_2)$$

mit dem Parameterwert:

$$\varphi_2 = \text{konst.,}$$

wobei die typischen Belastungsfälle gekennzeichnet sind durch:

1) $\varphi_2 = 0°$; 2) $\varphi_2 = +90°$; 3) $\varphi_2 = -90°$

In Gleichung (4.1.6.1–1) haben wir für den Transformator mit $ü = 1$ die Spannungsdifferenz ermittelt zu:

$$\Delta \underline{U} = \underline{U}_1 - \underline{U}_2'.$$

Dabei ging es auf der Basis

$$\underline{U}_{q2} = \underline{U}_1$$

um eine geometrische Zusammensetzung.

geometrische Zusammensetzung

Die hier vorgegebene Thematik zielt indessen auf die algebraische Differenz, wie sie für rasche Kontroll- und Überschlagsrechnungen benötigt wird.

Wir definieren als:

Spannungsänderung $\underline{U}_\varphi = \underline{U}_1 - \underline{U}_2'$

Die Spannungszeiger $\underline{U}_1$ und $\underline{U}_2'$ bilden gegeneinander einen Winkel, der aber mit sinkendem Verhältnis $\dfrac{\Delta U}{U_1}$, d.h. mit sinkender relativer Kurzschlußspannung u_k immer kleiner wird.
Bei $u_k \leq 4\%$ begeht man keinen sehr großen Fehler, wenn die beiden Zeiger parallel verlaufend dargestellt werden.

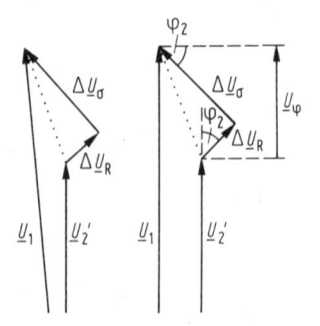

Bild 4.1.8–1 Erläuterung zur Spannungsänderung

4.1 Einphasentransformator

Aus dem rechten Diagramm des Bildes 4.1.8–1 läßt sich dann ohne weiteres ablesen:

$$U_\varphi = \Delta U_R \cos \varphi_2 + \Delta U_\sigma \sin \varphi_2 \qquad (4.1.8-1)$$

Eine entsprechende Aussage ergibt sich für die relativen Werte:

$$u_\varphi = u_R \cos \varphi_2 + u_\sigma \sin \varphi_2 \qquad (4.1.8-2)$$

Mit dieser prozentualen Darstellung machen wir uns von der einschränkenden Festlegung „$ü = 1$" unabhängig.

Zunächst gilt noch als Definition für die relative Spannungsänderung:

Relative Spannungsänderung

$$u_\varphi = \frac{U_1 - U_2'}{U_1} \cdot 100 \text{ in \%}$$

Bei $ü = 1$ entsprechen einander: $\quad U_1 = U_{q2}; \quad U_2' = U_2$

Setzen wir diese Größen ein, so ergibt sich als für jedes Übersetzungsverhältnis gültige Aussage:

$$u_\varphi = \frac{U_{q2} - U_2}{U_{q2}} \cdot 100 \text{ in \%} \qquad (4.1.8-3)$$

U_{q2} = sekundäre Leerlaufspannung
U_2 = sekundäre Lastspannung

Beispiel 4.1.8–1

Der schon in den vorigen Beispielen betrachtete Transformator mit $U_{20} = 230\,\text{V}$ und den bei Nennbetrieb gültigen Werten

$u_R = 2{,}88\%\qquad u_\sigma = 2{,}78\%$

wird mit Nennstrom bei $\cos \varphi_2 = 0{,}7$ (induktiv) belastet.

Welche Klemmenspannung U_2 ergibt sich?

Lösung:

In der Tendenz gilt die Diagrammdarstellung des Bildes 4.1.8–1.

$$u_\varphi = u_R \cdot \cos \varphi_2 + u_\sigma \cdot \sin \varphi_2$$
$$= 2{,}88\% \cdot 0{,}7 + 2{,}78\% \cdot 0{,}71 = \mathbf{3{,}99\%}$$

$$u_\varphi = \frac{U_{q2} - U_2}{U_{q2}} = 1 - \frac{U_2}{U_{q2}}; \quad \frac{U_2}{U_{q2}} = 1 - u_\varphi$$

$$\frac{U_2}{U_{q2}} = 1 - 0{,}0399 = 0{,}9601;$$

$$U_2 = 0{,}9601 \cdot 230\,\text{V} = \mathbf{220{,}82\,V}$$

4.1.8.1 Ohmsche Last $Z_2 = R$

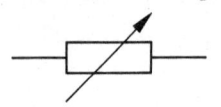

Durch Schraffur gekennzeichnet ist das Kappsche Dreieck für Nennstrom in der für den Phasenwinkel $\varphi_2 = 0$ richtigen Lage.
Eine Veränderung des Laststromes auf
1) $I_2 = 1/2 I_{2N}$ bzw. 2) $I_2 = 3/2 I_{2N}$
ergibt ein kleines bzw. größeres, aber in jedem Falle ähnliches Dreieck. Wir erinnern uns an Bild 4.1.6.2–1.
Die Auswirkungen auf die sekundäre Lastspannung U_2 verdeutlicht das Bild 4.1.8.1–1; es veranschaulicht allerdings auch den mit wachsendem Strom zunehmenden Fehler durch die parallele Zeigerdarstellung.
Die gesuchte Beziehung $U_2 = f(I_2)$ läßt sich unschwer abschätzen:

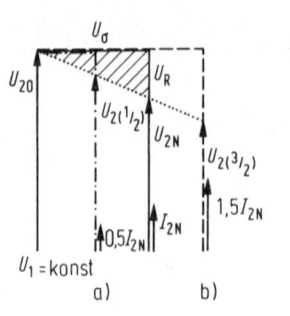

Bild 4.1.8.1–1 Idealisiertes Spannungsdiagramm für $\varphi_2 = 0 =$ konst., $R =$ veränderlich

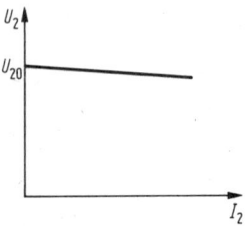

Bild 4.1.8.1–2 Kennlinie $U_2 = f(I_2)$ bei U_1; $f =$ konst. $\varphi_2 = 0 =$ konst.

4.1.8.2 Induktive Last $Z_2 = \omega L$

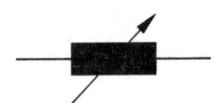

Entsprechend $\varphi_2 = 90°$ erscheinen das Kappsche Dreieck und seine kleinere und größere Variante gedreht.

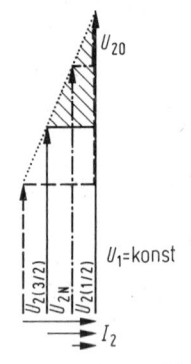

Bild 4.1.8.2–1 Idealisiertes Spannungsdiagramm für $\varphi_2 = 90° =$ konst., $\omega L =$ veränderlich

Das gewählte Seitenverhältnis des Kappschen Dreiecks führt zu einer stärker geneigten Kennlinie:

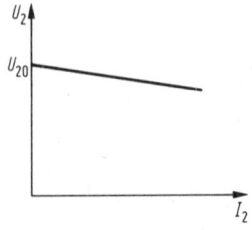

Bild 4.1.8.2–2 Kennlinie $U_2 = f(I_2)$ bei U_1; $f =$ konst. $\varphi_2 = 90° =$ konst.

4.1.8.3 Kapazitive Last $Z_2 = \dfrac{1}{\omega C}$

Der Phasenwinkel φ_2 beträgt jetzt $-90°$.
Das wirkt sich auch auf die Gleichung (4.1.8–2) aus und führt zu einem negativen Wert für u_φ.

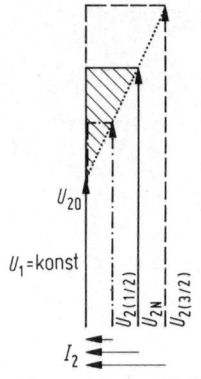

Bild 4.1.8.3–1 Idealisiertes Spannungsdiagramm für $\varphi_2 = -90° =$ konst., $\dfrac{1}{\omega C}$ veränderlich

Bei kapazitiver Belastung ergibt sich eine mit wachsendem Strom ansteigende Klemmenspannung.

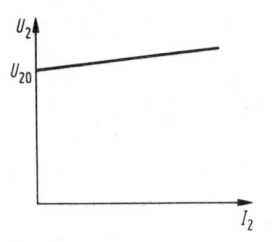

Bild 4.1.8.3–2 Kennlinie $U_2 = f(I_2)$ bei U_1; $f =$ konst., $\varphi_2 = -90° =$ konst.

Übung 4.1.8.3–1

Der schon in früheren Beispielen betrachtete Transformator mit $U_{20} = 230\,\text{V}$ und den bei Nennbetrieb gültigen Werten

$u_R = 2{,}88\%$ $\quad u_\sigma = 2{,}78\%$

wird über einen idealen Kondensator mit Nennstrom belastet.
Welche Klemmenspannung U_2 ergibt sich?

Lösung:

4.1.9 Nennleistung; Wirkungsgrad

Bereits im Abschnitt 4.1.4 fanden wir den Hinweis, daß die Nennleistung eines Transformators als Scheinleistung angegeben wird. Maßgebend ist die Sekundärseite. Die dort für den idealen Übertrager angegebene Beziehung:

$S_2 = U_{q2} \cdot I_2$

wird als Typen-Nennleistung auch für den realen Transformator eingeführt:

$$\boxed{S_N = U_{20} \cdot I_{2N} \approx U_{1N} \cdot I_{1N}} \qquad (4.1.9-1)$$

Die Typen-Nennleistung ist durch die die davon abhängige und den thermisch bedingten Grenzwert eindeutig bestimmt.
Die tatsächlich abgegebene sekundäre Nennleistung

weicht wegen $U_2 \neq U_{20}$ naturgemäß von dieser Typen-Nennleistung ab, und wir errechnen mit der relativen Spannungsänderung u_φ gemäß (4.1.8–2):

primäre Nennspannung U_{1N},
- sekundäre Leerlaufspannung U_{20}
- sekundärer Nennstrom I_{2N}

$$S_{abN} = U_2 \cdot I_{2N}$$

$$S_{abN} = U_{20}\left(1 - \frac{u_\varphi}{100\%}\right) I_{2N}$$

$$\boxed{S_{abN} = S_N \left(1 - \frac{u_\varphi}{100\%}\right)} \qquad (4.1.9\text{–}2)$$

Die Ermittlung eines Wirkungsgrades kann nur für eine bestimmte Belastungsweise erfolgen und muß sich auf die abgegebene Wirkleistung beziehen.
Für Nenngrößen wäre dies:

$$\boxed{P_{2N} = S_{abN} \cos\varphi_2} \qquad (4.1.9\text{–}3)$$

Beispiel 4.1.9–1

Von dem zuletzt mehrfach betrachteten Transformator kennen wir:

$U_{1N} = 6000\,\text{V}$; $U_{20} = 230\,\text{V}$; $I_{1N} = 3{,}3\,\text{A}$;
$ü = 26$; $u_R = 2{,}88\%$; $u_\sigma = 2{,}78\%$; $u_\varphi = 3{,}99\%$
bei $\cos\varphi_2 = 0{,}7$ (ind.); $I_{2N} = 3{,}3\,\text{A} \cdot 26 = 85{,}8\,\text{A}$.

Zu bestimmen sind:
a) die Typen-Nennleistung,
b) die bei einer Belastung mit Nennstrom bei $\cos\varphi_2 = 0{,}7$ abgegebene Nennleistung und
c) die abgegebene Wirkleistung.

Lösung:

a) $S_N = U_{20} \cdot I_{2N} = 230\,\text{V} \cdot 85{,}8\,\text{A}$
       $= \mathbf{19{,}73\,kVA}$

b) $S_{abN} = S_N(1 - u_\varphi/100)$
       $= 19{,}73\,\text{kVA}\,(1 - 0{,}0399)$
     $S_{abN} = \mathbf{18{,}94\,kVA}$

c) $P_{2N} = S_{abN} \cos\varphi_2 = 18{,}94\,\text{kVA} \cdot 0{,}7$
       $= \mathbf{13{,}26\,kW}$

4.1.9.1 Leistungswirkungsgrad

Bei dem Leistungswirkungsgrad handelt es sich um die übliche Definition eines Wirkungsgrades, wie wir sie schon in den Gleichungen (1.3.1–1) und (1.3.1–2) kennengelernt haben. Das gilt unbeschadet der Tatsache, daß beim Transformator – anders als bei den rotierenden Maschinen – die zugeführte und die abgegebene Leistung elektrischer Natur sind.

Die beiden typischen Verlustarten haben wir bereits kennengelernt:

4.1 Einphasentransformator

Kupferverluste sind stromabhängig, wie der Kurzschlußversuch lehrte.

Eisenverluste sind spannungsabhängig, wie wir aus dem Leerlaufversuch wissen.

– Kupferverluste stromabhängig $\quad P_{vcu} = I^2 R$

– Eisenverluste spannungsabhängig $\quad P_{vfe} = \dfrac{U^2}{R_{fe}}$

Daneben treten – formal gesehen – auch *Zusatzverluste* auf, z. B. als Wirbelstromverluste im Transformatorgehäuse oder als dielektrische Verluste in der Wicklungsisolation. Man kann aber davon ausgehen, daß ihre Anteile über die Bestimmung der Leistungsaufnahme beim Kurzschluß- und Leerlaufversuch mit erfaßt wurden.

– Zusatzverluste $\quad P_{vzus}$

Deshalb rechnet man in der Regel:

$$P_{vges} = P_{vcu} + P_{vfe}$$

und kann mit Rücksicht auf die bei Nenndaten erzielten Versuchsergebnisse auch schreiben:

$$P_{vgesN} = P_k + P_0$$

Der Betrieb erfolgt meist am Netz konstanter Spannung, aber mit veränderlichem Strom.

Die dann auftretenden Gesamt-Verluste errechnen sich zu:

$$\boxed{P_{vges} = \left(\dfrac{I_2}{I_{2N}}\right)^2 P_k + P_0} \qquad (4.1.9.1\text{–}1)$$

Nach bekannter Formel bestimmen wir den Leistungswirkungsgrad:

$$\eta = \dfrac{P_{ab}}{P_{zu}} = \dfrac{P_2}{P_2 + P_{vges}}$$

Beispiel 4.1.9.1–1

Bestimmen Sie für den betrachteten Transformator unter Nutzung der vorliegenden Zwischenergebnisse den Leistungswirkungsgrad bei Belastung mit Nennstrom und einem Leistungsfaktor $\cos\varphi_2 = 0{,}7$ (ind.).

Lösung:

Wir übernehmen: $P_{2N} = 13{,}26\,\text{kW}$; $P_0 = 260\,\text{W}$; $P_k = 570\,\text{W}$

$$\eta = \dfrac{P_{2N}}{P_{2N} + (P_0 + P_k)} = \dfrac{13{,}26\,\text{kW}}{(13{,}26 + 0{,}83)\,\text{kW}}$$

$$= \mathbf{94{,}11\,\%}$$

Übung 4.1.9.1–1

Der betrachtete Transformator mit der Typen-Nennleistung $S_N = 19{,}73\,\text{kVA}$ und den Daten: $P_0 = 260\,\text{W}$; $P_k = 570\,\text{W}$; $u_R = 2{,}88\,\%$ und $u_\sigma = 2{,}78\,\%$ wird mit $I_2 = 0{,}8 \cdot I_{2N}$ bei $\cos\varphi_2 = 0{,}9$ (ind) belastet.

Bestimmen Sie den sich ergebenden Leistungswirkungsgrad η.

Lösung:

4.1.9.2 Arbeits- (Jahres-) Wirkungsgrad

Der Leistungswirkungsgrad ändert sich ständig mit der Belastung. Für Wirtschaftlichkeitsbetrachtungen ist es wichtig, einen Durchschnittswert über einen längeren Zeitraum zu haben, der auch Rückschlüsse auf die Kosten zuläßt. Das gilt insbesondere in Hinblick auf die Tatsache, daß die Mehrzahl der Transformatoren eingangsseitig immer an Spannung liegt, um ständig einsatzbereit zu sein. Dabei fallen dauernd die Eisenverluste an, die über die Verlustarbeit $P_{vfe} \cdot t$ zu einem beträchtlichen Kostenfaktor werden.

Diese Bewertungsgröße erreicht man durch die Ermittlung des Kennwertes:
der – weil meist auf die Dauer eines Jahres bezogen – auch den Namen „Jahreswirkungsgrad" führt.

Arbeitswirkungsgrad η_A

Allgemein gilt:

$$\eta_A = \frac{W_2}{W_2 + W_{cu} + W_{fe}} \qquad (4.1.9.2-1)$$

Für praktische Rechnungen müssen wir den gesamten Zeitraum in einzelne Zeitabschnitte unterteilen, denen wir jeweils annähernd konstante Belastungen zuordnen können.

$$t_{ges} = t_a + t_b + t_c + \ldots$$

Damit ergibt sich:

$$\eta_A = \frac{P_{2a} \cdot t_a + P_{2b} \cdot t_b + \ldots}{(P_{2a} + P_{vcua})\,t_a + (P_{2b} + P_{vcub})\,t_b + \ldots + P_{vfe} \cdot t_{ges}} \qquad (4.1.9.2-2)$$

Beispiel 4.1.9.2–1

Der betrachtete Transformator möge bei $\cos\varphi_2 = 0{,}7$ (ind) zu 50% des Jahres mit Vollast, zu 25% mit Halblast und während der restlichen Zeit im Leerlauf betrieben werden. Bestimmen Sie den Arbeitswirkungsgrad.

Hinweis:
Unter Vernachlässigung der Spannungsänderung können Sie die Angaben zur Belastung sowohl auf die abgegebene Leistung als auch auf den Strom beziehen.

Lösung:

Wir übernehmen: $P_{2N} = 13{,}26\,\text{kW}$; $P_0 = 260\,\text{W}$; $P_k = 570\,\text{W}$!
a) Vollast; b) Halblast; c) Leerlauf

$t_a = 0{,}5\,\text{J(ahre)}$; $t_b = 0{,}25\,\text{J}$;

$t_c = 0{,}25\,\text{J}$.

$P_{2a} = P_{2N} = 13{,}26\,\text{kW}$;

$P_{2b} = \tfrac{1}{2} 13{,}26\,\text{kW} = 6{,}63\,\text{kW}$;

$P_{2c} = 0$

$P_{vcua} = P_k = 0{,}57\,\text{kW}$;

$P_{vcub} = \tfrac{1}{4} 0{,}57\,\text{kW} = 0{,}1425\,\text{kW}$

$P_{vcuc} = 0$; $P_{vfe} = 0{,}26\,\text{kW}$

Gemäß (4.1.9.2–3):

$$\eta_A = \frac{13{,}26\,\text{kW} \cdot 0{,}5\,\text{J} + 6{,}63\,\text{kW} \cdot 0{,}25\,\text{J}}{(13{,}26 + 0{,}57)\,\text{kW} \cdot 0{,}5\,\text{J} + (6{,}63 + 0{,}1425)\,\text{kW} \cdot 0{,}25\,\text{J} + 0{,}26\,\text{kW} \cdot 1\,\text{J}}$$

$$= \frac{8{,}2875\,\text{kW Jahre}}{8{,}868\,\text{kW Jahre}} = 0{,}9345 = \mathbf{93{,}45\%}$$

Übung 4.1.9.2–1

Bestimmen und bewerten Sie in Gegenüberstellung den Arbeitswirkungsgrad für einen in Nennlast und Belastungsspiel vergleichbaren Transformator, der aber folgende Verluste aufweist:

$P_{vcuN} = P'_k = 260\,\text{W}$

$P_{vfeN} = P'_0 = 570\,\text{W}$

Hinweis:
Dieser Transformator würde – verglichen mit dem ursprünglichen – den gleichen Leistungswirkungsgrad bei Vollast aufweisen.

Lösung:

4.2   Drehstromtransformator

Das Drehstromsystem ist bekanntlich ein Dreiphasensystem mit drei um 120° in der Phase verschobenen Einphasenspannungen.
Bei der Erzeugung und Verteilung elektrischer Energie steht das Dreiphasensystem an vorderster Stelle. Zur Übertragung der Energie auf ein System unterschiedlichen Spannungsniveaus werden Drehstromtransformatoren benötigt. Im einfachsten Falle können eingesetzt werden:

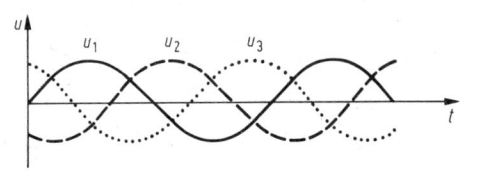

Bild 4.2–1   Drehstromsystem

Drei getrennte, identische Einphasen=Transformatoren

Wenn man bei der Darstellung der drei Primär- oder Sekundärwicklungen die zeitliche Phasenverschiebung der Spannungen um 120° durch eine entsprechende räumliche Drehung der Symbole nachahmt, so werden die grundsätzlichen Schaltungsmöglichkeiten für die Wicklungen deutlich.

Das in Bild 4.2–1 dargestellte Diagramm veranschaulicht den zeitlichen Verlauf der drei Spannungen, die an den jeweiligen Wicklungen auftreten. Die zugeordneten Effektivwerte werden als Strangspannungen gekennzeichnet:

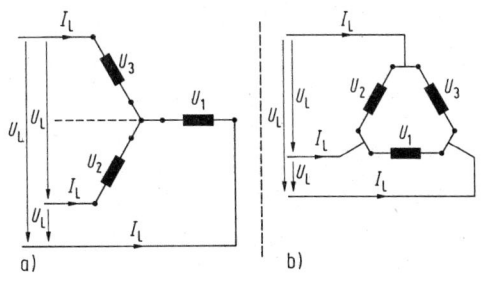

Bild 4.2–2   Sternschaltung   Dreieckschaltung

U_1; U_2; $U_3 = U_{Str}$.

Aus den „Grundlagen der Elektrotechnik" kennen Sie die Zusammenhänge mit der Leiterspannung U_L, d.i. die Spannung zwischen zwei der drei Zuleitungen:

Den bei Belastung in jeder Wicklung fließenden Strom bezeichnen wir analog als Strangstrom $I_{Str.}$ und kennen die Beziehung zum Strom in der Zuleitung I_L für die beiden Schaltungen:

Sternschaltung:

$U_L = \sqrt{3}\, U_{Str.}$

$I_L = I_{Str.}$

Dreieckschaltung:

$U_L = U_{Str.}$

$I_L = \sqrt{3}\, I_{Str.}$

Dem Einsatz von drei getrennten Eisenkernen des Einphasentransformators gibt man gelegentlich in Hinblick auf die günstigere Ersatzteilhaltung den Vorzug. Im allgemeinen aber werden besondere Bauformen gewählt.

4.2.1 Besonderheiten des Aufbaus

Bei der Gestaltung spezieller Eisenkerne für Drehstrom-Transformatoren können die Gesetzmäßigkeiten des Dreiphasensystems genutzt werden.

Für den in Bild 4.2-1 dargestellten symmetrischen Kurvenverlauf gilt zu jedem Zeitpunkt für die Summe der Augenblickswerte:

$u_1 + u_2 + u_3 = 0$

Wegen der Kopplung mit dem magnetischen Fluß gemäß Gl. (4.1.1-1) gilt für die Summe der Augenblickswerte der einzelnen Schenkelflüsse:

$\Phi_{t1} + \Phi_{t2} + \Phi_{t3} = 0$

Damit ergibt sich für den Dreischenkel-Kerntransformator mit drei gleichen Schenkelquerschnitten der skizzierte Blechschnitt:

Jeder der drei Schenkel trägt in Scheiben- oder Zylinderanordnung die Primär- und Sekundärwicklung jeweils eines der drei Stränge.

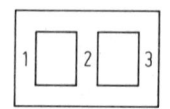

Bild 4.2.1-1 Blechschnitt eines Dreischenkel-Kerntransformators

Neben der Kern- gibt es wieder eine Manteltype, die beispielsweise als Fünfschenkeltransformator ausgeführt werden kann. Die drei Mittelschenkel tragen die 3 × 2 Strangwicklungen. Der zusätzliche magnetische Rückschluß vermindert die erforderliche Jochhöhe und wirkt sich wieder günstig auf die Streuung aus.

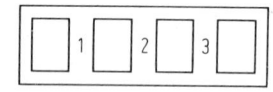

Bild 4.2.1-2 Blechschnitt eines Drehstrom-Mantel- oder Fünfschenkel-Transformators

4.2.2 Grundgleichungen im Vergleich zum Einphasentransformator

Der Hinweis auf den möglichen Einsatz von drei gleichen Einphasentransformatoren führt unmittelbar zu nebenstehender Aussage:

> Die Grundgleichungen des Einphasentransformators gelten in vollem Umfange für die einander zugeordneten primären und sekundären Strangspannungen bzw. Strangströme des Drehstrom-Transformators.

Das gilt bei einander zugeordneten Stranggrößen sowohl für die Beträge als auch für die Phasenlagen. Diese können je nach Schaltung nur gleich- oder gegenphasig sein.

Beispiel: Stern primär/Stern sekundär

Die jeweils auf einem Schenkel untergebrachten Teilwicklungen und die Zeiger der entsprechenden Strangspannungen sind markiert.

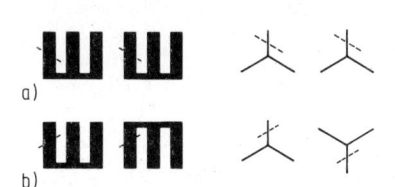

Bild 4.2.2–1 Stern/Stern-Schaltung und Zeigerbild
a) gleichphasig, b) gegenphasig

> Die Strangspannungen von Teilwicklungen, die auf dem gleichen Schenkel liegen, sind durch parallele Zeiger gekennzeichnet.

Kenngrößen des Drehstromtransformators sind allerdings nicht die Strangwerte, sondern die allgemein von außen zugänglichen Leiter-Spannungen und -ströme, bei denen man häufig auf den zusätzlichen Index verzichtet.

$U_{L1}(U_1) \ldots U_{L2}(U_2)$
$I_{L1}(I_1) \ldots I_{L2}(I_2)$

Um hier zu unmittelbaren Relationen zu kommen, muß man bei Einführung eines fiktiven Übersetzungsverhältnisses $ü'$ gegebenenfalls den Faktor $\sqrt{3}$ berücksichtigen.

$$ü' \approx \frac{U_{L1}}{U_{L2}} = \frac{U_1}{U_2}.$$

Es gilt mit:

N_1 = primäre Windungszahl je Strang
N_2 = sekundäre Windungszahl je Strang

bei den Schaltungen:

$ü' = \dfrac{N_1}{N_2}$

$ü' = \dfrac{N_1}{N_2}$

$ü' = \dfrac{\sqrt{3}\, N_1}{N_2}$

$ü' = \dfrac{N_1}{\sqrt{3}\, N_2}$

Bild 4.2.2–2 Fiktives Übersetzungsverhältnis bei verschiedenen Schaltungen

Die Nennleistung je Strang läßt sich in Übereinstimmung mit (4.1.9-1) angeben:

$$S_{NStr} = U_{20Str} \cdot I_{2NStr}$$

Für den gesamten Transformator gilt dann bei symmetrischer Belastung:

$$S_N = 3 \cdot U_{20Str} \cdot I_{2NStr}$$

und mit Bezug auf Leiterspannung und Leiterstrom:

$$\boxed{S_N = \sqrt{3}\, U_{20} \cdot I_{2N}} \qquad (4.2.2-1)$$

Alle beim Einphasentransformator eingeführten Relativwerte, wie u_k; u_R; u_σ; u_φ, gelten unverändert – sowohl mit Bezug auf die Strangspannung als auch auf die Leiterspannung.

Beispiel 4.2.2-1

Ein Industrieverbraucher benötigt bei einer Leiterspannung von 380 V 1) eine Leistung $P_1 = 20\,\text{kW}$ bei einem Leistungsfaktor $\cos\varphi_1 = 1$ und 2) eine Leistung $P_2 = 165\,\text{kW}$ bei $\cos\varphi_2 = 0{,}7$.

Über einen Drehstrom-Transformator in Schaltung Dreieck/Stern soll der Anschluß an ein 15 kV-Netz erfolgen.

a) Wie groß muß die Nennleistung des Transformators mindestens sein?
b) Wie groß sind die primären und sekundären Strangspannungen?
c) In welchem Verhältnis stehen ungefähr die Windungszahlen je Strang N_1/N_2?
d) Welcher Strom fließt im Strang der Sekundärwicklung bei Nennleistung $S_N = S_{Nmin}$?

Lösung:

a) $S_{Nmin} = \sqrt{(\Sigma P)^2 + (\Sigma Q)^2}$

$\Sigma P = P_1 + P_2 = (20 + 165)\,\text{kW} = 185\,\text{kW}$

$\Sigma Q = Q_2 = P_2 \dfrac{\sin\varphi_2}{\cos\varphi_2} = P_2 \tan\varphi_2$

$\Sigma Q = 165\,\text{kW} \cdot 1{,}02 = 168\,\text{kVar}$

$S_{Nmin} = \sqrt{(185\,\text{kW})^2 + (168\,\text{kVar})^2}$
$\phantom{S_{Nmin}} = \mathbf{250\,kVA}$

b) Primär: $\triangle\ U_{Str} = U_L = \mathbf{15\,kV}$

Sekundär: $\curlywedge\ U_{Str} = \dfrac{1}{\sqrt{3}}\,380\,\text{V} = \mathbf{220\,V}$

c) $\ddot{u}' = \dfrac{15\,000\,\text{V}}{380\,\text{V}} = 39{,}47 = \dfrac{N_1}{\sqrt{3}\cdot N_2}$

$\dfrac{N_1}{N_2} = \sqrt{3} \cdot 39{,}47 = \mathbf{68{,}4}$

d) $I_{2Str} = I_{2L} = \dfrac{S_N}{\sqrt{3}\,U_{1N}}$

$\phantom{I_{2Str}} = \dfrac{250\,000\,\text{VA}}{\sqrt{3} \cdot 380\,\text{V}} = \mathbf{380\,A}$

Übung 4.2.2-1

Ein Drehstrom-Transformator in Schaltung Stern/Stern ist mit folgenden Windungszahlen je Strang ausgerüstet:
$N_1 = 350$; $N_2 = 46$.

Er arbeitet am 50 Hz-Netz mit der Spannung $U_1 = 3\,\text{kV}$.

a) Wie groß ist die sekundäre Leerlaufspannung U_{20}?

b) Für welchen magnetischen Fluß müssen die einzelnen Schenkel dimensioniert werden?

Lösung:

Übung 4.2.2-2

Lösung:

Ein Drehstrom-Transformator in Schaltung Dreieck/Stern mit der primären Nennspannung $U_{1N} = 6{,}0\,\text{kV}$ und dem primären Nennstrom $I_{1N} = 170\,\text{A}$ wird einem Leerlauf- und Kurzschlußversuch – jeweils mit Nenndaten – unterzogen. Dabei werden zusätzlich folgende Werte ermittelt:

– im Leerlauf: $I_0 = 5\,\text{A}$; $P_0 = 5\,\text{kW}$;
– im Kurzschluß: $U_{1k} = 300\,\text{V}$; $P_k = 30\,\text{kW}$.

Bestimmen Sie:

a) die Nennleistung des Transformators;
b) die Leistungsfaktoren $\cos\varphi_0$ im Leerlauf und $\cos\varphi_k$ im Kurzschluß;
c) die relative Kurzschlußspannung;
d) die in einem Ersatzschaltbild mit $\ddot{u} = 1$ für den einzelnen Strang zu berücksichtigenden Werte des Wicklungswiderstandes und des Widerstandes der Streuinduktivität;
e) den Leistungswirkungsgrad bei einer Belastung mit 1250 kW bei Nennstrom.

4.2.3 Unsymmetrische Belastung

Allen bisherigen Betrachtungen des Drehstromtransformators lag eine symmetrische Belastung zu Grunde. Sie ist gekennzeichnet durch Ströme, die nach Betrag und Phase in allen drei Strängen gleich sind.

Damit galten für jeden Schenkel mit den zugeordneten Strangwicklungen der Primär- und Sekundärseite die ausgeglichenen magnetischen Verhältnisse des Einphasentransformators.

Stromrichtungen gelten für einen bestimmten Augenblick.

Bei Verteiltransformatoren wird der Vorteil der Drehstrom-Übertragung kombiniert mit der Möglichkeit, ausgangsseitig drei getrennte Ein-

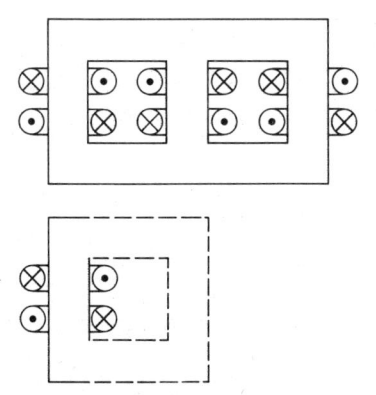

Durchflutungsgleichgewicht je Schenkel
$\Theta_1 \approx \Theta_2$

phasennetze zu speisen. Ungleiche Sekundärströme sind die zwangsläufige Folge. Wir wollen die Auswirkungen auf den Drehstromtransformator studieren für den Extremfall, daß nur ein sekundärer Strang Strom führt, während die beiden anderen Stränge unbelastet bleiben.

4.2.3.1 Verhalten bei einphasiger Belastung

Wir gehen allgemein von einer Sekundärwicklung in Sternschaltung aus, die bei herausgeführtem Sternpunktleiter einphasig belastet ist.

Gegenübergestellt wird als Primärwicklung

a) eine Sternschaltung mit ebenfalls herausgeführtem Sternpunktleiter und

b) eine Dreieckschaltung.

Wir erkennen, daß in beiden Fällen zwei der vier bzw. drei primären Zuleitungen unmittelbar an die Enden der Strangwicklung des betroffenen Schenkels angeschlossen sind. Es kann sich hier ohne weiteres das magnetische Gleichgewicht des Einphasen-Transformators einstellen. Die anderen Wicklungen bleiben – bis auf den Leerlaufstrom – unbelastet.

Damit ergibt sich:

Nachteilig bleibt, daß bei

a) auch die Primärseite als Vierleitersystem ausgeführt werden muß und bei

b) jede Wicklung für die volle Leiterspannung isoliert werden muß.

Betrachten wir jetzt einmal als Primärwicklung

c) eine Sternschaltung ohne Sternpunktleiter.

Das zweite Wicklungsende der betroffenen Strangwicklung ist jetzt nur über die beiden anderen Stränge erreichbar. Dadurch kommt es hier zu Durchflutungen, die von der Sekundärseite her nicht ausgeglichen sind. Wir werden zeigen, daß auch für den von der Sekundärseite beaufschlagten Schenkel kein magnetischer Ausgleich möglich ist.

Jede nicht ausgeglichene Durchflutung wirkt im Sinne eines Magnetisierungsstromes und muß zu starken Streufeldern führen, die sich über die Luft oder konstruktive Eisenteile des Transformators schließen.

Es folgt:

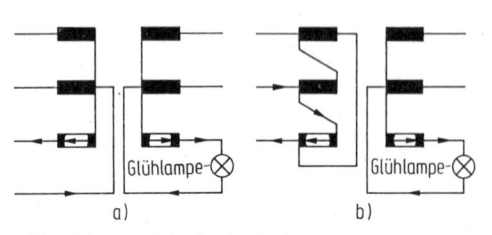

Bild 4.2.3.1-1 Einphasige Belastung
a) Stern/Stern mit Sternpunktleiter,
b) Dreieck/Stern

Beide Schaltungen sind einphasig voll belastbar.

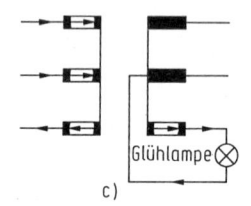

Bild 4.2.3.1-2 Einphasige Belastung
c) Stern/Stern primär ohne Sternpunktleiter

4.2 Drehstromtransformator

> Diese Schaltung ist einphasig nur schwach belastbar; man rechnet mit ca. 10% des Nennstromes.

Übertragen wir das Bild 4.2.3.1-2 in eine Darstellung der Durchflutungen auf dem Dreischenkelkern, so ergibt sich Bild 4.2.3.1-3. Bei der vereinfachten Annahme $ü = 1$ werden die Ströme zum Maß für die Durchflutungen, und im Idealfall müßte für jeden Schenkel gelten:

$i_{1(..)} = i'_{2(..)}$

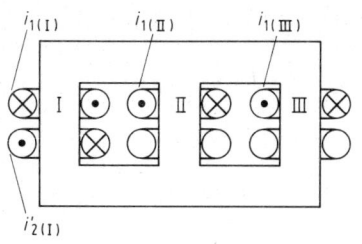

Bild 4.2.3.1-3 Durchflutungen bei einphasiger Belastung gemäß Bild 4.2.3.1-2

Der Knotenpunktsatz führt für die Primärseite unter Berücksichtigung der Stromrichtungen zu der Aussage:

$i_{1(I)} - i_{1(II)} - i_{1(III)} = 0$

Die Maschengleichungen gelten nicht nur für elektrische Spannungen, sondern im übertragenen Sinne auch für magnetische Spannungen, d.h. Durchflutungen.

Für das linke Fenster des Bildes 4.2.3.1-3 gilt für $N_1 = N_2$:

$i'_{2(I)} - i_{1(I)} - i_{1(II)} = 0$

Analog ermitteln wir für das rechte Fenster:

$i_{1(II)} - i_{1(III)} = 0$

Wenn wir den Sekundärstrom $i'_{2(I)}$ als gegeben betrachten, haben wir damit drei Gleichungen für die Unbekannten:

$i_{1(I)};\quad i_{1(II)};\quad i_{1(III)}$

Es folgt:

$i_{1(II)} = i_{1(III)};\quad i_{1(I)} = 2 i_{1(II)}$

und damit:

$$\left.\begin{aligned}i_{1(II)} &= \tfrac{1}{3} i'_{2(I)} \\ i_{1(III)} &= \tfrac{1}{3} i'_{2(I)} \\ i_{1(I)} &= \tfrac{2}{3} i'_{2(I)}\end{aligned}\right\} \quad (4.2.3.1\text{-}1)$$

Übertragen wir dieses Ergebnis auf unseren Kern, so ergeben sich für jeden Schenkel gleiche resultierende Durchflutungen. Die als Folge auftretenden Flüsse können sich nicht mehr von Joch zu Joch schließen, sondern müssen ihren Weg über den äußeren Kreis nehmen.

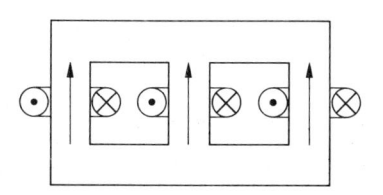

In jeder Strangwicklung werden gleichgerichtete Zusatzspannungen induziert. Das führt zu Sternpunktverschiebung und in Konsequenz zu ungleichen Strangspannungen.

Sternpunktverschiebung
Ungleiche Strangspannungen

4.2.3.2 Zickzackschaltung

Wenn man die Einphasenlast auf zwei Schenkel verteilen würde, ergibt sich ohne weiteres ein Durchflutungsgleichgewicht.

Das war der Grundgedanke bei der Einführung der Zickzackschaltung auf der Sekundärseite. Jede sekundäre Strangwicklung wird dabei in zwei gleiche Teilwicklungen unterteilt, von denen ein Ende jeweils in Gegenreihenschaltung mit der Teilwicklung eines anderen Stranges verbunden ist. Korrespondierende Punkte sind sowohl im Zeigerbild als auch in der Wicklungsdarstellung durch gleiche Symbole gekennzeichnet.

Verbindet man nun noch das andere Ende der inneren sekundären Teilwicklungen – wie auch die Primärseite – zu einer Sternschaltung, so ergibt sich die Schaltung Stern/Zickzack, in der Bezeichnung erklärt durch die Form der resultierenden Spannungszeiger.

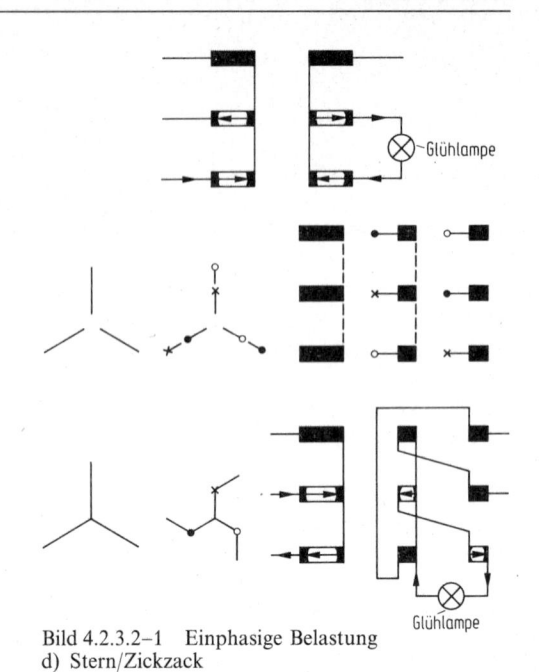

Bild 4.2.3.2–1 Einphasige Belastung
d) Stern/Zickzack

Bei etwas größerem Aufwand auf der Sekundärseite, aber Verzicht auf einen primären Sternpunktleiter, gilt:

Diese Schaltung ist einphasig voll belastbar.

Dehnen wir unsere Betrachtungen des Abschnittes 4.2.2 jetzt auf diese neue Kombination aus, so gilt für

	primär	sekundär
– die Windungszahlen je Strang:	N_1	$2 \cdot \dfrac{N_2}{2}$
– die Strangspannung je Teilwicklung:	U_{q1}	 $\dfrac{U_{q2}}{2}$
– die Spannung zwischen Phasenanschluß und Sternpunkt:		$\sqrt{3}\,\dfrac{U_{q2}}{2}$
– die Leiterspannung:	$\sqrt{3}\,U_{q1}$	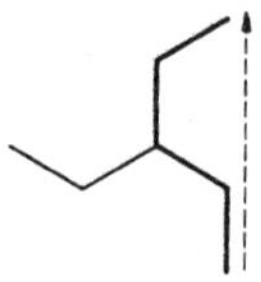 $3\,\dfrac{U_{q2}}{2}$

Es ergibt sich ein fiktives Übersetzungsverhältnis:

$$\ddot{u}' = \frac{2N_1}{\sqrt{3}\,N_2}$$

und analog:

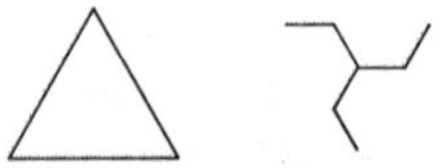

$$\ddot{u}' = \frac{2N_1}{3N_2}$$

Beispiel 4.2.3.2–1

Ein Drehstrom-Transformator in Schaltung Stern/Zickzack mit den Windungszahlen je Strang $N_1 = 100$; $N_2 = 2 \cdot 25 = 50$ liegt eingangsseitig an der Leiterspannung $U_{1(L)} = 380$ V.

Die Sekundärwicklung ist einphasig zwischen einem Phasenanschluß und Sternpunkt mit 10 A belastet.

a) Wie groß ist die sekundäre Leiterspannung im Leerlauf?
b) Welcher Strom fließt bei Vernachlässigung des Leerlaufstromes in der betroffenen Primärwicklung?

Lösung:

a) $U_{20(L)} = \dfrac{U_{1(L)}}{ü'}$

$ü' = \dfrac{2 \cdot N_1}{\sqrt{3} \cdot N_2}$

$U_{20(L)} = \dfrac{380 \text{ V} \cdot \sqrt{3} \cdot 50}{2 \cdot 100} = \mathbf{165\,V}$

Kontrolle:

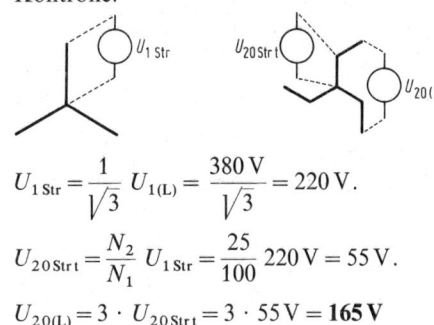

$U_{1\,Str} = \dfrac{1}{\sqrt{3}} U_{1(L)} = \dfrac{380 \text{ V}}{\sqrt{3}} = 220 \text{ V}$

$U_{20\,Str\,t} = \dfrac{N_2}{N_1} U_{1\,Str} = \dfrac{25}{100} 220 \text{ V} = 55 \text{ V}$

$U_{20(L)} = 3 \cdot U_{20\,Str\,t} = 3 \cdot 55 \text{ V} = \mathbf{165\,V}$

b) Bezogen auf jeden der betroffenen Stränge:

$I_1 \cdot N_1 = I_2 \cdot N_2$

$I_1 = I_2 \dfrac{N_2}{N_1} = 10 \text{ A } \dfrac{25}{100} = \mathbf{2{,}5\,A}$

Übung 4.2.3.2–1

Markieren Sie bei der gekennzeichneten Sekundärbelastung die betroffenen Primärwicklungen:

Lösung:

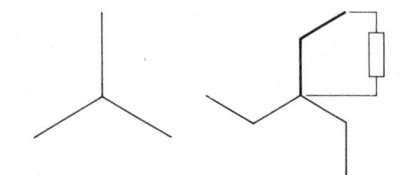

4.2.4 Anschlußkennzeichnungen

Beim Einphasentransformator erfolgt die Kennzeichnung durch zwei Ziffern, die durch einen Punkt getrennt sind.

Einphasentransformator

Erste Kennziffer:
1. Primärwicklung (Oberspannungsseite)
2. Sekundärwicklung (Unterspannungsseite)

Zweite Kennziffer:
.1 Wicklungs- (Strang-) Anfang
.2 Wicklungs- (Strang-) Ende

Sind mehr als zwei Wicklungen vorhanden, wird fortlaufend numeriert.

Beispiel:

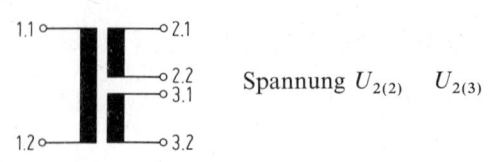

Bild 4.2.4–1 Anschlußbezeichnungen bei einem Einphasentransformator mit zwei Sekundärwicklungen

Spannung $U_{2(2)}$ $U_{2(3)}$

Beim Drehstrom-Transformator erfolgt die Kennzeichnung ebenfalls durch zwei Ziffern, die aber durch einen Buchstaben getrennt sind.

Drehstrom-Transformator

Kennbuchstabe

U Strang I
V Strang II
W Strang III

Zusätzlich

N Sternpunkt

Kennzahl vor dem Kennbuchstaben
1 Primärwicklung (Oberspannungsseite)
2 Sekundärwicklung (Unterspannungsseite)

Kennzahl nach dem Kennbuchstaben
1 Wicklungs- (Strang-) Anfang
2 Wicklungs- (Strang-) Ende

Für komplette Schaltungen (Stern, Dreieck oder Zickzack) genügt für die äußeren Anschlüsse meist die Kurzform:

$1\,U$; $1\,V$; $1\,W$; $(1\,N)$ bzw.
$2\,U$; $2\,V$; $2\,W$; $(2\,N)$

Beispiele:

Bild 4.2.4–2 Anschlußbezeichnungen bei einem Drehstrom-Transformator in offener Wicklungsausführung

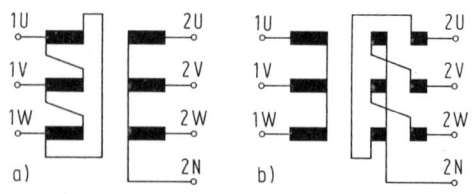

Bild 4.2.4–3 Anschlußbezeichnungen bei Drehstrom-Transformatoren
a) in Schaltung Dreieck/Stern,
b) in Schaltung Stern/Zickzack

4.2.5 Schaltgruppen nach IEC

Die eingangsseitigen Zuleitungen 1L1; 1L2 und 1L3 legen die Potentiale für die Primärwicklung des Transformators fest:

Die Potentiale der ausgangsseitigen Zuleitungen 2L1; 2L2 und 2L3 werden auf dieser Basis durch die innere Schaltung des Transformators bestimmt.

Die Möglichkeit einer Phasendrehung zwischen Ober- und Unterspannung um 180° haben wir schon anhand des Bildes 4.2.2–1 studieren können. Andere Wicklungskombinationen führen zu anderen Winkeln

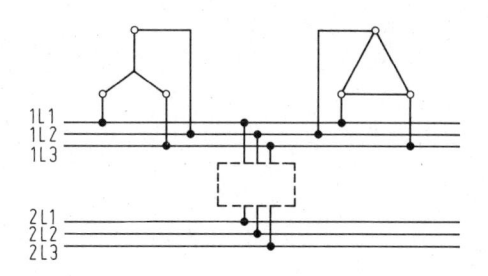

Einige Beispiele:

Als maßgebend wird der Winkel angenommen, der sich zwischen Zeigern vom vorhandenen oder angenommenen Sternpunkt zu den Anschlußpunkten „1 V" bzw. „2 V" ergibt.

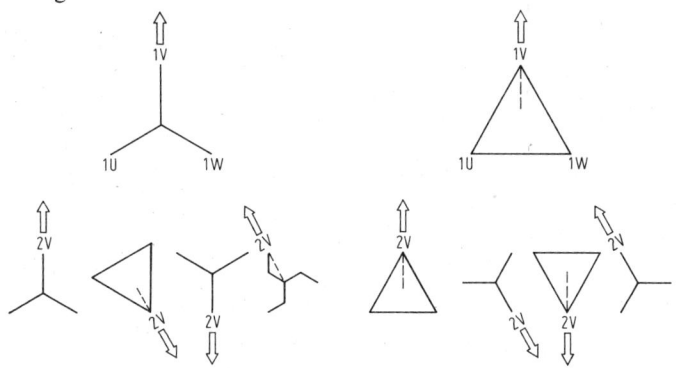

Bild 4.2.5–1 Beispiele für Phasenverschiebungen zwischen Primär- und Sekundärwicklung

Zur Vereinfachung haben die IEC- und VDE-Vorschriften (VDE 0532) bei der Fixierung des Winkels eine Kennzahl eingeführt; sie ergibt sich zu:

Winkel zwischen den korrespondierenden Zeigern, dividiert durch 30

Das bedeutet für die Beispiele des Bildes 4.2.5–1 in der Reihenfolge der Darstellung:

"0";   "5";   "6";   "11"   "0";   "5";   "6";   "11"

Diesen Kennzahlen voran werden zwei Kennbuchstaben für die jeweilige Wicklungsschaltung gesetzt:

Primär- (Ober- spannungs-) Wicklung	Sekundär- (Unter- spannungs-) Wicklung	
Y	y	Stern
D	d	Dreieck
Z	z	Zickzack
III	iii	offen
N	n	Sternpunkt herausgeführt

Für die Beispiele des Bildes 4.2.5-1 ergibt sich damit nebenstehende vollständige Kennzeichnung.

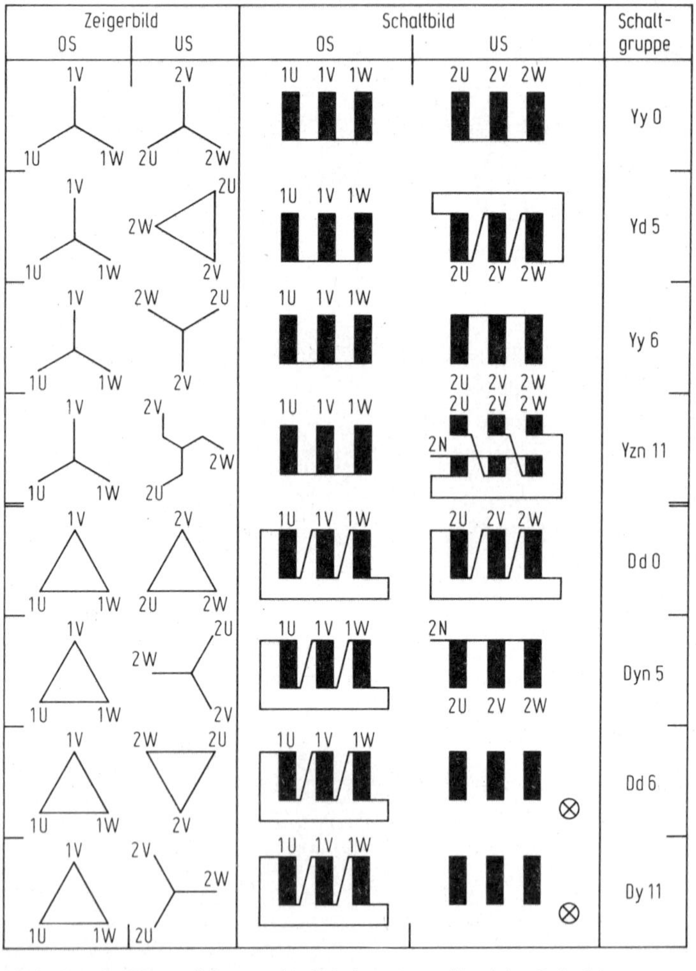

Bild 4.2.5-2   Kennzeichnung der Schaltgruppen für einige Beispiele

Übung 4.2.5-1

Vervollständigen Sie in Bild 4.2.5-2 die Schaltung der Unterspannungs- (Sekundär-) Wicklung für die Schaltgruppen Dd6 und Dy11⊗.

Lösung:

4.2.6 Bedingungen für Parallelbetrieb

Im Zuge einer Kapazitätserweiterung oder auch, um im Störungsfall die Einbuße geringer zu halten, entschließt man sich häufig zum Parallelbetrieb mehrerer Transformatoren.

Ziel ist dabei, Ausgleichsströme zwischen den Transformatoren zu vermeiden und die Transformatoren im Verhältnis ihrer Nennleistungen an der Lastübernahme zu beteiligen.

Im Idealfall sind dabei für die Transformatoren folgende Bedingungen zu erfüllen:

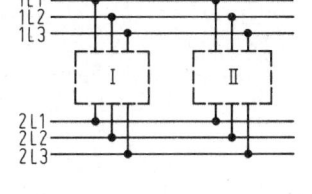

– gleiche Nennfrequenz
– gleiche Nennspannung für Primär- und Sekundärseite
– gleiche Schaltgruppe (bei Drehstromtransformatoren)
– gleiche relative Kurzschlußspannung u_k
– gleicher Leistungsfaktor $\cos\varphi_k$ und damit gleiche Relativwerte u_R und u_σ

Der Einfluß der letztgenannten Bedingungen wird am besten deutlich, wenn wir für zwei Transformatoren „I" und „II" deren Kurzschlußwiderstand Z_k als Ergebnis des Kurzschlußversuches mit bezogenen Größen einführen:

Die Ströme verhalten sich umgekehrt wie die Widerstände:

$$\frac{I_I}{I_{II}} = \frac{Z_{kII}}{Z_{kI}}$$

Bei Einführung der Nennströme ergibt sich:

$$\frac{I_I}{I_{II}} = \frac{Z_{kII}}{Z_{kI}} \cdot \frac{I_{NII}}{I_{NI}} \cdot \frac{I_{NI}}{I_{NII}}$$

Wegen $Z_k \cdot I_N = U_K$:

$$\frac{I_I}{I_{II}} = \frac{U_{kII}}{U_{kI}} \cdot \frac{I_{NI}}{I_{NII}}$$

und bei der gleichen Nennspannung für beide Transformatoren:

$$\frac{I_I}{I_{II}} = \frac{u_{kII}}{u_{kI}} \cdot \frac{I_{NI}}{I_{NII}}$$

Bei $u_{kI} = u_{kII}$:

$$\frac{I_I}{I_{II}} = \frac{I_{NI}}{I_{NII}} \quad \text{bzw.} \quad \frac{S_I}{S_{II}} = \frac{S_{NI}}{S_{NII}}$$

Die Leistungsaufteilung S_I; S_{II} steht im Verhältnis der Nennleistungen.

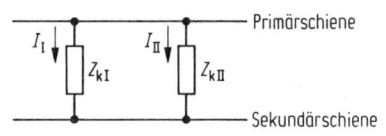

Solange die übertragene Gesamtleistung die Summe der Nennleistung nicht übersteigt, wird keiner der Transformatoren überlastet.

In der Praxis gesteht man geringe Abweichungen zu:

Dabei wird das Nennleistungsverhältnis begrenzt:

– Zulässige Abweichungen zwischen den u_k-Werten $\leq 10\%$

– Nennleistungsverhältnis höchstens 3 : 1

Beispiel 4.2.6–1

Bei zwei Transformatoren in Parallelschaltung, die sonst in allen Bedingungen übereinstimmen, betragen die Werte der relativen Kurzschlußspannung $u_{kI} = 4\%$ bzw. $u_{kII} = 4,4\%$. Welcher der beiden Transformatoren übernimmt relativ die größere Leistung?

Lösung:

Die unterschiedliche Kurzschlußspannung drückt sich in einer abweichenden Neigung der Einzelkennlinien $U_2 = f(I_2)$ aus.

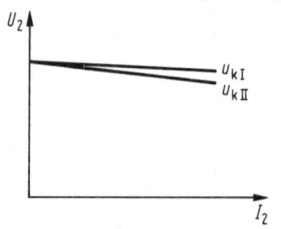

Da beide Transformatoren jedoch zu gleicher Spannung gezwungen werden, ergeben sich Bedingungen wie bei der Gleichstrommaschine in 5.12. Der Transformator „I" mit der kleineren Kurzschlußspannung und damit der härteren Kennlinie übernimmt die relativ größere Last.

4.3 Sonderbauformen

Neben der bisher diskutierten normalen Ausführung – vorzugsweise im Einsatz als Leistungstransformator – gibt es eine Reihe von Sonderbauformen, bei denen der konstruktive Aufbau und/oder die Schaltung den Einsatzgebieten angepaßt sind. Unberührt bleiben natürlich die Grundgleichungen des Transformators.

4.3.1 Spartransformator

Von den Grundlagen der Elektrotechnik her kennen Sie den Spannungsteiler. Durch Abgriff an einem ohmschen Widerstand kann man beliebig einen Teil der angelegten Spannung U_1 als Ausgangsspannung U_2 zur Wirkung bringen.

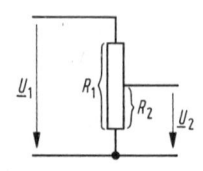

4.3 Sonderbauformen

Bei Leerlauf galt:

$$\frac{U_2}{U_1} = \frac{R_2}{R_1} \qquad U_1 \rightarrow U_2$$

Der Vorgang ist nicht umkehrbar.
Das ändert sich, wenn man anstelle des ohmschen einen induktiven Spannungsteiler einsetzt. Der – gleich von welcher Seite – erregte Wechselfluß induziert sowohl in der Gesamt- als auch in der Teilwicklung eine Spannung, die von der zugeordneten Windungszahl abhängt

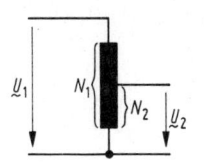

Bild 4.3.1-1   Spartransformator

Bei Leerlauf gilt:

$$\frac{U_2}{U_1} = \frac{N_2}{N_1} \qquad U_1 \leftrightarrow U_2$$

Der Begriff „Spannungsteiler" beschreibt damit nur einen Teil der Funktion, weshalb man besser den Angriff N_2 als die in die Gesamt- (Primär-) Wicklung N_1 integrierte Sekundärwicklung betrachtet. 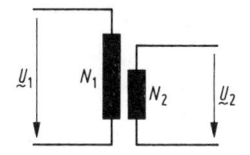
Das Fehlen einer zweiten galvanisch getrennten Wicklung rechtfertigt allein schon die Bezeichnung „Spartransformator". Es gibt aber noch weitere Hinweise, die unter diesem Stichwort einzuordnen sind.
Betrachten wir einmal die Ströme auf der Basis einer momentanen Stromrichtung

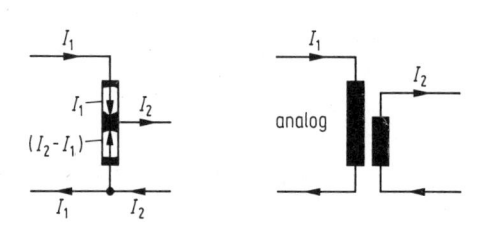

Aus dem Knotenpunktsatz folgt:

Im gemeinsamen Wicklungsabschnitt fließt nur der Differenzstrom $I_2 - I_1$

Das kann bei der Bemessung des Wicklungsquerschnittes berücksichtigt werden.
Das Durchflutungsgleichgewicht ist gewahrt. Für die Gegebenheiten beiderseits des Abgriffes gilt:

und damit:

$$\boxed{\begin{array}{l} I_1 (N_1 - N_2) = (I_2 - I_1) N_2 \\ I_1 N_1 = I_2 N_2; \end{array}} \qquad (4.3.1\text{–}1)$$

wobei der Magnetisierungsstrom wieder vernachlässigt ist.
Betrachten wir weiter die Leistungsbilanz.
Beim Zweiwicklungstransformator galt in Annäherung als Nennleistung:

$$S_N = U_1 I_1 = U_2 I_2$$

Sie war sowohl die von der Primär- zur Sekundärseite übertragene Durchgangsleistung S_D als auch die für das Bauvolumen maßgebende Bauleistung S_B.

– Durchgangsleistung S_D

– Bauleistung S_B

Beim Spartransformator bleibt es bei der Durchgangsleistung

$$S_D = U_1 I_1 = U_2 I_2 \qquad (4.3.1-2)$$

Bezüglich der Bauleistung brauchen wir nur die gleichen Leistungen in den beiden Wicklungsabschnitten in Betracht zu ziehen.

a) $U_2 < U_1$

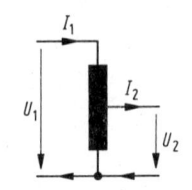

$$S_B = I_1 \cdot (U_1 - U_2) = U_2 \cdot (I_2 - I_1) \qquad (4.3.1-3)$$

b) $U_2 > U_1$

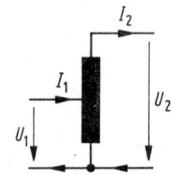

$$S_B = U_1 (I_1 - I_2) = I_2 (U_2 - U_1) \qquad (4.3.1-4)$$

Für das Verhältnis der Bauleistung zur Durchgangsleistung ergibt sich
– bei a)

$$\frac{S_B}{S_D} = 1 - \frac{U_2}{U_1} = 1 - \frac{I_1}{I_2} = 1 - \frac{1}{ü} \qquad (4.3.1-5)$$

– bei b)

$$\frac{S_B}{S_D} = 1 - \frac{I_2}{I_1} = 1 - \frac{U_1}{U_2} = 1 - ü \qquad (4.3.1-6)$$

Die Bauleistung eines Spartransformators kann bei entsprechendem Übersetzungsverhältnis $ü$ beträchtlich kleiner als die Durchgangsleistung sein, was zu erheblicher Ersparnis gegenüber einem vergleichbaren Zweiwicklungstransformators führt.

Der Vorteil wird am größten, wenn: $ü \approx 1$

Neben diesen Vorteilen gibt es auch beträchtliche Nachteile.
Zu den wesentlichsten gehören:

Nachteile:
– Fehlende galvanische Trennung zwischen Ein- und Ausgangsseite

Das kann im Störungsfall dazu führen, daß eine direkte Verbindung zwischen Ober- und Unterspannungsseite entsteht.

– Höhere Kurzschlußströme als beim Zweiwicklungstransformator

Das wird am einfachsten beim Bild 4.3.1–1 deutlich. Beim sekundärseitigen Kurzschluß ist nur der Wicklungsteil mit der Windungszahl $N_1 - N_2$ stromdurchflossen. Der für die Eingangsspannung wirksame Scheinwiderstand ist dadurch – besonders bei $ü \approx 1$ – sehr klein. Sparschaltungen gibt es auch bei Drehstromtransformatoren. Bild 4.3.1–2 zeigt eine mögliche Schaltung

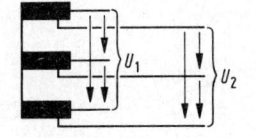

Bild 4.3.1–2
Drehstrom-Transformator in Sparschaltung

Beispiel 4.3.1–1

Ein idealisiert betrachteter Einphasentransformator in Sparschaltung hat folgende Daten:
$U_1/U_2 = 220\,\text{V}/200\,\text{V}$; $I_1/I_2 = 1\,\text{A}/1,1\,\text{A}$.

Zu bestimmen sind:

a) die Durchgangsleistung S_D
b) die Bauleistung S_B
c) der bei Nenndaten in dem gemeinsamen Wicklungsteil fließende Strom

Lösung:

a) $S_D = U_1 \cdot I_1 = U_2 \cdot I_2$
$= 220\,\text{V} \cdot 1\,\text{A} = 200\,\text{V} \cdot 1,1\,\text{A} = \mathbf{220\,VA}$

b) Wegen $U_2 < U_1$:

$$\frac{S_B}{S_D} = 1 - ü = 1 - \frac{U_2}{U_1}$$

$$S_B = 220\,\text{VA}\left(1 - \frac{200\,\text{V}}{220\,\text{V}}\right) = \mathbf{20\,VA}$$

c) $I_2 - I_1 = (1,1 - 1,0)\,\text{A} = \mathbf{0,1\,A}$

Übung 4.3.1–1

Ein einphasiger Spartransformator ist beiderseits der sekundären Anzapfung mit Wicklungen ausgerüstet, deren Querschnitte im Verhältnis 1:3 stehen. Bei einer Primärspannung $U_1 = 600\,\text{V}$ beträgt die gesamte Windungszahl $N_1 = 300$.

a) Bei welcher Windungszahl N_2 liegt die Anzapfung, wenn man von gleicher Stromdichte in den Wicklungsabschnitten ausgeht?
b) Wie hoch ist die Sekundärspannung U_2 im Leerlauf?
c) Wie groß ist der primäre Nennstrom bei einer Nennleistung von 1.2 kVA?

Lösung:

Übung 4.3.1–2

Ein Drehstrom-Transformator in Sparschaltung ist gemäß Bild 4.3.1–2 geschaltet. Die Windungszahl je Strang beträgt $N_1 = 60$; der Abgriff liegt bei $N_2 = 55$.
Der als ideal zu betrachtende Transformator liegt an der primären Leiterspannung $U_1 = 500\,\text{V}$.

a) Welche sekundäre Leiterspannung U_2 ergibt sich?
b) Wie groß sind die Spannungen an den einzelnen Abschnitten des Stranges?

Lösung:

4.3.2 Meßwandler

Meßwandler gehorchen als Transformatoren den hier gültigen Grundgesetzen; als Meßgeräte müssen sie den in der Meßtechnik üblichen Genauigkeitsforderungen entsprechen. Sie dienen der Meßbereichserweiterung von Wechselstrom-Instrumenten. Mit einem Spannungsmesser für 100 V kann man über einen Spannungswandler 1000 V/100 V Spannungen bis 1 kV erfassen. Mit einem Strommesser für 5 A sind über einen Stromwandler 100 A/5 A Ströme bis 100 A meßbar.

maßgebend: VDE 0414

Bild 4.3.2–1
Meßschaltung mit Spannungs- und Stromwandler

Der Faktor der Meßbereichserweiterung ergibt sich aus dem Windungszahlverhältnis
– beim Spannungswandler

– beim Stromwandler

Meßbereichserweiterung

$$\frac{N_1}{N_2} \left(= \frac{U_1}{U_2} \right)$$

$$\frac{N_2}{N_1} \left(= \frac{I_1}{I_2} \right)$$

Abweichungen in den zugeordneten Spannungs- bzw. Stromgrößen führen zwangsläufig zu Meßfehlern.

Um den Einfluß der inneren Spannungsabfälle und des Magnetisierungsstromes möglichst klein zu halten, bedarf es besonderer konstruktiver Maßnahmen. Unterstützt wird dies durch die Betriebsweise.

Voltmeter großer Innenwiderstand:

Der Spannungswandler arbeitet nahezu im Leerlauf.

Amperemeter kleiner Innenwiderstand:

Der Stromwandler arbeitet nahezu im Kurzschluß.

Auf eine Besonderheit des Stromwandlers ist hinzuweisen. Sein Primärstrom ist im Gegensatz zum Leistungstransformator nicht die Konsequenz der sekundären Belastung, sondern wird vom Meßkreis vorgegeben.

Es gilt:

> Ein Stromwandler darf nie mit offenen Ausgangsklemmen betrieben werden. Vor Austausch eines Instrumentes ist er kurzzuschließen.

Geschieht es trotzdem, wird der sehr hohe Primärstrom in vollem Umfange zum Magnetisierungsstrom. Das kann zu einer gefährlich hohen Ausgangsspannung führen.

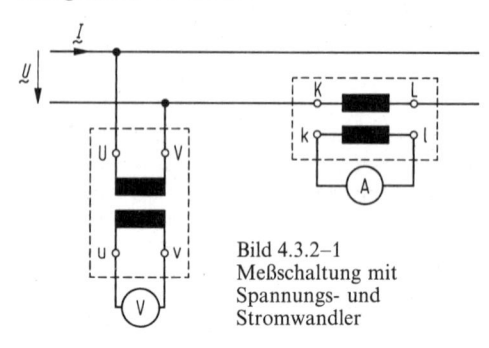

4.3.3 Stelltransformator

Stelltransformatoren zielen über eine stetige oder stufenweise Veränderung des Übersetzungsverhältnisses auf eine Steuerung der Ausgangsspannung bei gegebenen Eingangswerten.

Beim Schalten unter Last darf der Strom nicht unterbrochen werden. Das gelingt aber nur, wenn das Schaltorgan momentan Kontakt mit zwei benachbarten Windungen hat. Die Folge wäre ein Kurzschlußstrom, den es z.B. durch geeignete Widerstandsschaltungen zu begrenzen gilt.

Stelltransformatoren gibt es als Ein- oder Dreiphasen-Transformatoren, in Normal- oder Sparschaltung.

In der Prinzipdarstellung des Bildes 4.3.3-1 führt die Stellung des Umschalters

bei a) zu einer direkten Verbindung zum linken Stufenkontakt,

bei b) zu einer Überbrückung aufeinander folgender Stufenanschlüsse unter Einfluß der in Reihe geschalteten Widerstände,

bei c) zu einer direkten Verbindung zum rechten Stufenkontakt.

Jetzt kann der linke Stufenkontakt um eine Position weiterrücken, und der Vorgang wiederholt sich in umgekehrter Reihenfolge.

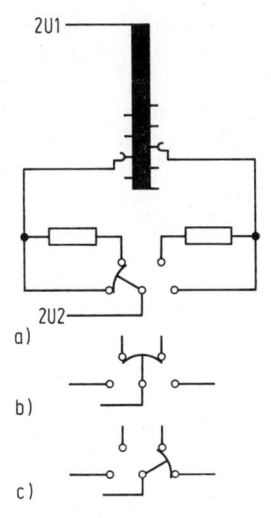

Bild 4.3.3-1 Prinzip eines Stelltransformators mit Stufenschalter

4.3.4 Streufeldtransformator

Den Begriff der Streuung kennen sie spätestens seit der Durcharbeitung des Abschnittes 4.1.3.2. Der Streuspannungsabfall erschien bisher eher als „Störgröße", die man klein zu halten sucht.

Nun gibt es Einsatzgebiete des Transformators, bei denen man eine besondere Kurzschlußfestigkeit und damit einen Kurzschlußstrom fordern muß, der den Nennstrom nur wenig übersteigt. Ein typischer Vertreter ist der Schweißtransformator.

Für die Lastkennlinie $U_2 = f(I_2)$ bedeutet dies, daß anstelle des schwach geneigten Verlaufes eine starke Spannungsabsenkung angestrebt wird.

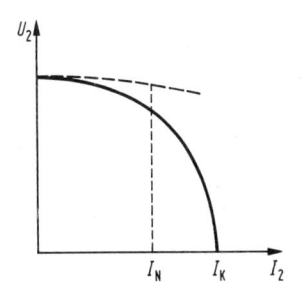

Bild 4.3.4-1 Kennlinie $U_2 = f(I_2)$ eines kurzschlußfesten Transformators

Man erreicht dies durch Einführung eines magnetischen Nebenschlusses. Der dadurch erhöhte Streufluß
- mindert den Flußanteil, die die Sekundärwicklung trifft,
- vergrößert die Streuinduktivität und damit den inneren Widerstand des Transformators.

Beide Erscheinungen wirken im gleichen Sinne mindernd auf die Ausgangsspannung.

Über besondere Einstellvorrichtungen im Bereich des Streuschenkels können die Neigung der Kennlinie und damit die Höhe des Kurzschlußstromes beeinflußt werden.

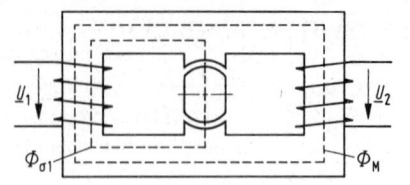

Bild 4.3.4–2 Prinzip eines Streufeldtransformators mit einstellbarem magnetischen Nebenschluß

Lernzielorientierter Test zu Kapitel 4

1. Warum wird beim Transformator die Nennleistung als Scheinleistung S_N angegeben?

2. Ein Transformator weist im Leerlauf eine Spannung $U_{20} = 230\,\text{V}$ und bei Belastung eine Spannung $U_2 = 240\,\text{V}$ auf.
    a) Auf welche Belastungsart weisen die beiden Spannungswerte hin?
    b) Welcher Spannungswert steht in unmittelbarem Zusammenhang mit dem magnetischen Fluß?

3. Skizzieren Sie in je einer Kurve für den Transformator
    a) die Abhängigkeit der Kupferverluste P_{vcu} vom Laststrom $P_{vcu} = f(I_2)$,
    b) die Abhängigkeit der Eisenverluste P_{vfe} von der angelegten Spannung U_1 $P_{vfe} = f(U_1)$.

4. Ein Einphasentransformator weist bei einer Nennspannung $U_{1N} = 1000\,\text{V}$ eine relative Kurzschlußspannung $u_k = 4{,}5\%$ auf.
    Welche Spannung ist beim Kurzschlußversuch anzulegen, wenn man diesen bei einem Strom von $0{,}8\,I_N$ durchführen will?

5. Ein Transformator hat primärseitig Anzapfungen bei $N_1 \pm 5\%$; damit soll Abweichungen der Eingangsspannung $U_{N1} \pm 5\%$ Rechnung getragen werden. Bei Nennspannung U_{N1} mögen die Eisenverluste 300 W betragen. Wie groß sind die Eisenverluste
   a) bei $U_{N1} + 5\%$ und Benutzung der entsprechenden Anzapfung,
   b) bei $U_{N1} - 5\%$ und Benutzung der entsprechenden Anzapfung?

6. Ein einphasiger Manteltransformator übersetzt im Leerlauf von 1000 V auf 500 V. Windungsspannung = 5 V; Frequenz $f = 50$ Hz.
   a) Wie groß sind die primären und sekundären Windungszahlen?
   b) Für welchen magnetischen Fluß müssen der Mittelschenkel bzw. die Außenschenkel ausgelegt werden?

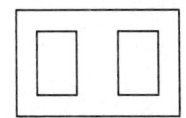

7. In welchem Verhältnis stehen die Spannungen bei dem skizzierten Spartransformator? Welche Wicklung führt den Differenzstrom?

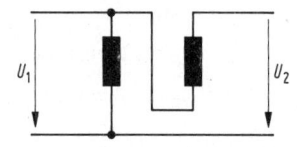

8. Bei einem Stromwandler sollen sekundärseitig mehrere Instrumente angeschlossen werden.
   a) Wie sind sie zu schalten?
   b) Kann man die Zahl der Instrumente beliebig erhöhen?

9. Nennen Sie die wichtigsten Daten, die bei einem Drehstrom-Transformator auf dem Leistungsschild vermerkt sind.

10. Mit welcher Schaltgruppe würden Sie die skizzierten Zeigerbilder kennzeichnen?

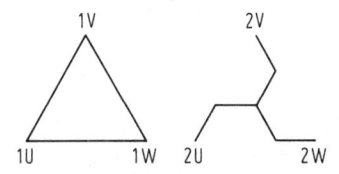

11. Beschriften Sie die Seiten des Kappdreiecks.

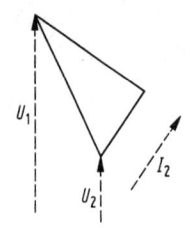

U_1

U_2

I_2

12. Was wird im Ersatzschaltbild durch die Querinduktivität X_h bzw. L_h gekennzeichnet?

5 Wechsel- und Drehstrommaschinen

Lernziele

Nach der Durcharbeitung dieses Kapitels können Sie
- das Wechselfeld und das Drehfeld bei rotierenden elektrischen Maschinen erläutern,
- die Drehfelddrehzahl definieren,
- den Begriff des „Schlupfes" erklären,
- die Auswirkungen auf einen Läufer im Drehfeld beschreiben,
- Hinweise auf mögliche Einsatzgebiete der Drehfeldmaschine geben.

5.1 Wechselfeld

Bringen wir die Einphasenwicklung nicht auf dem Schenkel eines Transformators, sondern – zunächst konzentriert – in Nuten eines Ständerblechpaketes unter, so ist das Ergebnis einer Sinuserregung ebenfalls ein Wechselfluß mit der Frequenz des speisenden Stromes. Er schließt sich über den Läufer und muß dazu zweimal den Luftspalt überwinden.

In einer Läuferwicklung wird eine Spannung induziert, die den Gesetzen des Transformators gehorcht. Von Einfluß auf die Amplitude ist allerdings die Stellung des Läufers und damit dessen Wicklungsachse relativ zur Wicklungsachse des Ständers.

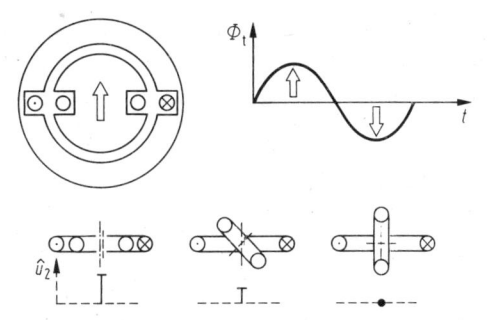

Bild 5.1–1 Wechselfeld mit Auswirkung auf eine im Läufer induzierte Spannung

5.2 Drehfeld

Für den Dreiphasenwechselstrom benötigen wir bekanntlich drei Wicklungen, die – wie vom Transformator her bekannt – in Stern- oder Dreieckschaltung kombiniert werden können. Die drei Spannungen und bei der symmetrischen Belastung, die die Wicklungen darstellen, auch die Ströme sind gegeneinander um 120° in der Phase verschoben.

Ahmen wir diese zeitliche Verschiebung durch eine entsprechende räumliche Verschiebung der drei Spulen nach, so ergibt sich die gekennzeichnete Anordnung in einem Ständerblechpaket.

Die einzelnen Durchflutungen ändern sich – phasenverschoben – sinusförmig. In der vorliegenden Kombination ergibt sich dabei ein bemerkenswertes Phänomen. Um dies zu erkennen, betrachten wir die Stromrichtungen zu fünf verschiedenen Zeitpunkten. Ist sie momentan positiv, gilt für den jeweiligen Strang

Stromeintritt ⊗ bei „1"
Stromaustritt ⊙ bei „2"

Bei momentan negativen Werten ergibt sich der umgekehrte Verlauf.

Markiert man die Stromrichtungen entsprechend in fünf Wicklungsdarstellungen, gewinnt man den Eindruck einer geschnittenen Spule mit jeweils gedrehter Wicklungsachse.

Es entsteht ein Drehfeld, dessen Zeiger sich in unserem Beispiel rechts herum dreht.

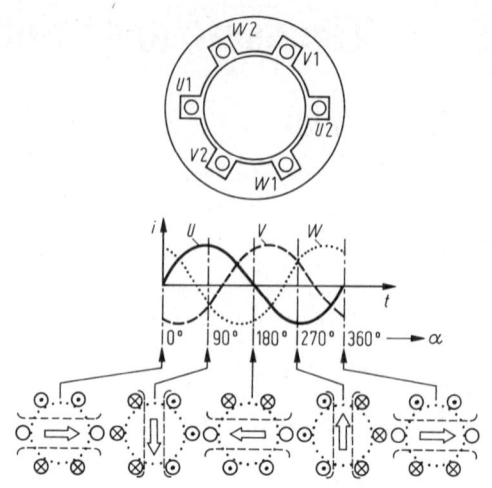

Vertauscht man bei der Darstellung des Dreiphasenwechselstromes zwei der drei Kennzeichnungen in ihrer Reihenfolge,

beispielsweise U; W; V
statt U; V; W

und nimmt entsprechend die Eintragungen in den Wicklungsschaubildern vor, so ist leicht zu erkennen:

Bild 5.2–1 Entstehung eines Drehfeldes

> Beim Vertauschen von zwei der drei Zuleitungen ändert sich die Drehrichtung des Drehfeldzeigers.

Die Möglichkeit, mit dem Dreiphasenwechselstrom einfach ein Drehfeld aufzubauen, rechtfertigt die von der wörtlichen Deutung etwas irreführende Kennzeichnung:

> Dreiphasenwechselstrom = Drehstrom

Um ein Gefühl für die Größe des Drehfeldes – dargestellt durch die jeweilige Länge des Drehfeldzeigers – zu bekommen, betrachten wir einmal die Einzeldurchflutungen – und zwar für zwei zugeordnete Augenblickswerte des Drehstromverlaufes

a) bei $\alpha = 0°$
b) bei $\alpha = 90°$

Unter der Annahme: $\hat{\imath} = 1\,\text{A}; N = 1$
also Θ_{max} je Strang = 1 A

kommen wir zu nebenstehenden Darstellungen (Bild 5.2–2).

Es ergeben sich in beiden Fällen gleiche Werte für die resultierende Durchflutung, und das gilt auch für alle anderen Winkel bzw. Zeitpunkte.

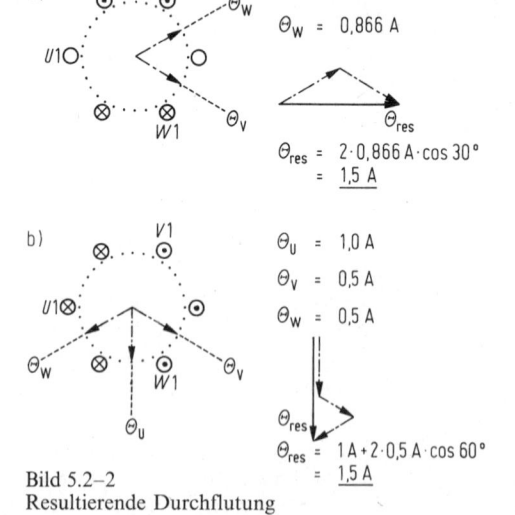

a) $\Theta_V = 0{,}866\,\text{A}$
$\Theta_W = 0{,}866\,\text{A}$

$\Theta_{res} = 2 \cdot 0{,}866\,\text{A} \cdot \cos 30°$
$= 1{,}5\,\text{A}$

b) $\Theta_U = 1{,}0\,\text{A}$
$\Theta_V = 0{,}5\,\text{A}$
$\Theta_W = 0{,}5\,\text{A}$

$\Theta_{res} = 1\,\text{A} + 2 \cdot 0{,}5\,\text{A} \cdot \cos 60°$
$= 1{,}5\,\text{A}$

Bild 5.2–2
Resultierende Durchflutung

5.2 Drehfeld

Resultierende Durchflutung =

Sie führt zu einem konstanten Wert des Drehflusses Φ_d bzw. der ihm zugeordneten Flußdichte B_d.

Da sich die Spitze des Vektors der magnetischen Flußdichte mit gleichbleibender Geschwindigkeit auf einer Kreisbahn bewegt, spricht man von einem *Kreisdrehfeld*, im Unterschied etwa zu einem *Elliptischen Drehfeld*, wie es sich bei Maschinen besonderer Schaltung, über die wir später sprechen werden, ausbildet.

Das Drehfeld ist in seinen Auswirkungen absolut vergleichbar mit einem rotierenden Polsystem, das sich mit der gleichen Drehzahl bewegt.

Für diese Drehzahl gilt in der bisherigen Darstellung:

Bei 50 Hz sind dies:

5.2.1 Drehfelddrehzahl

Bei der Darstellung des Bildes 5.2–1 ergab sich ein zweipoliges System. Das wurde besonders durch den Vergleich mit dem umlaufenden Polsystem deutlich.

Stellen wir für die drei Wicklungen nicht den vollen Umfang des Bohrungszylinders (360°), sondern nur die Hälfte (180°) zur Verfügung, so bleibt Platz für ein zweites zweipoliges System.

Es ergibt sich eine vierpolige Wicklung:

Der räumliche Winkel zwischen Hin- und Rückleiter eines Stranges und ebenso zwischen den Wicklungssträngen schrumpft auf die Hälfte des elektrischen Winkels zusammen.
Allgemein gilt:

Das hat auch entsprechende Konsequenzen für die Drehzahl bzw. Drehgeschwindigkeit des Drehfeldzeigers. Hier ergibt sich allgemein:

Drehfelddurchflutung Θ_d = konst.

$$\boxed{\Theta_d = 1{,}5\,\hat{\Theta}_{t\,\text{Strang}}} \qquad (5.2\text{–}1)$$

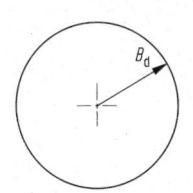

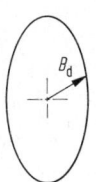

Bild 5.2–3 Kreisdrehfeld/Elliptisches Drehfeld

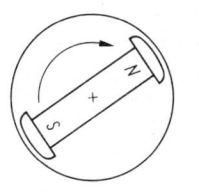

Bild 5.2–4
Äquivalentes Drehfeld mit rotierendem Polrad

Eine Umdrehung innerhalb einer Periode

$50\,\dfrac{\text{Umdrehungen}}{\text{Sekunde}}$ oder $3000\,\dfrac{\text{Umdrehungen}}{\text{Minute}}$

$n = 50\,\text{s}^{-1}$ \qquad $n = 3000\,\text{min}^{-1}$

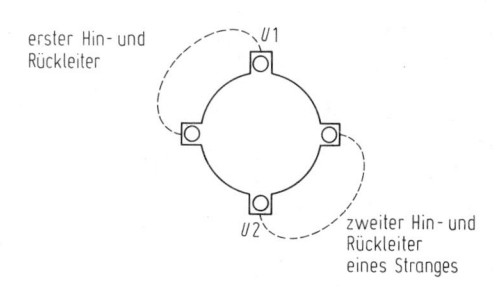

erster Hin- und Rückleiter

zweiter Hin- und Rückleiter eines Stranges

$2p = 4$ \quad bzw. \quad p = Polpaarzahl = 2

$$\boxed{\alpha_{\text{räumlich}} = \frac{1}{p}\,\alpha_{\text{elektrisch}}} \qquad (5.2.1\text{–}1)$$

$\dfrac{1}{p}$ Umdrehungen innerhalb einer Periode

Für die Drehfelddrehzahl n_d folgt bei beliebiger Frequenz f und beliebiger Polpaarzahl p (ganzzahlig):

$$n_d = \frac{f}{p} \qquad [n_d] = s^{-1}$$

$$n_d = \frac{60 \cdot f}{p} \qquad [n_d] = \min^{-1}$$

(5.2.1–2)

Bei der bei uns üblichen Frequenz $f = 50\,\text{Hz}$ ergeben sich folgende Drehfelddrehzahlen:

$2p$	2	4	6	8	10	12	14	16	20	24	32	48	
p	1	2	3	4	5	6	7	8	10	12	16	24	
n_d	3000	1500	1000	750	600	500	429	375	300	250	187	125	$\min^{-1}$

Die Drehfelddrehzahl erscheint in groben Stufen, die mit wachsender Polzahl enger werden.

Beispiel 5.2.1–1

Eine Drehfelddrehzahl $n_d = 2000\,\min^{-1}$ ist bei einer Frequenz $f = 50\,\text{Hz}$ nicht erreichbar.
Welche Frequenz wäre bei den Polzahlen $2p = 2$; 4 bzw. 6 erforderlich?

Lösung:

$$f = \frac{p \cdot n}{60}$$

$2p = 2 \quad f = \dfrac{1 \cdot 2000}{60} = \mathbf{33{,}33\,Hz}$

$2p = 4 \quad f = \dfrac{2 \cdot 2000}{60} = \mathbf{66{,}66\,Hz}$

$2p = 6 \quad f = \dfrac{3 \cdot 2000}{60} = \mathbf{100{,}0\,Hz}$

Übung 5.2.1–1

Ein vierpoliger Ständer wird – beispielsweise in den USA – an 60 Hz angeschlossen.
Welche Drehfelddrehzahl n_d ergibt sich?

Lösung:

Übung 5.2.1–2

Welcher räumliche Winkel ergibt sich bei der Wicklungsverlegung eines 12-poligen Ständers
a) bezüglich Hin- und Rückleiter eines Stranges
b) bezüglich der Hinleiter benachbarter Stränge?

Lösung:

5.2.2 Schlupf

Wir kehren zur zweipoligen Ausführung zurück, betrachten den rotierenden Drehfeldzeiger jetzt aber nicht von außen, sondern von einem Standpunkt auf der Oberfläche des Läufers.

Für diesen Beobachter können sich verschiedene Situationen ergeben:

Der Drehfeldzeiger erscheint – wie für den äußeren Betrachter – mit Drehfelddrehzahl n_d rotierend:

– Der Läufer steht still.

Der Drehfeldzeiger erscheint mit $n < n_d$ rotierend:

– Der Läufer bewegt sich in Drehfelddrehrichtung.

Der Drehfeldzeiger erscheint stillstehend:

– Der Läufer bewegt sich in Drehfelddrehrichtung mit $n = n_d$.

Der Drehfeldzeiger erscheint entgegen der Drehfelddrehrichtung rotierend:

– Der Läufer bewegt sich in Drehfelddrehrichtung mit $n > n_d$.

Der Drehfeldzeiger erscheint in Drehfelddrehrichtung mit $n > n_d$ rotierend:

– Der Läufer bewegt sich entgegen der Drehfelddrehrichtung.

Diese Situationen werden beschrieben durch die Relativdrehzahl:

$n_{rel} = n_d - n$

Dividiert man durch die Drehfelddrehzahl, so erhält man den Begriff des Schlupfes:

$$s = \frac{n_d - n}{n_d} \qquad (5.2.2\text{--}1)$$

In der Reihenfolge der beschriebenen Fälle ergeben sich folgende Werte:

– $s = 1$
– $1 > s > 0$
– $s = 0$
– $-1 < s < 0$
– $s > 1$

In Kurvenform läßt sich die Abhängigkeit des Schlupfes s von der Läuferdrehzahl n wie folgt beschreiben:

Der Schlupf wird zu einer wichtigen Kenngröße für die verschiedenen Betriebszustände.

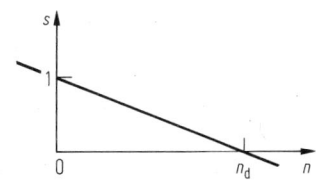

Bild 5.2.2–1 Abhängigkeit des Schlupfes s von der Läuferdrehzahl n

Beispiel 5.2.2–1

Ein vierpoliger Ständer liegt am 50 Hz-Netz. Welche Werte des Schlupfes ergeben sich, wenn der Läufer

a) mit $n_1 = 1000\,\text{min}^{-1}$ in Drehfelddrehrichtung,

b) mit $n_2 = 500\,\text{min}^{-1}$ entgegen der Drehfelddrehrichtung rotiert?

Lösung:

$$s = \frac{n_d - n}{n_d}$$

$$n_d = \frac{60 \cdot f}{p} = \frac{60\,\text{s} \cdot \text{min}^{-1} \cdot 50\,\text{s}^{-1}}{2}$$

$$= 1500\,\text{min}^{-1}$$

a) $s_1 = \dfrac{(1500 - 1000)\,\text{min}^{-1}}{1500\,\text{min}^{-1}} = \mathbf{0{,}333}$

b) $s_2 = \dfrac{(1500 - (-500))\,\text{min}^{-1}}{1500\,\text{min}^{-1}} = \mathbf{1{,}333}$

Übung 5.2.2–1

Gegeben ist der Ständer des Beispiels 5.2.2–1. Welcher Läuferdrehzahl entspricht ein Schlupf $s = -1{,}2$?

Lösung:

5.2.3 Spannung und Frequenz in einer Läuferwicklung

Wir versehen den Läufer mit einer einsträngigen Wicklung.

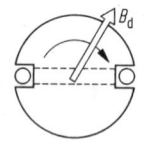

Durch das Drehfeld wird eine Spannung induziert, für die in jedem Augenblick die Normalkomponente senkrecht zur Wickelfläche maßgebend ist.

Diese Normalkomponente ändert sich sinusförmig und durchläuft bei einer Umdrehung des Drehfeldzeigers eine volle Periode.

Das Ergebnis ist eine normale Wechselspannung; für die Frequenz gilt:

> Bei ruhendem Läufer
> Läuferfrequenz f_2 = Ständerfrequenz f_1

Es ist ohne weiteres der Vergleich mit dem Einphasentransformator erlaubt, denn für die Höhe der im Stillstand induzierten Spannung U_{q20} ist im Vergleich mit der Strangspannung U_{q1} der Ständerwicklung das Verhältnis der Windungszahlen maßgebend.

$$\boxed{\frac{U_{q20}}{U_{q1}} \approx \frac{N_2}{N_1}} \qquad (5.2.3-1)$$

An diesen Gegebenheiten ändert sich nichts, wenn man den Läufer in eine andere Stellung bringt, dabei aber grundsätzlich im Stillstand beläßt.

Die Relativdrehzahl des Ständerdrehfeldes bleibt konstant.

5.2 Drehfeld

Das ändert sich, sobald der Läufer selbst eine Drehzahl annimmt. Jetzt wird der Schlupf s zur entscheidenden Einflußgröße.

Allgemein gilt:

$$\boxed{\begin{aligned} f_2 &= s \cdot f_1 \\ U_{q2} &= s \cdot U_{q2o} \end{aligned}} \qquad (5.2.3\text{-}2)$$

Die Eingangsdiskussion betraf dabei den Spezialfall $s = 1$.

Graphisch lassen sich die Zusammenhänge wie folgt kennzeichnen:

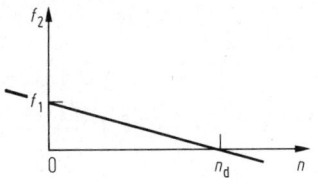

Bild 5.2.3-1 Abhängigkeit der Läuferfrequenz f_2 von der Läuferdrehzahl n

Negative Werte deuten auf eine Änderung der Phasenlage um 180°; für viele Rechnungen genügen die Beträge.

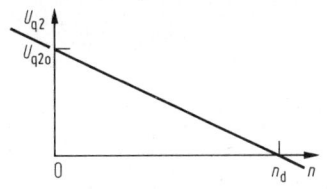

Bild 5.2.3-2 Abhängigkeit der Läuferspannung U_{q2} von der Läuferdrehzahl n

Beispiel 5.2.3-1

Ein 8-poliger Drehstromständer liegt am 50 Hz-Netz gegebener Spannung. Die Läuferstillstandsspannung beträgt $U_{q2o} = 1000\,\text{V}$.
Wie groß sind Läuferspannung und Läuferfrequenz bei einer Läuferdrehzahl von

a) $n_1 = 700\,\text{min}^{-1}$ im Sinne des Drehfeldes und
b) $n_2 = 250\,\text{min}^{-1}$ entgegen der Umlaufrichtung des Drehfeldes?

Lösung:

$$U_{q2} = s \cdot U_{q2o}$$
$$f_2 = s \cdot f_N$$
$$s = \frac{n_d - n}{n_d}$$
$$n_d = \frac{60 \cdot f}{p} = \frac{60\,\text{s} \cdot \text{min}^{-1} \cdot 50\,\text{s}^{-1}}{4}$$
$$\underline{n_d = 750\,\text{min}^{-1}}$$

a) $\quad s_1 = \dfrac{(750 - 700)\,\text{min}^{-1}}{750\,\text{min}^{-1}} = 0{,}0667$

$$U_{q2_1} = 0{,}0667 \cdot 1000\,\text{V} = \mathbf{66{,}7\,V}$$
$$f_{2_1} = 0{,}0667 \cdot 50\,\text{Hz} = \mathbf{3{,}33\,Hz}$$

b) $\quad s_2 = \dfrac{(750 - (-250))\,\text{min}^{-1}}{750\,\text{min}^{-1}} = 1{,}333$

$$U_{q2_2} = 1{,}333 \cdot 1000\,\text{V} = \mathbf{1333\,V}$$
$$f_{2_2} = 1{,}333 \cdot 50\,\text{Hz} = \mathbf{66{,}67\,Hz}$$

Übung 5.2.3–1

Ein Drehstrom-Ständer liegt am 1000 V-Drehstromnetz. Es ergibt sich dabei eine Läuferstillstandsspannung $U_{q2_0} = 500$ V.
Wie groß ist die Läuferstillstandsspannung, wenn man den Ständer an ein 600 V-Drehstromnetz anschließt?

Lösung:

5.3 Allgemeine Drehfeldmaschine

Die Drehfelddrehzahl wird auch als synchrone Drehzahl bezeichnet, wenn man für den Sonderfall $s = 0$ an den Gleichlauf denkt.

$n_d = n_{syn}$

Damit ergeben sich für bestimmte Drehzahlen bzw. Drehzahlbereiche des Läufers folgende Kennzeichnungen:

- negative Drehzahlen
- Drehzahl $n = 0$
- Drehzahl $n < n_d$
- Drehzahl $n = n_d$
- Drehzahl $n > n_d$

- Gegenlauf
- Stillstand
- Untersynchroner Lauf
- Synchronlauf
- Übersynchroner Lauf

Nach unserem bisherigen Wissensstand und unter Einbeziehung eines Drehmomentes, das sich wieder bei stromdurchflossenem Läufer einstellt, ergeben sich in Zuordnung zu diesen Drehzahlbereichen bestimmte Einsatzmöglichkeiten für die Drehfeldmaschine:

- Gegenlauf

- Gegenstrombremsen,
  Frequenzumformer mit dem Ziel der Frequenzerhöhung

- Stillstand

- Transformator
  (Drehtransformator)

Wegen der Möglichkeit, den Läufer in verschiedene Stellungen zu bringen und damit die Phasenlage der Läuferspannung relativ zur Ständerspannung zu verändern, wird diese Ausführung als Drehtransformator bezeichnet.

- Untersynchroner Lauf
  A – synchron = nicht synchron

- Asynchronmotor,
  Frequenzumformer mit dem Ziel der Frequenzerniedrigung

- Synchronlauf
- Übersynchroner Lauf

- Synchronmaschine
- Asynchrongenerator,
  Senkbremsen

Lernzielorientierter Test zu Kapitel 5

1. Ein Beobachter in einem Eisenbahnwagen, der sich mit einer Geschwindigkeit $v = 60\,\text{km/h}$ bewegt, betrachtet auf den Nachbargleisen Züge.
   a) Zug A fährt mit gleicher Geschwindigkeit in gleicher Richtung.
   b) Zug B fährt mit der Geschwindigkeit $v = 80\,\text{km/h}$ in gleicher Richtung.
   c) Zug C fährt mit der Geschwindigkeit $v = 60\,\text{km/h}$ in entgegengesetzter Richtung.
   Welchen Eindruck hat der Beobachter von seinem Standpunkt aus bezüglich der Geschwindigkeit der betrachteten Züge?

2. Gegeben ist eine ideale Drehfeldmaschine mit
   $f_1 = 50\,\text{Hz}$; Polzahl $2p = 6$; $U_{1(\text{Strang})} = 380\,\text{V}$; $U_{q2_0(\text{Strang})} = 100\,\text{V}$.
   Füllen Sie die leeren Felder der nachfolgenden Tabelle aus.

n_d min^{-1}	n min^{-1}	n_{rel} min^{-1}	s	f_2 Hz	U_{q2} V
	0				
	1000				
	-700				
	1200				
			$-0,5$		
				$+30$	

3. Hin- und Rückleiter der Strangwicklung einer Drehfeldmaschine bilden einen räumlichen Winkel von 36°.
   a) Welche Polzahl hat die Maschine?
   b) Welchem elektrischen Winkel entspricht dies?

6 Drehstrom-Asynchronmotor

Lernziele

Nach der Durcharbeitung dieses Kapitels können Sie
- den Aufbau des Asynchronmotors beschreiben,
- wesentliche Wicklungsgesetze erklären,
- den Strom- und Drehmomentenverlauf deuten,
- wichtige Voraussetzungen für den Hochlauf erkennen,
- Maßnahmen zur Verringerung des Anlaufstromes angeben,
- das Wirkleistungsflußbild erläutern,
- Hinweise zu Durchführung und Auswertung von Leerlauf- und Kurzschlußversuch geben,
- das Kreisdiagramm aufstellen und nutzen,
- Möglichkeiten der Drehzahlsteuerung beim Asynchronmotor erklären.

6.0 Einführung

Schließt man die betrachtete Läuferspule der Drehfeldmaschine z.B. über Schleifringe an einen äußeren Widerstand, so ist bei gegebener Läuferspannung U_{q2} ein Läuferstrom I_2 die Folge.

Es ergibt sich ein inneres Drehmoment M_i, das bestrebt ist, den – zunächst im Stillstand – sehr großen „Störeffekt" der hohen Relativdrehzahl des Ständerdrehfeldes zu mindern; es wird eine Bewegung des Läufers im Sinne des Drehfeldes verursacht.

$$I_2 = \frac{U_{q2}}{R_a}$$
$$M_i \sim I_2 \cdot \Phi_d$$
(6.0–1)

Mit zunehmender Drehzahl sinken Läuferspannung und damit Läuferstrom und inneres Drehmoment. Die synchrone Drehzahl ist auf diesem Wege nicht erreichbar, da dann mit der Läuferspannung auch die Folgegrößen zu Null werden. Der Läufer beharrt im asynchronen Bereich.

Der Verlauf des inneren Momentes wird – idealisiert – durch die nebenstehende Kurve gekennzeichnet.

Der Läuferstrom ist bei Fehlen jeglicher Zuleitung ausschließlich das Ergebnis einer Induktion vom Ständer her.

Deshalb ist auch die Bezeichnung „Induktionsmaschine" üblich.

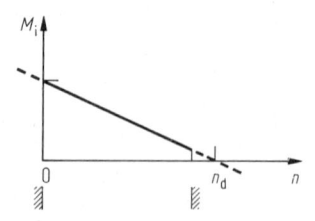

Bild 6.0–1   Abhängigkeit des inneren Drehmomentes M_i von der Läuferdrehzahl n

Induktionsmaschine

6.1 Ständer mit Wicklung

Das gegossene oder aus Walzstahl hergestellte Ständergehäuse ist in das Luftführungssystem einbezogen und hat mit seiner Formgebung wesentlichen Einfluß auf die Wärmeabfuhr und damit auf die im Gleichgewichtszustand sich ergebende Erwärmung der Maschine. Wir erinnern uns an den Abschnitt 1.3.3.

Dieses Gehäuse nimmt das Ständerblechpaket auf, das aus meist 0,5 mm starken, gegeneinander isolierten Blechen aufgebaut ist. Verwendet wird sog. Dynamoblech, das sich durch gute Magnetisierbarkeit, sowie geringe Hysterese- und Wirbelstromverluste auszeichnet.

Die Wicklung ist in Nuten untergebracht, die offen oder halbgeschlossen ausgeführt sein können. Die offene Nut wirkt örtlich stark Luftspalt-vergrößernd, während dies bei der halbgeschlossenen Nut gemindert ist.

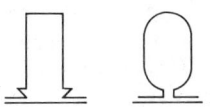

Bild 6.1-1 Offene und halbgeschlossene Nut

Welche Nutform gewählt werden kann, hängt wesentlich von der Art der Ausführung und der Einbringung der Wicklung ab.

Man unterscheidet:

- *Träufelwicklung:* Die einzelnen Drähte der Spulen werden durch die schmalen Nutschlitze in die halbgeschlossenen Nuten eingeträufelt.

  – Träufelwicklung

- *Durchziehwicklung:* Die einzelnen Leiter der Spule – vorzugsweise gepreßte Kupferflachseile – werden in die halbgeschlossenen Nuten eingefädelt und durchgezogen.

  – Durchziehwicklung

- *Formspulen:* Die Formspule wird vor dem Einbau aus rechteckigem Flachdraht gewickelt, isoliert und mit Hilfe von Schablonen in die endgültige Form gebracht. Die Einführung erfolgt radial in die parallel-flankige Nut. Zur Festlegung der Wicklung werden Nutenverschlußkeile eingesetzt.

  – Formspulen

Die bisherigen Ausführungen machten deutlich, daß normalerweise jede Spule aus mehreren Leitern aufgebaut ist. Unverändert aber handelt es sich zunächst um konzentrierte Spulen je Strang, für deren Unterbringung folgende Nutenzahl benötigt wird:

Konzentrierte Wicklung

$$\boxed{N = 2p \cdot m} \qquad (6.1\text{-}1)$$

mit N = Nutenzahl
  $2p$ = Polzahl
  m = Phasenzahl (hier = 3)

In der Praxis nutzt man auch die Zwischenräume aus und verteilt die Wicklung jedes Stranges auf mehrere Nuten am Umfang der Ständerbohrung. Für die Nutenzahl ergibt sich dann:

Verteilte Wicklung

$$N = q \cdot 2p \cdot m \qquad (6.1\text{-}2)$$

mit q = Lochzahl

Die Lochzahl q ist praktisch die Nutenzahl je Pol und Phase.

Solange q eine ganze Zahl ist, spricht man von einer Ganzlochwicklung.

Ganzlochwicklung

Wir haben mehrfach deutlich gemacht, daß man die Ständerwicklung durchaus mit der Primärwicklung eines Transformators vergleichen kann. Hier wie dort werden im Sinne der Selbstinduktion Spannungen induziert.

Nur hatten wir es beim Transformator immer mit konzentrierten Wicklungen zu tun. Bei der jetzt betrachteten verteilten Wicklung ergibt sich, daß der Drehfeldzeiger die um eine Nutteilung versetzte Teilwicklung jeweils etwas später trifft und damit zu phasenverschobenen Teilspannungen führt. Bei konzentrierter Anordnung der drei Spulen hätte man eine Verdreifachung der Teilspannung erreicht; jetzt wird nur die geometrische Summe erreicht.

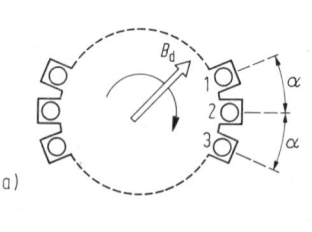

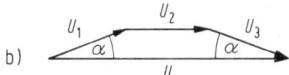

Bild 6.1-2 Strangwicklung $2p = 2$; $q = 3$
a) Anordnung, b) Zeigerdiagramm

Den Quotienten bezeichnet man als Wicklungsfaktor ξ:

$$\xi = \frac{\text{geometrische Spannungssumme}}{\text{algebraische Spannungssumme}} \leq 1$$

$$(6.1\text{-}3)$$

Er kann zusätzlich durch eine mögliche Sehnung der Wicklung beeinflußt werden, bei der der elektrische Winkel zwischen Hin- und Rückleiter $\alpha_{el} < 180°$ ist.

Beim Transformator mit seiner konzentrierten Wicklung hatten wir als Zusammenhang zwischen Spannungen und magnetischem Fluß die Gleichung (4.1.1-1) kennengelernt.

Jetzt müssen wir allgemein formulieren:

$$U_q = 4{,}44 \cdot f \cdot \hat{\Phi} \cdot N_w \cdot \xi \qquad (6.1\text{-}4)$$

mit U_q = Strangspannung $[U_q] = V$
f = Frequenz $[f] = \text{Hz} = \text{s}^{-1}$
$\hat{\Phi} = \Phi_d$ = Drehfluß bzw.
= Scheitelwert eines äquivalenten Wechselflusses
$[\Phi] = \text{Vs}$
N_w = Windungszahl je Strang
ξ = Wicklungsfaktor

6.1 Ständer mit Wicklung

Bei der Auslegung der Wicklung im einzelnen gilt es zahlreiche Feinheiten zu beachten, deren Diskussion aber den Rahmen unserer Betrachtung übersteigt. Sie können nichtsdestoweniger von entscheidendem Einfluß auf wichtige technische Daten sein.

Wir beschränken uns auf die Vorstellung zweier Wicklungsausführungen, bei denen wir die Unterschiede zwischen einer Einschicht- und einer Zweischichtwicklung deutlich machen wollen.

Bei der Einschichtwicklung ist jede Nut nur mit einer Schicht, d.h. den Hinleitern oder Rückleitern einer Spule, ausgefüllt.

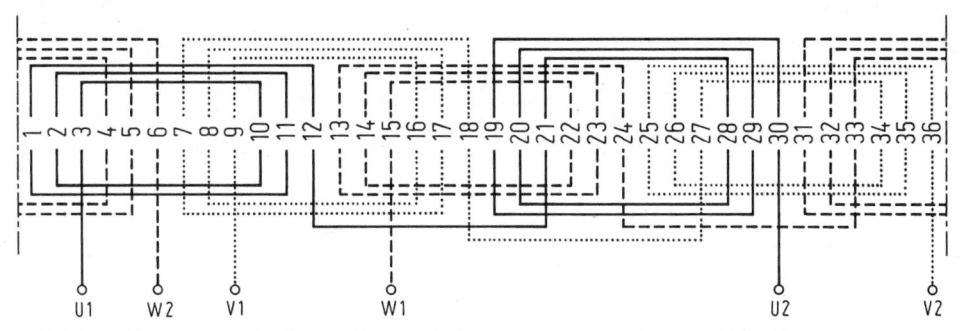

Bild 6.1-3 Dreiphasige Einschichtwicklung für $2p = 4$; $q = 3$; $N = 36$ in der Abwicklung

Die Wickelköpfe werden in zwei Ebenen verlegt.

In unserem Beispiel gehören zu jeder Spulengruppe drei Einzelspulen verschiedener Weite. Mittlerer Nutenschritt $36:4 = 9$, d.h. z.B. Nut 2 nach Nut 11. Bei den beiden anderen Einzelspulen ist der Schritt entweder kleiner oder größer. Für die gesamte Spulengruppe ergibt sich eine konzentrische Anordnung.

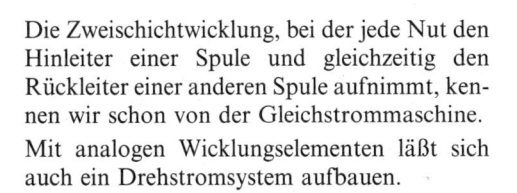

Bild 6.1–3a Anordnung der Wickelköpfe

Passend zur Darstellung der Abwicklung zeigt Bild 6.1–3b die einzelnen Wicklungszonen am Umfang.

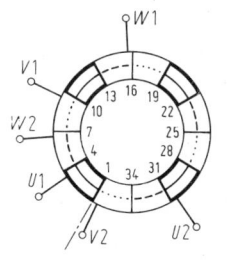

Bild 6.1–3b Zonen am Umfang der dargestellten Einschichtwicklung

Die Zweischichtwicklung, bei der jede Nut den Hinleiter einer Spule und gleichzeitig den Rückleiter einer anderen Spule aufnimmt, kennen wir schon von der Gleichstrommaschine.

Mit analogen Wicklungselementen läßt sich auch ein Drehstromsystem aufbauen.

Der Deutlichkeit halber beschränken wir uns bei der Darstellung der Abwicklung auf nur einen Strang.

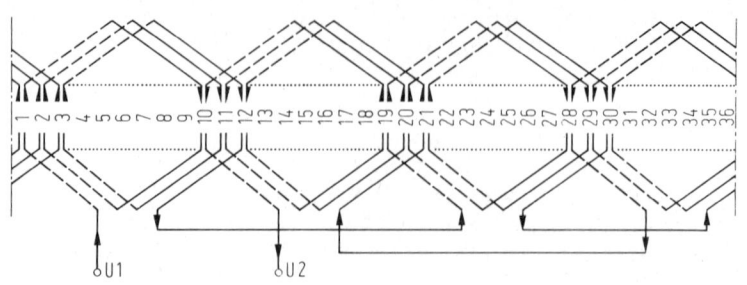

Bild 6.1-4 Dreiphasige Zweischichtwicklung für $2p = 4$; $q = 3$; $N = 36$ in der Abwicklung. Darstellung nur für den Strang $U1\ U2$

In der Darstellung kennzeichnen die gestrichelten Linien die Unterlage und die ausgezogenen Linien die Oberlage.

Zum Einsatz kommen lauter Spulen gleicher Weite, die in diesem Falle Durchmesserschritt ($\alpha_{el} = 180°$) haben. Die Folge ist eine verteilte Wicklung mit der Konsequenz, daß der Wicklungsfaktor

$$\xi < 1$$

Durch die Eintragung der Strompfeile für einen bestimmten Augenblickswert werden die vier Pole deutlich markiert.

Die Windungszahl je Strang hat sich gegenüber der vergleichbaren Einschichtwicklung des Bildes 6.1-3 verdoppelt.

Übung 6.1-1

Tragen Sie im Bild 6.1-3 für den Strang $U1$–$U2$ die Stromrichtungspfeile ausgehend vom Stromeintritt bei $U1$ ein.

Lösung:

Übung 6.1-2

Tragen Sie im Bild 6.1-4 für den Strang $V1$–$V2$ die ersten Spulen nahe dem Anschluß $V1$ in einer anderen Farbe ein.

Lösung:

Beispiel 6.1-1

Gemäß Bild 6.1-2 wies ein zweipoliger Drehstromständer eine Lochzahl $q = 3$ auf.
Bestimmen Sie:
a) die gesamte Nutenzahl N,
b) den Wicklungsfaktor ξ für den Fall, daß jede Einzelspule als Durchmesserspule ausgeführt wird.

Lösung:

a) $N = q \cdot 2p \cdot m = 3 \cdot 2 \cdot 3 = \mathbf{18}$

b) Winkel zwischen benachbarten Nuten

$$\alpha = \frac{360°}{N} = \frac{360°}{18} = 20°$$

$$\text{Wicklungsfaktor } \xi = \frac{\text{geometr. Spannungssumme}}{\text{algebr. Spannungssumme}}$$

$$= \frac{(1 + 2 \cdot \cos 20°) \cdot U_{\text{Spule}}}{3 \cdot U_{\text{Spule}}}$$

$$= \frac{2{,}879}{3} = \mathbf{0{,}9598}$$

Übung 6.1–3

Die drei versetzten Spulen des Beispiels 6.1–2 sind in Reihe geschaltet und ihrerseits aus je 8 Windungen aufgebaut. An die Klemmen ist eine Strangspannung $U_{\text{Str}} = 220\,\text{V}$ angelegt; $f = 50\,\text{Hz}$.
a) Mit welcher Drehzahl dreht sich der Drehfeldzeiger?
b) Wie groß ist der Scheitelwert eines sinusförmigen Wechselfeldes, das den Luftspalt zum Läufer durchsetzt?
c) Welchen Flußwert repräsentiert der Drehfeldzeiger?

Lösung:

6.2 Läufer mit Wicklung

Beim Läufer unterscheidet man
– den gewickelten Läufer, dessen meist dreiphasige Wicklung an Schleifringe angeschlossen ist,
– den Käfigläufer, bei dem Läuferstäbe mit Ringen an den Stirnseiten zu einem Käfig vereinigt ist. Da der Leiterkreis hier ohne zusätzlichen äußeren Widerstand geschlossen wird, spricht man auch von einem Kurzschlußläufer.

6.2.1 Schleifringläufer

Während man sich bei der Ständerwicklung den Netzverhältnissen anpassen und u.U. Hochspannungswicklungen einsetzen muß, ist man in der Wahl der Läuferstillstandsspannung U_{q2_0} relativ frei. Die Läuferwicklung wird mit gleicher Polzahl wie die Ständerwicklung fast immer dreiphasig ausgeführt. Es überwiegt die Sternschaltung, wobei die freien Wicklungsenden zu drei Schleifringen geführt sind.

Die Loch- und damit die Nutenzahl wird abweichend von der des Ständers gewählt, um zu verhindern, daß längs des gesamten Umfanges Ständerzahn und Läuferzahn bzw. Ständerzahn und Läufernut einander gegenüberstehen können. Auf diese Weise werden Pulsationsverluste und Geräusche gemindert.

Die Wicklungsausführung entspricht der der Ständerwicklung. So kennt man die *Träufelwicklung* und die *Durchziehwicklung*. Bei größeren Motoren verwendet man die *Stabwicklung*.

– Träufelwicklung
– Durchziehwicklung
– Stabwicklung

In halbgeschlossene Nuten des Läufers werden einseitig vorgeformte, isolierte Stäbe eingeschoben. Die geraden Stabenden werden zu Schenkeln abgebogen und miteinander zu einer Wellenwicklung verbunden.

Bild 6.2.1–1 zeigt für einen Strang eine solche Wellenwicklung mit zwei Umläufen. Der erste Teil ist stärker, der zweite schwächer markiert. Der Anschluß von Nut 19 zu Nut 1 stellt die Verbindung der beiden Umläufe dar.

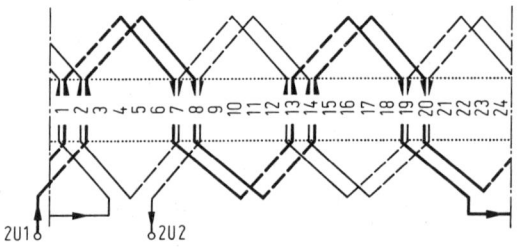

Bild 6.2.1–1 Dreiphasige Wellenwicklung für $2p = 4$; $q = 2$; $N = 24$ in der Abwicklung. Darstellung nur für den Strang $U1\ U2$

Durch die Eintragung der Stromrichtungspfeile für einen bestimmten Augenblickswert prägen sich die vier Pole wieder sehr deutlich aus.

Über die an die Schleifringe angeschlossenen äußeren Widerstände läßt sich der Gesamtwiderstand des Läuferkreises beliebig vergrößern.

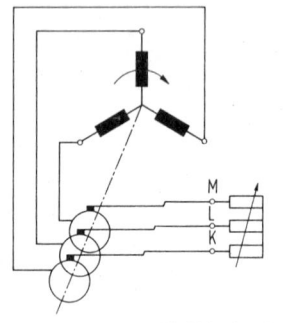

Bild 6.2.1–2 Schleifringläufer mit Anlaßwiderstand

6.2.2 Käfigläufer

Wir können uns eine dreiphasige Läuferwicklung auch mit Rückleitern im Innern einer zentrischen Bohrung des Läuferblechpaketes vorstellen. Die Summe der Ströme in diesen drei Rückleitern ist bekanntlich Null. Deshalb ist die Vereinigung zum Sternpunkt ohne weiteres zulässig.

6.2 Läufer mit Wicklung

Dieser Stern-„Punkt" kann auch als Stern-„Ringleitung" ausgeführt werden.

Entsprechendes gilt ebenfalls für eine zweite oder mehrere räumlich versetzte dreiphasige Wicklungen.

Die Zusammenfassung vieler räumlich verteilter Dreiphasenwicklungen führt schließlich zum Käfigläufer.

Die in Nuten des Läufereisens liegenden ursprünglichen Spulenseiten werden zu Läuferstäben, die Wickelköpfe auf beiden Seiten zu Läuferendringen.

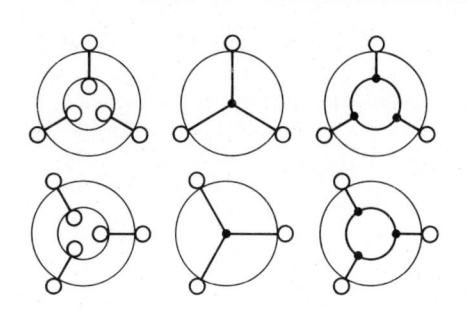

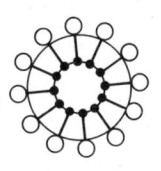

Bild 6.2.2–1 Entwicklung des Käfigläufers aus mehreren räumlich verteilten Drei-Phasenwicklungen

Das Ergebnis ist eine vielphasige, in sich kurzgeschlossene Läuferwicklung.

Die Phasenzahl des Läufers entspricht der Stab- bzw. Nutenzahl des Läufers je Polpaar.

In der praktischen Ausführung besteht der Käfig bei kleineren Maschinen aus Aluminiumprofilen, die im Druckgußverfahren in die nicht isolierten Läufernuten eingespritzt und auf beiden Seiten durch im gleichen Verfahren hergestellte Kurzschlußringe verbunden sind.

Bei größeren Maschinen schlägt man Stäbe unterschiedlicher Querschnittsform in die entsprechenden Nuten ein und verbindet die Enden durch Lötung oder Schweißung mit den Kurzschlußringen.

Bild 6.2.2–2 Kurzschlußkäfig

Hinweise zu den verschiedenen, in der Praxis eingesetzten Querschnittsformen erhalten Sie später bei der Diskussion über den Strom- und Drehmomentenverlauf.

Der Strom in der Käfigwicklung tritt nach außen nicht in Erscheinung und hat damit eine untergeordnete Bedeutung. Um eine Abschätzung kommt man jedoch nicht herum.

Wir unterscheiden:

Stabstrom I_{st}
Ringstrom I_r

Die Ströme in benachbarten Stäben bzw. Ringabschnitten sind gegeneinander um den Winkel α in der Phase verschoben.

$$\alpha = \frac{2p \cdot 180°}{N_2} \qquad (6.2.2\text{--}1)$$

mit $2p$ Polzahl
N_2 Nutenzahl des Läufers

Nach dem Knotenpunktsatz ergibt sich: $I_{st\,2} = I_{r\,12} - I_{r\,23}$

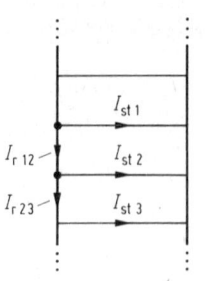

Allgemein gilt:

$$\boxed{\frac{I_{st}}{I_r} = 2 \cdot \sin\frac{\alpha}{2}} \qquad (6.2.2\text{--}2)$$

Der Ringstrom ist also wesentlich größer als der Stabstrom und wird zur eigentlich bestimmenden Größe. Die Relation wächst mit zunehmender Nutenzahl N_2.

Der Sekundärstrom im Sinne der Transformatorbetrachtung bleibt jedoch der Strom je Stab. Die Skizze zu (6.2.2–2) macht verständlich, daß man den Käfig nicht als Parallel- sondern als Reihenschaltung aller Stäbe betrachtet.

Bei Bezug auf den gleichen Strom wird eine Umrechnung im Sinne der Widerstandstransformation notwendig (vgl. Beispiel).

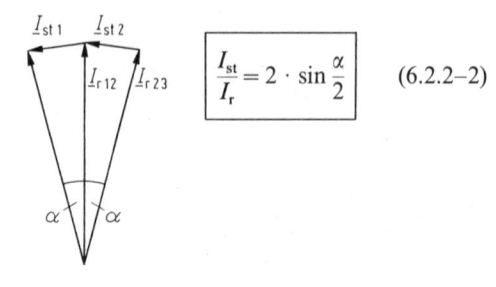

$$\boxed{\begin{array}{l}\text{Widerstand eines (gedachten) Läuferstranges} = \frac{1}{3} \left(\Sigma R_{\text{aller Stäbe}} + \Sigma R'_{\text{aller Ringanteile}} \right) \\ - R' \text{ ergibt sich bei Bezug auf den Leiterstrom.} -\end{array}}$$

(6.2.2–3)

Beispiel 6.2.2–1

Der Käfigläufer zu einem vierpoligen Asynchronmotor ist mit $N_2 = 44$ Nuten ausgeführt. Die Nutfläche von je $46,5\,\text{mm}^2$ ist voll vom eingespritzten Aluminium ausgefüllt. Die Alu-Ringe auf beiden Seiten haben bei einem Querschnitt von $170\,\text{mm}^2$ einen mittleren Durchmesser von $125\,\text{mm}$. Die Stablänge beträgt $100\,\text{mm}$. Der Leitwert des gespritzten Aluminiums kann mit

$$\gamma = 26{,}5 \,\frac{\text{m}}{\Omega\text{mm}^2}$$

angesetzt werden.

Bestimmen Sie

a) den Winkel α, um den die Ströme in benachbarten Leitern bzw. Ringanteilen in der Phase verschoben sind.

b) den ohmschen Widerstand eines Stabes einschließlich der zugehörigen Ringanteile.

Lösung:

a) $\alpha = \dfrac{2p \cdot 180°}{N_2} = \dfrac{4 \cdot 180°}{44} = \mathbf{16{,}36°}$

b) $R = \dfrac{l}{A \cdot \gamma}$

$R_{\text{Stab}} = \dfrac{0{,}1\,\text{m}}{46{,}5\,\text{mm}^2} \cdot \dfrac{\Omega\text{mm}^2}{26{,}5\,\text{m}}$

$\qquad = 81 \cdot 10^{-6}\,\Omega$

$R_{\text{Ringanteil für 2 Ringe}} = \dfrac{2 \cdot d \cdot \pi}{N_2 \cdot A \cdot \gamma}$

$\qquad = \dfrac{2 \cdot 0{,}125\,\text{m} \cdot \pi}{44 \cdot 170\,\text{mm}^2} \cdot \dfrac{\Omega\text{mm}^2}{26{,}5\,\text{m}}$

$\qquad = 3{,}96 \cdot 10^{-6}\,\Omega$

Nun fließt über den Ring ein wesentlich größerer Strom als über den Stab.

Vom Transformator her kennen wir die Umrechnung auf einen anderen Strom – hier den Stabstrom:

$R'_{\text{Ri.Ant.}}$

$= R_{\text{Ri.Ant.}} \cdot \left(\dfrac{I_r}{I_{st}}\right)^2$

$= R_{\text{Ri.Ant.}} \cdot \dfrac{1}{\left(2 \cdot \sin \dfrac{\alpha}{2}\right)^2}$

$= 3{,}96 \cdot 10^{-6}\,\Omega \, \dfrac{1}{4 \cdot \sin^2 \dfrac{16{,}36°}{2}}$

$= 3{,}96 \cdot 10^{-6}\,\Omega \, \dfrac{1}{4 \cdot 0{,}1423^2}$

$= 49 \cdot 10^{-6}\,\Omega$

$R_{\text{Stab}} + R'_{\text{Ri.Ant.}} = (81 + 49) \cdot 10^{-6}\,\Omega$

$\qquad\qquad\quad = 130 \cdot 10^{-6}\,\Omega$

Übung 6.2.2–1

In welchem Verhältnis steht bei den Daten des Beispiels 6.2.2–1 der Ringstrom zum Stabstrom $\dfrac{I_r}{I_{st}} = ?$

Lösung:

6.3 Strom- und Drehmomentverlauf

Bereits bei der Einführung des Abschnittes 6 und besonders im Bild 6.0–1 haben wir den Verlauf eines inneren Drehmomentes kennengelernt. Dabei wurde allerdings angenommen, daß die Läuferspannung U_{q2} unter Vernachlässigung jeglichen Spulenwiderstandes unmittelbar auf einen konstanten äußeren Widerstand R_a wirkt.

Jetzt berücksichtigen wir die Gegebenheiten der Spule und gehen von einem mittelbaren Kurzschluß aus.

Der Läuferkreis ist deutbar als Reihenschaltung aus ohmschem Widerstand und Induktivität, die – drehzahlbedingt – bei veränderlicher Frequenz von einer variablen Spannung gespeist wird.

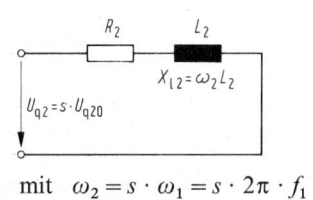

mit $\omega_2 = s \cdot \omega_1 = s \cdot 2\pi \cdot f_1$

Nach dem ohmschen Gesetz errechnet sich der Läuferstrom I_2:

$$I_2 = \frac{U_{q2}}{Z_2} = \frac{s \cdot U_{q20}}{\sqrt{R_2^2 + (s \cdot \omega_1 \cdot L_2)^2}}$$

Bei Erweiterung des Bruches mit dem Faktor $1/s$ ergibt sich für den Strom folgender Ausdruck:

$$I_2 = \frac{U_{q20}}{\sqrt{\left(\frac{R_2}{s}\right)^2 + (\omega_1 \cdot L_2)^2}} \quad (6.3-1)$$

Das Ergebnis führt zu einer gleichwertigen Ersatzschaltung mit konstanter Spannung. Die veränderliche Frequenz wirkt sich hier formal auf den ohmschen Widerstand R aus.

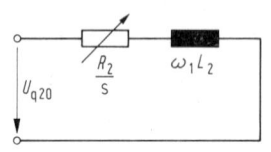

Bild 6.3-1 Ersatzschaltung für den realen Läuferkreis je Strang

Die Auswertung der Gleichung (6.3-1) führt in der Tendenz zu folgendem Kurvenverlauf:
Der größte Läuferstrom tritt bei $s = 1$, d.h. im Augenblick des Stillstands – beispielsweise beim Anfahren – auf.

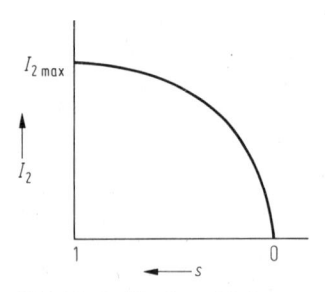

Bild 6.3-2 Tendenz Läuferstrom $I_2 = f$ (Schlupf s)

Bei der Einführung zum Abschnitt 6 konnten wir unter den vereinfachenden Annahmen Läuferspannung und Läuferstrom noch als phasengleich annehmen.
Jetzt deutet der schlupfabhängige induktive Widerstand im Ersatzschaltbild des Läufers schon auf eine Schlupfabhängigkeit der Phasenverschiebung hin.

$$\tan \varphi_2 = \frac{s \cdot \omega_1 \cdot L_2}{R_2} = \frac{\omega_1 \cdot L_2}{\frac{R_2}{s}}$$

Wir errechnen:

$$\cos \varphi_2 = \frac{R_2}{\sqrt{R_2^2 + (s \cdot \omega_1 \cdot L_2)^2}} \quad (6.3-2)$$

Die Auswertung der Gleichung (6.3–2) führt in der Tendenz zu folgendem Kurvenverlauf:
Der größte Leistungsfaktor tritt mit $\cos \varphi_2 = 1$ ($\varphi_2 = 0°$) beim Schlupf $s = 0$ auf.

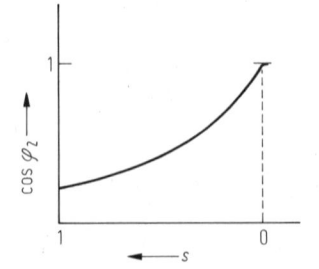

Bild 6.3-3
Tendenz Leistungsfaktor $\cos \varphi_2 = f$ (Schlupf s)

Die Phasenverschiebung zwischen Läuferspannung und Läuferstrom ist wegen Gl. (6.1–4) gleich der Phasenverschiebung zwischen Drehfluß Φ_d und Läuferstrom I_2.

Deshalb müssen wir bei der Bestimmung des inneren Drehmomentes die vereinfachte Beziehung (6–1) jetzt erweitern:

$$M_i \sim I_2 \cdot \Phi_d \cdot \cos\varphi_2 \qquad (6.3\text{–}3)$$

Führen wir den Drehfluß Φ_d als konstant ein, so ergibt die Darstellung des Produktes der schlupf-bezogenen Werte für I_2 (Bild 6.3–2) und für $\cos\varphi_2$ (Bild 6.3–3) in der Tendenz den Verlauf des inneren Drehmomentes M_i.

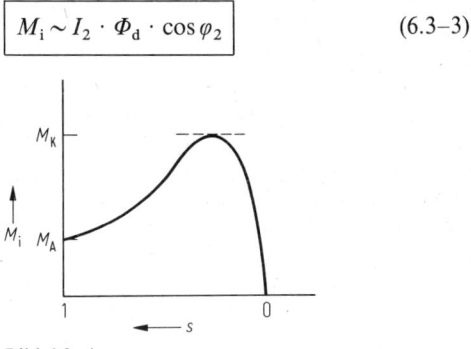

Bild 6.3–4
Tendenz Inneres Drehmoment $M_i = f$ (Schlupf s)

Wir erkennen drei charakteristische Werte:

$s = 1$: — Anzugsmoment, Anlaufmoment M_A

Trotz hohen Läuferstromes erreicht das Produkt wegen des schlechten Leistungsfaktors einen relativ niedrigen Wert

$s \approx 0{,}1 \div 0{,}3$: — Maximalmoment = Kippmoment M_K

Das Produkt korrespondierender Größen erreicht den höchsten Wert

$s = 0$: — $M_i = 0$

Auch auf der Basis des vollständigeren Läufer-Ersatzschaltbildes wird unsere Eingangsbetrachtung bestätigt:
Wegen des fehlenden inneren Momentes kann die Drehfeld- oder synchrone Drehzahl n_d, die dem Schlupf $s = 0$ entspricht, nicht erreicht werden.
Der Motor läuft asynchron.
Welche Drehzahl tatsächlich erreichbar ist, werden wir später beim Vergleich des inneren und des äußeren Momentes erfahren.

6.3.1 Betriebskennlinien beim Schleifringläufer

Der an die Schleifringe anschließbare äußere Widerstand R_a beeinflußt den Gesamtwiderstand des Läuferkreises in dem Sinne, daß der

Betrag steigt und das ohmsche Element an Gewicht gewinnt.

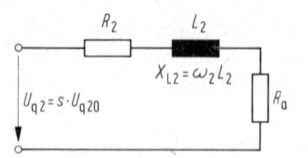

Bild 6.3.1–1 Läuferkreis je Strang mit äußerem Zusatzwiderstand R_a

$$Z_2 = \sqrt{(R_2 + R_a)^2 + (s \cdot \omega_1 \cdot L_1)^2}$$

Der Läuferstrom I_2 sinkt mit zunehmendem äußeren Widerstand R_a.

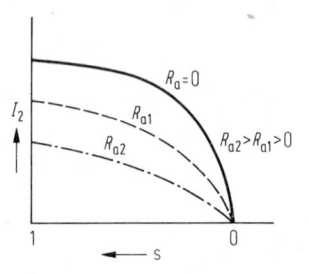

Bild 6.3.1–2 Einfluß des äußeren Widerstandes auf den Verlauf $I_2 = f(s)$

Der Leistungsfaktor $\cos \varphi_2$ nimmt im Bereich $s > 0$ mit zunehmendem äußeren Widerstand R_a höhere Werte an.

Das wirkt sich auf die Kennlinie des inneren Drehmomentes aus. Die Kurven verlaufen mit wachsendem Widerstand R_a immer flacher, wobei die Höhe des Kippmomentes in etwa erhalten bleibt.
Wir nähern uns dem geradlinigen Verlauf, von dem wir ursprünglich im Bild 6.1–1 ausgegangen waren.

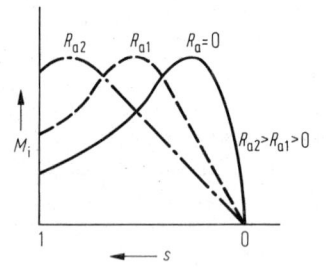

Bild 6.3.1–3 Einfluß des äußeren Widerstandes auf den Verlauf $M_i = f(s)$

6.3.2 Betriebskennlinien beim Kurzschlußläufer

Der in sich fest geschlossene Läuferkreis verbietet natürlich eine nachträgliche äußere Beeinflussung.
Um trotzdem auf den Läuferstrom, den Leistungsfaktor und damit das innere Moment einwirken zu können, versucht man, eine frequenzabhängige „Widerstandssteuerung" einzuführen.
Das gelingt mit dem Stromverdrängungseffekt. Er ist bei Rundstäben im Läufer praktisch Null, wirkt sich aber z.B. bei Rechteckstäben zunehmend mit der Stabhöhe aus.

Stromverdrängungseffekt

6.3 Strom- und Drehmomentverlauf

Eine Erklärung läßt sich finden, wenn wir uns den Hochstab in der Nut aus vier parallelen Einzelleitern aufgebaut denken.

Gehen wir davon aus, daß jeder Einzelleiter von gleichen Teilströmen durchflossen wird, so baut jeder dieser Einzelleiter einen Teilstreufluß auf. Insgesamt ergibt sich, daß der untere Leiter – hier: „1" – mit einem wesentlich größeren Streufeld verkettet ist als der obere hier „4".

Bei Wechselstrom sind wegen des $\frac{\Delta \Phi}{\Delta t}$ unterschiedliche Selbstinduktionsspannungen in den einzelnen Schichten die Folge.

Im Ausgleich bilden sich Wirbelströme, die den Stabstrom zur Nutöffnung am Luftspalt hin verdrängen.

Dieser Effekt ist frequenzabhängig und damit beim Schlupf $s = 1$ am größten.

Man kann die Erscheinung so deuten, daß im Anlauf ($s = 1$) nur der äußere Teil, etwa 1/3 des Gesamtquerschnittes, für den Strom I_2 zur Verfügung steht.

Das ist gleichbedeutend mit einer wesentlichen Erhöhung des wirksamen Widerstandes R_2.

Mit sinkendem Schlupf wächst die nutzbare Querschnittsfläche; der wirksame Widerstand R_2 nähert sich dem vorausberechneten Wert des Stabwiderstandes.

Vom Stromverdrängungseffekt sind nur die Stäbe im Bereich des Eisens, nicht die Kurzschlußringe betroffen.

Bei Stromverdrängungsläufern haben sich einige typische Nut- und Stabformen herausgebildet.

Rechteckstab, bei dem die Höhe h die Breite b wesentlich übersteigt.

Bei dem keilförmigen Querschnitt ist die Widerstandserhöhung beim Anlauf ($s = 1$) wesentlich größer als beim Rechteckstab.

Es ergeben sich zwei getrennte Käfige. Der äußere – hier Rundstab – bildet den sogenannten Anlaufkäfig, da bei $s = 1$ der Läuferstrom praktisch nur diesen Bereich in Anspruch nimmt. Mit zunehmender Läuferdrehzahl und damit sinkendem Schlupf verteilt er sich mehr und mehr auch auf den inneren Käfig – hier Rechteckstab.

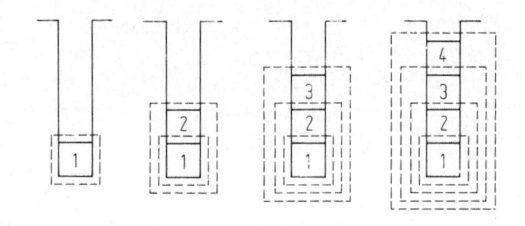

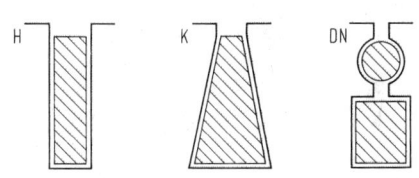

Bild 6.3.2–1 Typische Nut- und Stabformen beim Stromverdrängungsläufer

– Hochstab H

– Keilstab K

– Doppelnut- bzw. Doppelkäfig-Läufer DN

Die zahlreichen Variationsmöglichkeiten hinsichtlich Form und Abmessungen gestatten eine weitgehende Einflußnahme auf den Verlauf der Drehmomentenkennlinie.

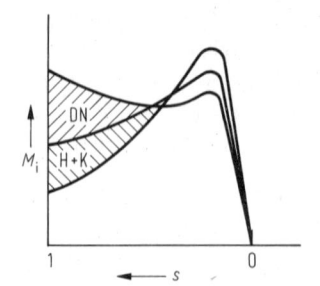

Bild 6.3.2–2
Verlauf $M_i = f(s)$ bei verschiedenen Stabformen

Der Einfluß der verschiedenen Stabformen auf den Verlauf des Läuferstromes $I_2 = f(s)$ ist demgegenüber gering, da sich als Folge der Stromverdrängung nicht nur eine Erhöhung des Wirkwiderstandes, sondern auch eine Verringerung des Blindwiderstandes ergibt.

> Der Verlauf des Stromes I_2 bei veränderlichem Schlupf ist bei allen Kurzschlußläufertypen sehr ähnlich und wird im Prinzip durch Bild 6.3–2 dargestellt.

6.3.3 Inneres/äußeres Moment

Wir haben eine analoge Betrachtung schon einmal bei der Gleichstrommaschine angestellt. Dort war das innere Moment eine Reaktion auf Anforderungen aus dem Verlust- und dem äußeren Lastmoment. Die Stromaufnahme des Ankers richtete sich nach diesen Gegebenheiten.

Beim Asynchronmotor lernten wir einen Läuferstrom kennen, der sich frei – allein nach den Bedingungen des in sich geschlossenen Läuferkreises bildet. Damit ergibt sich auch „frei" der in den typischen Kurven beschriebene Kurvenverlauf für das innere Drehmoment. Die Werte werden durchlaufen, sobald mit dem Anschließen des Ständers an das Netz das Drehfeld aufgebaut ist und der Läufer sich vom Stillstand ($s = 1$) in Richtung asynchrone Drehzahl bewegt.

Diese asynchrone Drehzahl, d.h. der Gleichgewichtszustand, richtet sich nun nach den Bedingungen des Verlustmomentes (spez. Reibungsmoment) und des äußeren Lastmomentes.

Bei Nennlast ergibt sich ein weiterer kennzeichnender Punkt auf der Drehmomentenkurve, das Nennmoment M_N. Zugeordnet sind der Nennschlupf s_N und die Nenndrehzahl n_N.

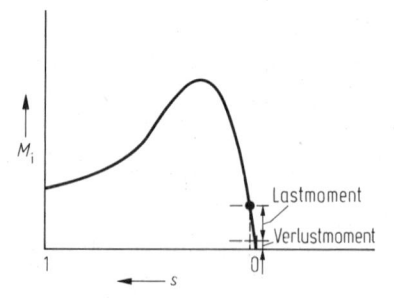

Bild 6.3.3–1 Betriebspunkt unter Einfluß des Verlust- und des äußeren Lastmoments

– Nennmoment M_N
– Nennschlupf s_N
– Nenndrehzahl n_N

6.3 Strom- und Drehmomentverlauf

Entscheidend ist der Verlauf des Lastmomentes im gesamten Drehzahlbereich.

Nur wenn das innere Drehmoment größer als das Lastmoment ist, kann die Differenz zur Beschleunigung genutzt und damit der Läufer auf Drehzahl gebracht werden.

Bild 6.3.3–2 zeigt Beispiele für den Verlauf der Lastmomentkurven in Relation zum Verlauf des inneren Drehmomentes.

Bei (a) und (b) läuft der Motor ohne weiteres bis zu der durch den Schnittpunkt beider Kurven gekennzeichneten Betriebsdrehzahl hoch.

Bei (c) ist kein Anlauf möglich, da das Drehzahl Null geforderte Moment das zur Verfügung stehende Anlaufmoment M_A übersteigt. Dabei hilft nichts, daß im Bereich höherer Drehzahlen ein Drehmomentüberschuß auftreten würde; dieser Drehzahlbereich ist ja ohne weiteres nicht erreichbar.

Bei (d) ist eine durchhängende Kennlinie für das innere Moment dargestellt, wie sie sich bei gewissen Auslegungen ergeben kann. Bei der Darstellung würde es zwar zu einigen Umdrehungen kommen. Der sehr frühe Schnittpunkt beider Kurven ergibt aber keinen brauchbaren Betriebspunkt.

Aus der Darstellung lernen wir einen weiteren kennzeichnenden Punkt der Drehmomentenkurve kennen, der aber nicht in allen Fällen vorhanden ist, das Sattel- oder Hochlaufmoment M_S.

Es existiert nur, wenn auf dem Wege vom Anlauf- zum Kippmoment der Wert des Anlaufmomentes unterschritten wird.

Anlaufprobleme kann man umgehen, indem man den Asynchronmotor zunächst leer hochfährt und erst nach Erreichen der asynchronen Leerlaufdrehzahl mit Last beaufschlagt.

Als Beispiel wählen wir einen Asynchronmotor, der mit einem Gleichstromgenerator gekoppelt ist. Der Schalter zum Lastwiderstand wird erst geschlossen, nachdem der Motor seine Leerlaufdrehzahl erreicht hat.

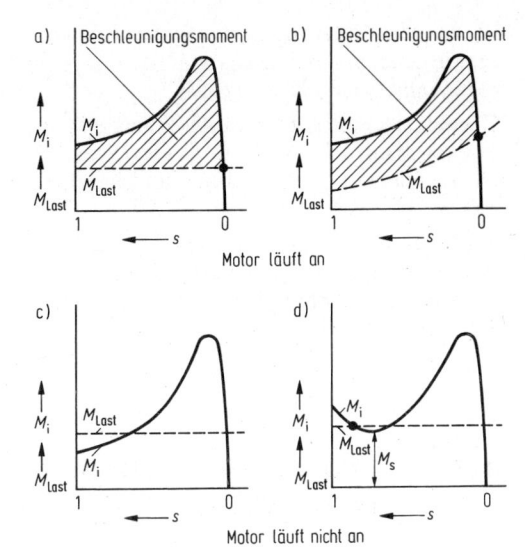

Bild 6.3.3–2 Beispiele für verschiedene Lastmomentkurven im Vergleich zum inneren Drehmoment

– Sattel- oder Hochlaufmoment M_S

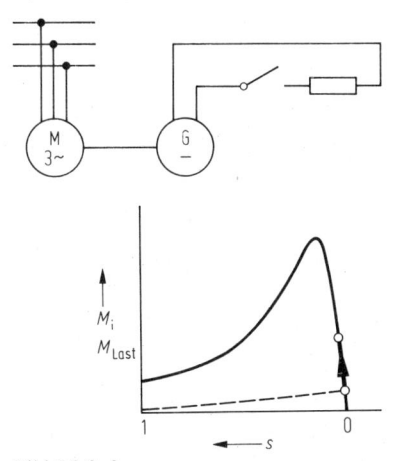

Bild 6.3.3–3
Leeranlauf mit nachträglicher Lastzuschaltung

Drehen wir die Darstellung um 90°, so kommen wir zu der von der Gleichstrommaschine her bekannten Kennlinie $n = f(M)$.

Es wird deutlich, daß der Asynchronmotor im interessierenden Bereich eine schwach geneigte Kurve aufweist, also Nebenschlußcharakter hat.

In dieser Darstellung prägt sich auch markant aus, warum das von der Leerlaufdrehzahl aus maximal erreichbare Moment die Bezeichnung „Kippmoment" führt.

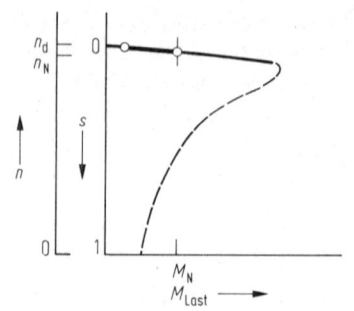

Bild 6.3.3–4   Nebenschlußkennlinie $n = f(M)$ des Asynchronmotors

6.4 Zusätzliche Maßnahmen zur Verringerung des Anlaufstromes

Der Anlaufstrom beim Schlupf $s = 1$ ist – unabhängig von der angekuppelten Last – nur von der wirksamen Spannung und den Widerständen der Maschine abhängig.

Bild 6.3–2 kennzeichnete den Verlauf des Läuferstromes. Unter Berücksichtigung der Transformatorgesetze gilt eine entsprechende Darstellung für den Ständerstrom.

Wir merken uns als Richtwert:

$$I_{Anl.} \approx (4 \div 8)\, I_N$$

Das kann sich bisweilen störend auf das Netz auswirken und zusätzliche Maßnahmen zur Verringerung dieses Anlaufstromes notwendig machen.

Grundsätzlich gibt es zwei Wege:

– Vergrößerung des Läuferwiderstandes
– Verringerung der Ständerspannung

6.4.1 Vergrößerung des Läuferwiderstandes

Schon im Abschnitt 6.3.1 haben wir allgemein beim Schleifringläufer über die Konsequenzen eines äußeren Zusatzwiderstandes auf die Betriebskennlinien diskutiert.

Hier geht es im Rahmen eines Anlaßvorganges um die stufenweise Abschaltung solcher Zusatzwiderstände bis zum Kurzschluß. Häufig haben Maschinen für diese letzte Schaltstellung eine besondere Kurzschlußeinrichtung an den Schleifringen, die gleichzeitig ein Abheben der Bürsten zu deren Schonung ermöglicht.

6.4 Zusätzliche Maßnahmen zur Verringerung des Anlaufstromes

In Gleichung (6.3–1) hatten wir den Läuferkreis so gedeutet, als ob dort ein schlupfabhängiger Widerstand R_2 vorhanden wäre:

$$\frac{R_2}{s}$$

Bei Einführung eines äußeren Zusatzwiderstandes führt eine analoge Betrachtung zu dem allgemeinen Ausdruck:

$$\frac{R_2 + R_a}{s}$$

Beziehen wir auf einen bestimmten Schlupf, z.B. den Kippschlupf beim Kippmoment, so führt die Gleichsetzung der beiden Ausdrücke auf korrespondierende Werte:
– den Kippschlupf bei Betrieb ohne äußeren Zusatzwiderstand: s_k
– den Kippschlupf bei Betrieb mit äußerem Zusatzwiderstand: s'_k

$$\frac{R_2}{s_k} = \frac{R_2 + R_a}{s'_k}$$

Strebt man neben der Verringerung des Anlaufstromes das größtmögliche Anlaufmoment an, so erfolgt die Dimensionierung der ersten Stufe des Anlassers $R_{a\,max}$ entsprechend

$$M_A = M_K$$

$$s'_k = 1$$

und wir errechnen:

$$\boxed{R_{a\,max} = R_2 \left(\frac{1}{s_k} - 1\right)} \qquad (6.4.1\text{–}1)$$

Nach dem Anlauf sinken Strom und Drehmoment mit zunehmender Drehzahl ab. In grober Annäherung erfolgt dies linear.

Die Anlaßwiderstände werden stufenweise so verringert, daß der Strom zwischen den Grenzwerten

– Anlaßspitzenstrom I_{Sp} und
– Schaltstrom I_{Sch}

pendelt.

Das Ergebnis sind sägezahnartige Anfahrkennlinien – ähnlich denen, die wir schon im Bild 3.10.4–1 für den fremderregten Gleichstrommotor kennengelernt haben.

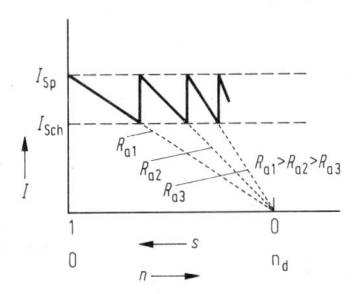

Bild 6.4.1–1 Angenäherter Verlauf der Anfahrkennlinien bei einem Asynchronmotor mit Läuferanlasser

Beispiel 6.4.1–1

Ein Drehstrom-Asynchronmotor mit Schleifringläufer hat einen Läuferwiderstand je Strang von $R_2 = 0{,}5\,\Omega$.
Bei kurzgeschlossenen Schleifringen entwickelt er das größte Drehmoment bei einem Kippschlupf $s_k = 0{,}1$.
Bei Schweranlauf soll er mit dem Kippmoment als Anzugsmoment anlaufen.
Wie groß muß die erste Stufe des Läuferanlassers je Strang gewählt werden?

Lösung:

$M_A = M_K$ bedingt $s'_k = 1$ und damit:

$$R_{a1} = R_{a\,max} = R_2 \left(\frac{1}{s'_k} - 1\right)$$

$$= 0{,}5\,\Omega \left(\frac{1}{0{,}1} - 1\right) = \mathbf{4{,}5\,\Omega}.$$

Übung 6.4.1–1

Bei Schweranlauf strebt man einen Anlaßspitzenstrom $I_{Sp} = 2{,}5 \cdot I_N$ an.
Geben Sie mit Begründung an, welchen Schaltstrom Sie für wahrscheinlich halten:

a) $I_{Sch_1} = 1{,}5\,I_N$;
b) $I_{Sch_2} = 1{,}0\,I_N$ oder
c) $I_{Sch_3} = 0{,}4\,I_N$?

Lösung:

6.4.2 Verringerung der Ständerspannung

Es ergeben sich unmittelbar zwei Konsequenzen bei Herabsetzung der Ständerspannung vom Wert U_1 auf den Wert U'_1:
– erwünscht:

– unerwünscht, aber als zwangsläufige Folge:

$$\boxed{\begin{aligned} I'_A &= I_A \frac{U'_1}{U_1} \\ M'_A &= M_A \left(\frac{U'_1}{U_1}\right)^2 \end{aligned}} \qquad (6.4.2\text{–}1)$$

Die Erklärung findet sich einfach in der Proportionalität von Ständerspannung U_1; Drehfeldfluß Φ_d; Läuferstillstandsspannung U_{20} und Läuferstrom I_2.
Wir lernen die praktischen Verfahren an zwei typischen Schaltungen kennen:

$$\frac{U'_1}{U_1} \sim \frac{\Phi'_d}{\Phi_d} \sim \frac{U'_{20}}{U_{20}} \sim \frac{I'_2}{I_2}$$

$$\frac{M'_A}{M_A} \sim \frac{\Phi'_d}{\Phi_d} \cdot \frac{I'_2}{I_2}$$

6.4.2.1 Stern-Dreieck-Anlauf

Die grundsätzlich für Dreieckschaltung im Dauerbetrieb vorgesehene Ständerwicklung wird zunächst in Sternschaltung an die Netzspannung gelegt.

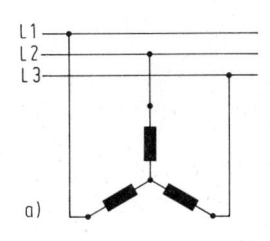

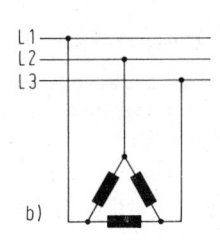

6.4 Zusätzliche Maßnahmen zur Verringerung des Anlaufstromes

An jedem Strang liegt zunächst:

$$U_{Str} = \frac{U_L}{\sqrt{3}}$$

und schließlich:

$$U_{Str} = U_L$$

In Auswertung der Gleichungen (6.4.2–1) ergibt sich:

$$I_{A\,Str.\,\lambda} = \frac{1}{\sqrt{3}} I_{A\,Str.\,\triangle}$$

$$M_{A\,\lambda} = \frac{1}{3} M_{A\,\triangle} \qquad (6.4.2.1\text{–}1)$$

$$I_{AL\,\lambda} = \frac{1}{3} I_{AL\,\triangle}$$

Für das Netz sind die Leiterströme wesentlich. Unter Beachtung der Stromaufteilung bei der Dreieckschaltung ergibt sich hier die gleiche Reduktion wie für das Drehmoment.

Den Verlauf von Strom und Drehmoment im gesamten Drehzahlbereich
$0 \leqq n \leqq n_d$
bzw. Schlupfbereich
$1 \geqq s \geqq 0$
für Stern- bzw. Dreieckschaltung der Ständerwicklung kennzeichnet Bild 6.4.2.1–1.

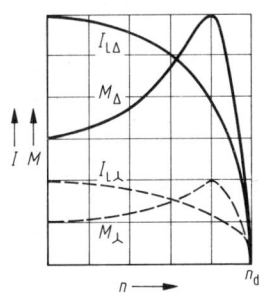

Bild 6.4.2.1–1 Strom- und Drehmomentenkennlinien bei Stern- bzw. Dreieckschaltung am Netz konstanter Spannung

Die vorzugsweise im Niederspannungsbereich bei Maschinen mit Kurzschlußläufern angewendete Stern-/Dreieck-Anlaufschaltung setzt wegen der starken Momentenminderung bei Sternschaltung leichte Anlaufbedingungen voraus.
Der Motor läuft zunächst bis zum Schnittpunkt der Lastmomentenkennlinie mit der M_λ-Kurve hoch und springt mit der Umschaltung auf die $M_\triangle$-Kurve über. Der Schnittpunkt der Lastmomentenkennlinie mit dieser $M_\triangle$-Kurve stellt dann den endgültigen Betriebspunkt dar.

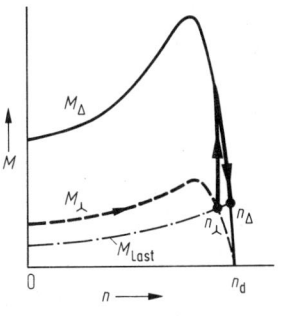

Bild 6.4.2.1–2 Stern-/Dreieck-Anlauf bei gegebener Lastmomentenkennlinie

Übung 6.4.2.1–1

Markieren Sie – passend zum Bild 6.4.2.1–2 – den Stromverlauf während des Stern-/Dreieck-Anlaufs.

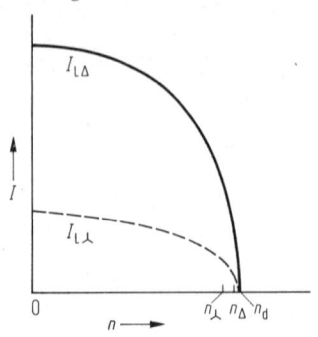

Lösung:

Übung 6.4.2.1–2

Ein Drehstrom-Asynchronmotor nimmt in Dreieckschaltung der Ständerwicklung bei direkter Einschaltung am 220 V-Netz einen Anlaufstrom von $I_A = 15$ A aus dem Netz auf. Die Maschine ist mit einem Kurzschlußläufer ausgerüstet.

Wie groß ist der Anlaufstrom, wenn man

a) den Motor in Sternschaltung am 220 V-Netz zuschaltet?
b) den Motor in Dreieckschaltung am 380 V-Netz – falls dies zulässig ist – zuschaltet?
c) den Motor in Sternschaltung am 380 V-Netz zuschaltet?

Lösung:

6.4.2.2 Anlauf mit Anlaßtransformator

Während bei der Stern-/Dreieckschaltung nur zwei Spannungsstufen im Verhältnis $1 : \dfrac{1}{\sqrt{3}}$ möglich sind, erlaubt der Anlaßtransformator eine größere Freizügigkeit und damit eine weitere Herabsetzung des Anlaufstromes (und des Anlaufmomentes).

Verwendet wird meist ein Transformator in Sparschaltung. Für den Ausgangsstrom und das Drehmoment gelten mit Bezug auf das Verhältnis Ausgangsspannung zu Eingangsspannung die Gesetze gemäß Gleichung (6.4.2–1).

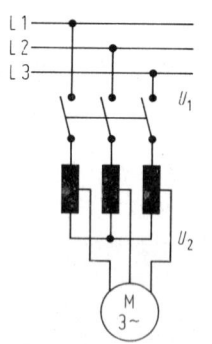

Bild 6.4.2.2–1
Anlaufschaltung mit Anlaßtransformator

Für den Eingangsstrom und damit den Netzstrom geht das Übersetzungsverhältnis des Transformators ein.

Damit gilt bei:

$$I_{Mot} = I_{2\,Trafo}; \qquad I_{Netz} = I_{1\,Trafo}$$

für den Anlaufstrom des Motors unter Einfluß des Trafos:

für den dabei – unter Einfluß des Trafos – auftretenden Netzstrom:

für das sich dabei – unter Einfluß des Trafos – ergebende Anlaufmoment des Motors:

$$\boxed{\begin{aligned} I'_{\text{A Mot}} &= I_{\text{A Mot}} \frac{U_2}{U_1} \\ I'_{\text{A Netz}} &= I_{\text{A Mot}} \left(\frac{U_2}{U_1}\right)^2 \\ M'_{\text{A}} &= M_{\text{A}} \left(\frac{U_2}{U_1}\right)^2 \end{aligned}}$$
(6.4.2.2–1)

Bezugsgrößen sind jeweils der Anlaufstrom $I_{\text{A Mot}}$ bzw. das Anlaufmoment M_{A} bei direkter Zuschaltung.

Beispiel 6.4.2.2–1

Ein Drehstrom-Asynchronmotor mit Kurzschlußläufer entwickelt bei direkter Zuschaltung an das Netz mit der Leiterspannung $U_1 = 380$ V folgende Werte:

$I_{\text{A}} = 4 \cdot I_{\text{N}}$; $M_{\text{A}} = 1{,}8\, M_{\text{N}}$.

Der Anlauf erfolgt jetzt über einen als ideal zu betrachtenden Anlaßtransformator in Sparschaltung gem. Bild 6.4.2.2–1, bei dem sich der Abgriff genau in der Mitte der gesamten Strangwindungszahl befindet.

Bestimmen Sie:
a) die wirksame Sekundärspannung U_2,
b) den relativen Anlaufstrom auf der Motorseite $I'_{\text{A Mot}}$,
c) den relativen Anlaufstrom auf der Netzseite $I'_{\text{A Netz}}$ und
d) das relative Anlaufmoment M'_{A}.

Lösung:

a) Für Primär- und Sekundärseite des Anlaßtransformators ist die Sternschaltung maßgebend.

$$U_2 = \frac{N_2}{N_1} U_1 = \frac{1}{2} \cdot 380\,\text{V} = \mathbf{190\,V}$$

b) $I'_{\text{A Mot}} = I_{\text{A Mot}} \dfrac{U_2}{U_1} = 4 \cdot I_{\text{N}} \dfrac{190\,\text{V}}{380\,\text{V}}$

$= \mathbf{2 \cdot I_{\text{N}}}$

c) $I'_{\text{A Netz}} = I_{\text{A Mot}} \left(\dfrac{U_2}{U_1}\right)^2$

$= 4 \cdot I_{\text{N}} \left(\dfrac{190\,\text{V}}{380\,\text{V}}\right)^2 = \mathbf{1 \cdot I_{\text{N}}}$

d) $M'_{\text{A}} = M_{\text{A}} \left(\dfrac{U_2}{U_1}\right)^2 = 1{,}8\, M_{\text{N}} \left(\dfrac{190\,\text{V}}{380\,\text{V}}\right)^2$

$= \mathbf{0{,}45\, M_{\text{N}}}$

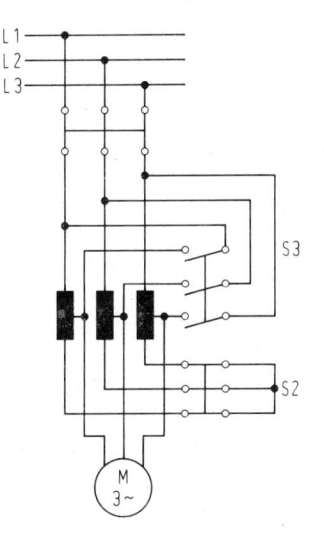

Übung 6.4.2.2–1

Wenn wir uns den Anlaßtransformator nicht als Stell-, sondern als Stufentransformator vorstellen, könnten wir die Umschaltung von der halben auf die volle Netzspannung nach zwei Schaltverfahren vornehmen.

a) Ohne Betätigung des Schalters $S2$ wird der Schalter $S3$ geschlossen und so bei Überbrückung einer Teilwicklung die unmittelbare Verbindung des Motors mit dem Netz hergestellt;

b) Zunächst wird mit dem Öffnen des Schalters $S2$ die Sternpunktverbindung gelöst und dann der Schalter $S3$ geschlossen.

Diskutieren Sie die unterschiedlichen Konsequenzen.

6.5 Wirkungsgrad, Verluste

Bei den bisherigen Betrachtungen stand als eigentliche Wirkgröße das Drehmoment im Mittelpunkt. Für die Auslegung und Kennzeichnung aber ist – wie bei jeder anderen elektrischen Maschine – die Leistung maßgebend.

Wir erinnern uns aus dem Abschnitt 1.3.2 an die Zusammenhänge:

$$M_N = 9550 \frac{P_N}{n_N} \qquad \begin{aligned}[M_N] &= \text{Nm} \\ [P_N] &= \text{kW} \\ [n_N] &= \text{min}^{-1}\end{aligned}$$

Die Nennleistung als abgegebene mechanische Leistung ist über die Verluste mit der aufgenommenen elektrischen Leistung verknüpft.

Der Quotient kennzeichnet den Wirkungsgrad:

$$\eta = \frac{P_{ab}}{P_{zu}} = \frac{P_2}{P_1}$$

6.5.1 Wirkleistungsflußbild

Die Zuordnung der Verluste auf Ständer und Läufer und wichtige Zusammenhänge, die sich in Zusammenhang mit dem Schlupf ergeben, lassen sich besonders eindrucksvoll am Leistungsflußbild verdeutlichen.

Die dem Ständer zugeführte elektrische Wirkleistung muß zunächst die Eisenverluste decken, die wegen der dort maßgebenden Netzfrequenz praktisch nur im Ständer auftreten. Weitere Anteile gelten den Ständer-Kupferverlusten – das sind die Verluste in der Ständerwicklung – und den Zusatzverlusten, einem Begriff, den wir schon von der Gleichstrommaschine her kennen.

Der verbleibende Betrag stellt die Drehfeldleistung P_d dar. Sie wird auch als „Luftspaltleistung" bezeichnet, da sie induktiv über den Luftspalt auf den Läufer übertragen wird.

Im Bereich des Läufers müssen im wesentlichen noch die Läufer-Kupferverluste und die Reibungsverluste gedeckt werden, ehe man zu der an der Kupplung abgegebenen mechanischen Leistung kommt, die beispielsweise der Nennleistung entsprechen kann.

Wir präzisieren:

Aufgenommene elektrische Leistung:

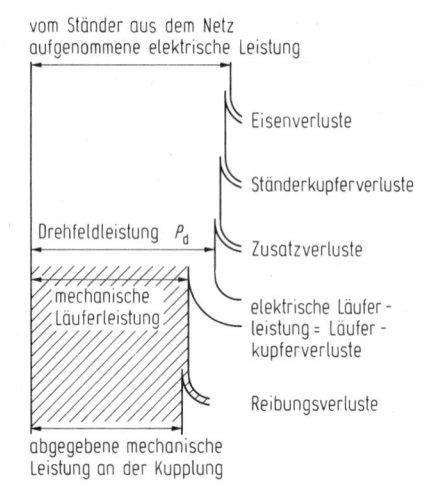

Bild 6.5.1 Wirkleistungsflußbild bei einem Asynchronmotor mit bestimmtem Schlupf

$$\boxed{\begin{aligned}P_1 &= 3 U_{Str} \cdot I_{Str} \cdot \cos\varphi_1 \\ &= \sqrt{3}\, U_L \cdot I_L \cdot \cos\varphi_1\end{aligned}} \qquad (6.5.1\text{--}1)$$

Die Berechnung der Eisenverluste setzt wieder die genaue Kenntnis des magnetischen Kreises voraus.

Für die Bestimmung der Ständerkupferverluste gilt:

$$P_{vcu1} = 3 I_{Str}^2 \cdot R_{Str1} \qquad (6.5.1-2)$$

Die Zusatzverluste werden wieder mit einem Richtwert berücksichtigt:

$P_{vzus} = 0{,}5\%$ der bei Vollast umgesetzten elektrischen Leistung

$$(6.5.1-3)$$

Damit folgt für die Drehfeldleistung:

$$P_d = P_1 - (P_{vfe} + P_{vcu1} + P_{vzus}) \qquad (6.5.1-4)$$

Die Aufteilung der Drehfeldleistung auf die mechanische und die elektrische Läuferleistung hängt ganz von den Drehzahl- bzw. Schlupfwerten ab.

Betrachten wir die Extremfälle:

- Stillstand bzw. Augenblick kurz vor dem Anfahren:
  Die Kupplung kann keine mechanische Leistung abgeben; die Energieaufnahme aus dem Netz ist nur das Ergebnis einer elektrischen Leistung im Läufer.

  $s = 1$

- Der Läufer dreht sich im theoretischen Fall mit Drehfelddrehzahl n_d. Wegen $U_2 = 0$ entfällt jede elektrische Läuferleistung. Die Energieaufnahme aus dem Netz kann nur das Ergebnis einer mechanischen Läuferleistung sein.

  $s = 0$

Allgemein läßt sich ermitteln:
- Elektrische Läuferleistung
- Mechanische Läuferleistung

$$P_{2el} = s \cdot P_d$$
$$P_{2mech} = (1 - s) P_d \qquad (6.5.1-5)$$

Die elektrische Läuferleistung ist identisch mit den Läuferkupferverlusten:

$$P_{vcu2} = s \cdot P_d \qquad (6.5.1-6)$$

Einzubeziehen sind dabei gegebenenfalls die Verluste an äußeren Zusatzwiderständen, die an Schleifringe angeschlossen sind.

Die verbleibende mechanische Läuferleistung P_{2mech} muß dann noch die aus Luft- und Lagerreibung sich ergebenden Reibungsverluste decken, ehe sie als mechanische Leistung an der Kupplung zur Verfügung steht:

$$P_2 = P_{2mech} - P_{vrbg} \qquad (6.5.1-7)$$

Das Wirkleistungsflußbild ist in dieser Betrachtungsrichtung besonders anschaulich. Im praktischen Betrieb steht natürlich die Leistungsanforderung an der Kupplung an der ersten Stelle; alle anderen Werte sind Ergebnisgrößen.

Die Aufteilung der Drehfeldleistung in die elektrische und mechanische Läuferleistung wird uns später noch bei der Betrachtung der gezielten Beeinflussung der Drehzahl und damit des Schlupfes beschäftigen.

Hier sei noch einmal auf die besondere Bedeutung der Drehfeldleistung beim Anlauf ($s = 1$) hingewiesen. Sie muß in diesem Betriebspunkt als elektrische Läuferleistung restlos in Wärme umgewandelt werden und ist damit bestimmend für das Anlaufmoment.

Wir merken uns:

> Ohne elektrische Läuferverluste ist keine Drehmomentbildung möglich; diese Verluste steigen mit der Höhe des gewünschten Schlupfes.

Beispiel 6.5.1–1

Ein vierpoliger Drehstrom-Asynchronmotor erreicht am 50 Hz-Netz im Nennbetrieb eine Drehzahl $n_N = 1450 \text{ min}^{-1}$. Die Nennleistung beträgt dabei $P_{2N} = 80 \text{ kW}$, der Wirkungsgrad $\eta = 89\%$. Die Reibungsverluste sind mit $P_{\text{vrbg}} = 1{,}2 \text{ kW}$ bekannt.

Bestimmen Sie:
a) die Drehfeldleistung P_d,
b) die Läuferkupferverluste P_{vcu2} und
c) die Summe aller Verluste im Ständer ΣP_{vstdr}

Lösung:

a) $P_d = \dfrac{P_{2\text{mech}}}{1-s} = \dfrac{P_2 + P_{\text{vrbg}}}{1-s}$

$s = \dfrac{n_d - n}{n_d} = 1 - \dfrac{n}{n_d}; \quad 1 - s = \dfrac{n}{n_d}$

$n_d = \dfrac{60 \cdot f}{p} = \dfrac{60 \text{ s} \cdot \text{min}^{-1} \cdot 50 \text{ s}^{-1}}{2}$

$= 1500 \text{ min}^{-1}$

$P_d = \dfrac{(80 + 1{,}2) \text{ kW}}{\dfrac{1450 \text{ min}^{-1}}{1500 \text{ min}^{-1}}} = \mathbf{84\,kW}$

b) $P_{\text{vcu2}} = P_d \cdot s$

$= 84 \text{ kW} \left(1 - \dfrac{1450 \text{ min}^{-1}}{1500 \text{ min}^{-1}}\right)$

$= \mathbf{2{,}8\,kW}$

c) $P_{\text{vstdr}} = P_1 - P_d = \dfrac{P_2}{\eta} - P_d$

$= \dfrac{80 \text{ kW}}{0{,}89} - 84 \text{ kW} = \mathbf{5{,}89\,kW}$

Übung 6.5.1–1

Ein Drehstrom-Asynchronmotor am 500 V-Ds-Netz nimmt bei einem Leistungsfaktor von $\cos\varphi = 0{,}88$ eine Leistung von 110 kW auf. Bekannt sind die gesamten Ständerverluste mit 6,0 kW und die Reibungsverluste mit 1,0 kW. Drehzahl der sechspoligen Maschine am 50 Hz-Netz $n = 970\,\text{min}^{-1}$.

Bestimmen Sie:
a) Die Drehfeldleistung P_d,
b) die Läuferkupferverluste P_{vcu2},
c) die abgegebene Leistung P_2 und den Wirkungsgrad η und
d) die Stromaufnahme I.

Lösung:

Übung 6.5.1–2

Ein achtpoliger Drehstrom-Asynchronmotor am 50 Hz-Netz ist mit einem Schleifringläufer ausgerüstet. Er soll in erster Näherung als verlustlos betrachtet werden. Während an der Kupplung eine Leistung von 100 kW abgegeben wird, werden gleichzeitig in den an die Schleifringe angeschlossenen Widerständen 12 kW in Wärme umgewandelt.

Welche Drehzahl stellt sich ein?

Die Näherungslösung ist wie folgt deutbar:

$P_1 = P_d$; $P_{2\,\text{Kupplg.}} = P_{2\,\text{mech}}$;
$P_{2\,\text{Schl.R.Wdstde}} = P_{2\,\text{elektrisch}}$

Lösung:

6.6 Ersatzschaltung

Vom Transformator her kennen wir den Vorteil, den ein Ersatzschaltbild bei der Deutung physikalischer Zusammenhänge bietet. Die verwandtschaftlichen Beziehungen der Asynchronmaschine mit dem Transformator wurden bei der bisherigen Betrachtung mehrfach deutlich.

Insofern können wir eine weitgehende Analogie erwarten.

Wie beim Drehstrom-Transformator stellen wir das Ersatzschaltbild des Drehstrom-Asynchronmotors nur für einen Strang dar.

Der Drehfluß Φ_d ist mit dem Wechselfluß des Transformators vergleichbar.

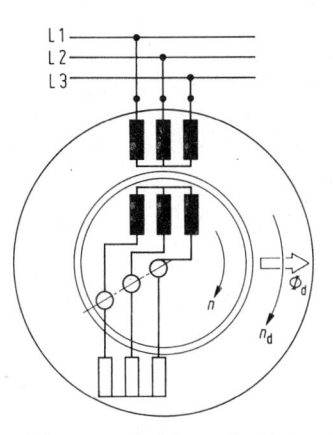

Bild 6.6–1 Herleitung des Ersatzschaltbildes für den Drehstrom-Asynchronmotor

Er induziert
- in der Ständerwicklung als Selbstinduktionsspannung, U_{q1}
- in der Läuferwicklung die schlupfabhängige Spannung. $U_{q2} = s \cdot U_{q20}$

Im Sonderfall $s = 0$, d.h. bei der theoretischen Drehzahl des Läufers $n = n_d$ entfällt praktisch die Sekundärwicklung, und wir erhalten das nebenstehend skizzierte Ersatzschaltbild:

Es entspricht dem Transformatorbild bei Leerlauf:

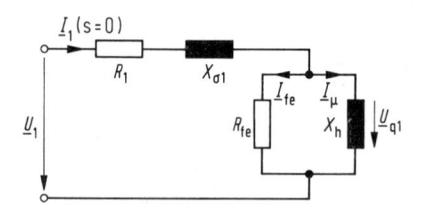

Bild 6.6–2 Ersatzschaltbild für den Asynchronmotor beim Schlupf $s = 0$, identisch mit dem Ersatzschaltbild für den Ständer

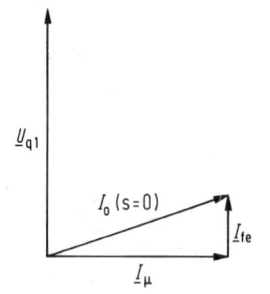

Der Ständer entnimmt dem Netz den „Leerlauf"-Strom $\underline{I}_0$, der sich geometrisch aus dem Strom zur Deckung der Eisenverluste $\underline{I}_{fe}$ und dem Magnetisierungsstrom $\underline{I}_\mu$ zusammensetzt.

Die Ersatzschaltung für den Läuferkreis haben wir schon im Bild 6.3–1 kennengelernt. Dabei kommt der Umrechnung auf konstante Eingangsspannung $\underline{U}_{q20}$ besondere Bedeutung zu.

$$\frac{U_{q1}}{U_{q20}} = \frac{N_1}{N_2} = ü$$

Bei Umrechnung auf $ü = 1$ ergeben sich analog Abschnitt 4.1.3 wieder die bezogenen Größen:

$$U'_{q20} = U_{q20} \cdot ü = U_{q1}$$

$$I'_2 = I_2 \cdot \frac{1}{ü}$$

$$R'_2 = R_2 \cdot ü^2; \qquad X'_{\sigma_2} = X_{\sigma_2} ü^2$$

Wir können in der Ersatzbild-Darstellung wieder eine galvanische Verbindung zwischen Primär- und Sekundärkreis, d.h. in diesem Falle zwischen Ständer und Läuferkreis, herstellen und erhalten:

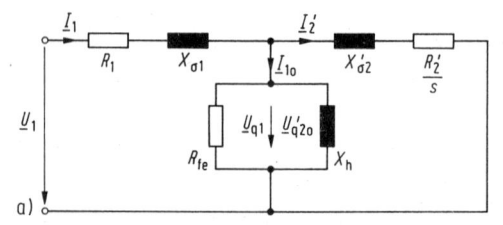

Bild 6.6–3 Vollständiges Ersatzschaltbild eines Asynchronmotors
a) Normale Darstellung,

6.6 Ersatzschaltung

Die Übereinstimmung mit dem Ersatzschaltbild des Transformators wird noch weiter verdeutlicht, wenn wir umrechnen:

und damit formal eine Aufspaltung des Wirkwiderstandes im Läuferkreis vornehmen:

Die so erhaltene Darstellung b) stimmt genau mit dem Ersatzschaltbild eines Transformators überein, der mit dem Widerstand $R'_2 \frac{1-s}{s}$ belastet ist.

Im Falle des Asynchronmotors läßt sich dieser Lastwiderstand als elektrische Nachbildung der Leistung an der Welle deuten.

Setzen wir bei dem formalen Lastwiderstand Grenzwerte für den Schlupf ein, so ergibt sich:

$s = 0$,

das ist der schon im Bild 6.6-2 beschriebene Leerlauf-Fall:

$s = 1$,

das ist der Kurzschluß-Fall, bei dem – vgl. Anlauf – nur die inneren Widerstände des elektrischen Kreises wirksam sind.

$$\frac{R'_2}{s} = R'_2 + R'_2 \frac{1-s}{s}$$

b) Darstellung mit besonderem Lastwiderstand

$s = 0$

„R_{Last}" $= \infty$

$s = 1$

„R_{Last}" $= 0$

6.6.1 Leerlauf- und Kurzschlußversuch beim Asynchronmotor

Es drängt sich die Frage auf, ob man – analog zum Transformator – nicht auch beim Asynchronmotor zu einer Aussage über wesentliche Kenngrößen kommt, wenn ein Leerlauf- und ein Kurzschlußversuch durchgeführt wird.

Dies geschieht tatsächlich im Prüffeld.

Erfaßt werden der Ständerstrom I_1, die Ständerspannung U_1 und die aufgenommene Leistung P_1.

Bild 6.6.1-1 kennzeichnet die Einwattmetermethode, bei der die Drehstromleistung sich durch Multiplikation der Anzeige mit dem Faktor „3" ergibt.

„Leerlauf"-Versuch hieße – wie wir wissen – Betrieb mit $s = 0$, d.h. $n = n_d$.

Da dies auf Schwierigkeiten stößt, begnügt man sich mit der mechanischen Leerlauf-Drehzahl, die sich bei fehlender äußerer Last einstellt und die dem Idealwert sehr nahe kommt.

Der Leerlaufversuch wird zunächst bei Nennspannung durchgeführt.

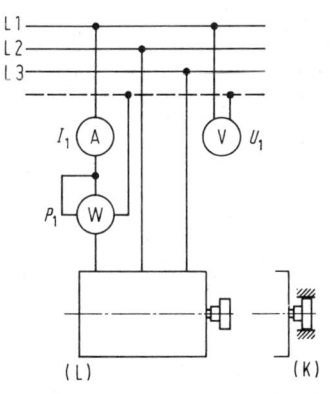

Bild 6.6.1-1 Meßschaltung für den Leerlauf (L)- und den Kurzschluß (K)-Versuch

Bei Vernachlässigung der bei den geringen Strömen kleinen Kupferverluste dient die aufgenommene Leistung P_{10} praktisch nur zur Deckung der Eisen- und Reibungsverluste.

Letztere werden in der Ersatzschaltung gem. Bild 6.6–3 (b) durch den bei geringem Schlupf errechenbaren „Lastwiderstand" dargestellt.

Vermindert man die angelegte Spannung, so ändern sich Leerlaufstrom und zugeführte Leerlaufleistung etwa entsprechend dem dargestellten Kennlinienverlauf.

In einem weiten Spannungsbereich bleiben die Drehzahl und damit die Reibungsverluste praktisch konstant. Die Veränderung der aufgenommenen Leistung resultiert damit nur aus der Veränderung der Eisenverluste.

Könnte man unter gleicher Voraussetzung die Kurve $P_{10} = f(U)$ bis zum Punkt $U = 0$ aufnehmen, würde man hier genau den Wert der Reibungsverluste ermitteln. Die Extrapolation der Kurve wäre eine Ersatzlösung, die aber zu ungenau ist.

Wir erinnern uns der quadratischen Abhängigkeit:

Die Darstellung der Leistung P_{10} über dem Quadrat der Spannung führt angenähert zu einer Geraden, die sich problemlos extrapolieren läßt.

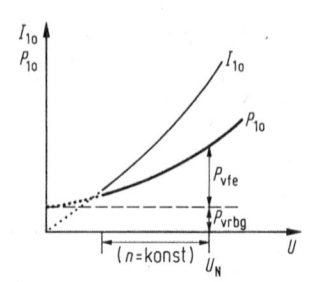

$$\boxed{P_{10} \approx P_{vfe} + P_{vrbg}} \qquad (6.6.1\text{--}1)$$

Bild 6.6.1–2 Auswertung des Leerlaufversuches Kennlinien I_{10}; $P_{10} = f(U)$

$$P_{vfe} \sim U^2$$

Bild 6.6.1–3 Hilfskonstruktion zur Ermittlung der Reibungsverluste als Anteil der Leerverluste

Der Leistungsfaktor bei Leerlauf:

$$\boxed{\cos\varphi_0 = \frac{P_{10(N)}}{\sqrt{3}\,U_N \cdot I_{10}}} \qquad (6.6.1\text{--}2)$$

ermöglicht die Aufteilung in Wirk- und Blindstrom:

$$I_{10w} = I_{10}\cos\varphi_0 \approx I_{fe} + I_{rbg}$$

Wegen der nicht idealen Leerlaufbedingungen enthält der Wirkstrom auch einen Anteil zur Deckung der Reibungsverluste:

$$I_{10b} = I_{10}\sin\varphi_0 \approx I_\mu$$

„Kurzschluß"-Versuch heißt $s = 1$, d.h. $n = 0$. Der Läufer wird durch einen auf das Wellenende aufgesetzten Hebelarm festgehalten, während der Ständer an eine Spannung U_{1k} von Netzfrequenz gelegt wird.

$$U_{1k} < U_N$$

6.6 Ersatzschaltung

Richtwert ist dabei wieder der Nennstrom als vom Netz aufgenommener Strom.
Der bei Nennspannung aufgenommene Kurzschlußstrom $I_{1k(N)}$ wäre gleichzeitig der Anfahrstrom I_A im normalen Betrieb.
Er errechnet sich:

$$I_A = I_{1k(N)} = I_{1k(\text{Vers.})} \frac{U_N}{U_{1k(\text{Vers.})}} \quad (6.6.1-3)$$

Die Phasenlage ermittelt sich aus:

$$\cos\varphi_k = \frac{P_{1k(\text{Vers.})}}{\sqrt{3}\, U_{1k(\text{Vers.})} \cdot I_{1k(\text{Vers.})}} \quad (6.6.1-4)$$

Eine Auswertung der Ergebnisse hinsichtlich der Schaltelemente des Ersatzschaltbildes wäre möglich.
Für die Praxis aber von größerer Bedeutung ist die Auswertung in Form einer Ortskurve, über die wir uns im nächsten Abschnitt informieren werden.

Beispiel 6.6.1-1

Ein Drehstrom-Asynchronmotor für die Nennspannung $U_N = 380$ V wird bei einer Spannung $U_{1k} = 63$ V einem Kurzschlußversuch unterzogen. Unter Versuchsbedingungen werden folgende Werte gemessen:

$I_{1k} = 100$ A; $P_{1k} = 3{,}3$ kW.

Für Nennspannung sind zu bestimmen:

a) der Kurzschlußstrom $I_{1k(N)} = I_A$;
b) die Kurzschlußleistung $P_{1k(N)}$ und
c) der Leistungsfaktor $\cos\varphi_k$.

Lösung:

a) $I_{1k(N)} = I_{1k} \dfrac{U_N}{U_{1k}} = 100\,\text{A}\, \dfrac{380\,\text{V}}{63\,\text{V}} = \mathbf{603\,A}$

b) $P_{1k(N)} = P_{1k} \left(\dfrac{U_N}{U_{1k}}\right)^2$

$\quad = 3{,}3\,\text{kW} \left(\dfrac{380\,\text{V}}{63\,\text{V}}\right)^2 = \mathbf{120\,kW}$

c) $\cos\varphi_k = \dfrac{P_{1k}}{\sqrt{3} \cdot U_{1k} \cdot I_{1k}}$

$\quad = \dfrac{3300\,\text{W}}{\sqrt{3} \cdot 63\,\text{V} \cdot 100\,\text{A}} = \mathbf{0{,}302}$

Übung 6.6.1-1

Bei einem Drehstrom-Asynchronmotor mit der Nennspannung $U_N = 500$ V werden bei einem Leerlaufversuch spannungsabhängig folgende Leerlaufleistungen gemessen:

$U_1\ \ = 200\,\text{V} \quad 300\,\text{V} \quad 400\,\text{V} \quad 500\,\text{V}$
$P_{10} = 2480\,\text{W} \quad 3080\,\text{W} \quad 3920\,\text{W} \quad 5000\,\text{W}$

Im vorgenannten Spannungsbereich ist die Drehzahl konstant.
Bestimmen Sie bei Nennspannung die Eisenverluste und die im gesamten Bereich konstanten Reibungsverluste.

Lösung:

6.7 Zeigerdiagramm/Ortskurve

Nachdem das Ersatzschaltbild des Asynchronmotors (Bild 6.6–3) völlig analog dem des Transformators aufgebaut ist, können wir mit Recht auch ein Zeigerdiagramm für die Ströme und Spannungen erwarten, das dem des Transformators (Bilder 4.1.6–1 und 4.1.6–2) entspricht.

Neu ist der schlupf- und damit drehzahl-abhängige Ersatzwiderstand R_2'/s im Läuferkreis. Damit ergibt sich für jede Belastung ein nach Größe und Phasenlage abweichendes Zeigerdiagramm. Das erschwert den Überblick.

In der Praxis bevorzugt man deshalb anstelle der Zeigerdiagramme die Ortskurve für den Ständer- und Läuferstrom.

Wir erinnern uns:

> Die Ortskurve ist die Verbindungslinie der Endpunkte von Zeigern, die sich bei Veränderung einer charakteristischen Größe der Schaltung (z. B. eines Widerstandes) ergeben.

Sie ist bei gegebenem Maßstab eindeutig bestimmt durch ihre Form und eine Skala mit den zugeordneten Werten der Veränderlichen.

Durch Verbindung des Koordinatenursprungs mit den Skalenpunkten kann man Beträge und Phasenlage der durch die Zeiger gekennzeichneten elektrischen Größe ablesen.

Ein einfaches Beispiel, die Reihenschaltung eines veränderlichen ohmschen Widerstandes mit einer konstanten Induktivität:

Entsprechend dem gewählten Widerstandsmaßstab werden $R_1; R_2; R_3 \ldots$ in der reellen und X_L in der imaginären Achse aufgetragen.

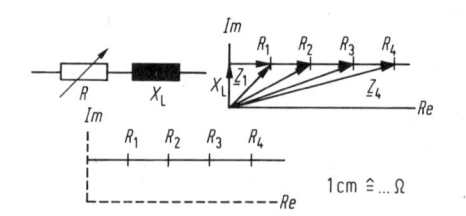

Bild 6.7–1 Ableitung einer Ortskurve $\underline{Z} = f(R)$

6.7.1 Kreisdiagramm als Ortskurve für die Ströme bei veränderlicher Belastung

Wir erinnern uns an die Ersatzschaltung für den Läuferkreis gem. Bild 6.3–1. Bei konstanter Gesamtspannung stehen die veränderlichen Teilspannungen
– am Ohmschen Widerstand R_2/s und
– am induktiven Widerstand $\omega_1 \cdot L_{\sigma 2}$
immer aufeinander senkrecht.

6.7 Zeigerdiagramm/Ortskurve

Nach dem Satz des Thales ist der geometrische Ort für alle rechten Winkel ein Halbkreis.

Die Richtung des Zeigers für den Ohmschen Spannungsabfall U_R bestimmt die Richtung des Stromes I_2, der in diesem Fall um den Winkel φ gegenüber der Spannung nacheilt.

Der Winkel φ tritt noch einmal zwischen der Senkrechten im Punkt „A" und dem Zeiger für den induktiven Spannungsabfall U_L auf.

Wegen $\omega_1 L_{\sigma_2} =$ konst. wird die Länge dieses Zeigers gleichzeitig zum Maß für den Strom I_2.

Zeichnet man eine zusätzliche Senkrechte im Punkt „B", so schneidet diese den verlängerten Stromzeiger im Punkt „C"

$$\tan\varphi = \frac{\omega_1 L_{\sigma_2} \cdot I_2}{R_2/s \cdot I_2} = \frac{\omega_1 L_{\sigma_2}}{R_2/s} = \frac{\overline{AB}}{\overline{BC}}$$

Vergleicht man die Strecke $\overline{AB}$ mit dem konstanten Wert $\omega_1 \cdot L_{\sigma_2}$, so wird die Strecke $\overline{BC}$ zum Maß für den veränderlichen Widerstand $\frac{R_2}{s}$.

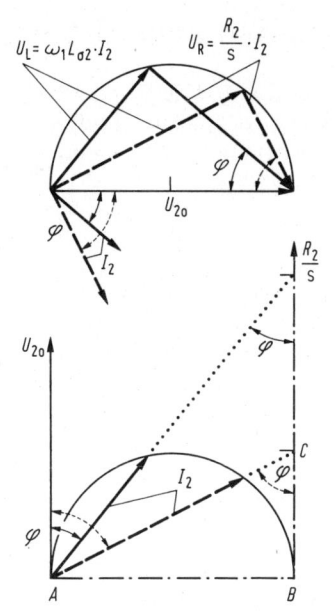

Bild 6.7.1-1
Ableitung der Ortskurve für den Läuferstrom I_2

Die Darstellung gilt bei Umrechnung auf $ü = 1$ selbstverständlich auch für die bezogenen Größen

U'_{20}; I'_2; $\frac{R'_2}{s}$ und $\omega_1 \cdot L'_{\sigma_2}$.

Dann aber können wir analog zum Transformator (Bild 4.1.6.4-1) wieder zu einem vereinfachten Ersatzschaltbild kommen:

In der Zusammenfassung ergibt sich:

Wenn wir den Strom in diesem Ersatzkreis einheitlich mit I'_2 bezeichnen, so gilt für I'_2 unverändert das Kreisdiagramm als Ortskurve.

Berücksichtigen wir die zunächst vernachlässigten Querwiderstände R_{fe} und X_L nachträglich durch Einfügen an einer für das Kreisdiagramm unschädlichen Stelle, so ergibt sich folgende Korrektur für das vereinfachte Ersatzschaltbild:

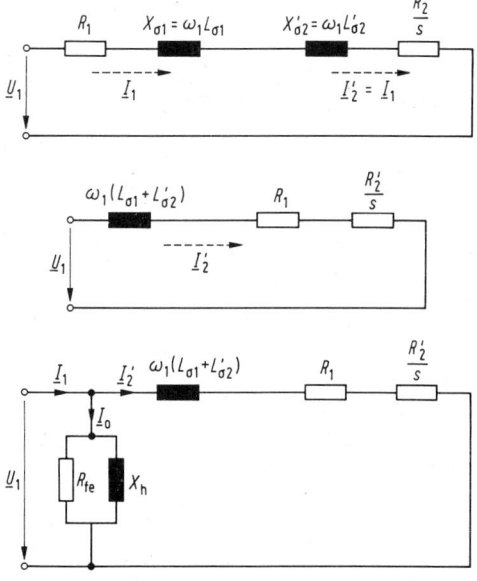

Bild 6.7.1-2
Entwicklung eines vereinfachten Ersatzschaltbildes

Es folgt mit den gewählten Kennzeichnungen:

$$\underline{I}_1 = \underline{I}'_2 + \underline{I}_0 = \underline{I}'_2 + \underline{I}_{fe} + \underline{I}_\mu \qquad (6.7.1-1)$$

Diese Ortskurvendarstellung wurde zunächst von *Heyland* angegeben; deshalb spricht man bevorzugt vom *Heyland-Kreis*.

Heyland-Kreis

Nach dem vereinfachten Ersatzschaltbild ergibt sich die Darstellung des Bildes 6.7.1–3. Einige typische Punkte lassen sich ohne weiteres markieren:
- $s = \infty$ führt auf der Widerstandsgeraden zu dem Abschnitt R_1.
- $s = 1$ führt auf der Widerstandsgeraden zu dem Abschnitt $R_1 + R'_2$.
- $s = 0$ als theoretischer Wert führt auf der Widerstandsgeraden zu einem unendlich fernen Punkt.

Der Schnittpunkt der Verbindungslinien mit dem Kreis markiert hier den Betriebspunkt für den betreffenden Schlupf. Für $s = 0$ ist es der Ursprung des Kreises mit dem Läuferstrom $I'_2 = 0$.

Das Kreisdiagramm gilt nur unter der Voraussetzung, daß die echten Wirk- und Blindwiderstände vom Schlupf und von der Höhe des Stromes unabhängig sind. Das gilt annähernd beim Schleifringläufer. Bei Kurzschlußläufern können sich durch Sättigungs- und Stromverdrängungserscheinungen Abweichungen ergeben.

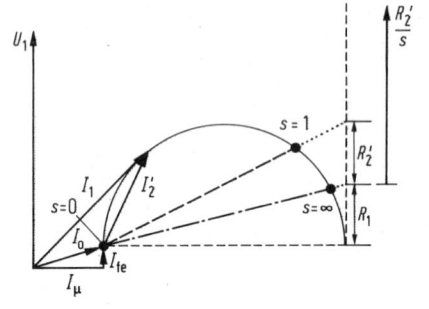

Bild 6.7.1–3
Vereinfachte Darstellung des Heyland-Kreises

6.7.2 Aufstellung des Kreisdiagrammes

Wichtig ist zunächst die Festlegung eines geeigneten Maßstabes.

Beim Ständer- oder Netzstrom ist man bei der Festlegung des Umrechnungsfaktors a_1 völlig frei:

I_1 in A $\qquad$ $\boxed{1 \text{ mm} \triangleq a_1 \, A}$

Beim Läuferstrom ist der Umrechnungsfaktor a_2 schon eine Folgegröße

I_2 in A $\qquad$ $\boxed{1 \text{ mm} \triangleq a_2 \, A}$

$$\text{mit } a_2 = a_1 \frac{U_1}{U_{20}}$$

Für die Darstellung bilden dann die Ergebnisse des Leerlauf- und des Kurzschlußversuches die eigentliche Grundlage. Dort haben wir die

6.7 Zeigerdiagramm/Ortskurve

Ströme I_{10} ($s \approx 0$) und I_{1k} ($s = 1$) nach Größe und Phasenlage ermittelt und gegebenenfalls auf die Verhältnisse bei Nennspannung umgerechnet.

Die Endpunkte der Zeiger $\underline{I}_{10(N)}$ und $\underline{I}_{1k(N)}$ – hier abgekürzt I_{10} und I_{1k} – sind Punkte des Kreises.

Betrachtet man die Leerlaufmessung als ideal, vernachlässigt also den bei dem geringen Schlupf tatsächlich schon fließenden kleinen Läuferstrom, so liegt der Leerlaufpunkt auf der parallel zur Abszisse verlaufenden Durchmesserlinie des Kreises. Der Mittelpunkt findet sich als Schnittpunkt dieser Durchmesserlinie mit der Mittelsenkrechten zur Verbindungslinie zwischen Leerlauf- und Kurzschlußpunkt.

Hilfreich ist die Einführung eines $\cos \varphi$-Kreises mit dem Einheitsdurchmesser 100 mm. Der Abschnitt des (gegebenenfalls verlängerten) Zeigers innerhalb des Einheitskreises in mm entspricht dann dem hundertfachen Wert des $\cos \varphi$.

Die Senkrechten von der Abszisse des Kreisdiagramms, die wir auch als Bezugslinie der Netzleistung bezeichnen können, bis zum Kreis stellen ein Maß für die aufgenommene Wirkleistung dar.

Dazu ist die Einführung eines weiteren abhängigen Maßstabsfaktors notwendig:

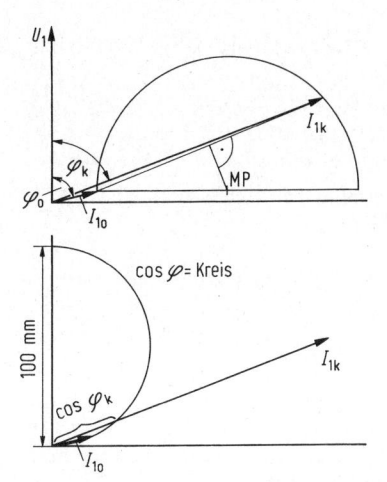

Bild 6.7.2–1 Aufstellung des Kreisdiagramms aus den Ergebnissen von Leerlauf- und Kurzschlußversuch

P in W $\quad$ $\boxed{1 \text{ mm} \triangleq w \text{ W}}$

mit $\quad w = \sqrt{3} \cdot U_1 \cdot a_1$
mit $\quad U_1$ in V

Beim Kurzschlußpunkt ($s = 1$) entspricht diese aufgenommene Leistung etwa der Summe aus den praktisch konstanten Eisenverlusten P_{vfe} und den Ständer- und Läuferkupferverlusten P_{vcu1} und P_{vcu2} bei den Gegebenheiten des Kurzschlußstromes I_{1k}.

Die Ständerkupferverluste sind nach Messung der Wicklungswiderstände R_{1Str} ohne weiteres errechenbar. Trägt man diesen Wert maßstäblich ein und verbindet den so erhaltenen Punkt mit dem Betriebspunkt für $s = 0$, so schneidet die Verlängerung dieser Geraden den Kreis im Betriebspunkt für $s = \infty$.

Es ergibt sich völlige Übereinstimmung mit der Darstellung Bild 6.7.1–3.

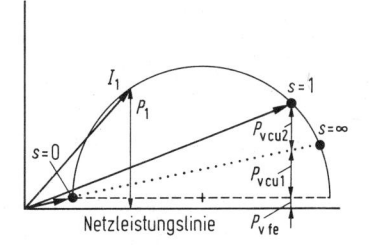

Bild 6.7.2–1 Einführung der Netzleistungslinie

6.7.3 Auswertung des Kreisdiagramms

In den Punkten für $s = 0$ und $s = 1$ wird keine mechanische Leistung P_2 abgegeben. Verbinden wir die beiden Punkte, so erhalten wir eine weitere wichtige Bezugslinie: Die mechanische Leistungslinie.

Der Abschnitt auf einer Senkrechten zur Netzleistungslinie von der mechanischen Leistungslinie bis zum Kreis ist ein Maß für die abgegebene Leistung. Gültig bleibt der Leistungsmaßstab.

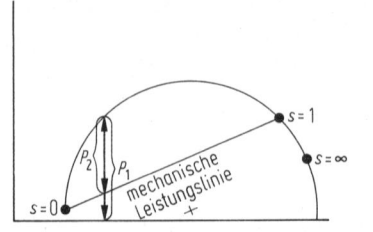

Bild 6.7.3–1
Einführung der mechanischen Leistungslinie

Aus dem Quotienten aus den beiden Strecken für P_2 und P_1 erhält man im Rahmen der Genauigkeit, die aus unserer Vereinfachung resultiert, den Wirkungsgrad

$$\eta = \frac{P_2}{P_1}$$

Eine weitere wichtige Bezugslinie ist die Verbindungsgerade zwischen den Punkten für $s = 0$ und $s = \infty$. Wir lernten sie bereits als Hilfslinie bei der Ermittlung des Betriebspunktes für $s = \infty$ kennen.

Diese neue Bezugslinie könnte man als „Drehfeldleistungslinie" bezeichnen.

Der Abschnitt auf einer Senkrechten zur Netzleistungslinie von dieser Drehfeldleistungslinie bis zum Kreis ist ein Maß für die Drehfeldleistung P_d, die am Luftspalt übertragen wird.

Gültig bleibt hierfür der Leistungsmaßstab.

Die Drehfeldleistung aber ist auch entscheidend für das wichtigere Drehmoment M, wenn man auf die Drehfelddrehzahl n_d bezieht.

Diese Bezugslinie wird deshalb als Drehmomentenlinie bezeichnet. Für sie gilt als weiterer abhängiger Maßstabsfaktor:

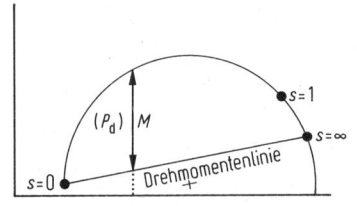

Bild 6.7.3–2   Einführung der Drehmomentenlinie

M in Nm $\boxed{1\,\text{mm} \triangleq m\,\text{Nm}}$

mit $m = 9{,}55 \dfrac{\sqrt{3} \cdot U_1 \cdot a_1}{n_d}$

mit U_1 in V
      n_d in min^{-1}

Das größte Moment, das wir als Kippmoment M_K kennengelernt haben, ist dort, wo der Kreis den größten Abstand von der Drehmomentenlinie hat. Wir finden diesen Betriebspunkt auf dem Kreis als Schnittpunkt einer Senkrechten zur Drehmomentenlinie durch den Kreismittelpunkt. Die Höhe des Kippmomentes ist dann wieder in bekannter Weise abzulesen.

Der zugeordnete Schlupf ergibt sich aus dem Verhältnis der beiden Abschnitte, die im Leistungsmaßstab die Drehfeldleistung und die Läuferkupferverluste kennzeichnen:

$$s = \frac{P_{vcu2}}{P_d} = \frac{\overline{BC}}{\overline{AB}}$$

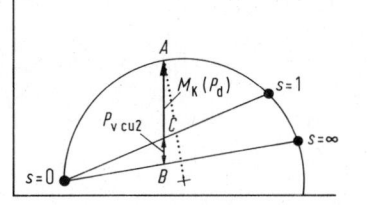

Bild 6.7.3–3 Ermittlung des Kippmomentes und des zugeordneten Schlupfes

Analog könnte für jeden anderen Betriebspunkt auf dem Kreis der Schlupf ermittelt werden.

Üblicherweise bedient man sich aber einer „Schlupfgeraden", die mit linearer Einteilung in einfacher Form die Übertragung der Schlupfwerte als Markierungspunkt auf dem Kreis ermöglicht.

Es gibt eine Vielzahl von Konstruktionsmöglichkeiten mit bevorzugter Eignung für kleine, mittlere oder große Schlupfwerte.

Wir beschränken uns auf einen Lösungsweg: Bezugspunkt ist hier der Betriebspunkt für $s = \infty$.

Senkrecht zur Verbindungslinie zwischen dem Kreismittelpunkt und dem Betriebspunkt $s = \infty$, also dem zugeordneten Radius, wird in beliebigem Abstand eine Gerade errichtet. Die Schnittpunkte mit den Verbindungslinien der Betriebspunkte für

a) $s = \infty$ und $s = 0$, sowie b) $s = \infty$ und $s = 1$

markieren auf der Geraden – Schlupfgerade genannt – die Punkte

a) $s = 0$, sowie b) $s = 1$.

Die dazwischen liegende Strecke wird linear unterteilt. Die im Bild 6.7.3–4 dargestellte Auswertung für den Schlupf $s = 0,25$ gilt analog für jeden anderen Punkt der Schlupfgeraden.

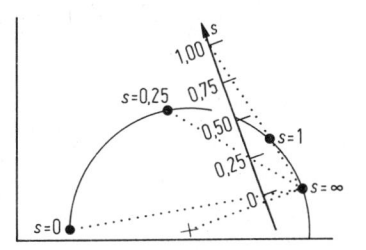

Bild 6.7.3–4 Schlupfgerade Konstruktion und Auswertung für $s = 0,25$

Damit lassen sich in Abhängigkeit von Schlupf bzw. Drehzahl eine Reihe wichtiger Aussagen aus dem Kreisdiagramm ableiten. Das gilt insbesondere für den Verlauf des Drehmomentes und des Stromes, dem wir schon im Abschnitt 6.3 einige Betrachtungen gewidmet haben.

Beispiel 6.7.3–1

Bei der Darstellung des Kreisdiagramms für einen sechspoligen Drehstrom-Asynchronmotor mit $U_1 = 380$ V, 50 Hz wählt man als Maßstabsfaktor für den Ständerstrom

$1\,\text{mm} \triangleq 1\,\text{A};\quad$ d.h. $a_1 = 1$

Bestimmen Sie die Maßstabsfaktoren
a) für die Leistung w,
b) für das Drehmoment m.

Lösung:

a) $w = \sqrt{3}\, U_1 \cdot a_1 = \sqrt{3} \cdot 380 \cdot 1 = \mathbf{658}$

d.h. $1\,\text{mm} \triangleq 658\,\text{W}$

b) $m = 9{,}55\, \dfrac{\sqrt{3} \cdot U_1 \cdot a_1}{n_\text{d}}$

$n_\text{d} = \dfrac{60\,\text{s} \cdot \text{min}^{-1} \cdot 50\,\text{s}^{-1}}{3} = 1000\,\text{min}^{-1}$

$m = 9{,}55\, \dfrac{\sqrt{3} \cdot 380 \cdot 1}{1000} = \mathbf{6{,}28}$

d.h. $1\,\text{mm} \triangleq 6{,}28\,\text{Nm}$

Beispiel 6.7.3–2

Der Leerlauf- bzw. Kurzschluß-Versuch führte bei einem sechspoligen Drehstrom-Asynchronmotor für $U_{1N} = 380$ V, 50 Hz unmittelbar oder nach Umrechnung zu folgenden Ergebnissen:

$I_{10} = 8{,}0\,\text{A};\quad \cos\varphi_0 = 0{,}1$

$I_{1k} = 85{,}0\,\text{A};\quad \cos\varphi_k = 0{,}34$

Zeichnen Sie das Kreisdiagramm für einen Strommaßstab $1\,\text{mm} \triangleq 1\,\text{A}$ und markieren Sie die Betriebspunkte auf dem Kreis für $s = 0$; $s = 1$ und $s = \infty$ unter der Annahme, daß die Ständer- und Läuferkupferverluste gleich sind.

Lösung:

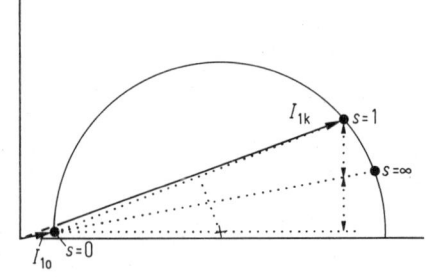

Hinweise zur Lösung:
1) Stromzeiger $\underline{I}_{10}$ und $\underline{I}_{1k}$ unter Beachtung des Strommaßstabes und des Winkels ($\cos\varphi$-Kreis) darstellen.
2) Kreismittelpunkt nach Bild 6.7.2–1 festlegen; Kreis zeichnen.
3) Senkrechte Strecke von der Parallelen zur Grundlinie durch den Kreismittelpunkt bis zum Endpunkt des Zeigers $\underline{I}_{1k}$ halbieren.
4) Betriebspunkt $s = \infty$ markieren und weiter die Betriebspunkte für $s = 0$ und $s = 1$ nach Bild 6.7.2–1 eintragen.

Übung 6.7.3–1

Bestimmen Sie für die Daten des Beispiels 6.7.3–2:
a) die größte abgegebene Leistung des Motors
b) das Kippmoment als größtes Drehmoment
c) das Anfahrmoment
d) die den Ergebnissen a) bis c) zuzuordnenden Schlupfwerte.

Lösung:

Ferner sind:

e) drei Punkte der Drehmomentenkennlinie $M = f(s)$ maßstäblich in einem Diagramm einzutragen.

(*Lösung:*)

6.8 Möglichkeiten der Drehzahlsteuerung

Der Asynchronmotor ist in seinem Aufbau einfacher als die Gleichstrommaschine. Er ist aber durch eine nahezu starre, an die Drehfelddrehzahl gebundene Betriebsdrehzahl gekennzeichnet. Deshalb erfolgt der Einsatz bevorzugt dort, wo man mit den etwa konstanten asynchronen Drehzahlen der jeweiligen Polpaarzahl auskommt.

Möglichkeiten der Drehzahlverstellung im Sinne einer Steuerung werden durch zwei bekannte Formeln aufgezeigt:

bei konstanter Drehfelddrehzahl n_d

– Beeinflussung des Schlupfes s, $\qquad n = n_d (1 - s)$

bei veränderlicher Drehfelddrehzahl n_d

– Umschaltung der Polpaarzahl p,
– Veränderung der speisenden Frequenz f, $\qquad n_d = \dfrac{60 \cdot f}{p}$

6.8.1 Beeinflussung des Schlupfes

Eine Veränderung der Ständerspannung, praktisch nur im Sinne einer Verringerung, zeigt – wenn ein Betrieb überhaupt möglich ist – Rückwirkungen auf den Schlupf.

Wir erinnern uns z. B. an den Stern-/Dreieck-Anlauf nach Bild 6.4.2.1–1. Eine Verringerung der Ständerspannung auf $1/\sqrt{3}$ ließ die Höhe zugeordneter Drehmomente auf 1/3 absinken. Einer bestimmten Drehmomenten-Forderung kann dann nur bei vergrößertem Schlupf entsprochen werden:

Im gleichen Sinne wirkt die Einschaltung von „Schlupfwiderständen" in den Läuferkreis. Vom Bild 6.3.1–3 her kennen wir die Verschiebung der Drehzahlkennlinien zu größeren Schlupfwerten hin. Die Ständerspannung bleibt dabei konstant.

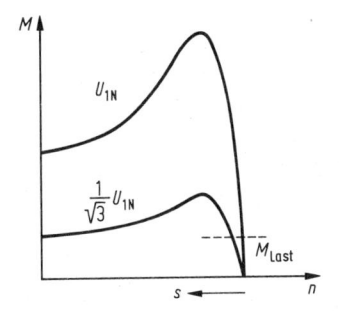

Bild 6.8.1–1
Einfluß der Ständerspannung auf den Schlupf

Die Drehzahlsteuerung durch Veränderung der Ständerspannung oder des Läuferwiderstandes führt zu beträchtlichen Verlusten.

Das wird besonders deutlich bei der graphischen Darstellung der Gleichungen (6.5.1–5).

Das Bild 6.8.1–2 gilt bei zwei verschiedenen Schlupfwiderständen und Belastung mit konstantem Moment

$$M \sim \frac{P_{2\,mech}}{n}.$$

Die Verluste werden erheblich gemildert, wenn es gelingt, die Leistung $P_{2\,el}$ nach entsprechender Frequenzanpassung dem Netz wieder zuzuführen.

Derartige Schaltungen sind gleichbedeutend damit, daß dem Läuferkreis über einen Frequenzwandler eine passende Läuferfrequenz f_2 vorgegeben wird.

Die Drehzahl stellt sich über den Schlupf auf einen Wert ein, bei dem Soll- und Istfrequenz im Läufer zur Übereinstimmung kommen.

Als Frequenzwandler dienen heute vornehmlich gesteuerte Umrichterschaltungen.

$$P_{2\,el} = s \cdot P_d \qquad P_{2\,mech} = (1-s)\,P_d$$

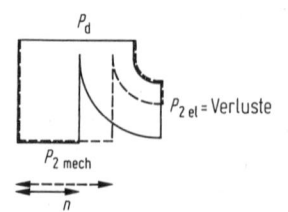

Bild 6.8.1–2 Leistungsbilanz bei Drehzahlsteuerung durch Schlupfwiderstände

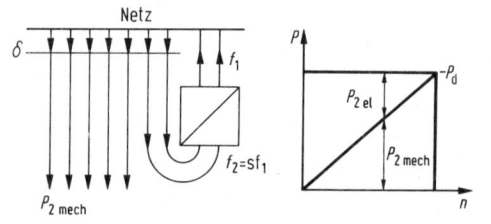

Bild 6.8.1–3 Energiefluß bei Rückführung der elektrischen Läuferleistung

Beispiel 6.8.1–1

Ein sonst als ideal (verlustlos) zu betrachtender vierpoliger Drehstrom-Asynchronmotor am 50 Hz-Netz wird mit dem konstanten Drehmoment $M = 65\,\text{Nm}$ belastet.

Über einen geeigneten Frequenzwandler wird dem Läuferkreis vom Netz her eine Frequenz von 15 Hz vorgegeben.

a) Welche Drehzahl stellt sich ein?
b) Welche mechanische Leistung wird an der Kupplung gefordert?
c) Welche elektrische Leistung wird dem Läuferkreis entnommen und dem Netz wieder zugeführt?
d) Wie groß ist die Drehfeldleistung?
e) Welche Leistung muß resultierend das Netz decken?

Lösung:

a) $n = n_d(1-s)$ mit $n_d = \dfrac{60 \cdot f}{p}$

$$n_d = \frac{60\,\text{s} \cdot \text{min}^{-1} \cdot 50\,\text{s}^{-1}}{2} = 1500\,\text{min}^{-1}$$

$$n = n_d\left(1 - \frac{f_2}{f_1}\right) = 1500\,\text{min}^{-1}\left(1 - \frac{15\,\text{Hz}}{50\,\text{Hz}}\right)$$

$$= 1500\,\text{min}^{-1}(1 - 0{,}3) = \mathbf{1050\,min^{-1}}$$

b) Zahlenwert-Gl.:

$$M = 9550\,\frac{P}{n}; \quad P = \frac{M \cdot n}{9550}$$

$$P = P_{2\,mech} = \frac{65\,(\text{Nm}) \cdot 1050\,(\text{min}^{-1})}{9550}$$

$$= \mathbf{7{,}15\,kW}$$

c) $P_{2\,el} = P_{2\,mech}\,\dfrac{s}{1-s}$

$$= 7{,}15\,\text{kW}\,\frac{0{,}3}{0{,}7} = \mathbf{3{,}06\,kW}$$

6.8 Möglichkeiten der Drehzahlsteuerung   175

d) $P_d = P_{2\,mech} + P_{2\,el}$
$= (7{,}15 + 3{,}06)\,kW = \mathbf{10{,}21\,kW}$

e) $P_{Netz\,res.} = P_{2\,mech} = \mathbf{7{,}15\,kW}$

Übung 6.8.1–1

Lösung:

Im Beispiel 6.8.1–1 wurde die elektrische Leistung $P_{2\,el}$ dem Läuferkreis entnommen und nach Frequenzanpassung dem Netz wieder zugeführt.

Nun ist durch entsprechende Spannungseinstellung an der Nahtstelle ohne weiteres eine Energieumkehr erreichbar, indem das Netz den Läuferkreis mit „$-P_{2\,el}$" beliefert.

a) Zeichnen Sie hierzu das Energieflußbild;
b) Bestimmen Sie für den unverändert mit $M = 65$ Nm belasteten Motor und einer Leistungszufuhr

$P_{2\,el} = -3{,}06\,kW$

1) die Drehzahl
2) die an der Kupplung abgegebene Leistung $P_{2\,mech}$ und
3) die Läuferfrequenz.

6.8.2 Umschaltung der Polzahl

Durch eine Änderung der Polzahl lassen sich bei Asynchronmotoren verlustlos mehrere Drehfelddrehzahlen und damit auch Leerlaufdrehzahlen erzielen. Das Verfahren ist insbesondere bei Kurzschlußläufern anwendbar, da sich bei Schleifringläufern, die ja auch für eine bestimmte Polzahl gewickelt sind, zusätzliche Schwierigkeiten ergeben können.

Wenn keine stetige Drehzahlsteuerung verlangt wird, handelt es sich um ein einfaches Mittel zur Einstellung der Drehzahl in Stufen.

Bezüglich Schaltung und Anordnung der Wicklungen ergeben sich im wesentlichen vier Möglichkeiten:

– eine Wicklung mit Umschaltung – sog. „Dahlanderschaltung" – Polzahlverhältnis 1 : 2;

Beispiele:
Polzahlen 4/2; 8/4 oder 12/6

– zwei getrennte Wicklungen mit zwei beliebigen Polzahlen;

Polzahlen 4/6; 6/8; 4/12 oder 8/12

– eine Wicklung in Dahlanderschaltung und eine weitere Wicklung, also drei Polzahlen;

Polzahlen 8/4/2; 8/6/4; 12/6/4; 12/8/4 oder 12/8/6

– zwei Wicklungen in Dahlanderschaltung, daher vier Polzahlen.

Polzahlen 12/8/6/4 oder 12/6/4/2

Getrennte Wicklungen bieten zwar die größere Freizügigkeit, nehmen aber erheblich mehr Wickelraum in Anspruch.

Die Wirkung der nach Dahlander benannten Schaltung wird deutlich, wenn wir uns z. B. für eine Dreiphasenwicklung mit $N = 12$ Nuten die Konsequenzen der momentanen Stromverteilung bei Reihen- bzw. Parallelschaltung der Teilwicklungen eines Stranges ansehen:

Reihenschaltung
Niedrige Drehzahl; $2p = 4$

Parallelschaltung
Hohe Drehzahl; $2p = 2$

In der praktischen Ausführung überwiegt die Schaltung $\triangle$/YY.
Die Reihen-/Parallelschaltung wird im Bild 6.8.2–1 deutlich.

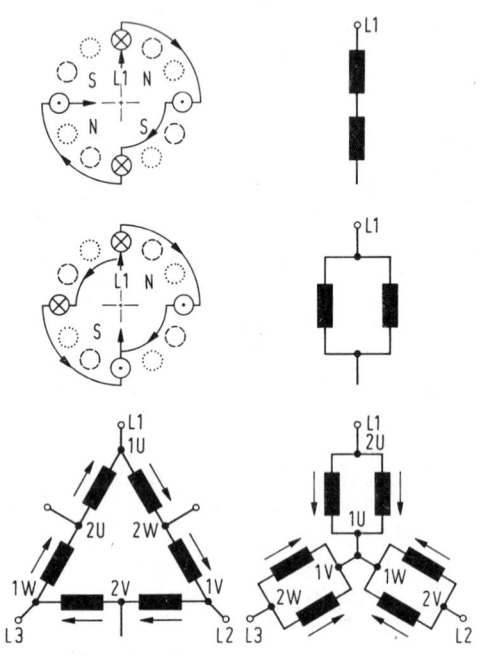

Bild 6.8.2–1 Dahlander-Schaltung
Erläuterung und praktische Ausführung

Für das Schaltbrett ergeben sich in unserem Beispiel folgende Schaltverbindungen:

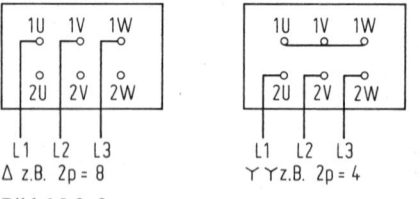

$\triangle$ z.B. 2p = 8

Y Y z.B. 2p = 4

Bild 6.8.2–2
Schaltverbindungen bei der Dahlander-Schaltung

Übung 6.8.2–1

Ein auf die Polzahlen 12/6/4 umschaltbarer Asynchronmotor ist mit zwei Wicklungen ausgerüstet, davon eine in Dahlander-Schaltung.

Lösung:

Welche Polzahl wird mit der unabhängigen, getrennten Wicklung eingestellt?

(*Lösung:*)

Übung 6.8.2–2

Lösung:

Ein auf die Polzahlen 12/8/6/4 umschaltbarer Asynchronmotor ist mit zwei Wicklungen in Dahlander-Schaltung ausgerüstet, Wicklung *a* für die Polzahlen 12/6 und Wicklung *b* für die Polzahlen 8/4.

Tragen Sie in dem nebenstehend skizzierten Schaltbrett die notwendigen Schaltverbindungen für eine Polzahl $2p = 8$ ein.

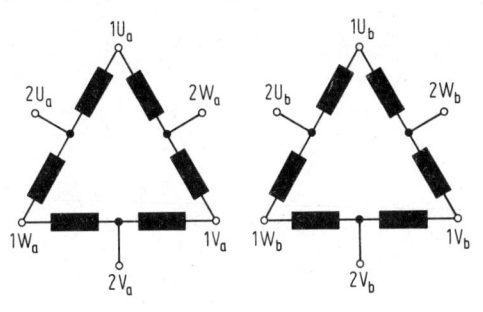

6.8.3 Veränderung der speisenden Frequenz

Bei gegebener Polzahl ist die Drehfelddrehzahl n_d der speisenden Frequenz f_1 proportional.

$n_d \sim f_1$

Gelingt eine feinstufige Veränderung dieser Frequenz, so kommt man zu einer stetigen Drehzahlverstellung beim Asynchronmotor.

Der ursprünglich hierzu notwendige große Aufwand hat sich mit der Weiterentwicklung der statischen Frequenzumrichter auf Thyristor-Basis stark gemildert. Dem einfacheren Aufbau des Asynchronmotors steht ein größerer Aufwand auf der Steuerungsseite gegenüber, aber in der Kombination ergeben sich durchaus Schaltungen, die in wirtschaftlichen Wettbewerb zur Gleichstrommaschine treten.

Nach Gleichung 6.1–4 ergibt sich für den magnetischen Drehfluß Φ_d folgende Proportionalität:

$$\Phi_d \sim \frac{U_{q1}}{f_1}$$

Bei Betrieb mit konstantem magnetischen Fluß $\Phi_d = \Phi_{dN}$ und Vernachlässigung der inneren

Spannungsabfälle der Ständerwicklung folgt für die Drehzahlsteuerung die nebenstehend gekennzeichnete Bedingung:

$$\frac{n_\mathrm{d}}{n_\mathrm{dN}} = \frac{f_1}{f_{1N}} = \frac{U_1}{U_{1N}} \qquad (6.8.3-1)$$

Das erinnert an die Spannungssteuerung bei der Gleichstrommaschine.

Nennmomente und Kippmomente behalten etwa gleiche Werte, und es ergeben sich verschobene Drehmoment-/Drehzahl-Kennlinien, wie sie – idealisiert – Bild 6.8.3-1 darstellt.

Wenn im Bereich hoher Drehzahlen $n_\mathrm{d} > n_\mathrm{dN}$ die Spannung mit Rücksicht auf den Motor und/oder den Frequenzumrichter nicht weiter gesteigert werden kann, so ergibt sich mit zunehmender Frequenz zwangsläufig eine Feldschwächung.

Das erinnert an die Feldsteuerung bei der Gleichstrommaschine.

Mit zunehmender Drehzahl sinkt das Drehmoment bei praktisch konstanter Leistung.

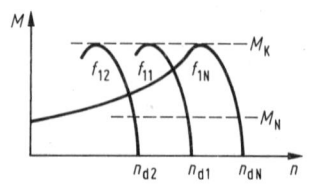

Bild 6.8.3-1 Drehmoment-/Drehzahl-Kennlinie bei Frequenzsteuerung gemäß (6.8.3-1)

Beispiel 6.8.3-1

Ein idealisiert zu betrachtender Drehstrom-Asynchronmotor für
380 V; 5 kW; 960 min^{-1}; 50 Hz
soll bei unveränderter Schlupfdrehzahl im Bereich
750 min$^{-1} \leq n \leq$ 1250 min^{-1}
bei konstantem Lastmoment frequenzgesteuert werden.

a) Wie groß sind die Polzahl und – bezogen auf 50 Hz – die Drehfeld- und die Schlupfdrehzahl?
b) Bestimmen Sie den zuzuordnenden Frequenz- und Spannungsbereich.
c) Welche Feldschwächung würde sich bei der oberen Drehzahl ergeben, wenn die Spannung nicht über 380 V gesteigert werden darf?

Lösung:

a) Mit an Sicherheit grenzender Wahrscheinlichkeit:

$2p = 6$

$$n_\mathrm{d} = \frac{60 \cdot f}{p} = \frac{60\,\mathrm{s} \cdot \mathrm{min}^{-1} \cdot 50\,\mathrm{s}^{-1}}{3}$$

$= \mathbf{1000\ min^{-1}}$

$n_\mathrm{s} = n_\mathrm{d} - n = (1000 - 960)\,\mathrm{min}^{-1}$

$= \mathbf{40\ min^{-1}}$

b) Bei $n_1 = n_\mathrm{max}$: $n_\mathrm{d1} = n_1 + n_\mathrm{s}$

$n_\mathrm{d1} = (1250 + 40)\,\mathrm{min}^{-1} = \mathbf{1290\ min^{-1}}$

bei $n_2 = n_\mathrm{min}$: $n_\mathrm{d2} = n_2 + n_\mathrm{s}$

$n_\mathrm{d2} = (750 + 40)\,\mathrm{min}^{-1} = \mathbf{790\ min^{-1}}$

$$f_{1,2} = f_\mathrm{N}\frac{n_\mathrm{d1,2}}{n_\mathrm{d}};\quad U_{1,2} = U_\mathrm{N}\frac{n_\mathrm{d1,2}}{n_\mathrm{d}}$$

$$f_1 = 50\,\mathrm{Hz}\,\frac{1290\,\mathrm{min}^{-1}}{1000\,\mathrm{min}^{-1}} = \mathbf{64{,}5\ Hz};$$

$$U_1 = 380\,\mathrm{V}\,\frac{1290\,\mathrm{min}^{-1}}{1000\,\mathrm{min}^{-1}} = \mathbf{490\ V}$$

$$f_2 = 50\,\text{Hz}\,\frac{790\,\text{min}^{-1}}{1000\,\text{min}^{-1}} = \mathbf{39{,}5\,Hz;}$$

$$U_2 = 380\,\text{V}\,\frac{790\,\text{min}^{-1}}{1000\,\text{min}^{-1}} = \mathbf{300\,V}$$

c) $\Phi_d = \Phi_{dN}\dfrac{f_N}{f_1} = \Phi_{dN}\dfrac{50\,\text{Hz}}{64{,}5\,\text{Hz}} = \mathbf{0{,}775\,\Phi_{dN}}$

$\hat{=} 22{,}5\%$ Feldschwächung

Lernzielorientierter Test zu Kapitel 6

1. Durch welche Lochzahl q ist eine 4-polige Drehstrom-Ständerwicklung mit $N = 72$ Nuten gekennzeichnet?

2. Wie groß ist der Wicklungsfaktor ξ einer Spule, die mit 1-Lochspulen ausgeführt ist?

3. Wie groß ist die Phasenzahl der Läuferwicklung eines Drehstrom-Asynchronmotors, der a) als Schleifringläufer, b) als Kurzschlußläufer ausgeführt ist.

4. Wie kann man bei einem Schleifringläufer erreichen, daß das Anlaufmoment dem Kippmoment entspricht?

5. Geben Sie mit Begründung an, ob die Verwendung von Drosselspulen als Anlaßwiderstände bei Schleifringläufern sinnvoll wäre.

6. Wie bezeichnet man die skizzierte Querschnittform der Stäbe eines Kurzschlußläufers und welchen Effekt will man dabei ausnutzen?

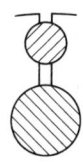

7. Sind bei dem skizzierten Verlauf von innerem Drehmoment und äußerem Lastmoment ein Anlauf und ein Erreichen der asynchronen Nenndrehzahl möglich?

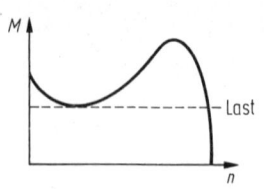

8. Für einen Drehstrom-Asynchronmotor mit Kurzschlußläufer stehen bei gegebener Schaltung der Ständerwicklung zwei Netzspannungen zur Verfügung. Die erreichbaren Anfahrmomente stehen dabei im Verhältnis 2:1.
   a) In welchem Verhältnis stehen diese Spannungen?
   b) In welchem Verhältnis stehen die sich ergebenden Anfahrströme?

9. Dem Leistungsschild eines Drehstrom-Asynchronmotors entnimmt man die folgenden Daten: 380 V; 187 A; $\cos\varphi = 0{,}89$; 100 kW; $\triangle$-Schaltung
   a) Wie groß ist der Wirkungsgrad?
   b) Für welche Spannung wäre die Maschine geeignet, wenn man die Ständerwicklung im Stern schaltet und wie würden dann die Leistungsschilddaten lauten?

10. Bestimmen Sie die Ständer-Kupferverluste für eine im Dreieck geschaltete Wicklung, die bei einem Strom $I = 10$ A in der Zuleitung einen Strangwiderstand $R_{Str} = 0{,}5\,\Omega$ aufweist.

11. Welche Verluste ändern sich, wenn man einen Asynchronmotor im Leerlaufbetrieb statt mit U_{1N} nur mit $0{,}8\,U_{1N}$ speist?

12. Welche Größen des Kreisdiagramms sind unmittelbar aus dem Leerlauf- und Kurzschlußversuch ableitbar?

13. Welche Bedeutung hat der Betriebspunkt für $s = \infty$?

7 Drehstrom-Synchronmaschine

Lernziele

Nach der Durcharbeitung dieses Kapitels können Sie
- die sachliche Abgrenzung gegenüber der Asynchronmaschine vornehmen,
- den Aufbau des Ständers und des Läufers beschreiben,
- die Erregungsarten erläutern,
- das Verhalten im Generator- und Motorbetrieb bei verschiedenen Lastzuständen verstehen,
- die Unterschiede zwischen Insel- und Parallelbetrieb aufzeigen,
- die V-Kurven erklären,
- die Möglichkeiten der Beeinflussung des Gesamt-Leistungsfaktors diskutieren.

7.1 Voraussetzung für synchrone Drehzahl

„Synchron" im Sinne der zeitlichen Übereinstimmung bedeutet, daß die Läuferdrehzahl mit der Drehfelddrehzahl übereinstimmt. Das aber ist gleichbedeutend mit

$$s = 0$$

Damit entfällt die Voraussetzung für das Induktionsprinzip der Asynchronmaschine. Wenn ein Läuferstrom fließen soll, muß er unter Beachtung der Grundgleichungen der allgemeinen Drehfeldmaschine von außen zugeführt werden.

Hier gilt vor allem:

$$f_2 = s \cdot f_1 = 0$$

Das aber ist die Kennzeichnung für den Gleichstrom.

Gleichstrom

Wir überlegen, wie man bei Maschinen der bisher bekannten asynchronen Bauart eine solche synchrone Drehzahl erreichen kann.

7.1.1 Synchronisierte Asynchronmaschine

Jede Asynchronmaschine mit zugänglichem Läuferkreis kann durch Erregung der Läuferwicklung mit Gleichstrom synchronisiert werden und als Synchronmotor oder -Generator Verwendung finden. Eine solche Maschine vereinigt einige Vorzüge beider Gattungen.

So bleibt von der Asynchronmaschine die Möglichkeit des Anlaufs mittels Anlasser bei kleinen

Strömen mit beliebig starkem Drehmoment bis zur Höhe des asynchronen Kippmomentes.

Die Vorteile der Synchronmaschine müssen wir uns noch erarbeiten und werden dann auch eine Abgrenzung der üblichen Bauweise gegenüber dieser Zwischenlösung vornehmen.

An dieser Stelle sollen zwei mögliche Schaltungen des Läuferkreises bei Synchronisierungsbetrieb diskutiert werden. Basis ist die Sternschaltung der Läuferwicklung beim Asynchronmotor. Im Falle a) werden im Sinne der Reihenschaltung nur zwei der drei Schleifringe, bei b) im Sinne der Parallel-Reihenschaltung alle drei Schleifringe benötigt.

Das Bild der Gleichstrom-Durchflutungen tritt im Prinzip auch bei Asynchronbetrieb zu bestimmten Zeitpunkten auf:

Schaltung a)

$+0{,}866\, i_{max}$ $\div$ Null $\div -0{,}866\, i_{max}$

Schaltung b)

$+i_{max}$ $\div -0{,}5\, i_{max}$ $\div -0{,}5\, i_{max}$

jeweils in den Strängen

(V) (U) (W)

Zieht man als Vergleich den Effektivwert des dreiphasigen Läuferwechselstromes heran, so gilt wegen

$i_{max} = \sqrt{2}\, I_\sim$

für den Läufergleichstrom I_{e-}

Schaltung a):

Schaltung b):

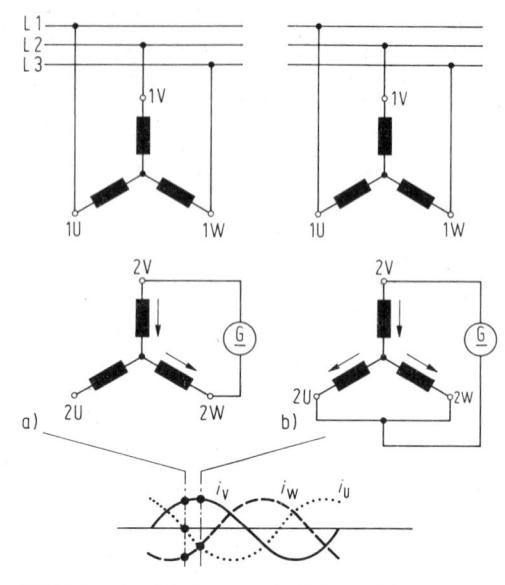

Bild 7.1.1-1   Schaltungen der Läuferwicklung bei synchronisierten Asynchronmaschinen

$$I_{e-} = \sqrt{2} \cdot 0{,}866\, I_\sim = 1{,}23\, I_\sim \qquad (7.1.1\text{-}1)$$

$$I_{e-} = \sqrt{2} \cdot I_\sim \quad\;\; = 1{,}41\, I_\sim$$

7.2 Ständer mit Wicklung bei der Synchronmaschine

Grundsätzlich ist zwischen zwei Bauarten zu unterscheiden:

– der Außenpolmaschine:

  Hier entspricht der Ständer dem Aufbau einer normalen Gleichstrommaschine mit ausgeprägten Polen, auf denen die Gleichstrom-Erregerwicklung untergebracht ist. Natürlich fehlen die Wendepole.

- der Innenpolmaschine:

    Hier trägt der Ständer die Drehstromwicklung und entspricht damit dem einer Asynchronmaschine.

Mit zunehmender Leistung und damit Baugröße kommen praktisch nur Innenpolmaschinen zur Ausführung, da man hier die Drehstromenergie unmittelbar zuführen bzw. entnehmen kann.

Die Hauptbedeutung der Synchronmaschine liegt ja im Einsatz als Generatoren zur Erzeugung elektrischer Energie in den Kraftwerken. Hierbei werden vorzugsweise große Einheiten benötigt.

Die dabei meist auftretenden sehr hohen Spannungen von z. B. 21 kV führen zu besonderen Isolationsproblemen. Die wegen der großen Stromstärken erforderlichen großen Wicklungsquerschnitte bedingen entsprechende Nuttiefen, womit der Wirbelstromeffekt und die Zusatzverluste steigen.

Um diese zu mindern, teilt man bei hohen Stromstärken den gesamten Kupferquerschnitt in mehrere parallel geschaltete, isolierte Einzelleiter auf. Diese werden verdrillt, so daß jeder Einzelleiter jede Höhenlage in der Nut durchläuft.

Nach seinem Erfinder werden diese verdrillten Gitterstäbe als „Roebelstäbe" bezeichnet.

Bild 7.2–1 zeigt den Aufbau eines Roebelstabes für acht übereinander und zwei nebeneinander liegende Teilleiter. Die Verdrillung der übereinander liegenden Leiter 1 bis 8 bzw. 1′ bis 8′ sind getrennt dargestellt; der gesamte Stab entsteht durch Verschachtelung der beiden Teilwicklungen.

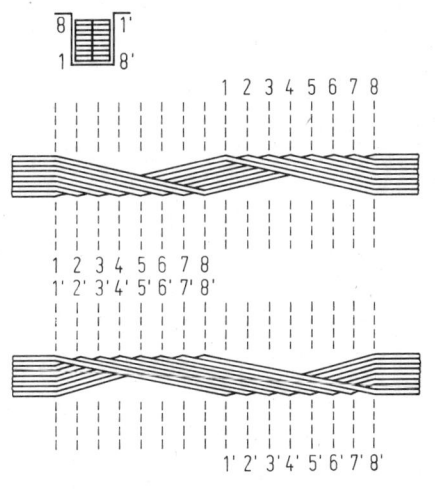

Bild 7.2–1
Schematischer Aufbau eines Roebelstabes

7.3 Läufer mit Wicklung

Bei den hier ausschließlich betrachteten Innenpolmaschinen enthält der Läufer die mit Gleichstrom gespeiste Erregerwicklung.

Abhängig von der Polzahl und damit der Drehzahl, die der Drehfelddrehzahl entspricht, unterscheidet man zwei Ausführungsarten:

- den Einzelpol- oder Schenkelpolläufer,
- den Volltrommelläufer.

Wegen der Gleichstrom-Erregung und des im Normalbetrieb fehlenden Schlupfes bestehen die Läufer weitgehend aus massiven Teilen.

Die getrennt zugeführte Gleichstromerregung hat auch zur Folge, daß der Luftspalt zwischen Ständer und Läufer wesentlich größer gewählt werden kann als etwa bei der Asynchronmaschine. Dort mußte der Erregerbedarf bekanntlich als Blindleistung vom Netz gedeckt werden.

7.3.1 Einzelpolläufer

Der Begriff „Polrad" hat sich allgemein beim Läufer der Synchronmaschine durchgesetzt, kennzeichnet aber speziell die Ausführung mit ausgeprägten Polen. Ihre Zahl hängt von der möglichen Antriebsdrehzahl des Generators bzw. von der erwarteten Motordrehzahl ab.

Auf der Basis der üblichen Netzfrequenz $f = 50\,\text{Hz}$

gilt bekanntlich:
$$f = \frac{p \cdot n}{60}$$

mit p = Polpaarzahl
n = Drehzahl in min^{-1}

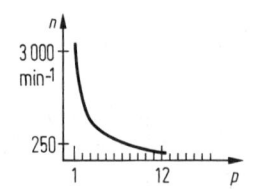

Die Pole können unter Verwendung von Dauermagneten aufgebaut werden; in der Regel aber tragen sie auf ihrem Schaft eine steuerbare Erregerwicklung. Die Form der Polschuhe ist von entscheidendem Einfluß auf die Feldverteilung und damit wichtig für die Wellenform der induzierten Spannung. Für Generatoren, die in ein Netz speisen, gibt es hier sehr kleine zulässige Toleranzen für Abweichungen von der idealen Sinusform.

VDE definiert:

Eine Spannung gilt als praktisch sinusförmig, wenn kein Augenblickswert vom zugehörigen Augenblickswert der Grundschwingung um mehr als 5% des Scheitelwertes der Grundschwingung abweicht.

In den Polschuhen sind meist Stäbe untergebracht, die an beiden Enden durch Teil- oder Vollringe verbunden sind. Sie erinnern an den Kurzschlußläufer des Asynchronmotors. Unter idealen Verhältnissen, d.h. bei exakter Übereinstimmung von Läufer- und Drehfelddrehzahl bleiben sie außer jeder Funktion. Kommt es zu Störungen – etwa zu Pendelungen – so führt momentan die induzierte Spannung

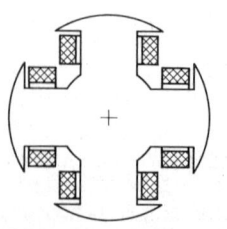

Bild 7.3.1–1 Schema eines vierpoligen Polrades

zu einem Strom und damit zu einem Drehmoment, das im Sinne der Lenz'schen Regel der Störung entgegen und so auf die Pendelung dämpfend wirkt.

Daher der Name *Dämpferkäfig*.

Dämpferkäfig

Bei entsprechender Dimensionierung kann der Dämpferkäfig auch als Anlaufkäfig genutzt werden. Es besteht dann die Möglichkeit, die Synchronmaschine als Motor asynchron hochzufahren und später durch Zuschalten der Erregung zum Synchronismus zu bringen.

Der ausgeprägte Pol mit seiner Wicklung stellt eine konzentrierte Masse dar, die mit steigender Drehzahl erheblichen Fliehkraftbeanspruchungen ausgesetzt ist.

Deshalb wird diese Bauweise nur bei vier- und höherpoligen Maschinen eingesetzt. Die höchsten Polzahlen werden bei Wasserkraftgeneratoren erreicht. Bei einer Antriebsdrehzahl von 65,3 min^{-1} werden z. B. 92 Pole benötigt.

7.3.2 Volltrommelläufer

Bei zweipoligen Maschinen ordnet man die Erregerwicklung durchweg in Nuten eines zylindrischen Läufers an. Er wird als Volltrommel- oder Vollpolläufer bezeichnet und führt mit Rücksicht auf die üblichen Antriebsmaschinen auch den Namen *Turboläufer*.

Turboläufer

Gas- und Dampfturbinen arbeiten wirtschaftlich in der Regel mit 3000 min^{-1} und erzwingen deshalb bei den gekuppelten Synchrongeneratoren diese Läuferbauweise.

Die Läufer können aus Blechen aufgebaut sein, wobei die Nuten zur Aufnahme der Erregerwicklung aber nicht über den ganzen Läuferumfang verteilt sind. Die Trommelläufer können auch mit einer Dämpferwicklung ausgerüstet sein. Mit zunehmender Baugröße bevorzugt man den massiven Läuferkörper, in den die Nuten eingefräst sind.

Einen typischen Läuferquerschnitt zeigt Bild 7.3.2–1. Die Wicklung wird in den Nuten durch Nutenverschlußkeile gesichert. Die durch Fliehkräfte besonders beanspruchten Wickelköpfe werden zusätzlich durch Bandagen oder Kappen fixiert.

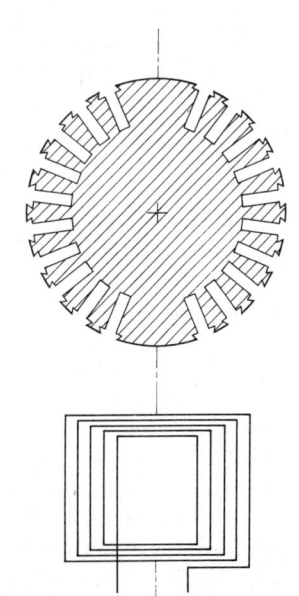

Bild 7.3.2–1
Läuferquerschnitt eines Vollpol-(Turbo-)läufers mit Teil-Wicklung

7.3.3 Erregungsarten

Der Gleichstrom-Erregerstrom muß überwiegend steuer- und regelbar sein, um ihn z.B. Laständerungen der Maschine anpassen zu können.

In der klassischen Form kommt die Erregerleistung von einer Gleichstrom-Erregermaschine und wird dem Rotor über Schleifringe zugeführt. Die Erregermaschine ist dabei entweder als kleiner Umformersatz getrennt aufgestellt oder wird unmittelbar von der Synchronmaschine angetrieben.

Die Gleichstrommaschine ist dabei selbsterregt (vgl. 3.6.2); bei größeren Einheiten bevorzugt man die Kombination einer fremderregten Haupterreger- und einer auf der gleichen Welle sitzenden selbsterregten Hilfserregermaschine, die das Feld der Haupterregermaschine speist.

Der Haupterregerstrom fließt dabei mindestens zweimal über Bürstensätze, einmal am Kommutator der Gleichstrommaschine und zum anderen an den Schleifringen der Synchronmaschine. Das wird – schon wegen des Bürstenverschleißes – als Nachteil empfunden und ließ den Stromrichter auch hier zunehmend in den Vordergrund treten.

Als ortsfest – mit Speisung aus dem Netz – angeordneter Bausatz bleibt es bei den Läuferschleifringen der Synchronmaschine.

Die gekoppelte Drehstrom-Erregermaschine mit umlaufenden Gleichrichtern vermeidet auch diese. Man spricht von einem bürstenlosen Erregersystem.

Die Drehstrom-Erregermaschine – auch Wellengenerator genannt – wird meist als Synchronmaschine mit Außenpolen und einer rotierenden dreiphasigen Wicklung gebaut. Die Frequenz der induzierten Spannung liegt normalerweise erheblich über 50 Hz.

Nach Gleichrichtung über eine rotierende Drehstrom-Brückenschaltung wird der Erregerstrom unmittelbar der Polradwicklung der Haupt-Synchronmaschine zugeführt.

Die Steuerung oder Regelung erfolgt vornehmlich im Erregerkreis des Wellengenerators. Daneben gibt es gesteuerte Thyristorschaltungen.

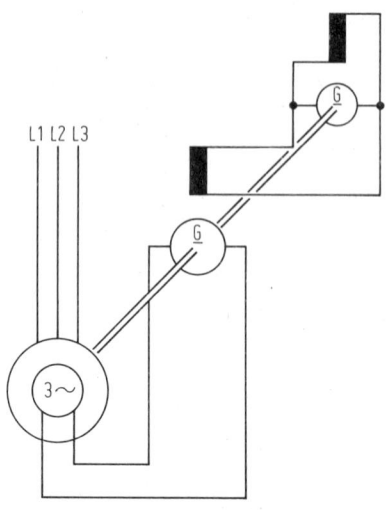

Bild 7.3.3-1 Erregung einer Synchronmaschine mittels Haupt- und Hilfserregermaschine (Prinzipdarstellung ohne Feldsteller und Regler)

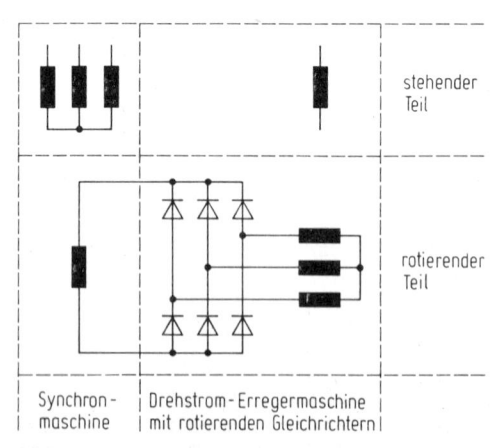

Bild 7.3.3-2 Bürstenloses Erregersystem (Prinzipdarstellung ohne Regler)

7.4 Betriebsverhalten

Beim Studium des Betriebsverhaltens steht die Spannungskennlinie an erster Stelle. Vom Prinzip her ergeben sich keine Unterschiede zwischen Innen- und Außenpolmaschinen, Motor- und Generatorbetrieb, sowie – mit Einschränkungen – der Ausführung als Vollpol- oder Einzelpolläufer. Hier spielt lediglich eine Rolle, daß der Vollpolläufer mit konstantem Luftspalt und ohne Pollücke völlig symmetrische Verhältnisse bietet; demhingegen weist die Schenkelpolmaschine unterschiedliche magnetische Widerstände längs der ausgeprägten Pole bzw. längs der Pollücken auf.

7.4.1 Spannungsverhalten im Leerlauf

Wir gehen von einem Vollpolläufer aus, haben aber zur Verdeutlichung ein zweipoliges Polradsystem eingezeichnet. Abhängig von der Erregerdurchflutung bildet sich ein magnetischer Fluß aus, für den mit steigender Durchflutung – bedingt durch die Eisenwerkstoffe – Sättigungserscheinungen kennzeichnend sind.

Bei Rotation des Polrades wird dieser Fluß zum Drehfluß Φ_d, der in den Ständerwicklungen eine sinusförmige Spannung induziert. Im Bild 7.4.1–1 sind nur Teile einer Strangwicklung einskizziert; bei der momentanen Lage des Polrades würde in diesem Strang der Maximalwert der Spannung induziert.

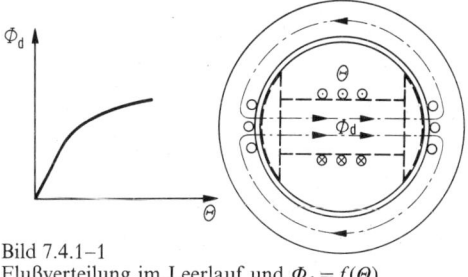

Bild 7.4.1–1
Flußverteilung im Leerlauf und $\Phi_d = f(\Theta)$

In Übereinstimmung mit der Gleichung 6.1–4, die wir von der Asynchronmaschine her kennen, gilt auch hier für den Effektivwert der Strangspannung

$$U_q = 4{,}44 \cdot f \cdot \Phi_d \cdot N \cdot \xi$$

mit Φ_d = Polradfluß
N = Windungszahl je Strang
ξ = Wicklungsfaktor
f = 50 Hz, wenn mit synchroner Drehzahl angetrieben

Die Spannungskurve $U_q = f(\Theta)$ bzw. $= f(I_e)$ entspricht dem Verlauf des magnetischen Flusses.

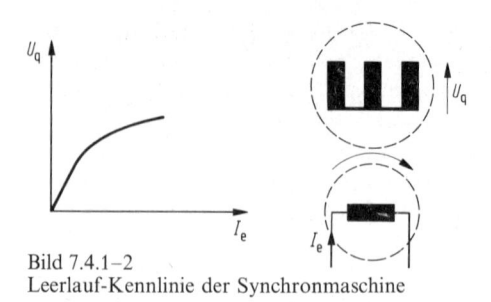

Bild 7.4.1-2
Leerlauf-Kennlinie der Synchronmaschine

7.4.2 Spannungsverhalten bei Belastung

Schalten wir den zunächst leerlaufenden Synchrongenerator auf einen Belastungswiderstand, so fließt in der Ständerwicklung ein Strom, dessen Größe und Phasenlage durch die Art dieses Belastungswiderstandes bestimmt wird. Wir werden an die Gegebenheiten auf der Sekundärseite eines Transformators erinnert und erwarten wie dort den Einfluß des ohmschen Wicklungswiderstandes R und eines Streublindwiderstandes X_σ. Letzterer berücksichtigt die vom nicht verketteten Flußanteil in der Wicklung induzierte Spannung. Dieser Streufluß schließt sich wesentlich quer über die Nut und über die Wickelköpfe.

Die früher in Zusammenhang mit dem Kapp'schen Dreieck angestellten Betrachtungen lassen sich ohne weiteres auf diese Verhältnisse übertragen.

Bei ohmscher Last und noch stärker bei induktiver Last verringert sich die Klemmenspannung; bei kapazitiver Last erhöht sie sich.

Hinzu kommt noch eine Erscheinung, die wir von der Gleichstrommaschine her kennen: die Ankerrückwirkung. Dort war es die Rückwirkung des stromdurchflossenen Ankers auf ein bestehendes Feld. Genau das ergibt sich hier auch, wenn wir die Ständerwicklung als „Anker" bezeichnen. Neu ist der Einfluß der Phasenlage. Nur bei rein ohmscher Last tritt in der Spule mit der höchsten Spannung momentan auch der höchste Strom auf. Bei z. B. 90° Phasenverschiebung ist eine andere Spule betroffen; diese liegt in der zweipoligen Darstellung, bei der ja räumliche und elektrische Winkel übereinstimmen, genau um 90° versetzt.

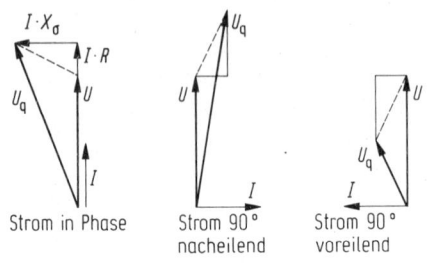

Bild 7.4.2-1 Vorläufige Spannungsdiagramme des belasteten Synchron-Generators

7.4 Betriebsverhalten

In Bild 7.4.2–2 tritt bei der momentanen Lage des Polrades der Höchstwert der Spannung jeweils in der Spule auf, die in der waagerechten Achse liegt. Markierungen der Stromrichtung erfolgten dort, wo unter den gegebenen Bedingungen momentan der Höchstwert des Stromes festzustellen ist.

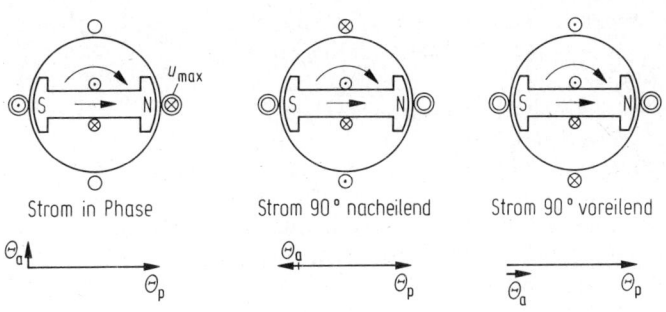

Die sich ergebenden Durchflutungen für das Polrad und den Anker sind entsprechend der sich bildenden Wicklungsachse ergänzend dargestellt.

Bei rein ohm'scher Last werden wir an die Gegebenheiten bei der Gleichstrommaschine erinnert und dürfen auch die entsprechende Konsequenz erwarten:

Das Anker-(quer-)feld wirkt für die eine Polschuhkante feldverstärkend, für die andere feldschwächend. Wegen der in der Regel vorhandenen Sättigung ergibt sich resultierend eine Flußschwächung.

Bei der induktiven bzw. kapazitiven Last wirkt die Ankerdurchflutung in der gleichen Achse wie die Poldurchflutung und damit wesentlich stärker im feldschwächenden bzw. feldverstärkenden Sinne.

Sowohl die Betrachtung der inneren Spannungsabfälle als auch die der Ankerrückwirkung führen im gleichen Sinne zu Veränderungen der Klemmenspannung U gegenüber der Leerlaufspannung U_q.

Sie werden durch die Spannungskennlinien $U = f(I)$ bei den jeweiligen Parameterwerten verdeutlicht:

Bild 7.4.2–2 Ankerrückwirkung beim belasteten Synchrongenerator

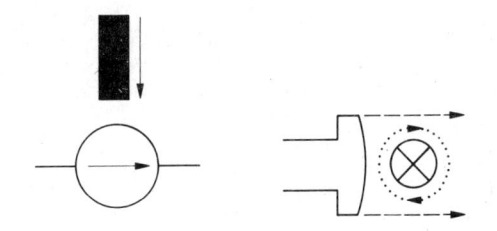

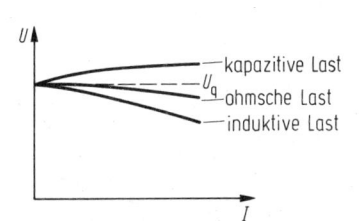

Bild 7.4.2–3 Spannungskennlinien $U = f(I)$ bei verschiedenen Belastungen

Besonders gut lassen sich die Zusammenhänge am Beispiel der rein induktiven Last verständlich machen.

Die Polraddurchflutung Θ_p führt in bekannter Weise zur Leerlaufspannung U_q. Die Ankerdurchflutung Θ_a wirkt in diesem Belastungsfall der Polraddurchflutung direkt entgegen. Das Ergebnis ist eine verminderte Quellenspannung U'_q, die zur Basis der Spannungsdiagramme im Bild 7.4.2–1 wird.

Der ohmsche Spannungsabfall $I \cdot R$ ist in der Regel gegenüber dem induktiven Spannungsabfall $I \cdot X_\sigma$ vernachlässigbar. Berücksichtigen wir deshalb nur diesen, so lehrt das entsprechende Spannungsdiagramm, daß wir ihn unmittelbar von der Quellenspannung U'_q in Abzug bringen können. Der resultierende Wert entspricht der Klemmenspannung U.

Das Dreieck mit den beiden Katheten: Θ_a und $I \cdot X_\sigma$ – genannt Potiersches Dreieck – wird dabei zu einem charakteristischen Element der Synchronmaschine. Seine Größe hängt außer von typischen Kenngrößen nur noch vom Strom ab.

Unterstellen wir einmal, das in Bild 7.4.2–4 dargestellten Potiersche Dreieck möge für Nennstrom gelten, dann ist es genauso anwendbar, wenn der Nennstrom fließt beispielsweise
- bei halbierter Polraddurchflutung oder
- bei so schwacher Erregung, daß die Klemmenspannung U zu Null wird.

Letzteres würde sich bei einem Kurzschlußversuch ergeben.

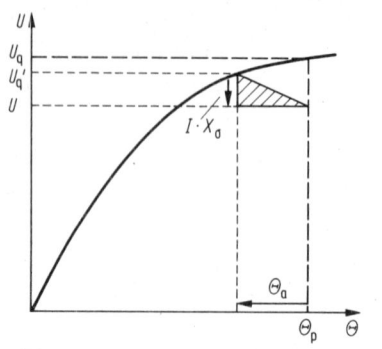

Bild 7.4.2–4 Ermittlung der Klemmenspannung U bei rein induktiver Last

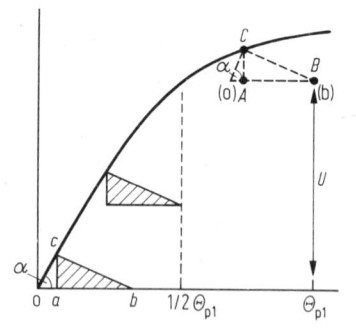

Bild 7.4.2–5 Potierdreieck bei verschiedenen Polraddurchflutungen

7.4.3 Kurzschlußversuch

Der Kurzschlußversuch wird bei der Drehstrommaschine meist dreipolig durchgeführt. Er führt zur Kurzschlußstrom-Kennlinie $I_{ak} = f(I_e)$ bzw. $I_{ak} = f(\Theta_p)$.

Es ergibt sich die erforderliche Poldurchflutung, die zu einem Kurzschlußstrom entsprechend dem Nennstrom führt. Das ist in der Darstellung Bild 7.4.2–5 die Strecke $0-b$.

Bekannt ist jetzt nur noch der Winkel α, der sich aus der Neigung der Kennlinie für die Leerlaufspannung ergibt. Alle anderen Größen des

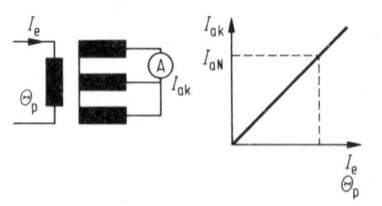

Bild 7.4.3–1 Kurzschlußversuch Schaltung und Kurzschlußstrom-Kennlinie

Potier-Dreiecks lassen sich unmittelbar aus dem Kurzschlußversuch nicht ableiten.

Es bedarf der Kenntnis eines echten Betriebspunktes bei induktiver Last in der Zuordnung $U \dots \Theta_p$, beispielsweise des Punktes B.

Trägt man von diesem Betriebspunkt waagerecht die Strecke 0–b ab und an den Endpunkt den Winkel α an, so schneidet dieser Strahl die Kennlinie der Leerlaufspannung im Punkt C. Über die Senkrechte von C aus wird das Dreieck ABC ≙ abc gefunden. Die Längen der Katheten lassen sich ablesen.

7.4.4 Zeigerdiagramm, Ersatzschaltung

Vor Aufstellung des Zeigerdiagramms müssen wir uns zunächst einige Konsequenzen des üblichen Verbraucher-Zählpfeilsystems in das Gedächtnis zurückzurufen. Wir sind gewohnt, beim rein ohmschen Verbraucher Spannung und Strom in Phase zu sehen und bei rein induktiver Last den Strom um 90° nacheilend gegenüber der Spannung zu kennzeichnen.

Bezogen auf die Quellenspannung, also unseren Generator, ergibt sich im ersten Falle eine Gegenphasenlage; im zweiten Falle dagegen eilt der Strom der Spannung um 90° vor.

Wir können also feststellen, daß sich unser Generator bei der Abgabe einer induktiven Last genau so verhält, wie ein Kondensator, der kapazitive Leistung aufnimmt.

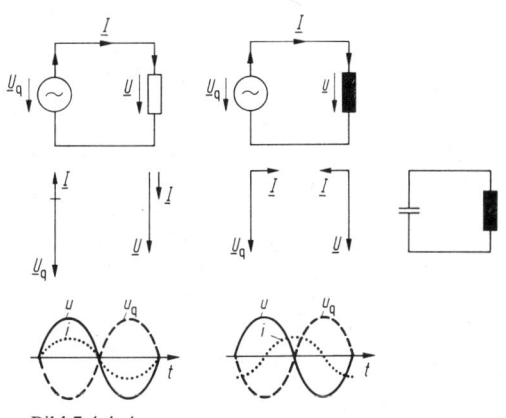

Bild 7.4.4–1
Konsequenzen des Verbraucher-Zählpfeilsystems

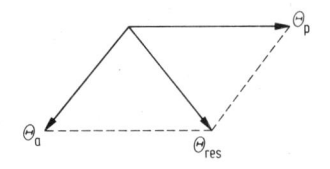

Die Begriffe Leistungs-„Aufnahme" bzw. -„Abgabe" bedingen bereits einen Vorzeichenwechsel um 180°, der dann zu den erwähnten Konsequenzen führt.

Zurück zur Betrachtung der Ankerrückwirkung. Die beiden Durchflutungen des Polrades Θ_p und des Ankers Θ_a – das sind die des Läufers und des Ständers – lassen sich geometrisch zur resultierenden Durchflutung Θ_{res} zusammenfassen.

Für die Polraddurchflutung ist der Erregerstrom I_e, für die Anker-(Ständer-) Durchflutung der Laststrom I maßgebend. Es erscheint lohnend, einen resultierenden Erregerstrom für die Durchflutung Θ_{res} zu definieren.

Dazu muß man allerdings den Ständerstrom I unter Berücksichtigung der unterschiedlich wirksamen Windungszahlen je Pol von der Anker- auf die Erregerseite umrechnen.

Das erinnert entfernt an die Umrechnung des Sekundärstromes eines Transformators auf die Primärseite. Wir arbeiteten dort mit:

$$I'_2 = \frac{I_2}{\ddot{u}}.$$

Führen wir in Analogie ein fiktives Übertragungsverhältnis

$$\ddot{u}_{ea} = \frac{N_e}{N_a}$$

mit N_e = wirksame Windungszahl der Erregerwicklung je Pol

N_a = wirksame Windungszahl der Anker- (Ständer-)wicklung je Pol und Strang

ein, dann gilt für den bezogenen Strangstrom des Ständers:

$$I' = \frac{I}{\ddot{u}_{ea}}$$

Entsprechend den Durchflutungen ergibt sich ein Erregerstrom-Dreieck gem. Bild 7.4.4–2.
Der resultierende Erregerstrom $I_{e\,res}$ steht als Zeiger senkrecht zum Zeiger der Klemmenspannung $\underline{U} \approx \underline{U}'_q$.
Die zuletzt gemachte Aussage verdeutlicht man sich am besten, indem man in das zweipolige Schema die Wickelachsen für das Polrad und die Ständerwicklung mit der momentan höchsten Strangspannung einzeichnet.
Was für die Zeiger $\underline{I}_p$ und $\underline{U}_q$ gilt, hat natürlich auch für die Zeiger $\underline{I}_{e\,res}$ und $\underline{U}'_q$ Gültigkeit; auch sie stehen aufeinander senkrecht.
Wir werden das nach dem Beispiel noch präzisieren.

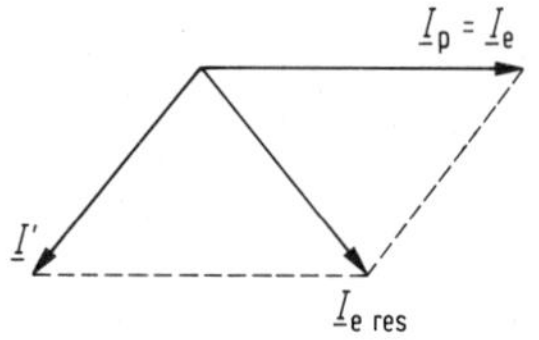

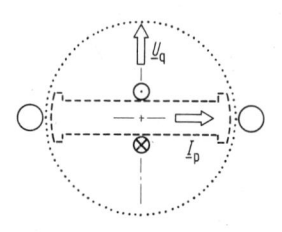

Bild 7.4.4–2   Erregerstrom-Dreieck

Beispiel 7.4.4–1

Bei einer Synchronmaschine mit dem Windungszahlverhältnis

$$\frac{N_e}{N_a} = \ddot{u}_{ea} = 16$$

ist die Polradwicklung von einem Leerlauferregerstrom $I_p = I_e = 55\,\text{A}$ durchflossen.
Die Belastung führt zu einem Strangstrom in der Ständerwicklung $I = 400\,\text{A}$, der entsprechend $\cos\varphi_{ind} = 0{,}5$ in der Phase verschoben ist.
Bestimmen Sie den resultierenden Erregerstrom $I_{e\,res}$.

Lösung:

Lage des Erregerstrom-Dreiecks:

$\cos\varphi = 0{,}5 \triangleq \varphi = 60°$

Eintragung entsprechend Verbraucherzählpfeilsystem.

Größe des Erregerstromdreiecks

Seiten: $I_p = I_e = 55\,\text{A}$

$$I' = \frac{I}{\ddot{u}_{ea}} = \frac{400\,\text{A}}{16} = 25\,\text{A}$$

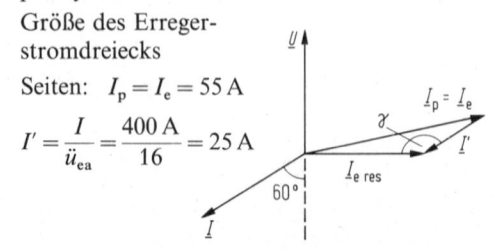

7.4 Betriebsverhalten

$I_{e\,res}$ nach dem Cosinus-Satz

$$I_e^2 = I'^2 + I_{e\,res}^2 - 2 \cdot I' \cdot I_{e\,res} \cdot \cos\gamma$$

$$\gamma = 150°$$

Angaben in A bzw. A^2:

$$55^2 = 25^2 + I_{e\,res}^2 - 2 \cdot 25 \cdot I_{e\,res}(-0{,}866)$$

$$I_{e\,res}^2 + 43{,}3 \cdot I_{e\,res} - 2400 = 0$$

$$I_{e\,res} = -21{,}7\,{{+}\atop{(-)}}\sqrt{469 + 2400} = \mathbf{31{,}9\,A}$$

Übung 7.4.4–1

Bestimmen Sie den resultierenden Erregerstrom $i_{e\,res}$ für die allgemeinen Daten des Beispiels 7.4.4–1 nur mit dem Unterschied, daß der Laststrom $I = 400$ A jetzt am Verbraucher um 90° nacheilt (rein induktive Last).

Lösung:

Wir präzisieren die Zuordnung der Zeiger $\underline{I}_p$ und $\underline{U}_q$ einerseits, sowie $\underline{I}_{e\,res}$ und $\underline{U}'_q$ andererseits:

Die Werte U_q und U'_q wären an der gekrümmten Spannungskennlinie ablesbar. Das erschwert die Übersicht, und wir suchen nach einer weiteren Vereinfachung.

Wenn wir nämlich die Leerlaufkennlinie durch eine Gerade ersetzen würden und damit Proportionalität annehmen:

$$\frac{U_q}{U'_q} \approx \frac{I_p}{I_{e\,res}},$$

so ist das skizzierte Spannungsdreieck dem Stromdreieck ähnlich. Der Zeiger $\underline{U}_q - \underline{U}'_q$ steht auf dem Zeiger des Stromes $\underline{I}'$ und damit auch $\underline{I}$ senkrecht und kann als induktiver Spannungsabfall gedeutet werden:

$$\boxed{\underline{U}_q - \underline{U}'_q = jX_h \cdot \underline{I}} \qquad (7.4.4-1)$$

Hinzu kämen die schon in 7.4.2 erwähnten Spannungsabfälle durch den Streublindwiderstand X_σ und den ohmschen Widerstand R der Ständerwicklung. Deren Berücksichtigung führt – wie schon in Bild 7.4.2–1 gezeigt – schließlich zur Klemmenspannung U.

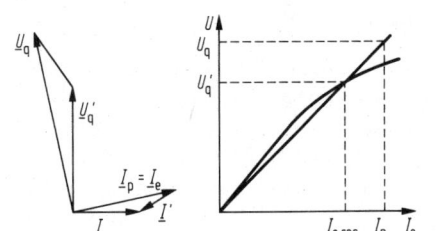

Bild 7.4.4–3 Spannungsdiagramm der Synchronmaschine als Generator bei $\cos\varphi_{ind} = 0{,}5$

Unter der vereinfachenden Annahme einer linearisierten Kennlinie kommen wir zu folgendem Ersatzschaltbild für den auf einen getrennten Verbraucher – also im Inselbetrieb – speisenden Synchron-Generator:

Der Hauptblindwiderstand, genannt: Hauptreaktanz X_h
ist maßgebend für den Spannungsabfall durch die Ankerrückwirkung;
sie läßt sich mit dem Streublindwiderstand, genannt: Streureaktanz X_σ

zusammenfassen zur: Synchronreaktanz $X_d = X_h + X_\sigma$ (7.4.4–2)

Der Wicklungswiderstand der Ständerwicklung, dargestellt als: Wirkwiderstand R
ist demgegenüber meist vernachlässigbar.

Unter diesen Umständen ergibt sich die im Bild 7.4.4–3 skizzierte Ortskurve für die Klemmenspannung U bei konstanter Quellenspannung U_q und im Betrag konstanten, aber in der Phasenlage veränderlichem Laststrom I.
Die Folge sind Spannungskennlinien, wie wir sie schon im Bild 7.4.2–4 orientierend kennengelernt haben.

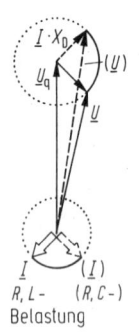

Bild 7.4.4–3 Ortskurve der Klemmenspannung U für einen Synchrongenerator im Inselbetrieb bei konstantem Erregerstrom I_p und konstantem Laststrom I mit veränderlicher Phasenlage

Beispiel 7.4.4–2

Ein idealisiert zu betrachtender Drehstrom-Synchrongenerator ist bei im Stern geschalteter Ständerwicklung so erregt, daß die Leiterspannung im Leerlauf $U_L = 380$ V beträgt.
Bei einer Synchronreaktanz $X_d = 1,8\,\Omega$ ist er mit dem reinen Wirkstrom $I_L = 50$ A belastet. Welchen Wert nimmt die Lastspannung U_L an?

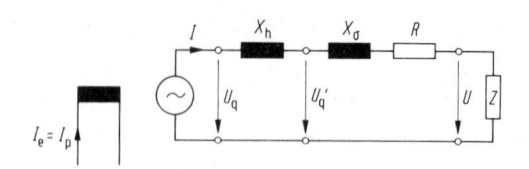

Lösung:

$$U_q^2 = U^2 + (I \cdot X_d)^2$$

wegen $\underline{I} \cdot X_d \perp \underline{U}$

$$U = \sqrt{U_q^2 - (I \cdot X_d)^2}$$

einzusetzen sind Strang-Größen

$$U = \sqrt{\left(\frac{380\,\text{V}}{\sqrt{3}}\right)^2 - (50\,\text{A} \cdot 1,8\,\Omega)^2}$$

$$U = 200,1\,\text{V} = U_{Str}$$

Gesucht: Leiterspannung

$$U_L = \sqrt{3} \cdot 200,1\,\text{V} = \mathbf{347\,V}$$

Übung 7.4.4–2

Welchen größten Wert kann die Klemmenspannung U_L bei der Maschine des Beispiels 7.4.4–2 annehmen, wenn bei unveränderter Erregung der Laststrom $I_L = 50\,\text{A}$ mit anderer Phasenlage auftritt?
Definieren Sie die Art der Belastung.

Lösung:

7.5 Parallelbetrieb

Der diskutierte Inselbetrieb stellt keineswegs die ausschließliche Belastungsmöglichkeit dar. Häufig arbeitet die Synchronmaschine auf ein bestehendes Netz, also im Parallelbetrieb mit anderen Synchronmaschinen.

Maßnahmen, die im Inselbetrieb zu einer Veränderung der Klemmenspannung und/oder der Drehzahl geführt hätten, müssen jetzt andere Konsequenzen zeigen.

> Das stabile Netz bestimmt Klemmenspannung und Frequenz.

7.5.1 Voraussetzungen für das Zuschalten

Wenn das Zuschalten stoßfrei, d.h. unmerklich für Netz und Maschine erfolgen soll, müssen einige Bedingungen erfüllt sein:

Netz	zuzuschaltende Synchronmaschine
	• gleicher Betrag der Spannungen
	• gleiche Phasenlage der Spannungen
	• gleiche Phasenfolge der Spannungen
	• gleiche Frequenz

Im Ersatzschaltbild und im Zeigerdiagramm stellt sich der Idealzustand des Gleichgewichtes wie skizziert dar.

Es fließt zwischen dem Netz und der Synchronmaschine kein Strom.

Jede Abweichung vom Gleichgewichtszustand würde dagegen zu Ausgleichsströmen führen, über die wir jetzt im einzelnen diskutieren wollen.

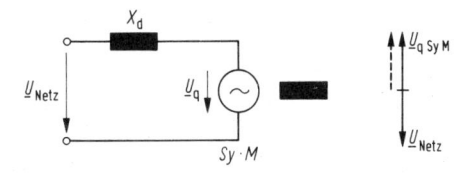

7.5.2 Nachträgliche Änderung des Polrad-Erregerstromes

Um auf Netzfrequenz zu kommen, mußte vor dem Zuschalten der Synchronmaschine bei der gekuppelten Arbeitsmaschine eine bestimmte

Drehzahl-Einstellung gewählt werden. Diese bleibt unverändert.

Wir beeinflussen lediglich den Erregerstrom – ausgehend vom Idealwert $I_e = I_p$ beim Zuschalten.

Die Differenzspannung $U_{qSyM} - U_{Netz}$ ist gleichbedeutend mit dem Spannungsabfall an X_d. Das bedingt Ausgleichsströme der gekennzeichneten Phasenlage.

$I_e > I_p$
Übererregung

$I_e < I_p$
Untererregung

Wir deuten:

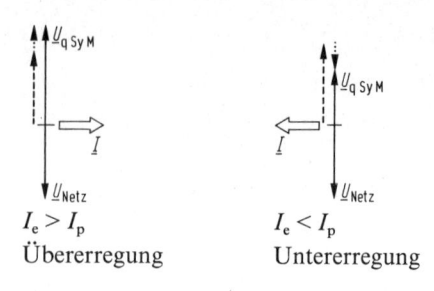

> Die übererregte Synchronmaschine wirkt für das Netz wie ein angeschlossener Kondensator.

> Die untererregte Synchronmaschine wirkt für das Netz wie eine angeschlossene Drosselspule.

7.5.3 Nachträgliche Änderung der Drehzahleinstellung bei der gekuppelten Arbeitsmaschine

Der vor dem Zuschalten der Synchronmaschine eingestellte Erregerstrom $I_e = I_p$ bleibt unverändert.

Wir beeinflussen jetzt das Stellglied bei der gekuppelten Arbeitsmaschine (z.B. Dampfturbine) in dem Sinne, daß es bei Inselbetrieb zu einer höheren oder niedrigeren Drehzahl gekommen wäre.

> Der Polradwinkel δ ändert sich.

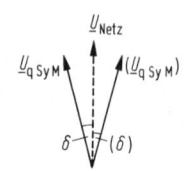

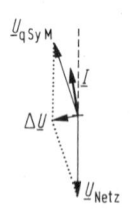

Diese Drehzahlveränderung kann nun natürlich nicht eintreten, weil der Synchronismus gewahrt bleiben muß. Es kommt lediglich zu einer gewissen Verschiebung der Stellung des Polrades relativ zum umlaufenden Ständerdrehfeld. Das beeinflußt die Lage des Zeigers $\underline{U}_{qSyM}$.

Die Differenzspannung $\Delta \underline{U}$ ist wieder gleichbedeutend mit dem Spannungsabfall an X_d, was zur gekennzeichneten Phasenlage des Ausgleichsstromes $\underline{I}$ führt. Er ist annähernd gleichgerichtet mit $\underline{U}_{qSyM}$ bzw. $\underline{U}_{Netz}$.

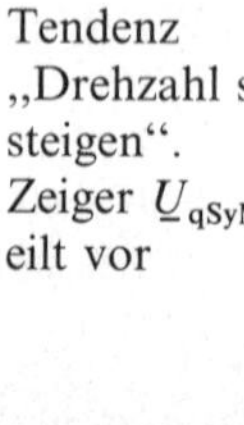

Tendenz „Drehzahl soll steigen".
Zeiger $\underline{U}_{qSyM}$ eilt vor

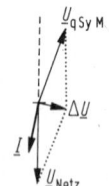

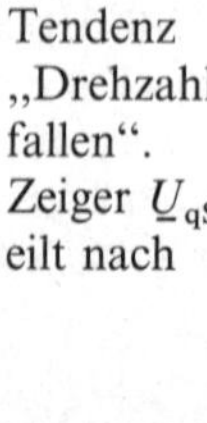

Tendenz „Drehzahl soll fallen".
Zeiger $\underline{U}_{qSyM}$ eilt nach

Wir deuten:

> Der voreilende Zeiger $\underline{U}_{qSyM}$ läßt die Synchronmaschine zum Generator mit zunehmender Leistungsabgabe an das Netz werden.

> Der nacheilende Zeiger $\underline{U}_{qSyM}$ läßt die Synchronmaschine zum Motor mit zunehmender Leistungsaufnahme aus dem Netz werden.

In der Zusammenfassung der beiden letzten Abschnitte wird die besondere Bedeutung der Synchronmaschine am Netz mit der Möglichkeit des Vierquadranten-Betriebes deutlich

```
                      Wirkleistungs-
                      Verbraucher
  Kapazitiver                          Induktiver
  Blindleistungs-   ─────▶─────        Blindleistungs-
  Verbraucher                          Verbraucher
                      Wirkleistungs-
                      Erzeuger
```

Der Strom in der Ständerwicklung ist so durch zwei Komponenten beeinflußbar:
Als Wirkstrom durch die Lasteinstellung.
Als Blindstrom durch die Erregerstromeinstellung.
In der Zusammenfassung ergeben sich Kurven, die für Einstellung und Auswertung sehr bedeutungsvoll sind.

7.5.4 V-Kurven

Beim idealen Zuschalten der Synchronmaschine an das Netz war der Laststrom im Sinne eines Ausgleichsstromes = Null.
Die dazu notwendige Erregerstromeinstellung: $I_e = I_p$

Bei jeder Abweichung von dieser Grundeinstellung steigt der Laststrom I.
Die typische Form der „V"-Kurve in der Darstellung $I = f(I_e)$ wird auch beibehalten, wenn man über das Stellglied der gekoppelten Arbeitsmaschine zu einer anderen Lasteinstellung kommt.
Das Ergebnis sind Kurvenscharen mit der Belastung P als Parameterwert.

Bei Betrachtung einer idealen, ungesättigten verlustlosen Volltrommelmaschine ergeben sich angenähert gleiche Kurven für Motor- und Generatorbetrieb.

Die Verbindungslinie der jeweiligen Minima der Kurven kennzeichnet die Betriebspunkte für $\cos\varphi = 1$. Rechts davon liegt Übererregung, links davon Untererregung vor.

Den Leistungsfaktor für andere Betriebspunkte findet man aus der Relation I_{min}/I für den Parameterwert der betrachteten Leistungskurve.

Im Bereich kleinerer Erregerströme enden die V-Kurven an der Stabilitätsgrenze; bei höheren Erregerströmen ist die Grenze meist durch den zulässigen Ständerstrom gegeben.

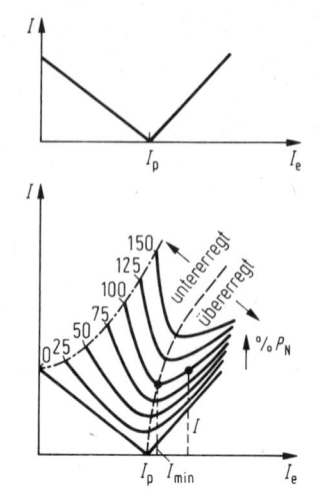

Bild 7.5.4-1 V-Kurven $I = f(I_e)$ – jeweils für $P =$ konst – bei einer idealen Volltrommelmaschine

Übung 7.5.4-1

Die dargestellte V-Kurve gilt für konstante Leistung P.

a) Bestimmen Sie für den markierten Betriebspunkt den Leistungsfaktor
b) Wirkt die Synchronmaschine hier für das Netz zusätzlich als Kondensator oder als Drosselspule?

Lösung:

7.5.5 Beeinflussung des Gesamt-Leistungsfaktors

Aus den Grundlagen der Elektrotechnik erinnern wir uns, daß die Mehrzahl der Verbraucher die Netze neben der Wirkleistung zusätzlich mit induktiver Blindleistung belasten. Das beeinflußt die zur Verfügung zu stellende Scheinleistung und über den größeren Strom auch die Verluste in den Zuleitungen.

Kennzeichen ist der Leistungsfaktor

$$\cos\varphi = \frac{P}{S}$$

Je mehr er vom Idealwert $\cos\varphi = 1$ abweicht, um so relativ größer ist die Blindleistung

$$Q = \sqrt{S^2 - P^2}$$

7.5 Parallelbetrieb

Bekannt ist das Verfahren, durch Parallelschaltung eines oder mehrerer Kondensatoren auf der Verbraucherseite das Netz ganz oder teilweise von der Blindleistung zu entlasten. Diese pendelt dann auf kurzem Wegen zwischen dem Kondensator und dem ohmisch-induktiven Verbraucher.

Man spricht von einer Verbesserung des Netz-Leistungsfaktors und kann einen günstigeren Tarif erreichen.

Der gleiche Effekt ist durch eine leerlaufende, übererregte Synchronmaschine zu erreichen

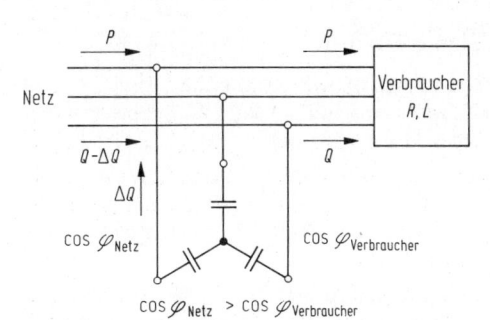

Bild 7.5.5–1 Verbesserung des Netzleistungsfaktors durch Parallelschaltung von Kondensatoren

Man spricht vom *Phasenschieberbetrieb*.

Phasenschieberbetrieb

Häufig nutzt man zwei Effekte:
Die Schaffung eines motorischen Antriebes und die Verbesserung des Leistungsfaktors durch Übererregung. Das ist meist ein wesentliches Kriterium, wenn man sich beim Antrieb für einen Synchron- und nicht für einen Asynchronmotor entscheidet.

Beispiel 7.5.5–1

Eine Verbraucheranlage entnimmt einem Drehstromnetz mit der Leiterspannung $U_L = 6000\,\text{V}$ eine symmetrische Leistung $P_{1a} = 800\,\text{kW}$ bei einem Leistungsfaktor $\cos\varphi_a = 0{,}7$ (induktiv)

Ein neuer Antrieb benötigt eine Leistung $P_{2b} = 150\,\text{kW}$. Zum Einsatz soll ein Synchronmotor mit einem Wirkungsgrad $\eta_b = 0{,}9$ kommen.

Für welche Nennleistung in kVA muß dieser Synchronmotor bemessen werden, wenn man gleichzeitig den Gesamtleistungsfaktor auf $\cos\varphi_{ges} = 0{,}85$ anheben will?

Lösung:

Ursprungssituation: $P_{1a} = 800\,\text{kW}$

$$Q_b = P_{1a}\frac{\sin\varphi_a}{\cos\varphi_a} = P_{1a}\tan\varphi_a$$

$$= 800\,\text{kW} \cdot 1{,}02 = 816\,\text{kvar}$$

Nach Zuschalten des Synchronmotors:

$$P_{\text{Netz}} = P_{1a} + P_{1b} = P_{1a} + \frac{P_{2b}}{\eta_b}$$

$$= \left(800 + \frac{150}{0{,}9}\right)\text{kW} = \mathbf{966{,}7\,\text{kW}}$$

Angestrebt:

$$Q_{\text{Netz}} = P_{\text{Netz}}\tan\varphi_{ges}$$

$$= 966{,}7\,\text{kW} \cdot 0{,}6197 = 599{,}1\,\text{kvar}$$

Die Differenz muß der Synchronmotor im Sinne eines Kondensators beisteuern.

$$Q_b = Q_{\text{Netz}} - Q_a = (816 - 599{,}1)\,\text{kvar}$$

$$= \mathbf{216{,}9\,\text{kvar}}$$

Bemessungsmaßstab für den Synchronmotor:

$$S = \sqrt{P_{1a}^2 + Q_b^2} = \sqrt{\left(\frac{150}{0{,}9}\right)^2 + 216{,}9^2}\,\text{kVA}$$

$$S = \mathbf{273{,}5\,\text{kVA}}$$

Übung 7.5.5–1

Bei einer Synchronmaschine für $S = 500$ kVA (Ds) werden $P = 300$ kW für einen motorischen Antrieb genutzt.

a) Welche kapazitive Blindleistung steht bei Übererregung zur Verfügung, wenn die Nennleistung nicht überschritten werden soll?

b) Welche Kapazität C müßte bei einer im Stern geschalteten Kondensatorenbatterie am Ds-Netz mit der Leiterspannung $U_L = 6000$ V eingesetzt werden, wenn die gleiche Blindleistung erreicht werden soll?

Lösung:

7.6 Drehmoment

Ein Generator, der Wirkleistung abgibt, benötigt zum Antrieb ein Drehmoment, ebenso wie der Motor, der bei Wirkleistungsaufnahme, durch ein Drehmoment abgebremst wird.

Das führt – wie wir im Abschnitt 7.5.3 lernten – zu einer Änderung des Polradwinkels δ, der durch die Phasenlage der Zeiger der Netzspannung U_{Netz} und der Quellenspannung der Synchronmaschine U_{qSyM} (Polradspannung) gekennzeichnet ist.

Dieser Polradwinkel prägt sich als *räumlicher Verschiebungswinkel* $\dfrac{\delta}{p}$ aus und kann sichtbar gemacht werden, wenn man eine Markierung auf der Welle z.B. mittels eines von der Netzfrequenz gesteuerten Lichtblitzstroboskopes betrachtet.

Die Verbindung zwischen dem Ständerdrehfeld und dem Polradsystem kann als elastische Kupplung gedeutet werden, dargestellt durch eine Feder, die je nach Drehmoment mehr oder weniger gespannt ist.

Um zu einer quantitativen Aussage zu kommen, greifen wir einmal das Spannungsdiagramm für eine übererregte Synchronmaschine im Motorbetrieb heraus.

Gegenüber der Klemmenspannung = Netzspannung U

– eilt der Strom I um den Winkel φ vor

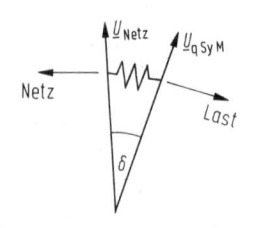

$\boxed{\text{räumlicher Verschiebungswinkel } \dfrac{\delta}{p}}$

7.6 Drehmoment

– eilt die Polradspannung $\underline{U}_{qSyM}$ als Ergebnis der Belastung um den Winkel δ nach.

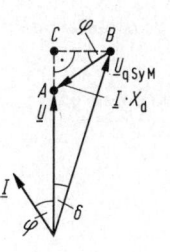

In einer Hilfskonstruktion ergibt sich ein rechtwinkliges Dreieck ABC.

Für die Kathete BC lesen wir ab:

$$|U_{qSyM} \cdot \sin\delta| = |I \cdot X_d \cdot \cos\varphi|$$

und weiter:

$$\boxed{|I\cos\varphi| = \left|\frac{U_{qSyM}}{X_d} \sin\delta\right|} \qquad (7.6\text{--}1)$$

$I\cos\varphi\ $ = Wirkstrom

= Maß für Wirkleistung P

= Maß für Drehmoment $M \sim \dfrac{P}{n}$

Auf der Basis konstanter Netzspannung $\underline{U}$ und konstanter Polraderregung, d.h. U_{qSyM} = konst, ergibt sich als wichtige Aussage für den bisher ausschließlich betrachteten Vollpolläufer:

$$\boxed{M \sim \sin\delta} \qquad (7.6\text{--}2)$$

Diese Feststellung gilt – abgesehen vom Vorzeichen – analog auch für den Generatorbetrieb.

7.6.1 Kippmoment

Das Drehmoment steigt sinusförmig mit wachsendem Polradwinkel δ, bis es bei $\delta = 90°$ den Maximalwert erreicht.

Man spricht vom „Kippmoment", denn bei Überschreitung fällt die Maschine „außer Tritt". Das ist gleichbedeutend mit einem Reißen der vorgestellten „elastischen Kupplung".

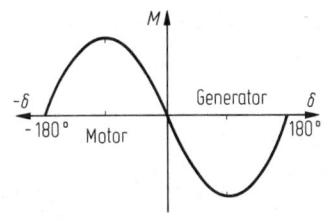

Bild 7.6.1–1 Drehmoment $M = f(\delta)$ beim Vollpolläufer. Netzspannung, Erregerstrom = konst.

Das Kippmoment stellt eine natürliche Grenze der Überlastungsfähigkeit dar, etwa in dem Sinne, wie wir es auch beim Asynchronmotor kennengelernt haben.

Die Überlastungsfähigkeit ist abhängig von der Erregung. Übererregung führt zu einer Steigerung; Untererregung zu einer Minderung.

Wir erinnern uns an die V-Kurven nach Bild 7.5.4–1, die im Bereich der Untererregung mit der jetzt begründeten Stabilitätslinie eine natürliche Begrenzung fanden.

Das Kippmoment erreicht praktisch einen Wert

wobei man bei Nennbetrieb von einem Polradwinkel

$$M_K \approx 2 \cdot M_N$$

$$\delta \approx 25° \text{ bis } 30° \quad \text{bei } M = M_N$$

ausgehen kann.

Beispiel 7.6.1–1

Bei einer Synchronmaschine mit Volltrommelläufer möge sich bei Nennspannung, gegebenem Erregerstrom und Belastung mit dem Nennmoment ein Polradwinkel $\delta_N = 31°$ ergeben.

a) In welchem Verhältnis steht in diesem Fall das Kippmoment zum Nennmoment?

b) Wie ändert sich die Relation gem a), wenn man den Erregerstrom um 10% steigert und Proportionalität zwischen Erregerstrom und Quellenspannung voraussetzt?

Lösung:

a) $\dfrac{M_K}{M_N} = \dfrac{C \cdot \sin \delta_K}{C \cdot \sin \delta_N} = \dfrac{\sin 90°}{\sin 31°} = \dfrac{1{,}0}{0{,}515} = \mathbf{1{,}94}$

b) Aus Gleichung 7.6–1 wird die Proportionalität zwischen dem Drehmoment und der Quellenspannung U_{qSyM} deutlich.
Bei angenommener Linearität gilt:

$\dfrac{M'_K}{M_N} = 1{,}1 \; \dfrac{M_K}{M_N} = 1{,}1 \cdot 1{,}94 = \mathbf{2{,}134}$.

Übung 7.6.1–1

a) Welches Nennmoment entwickelt ein zweipoliger Synchronmotor, der – auf $\cos \varphi = 0{,}85$ erregt – am 50 Hz-Netz mit der Leiterspannung $U_L = 500$ V einen Leiterstrom $I = 15$ A aufnimmt. Der Wirkungsgrad beträgt dabei $\eta = 0{,}982$.

b) Welcher Polradwinkel δ stellt sich dabei ein, wenn die Relation M_K/M_N mit 2,2 bekannt ist?

Lösung:

7.6.2 Anlauf bei Motorbetrieb

Der Synchronmotor entwickelt von sich aus – im Gegensatz zum Asynchronmotor – kein besonderes Anlaufmoment. Er kann deshalb nicht selbständig anlaufen, unabhängig davon, ob und wie stark der Läufer erregt ist. Es bedarf besonderer Anlaufmaßnahmen.

Zu den wichtigsten gehören:

Bereits im Abschnitt 7.3.1 lernten wir den Dämpferkäfig kennen, der bei entsprechender Dimensionierung die Funktion eines Anlaufkäfigs übernehmen kann. Ohne Läufererregung wird die Ständerwicklung an das Netz gelegt. Nach Erreichen der asynchronen Läu-

– Asynchroner Anlauf

ferdrehzahl wird die Gleichstromerregung eingeschaltet, und der Läufer „fällt in Tritt". Der Anlaufkäfig wird jetzt wirkungslos.

Besondere Maßnahmen zur Minderung des Anlaufstromes, wie wir sie vom Asynchronmotor kennen, sind auch hier üblich.

Steht z. B. für eine spätere Drehzahlsteuerung ein Umrichter zur Verfügung, so bietet sich an, diesen auch für den Anlauf mit kleiner Frequenz zu nutzen.

– Frequenzanlauf

Ein mit dem Läufer gekuppelter Anlaufmotor beschleunigt diesen bis zur Drehfelddrehzahl n_d. Dann wird synchronisiert und der Motor wieder abgeschaltet. In besonderen Fällen nutzt man auch die gekuppelte Erregermaschine als Anlaufmotor.

– Anlaufmotor

7.7 Abweichendes Verhalten der Schenkelpolmaschine

Alle bisherigen Überlegungen galten dem Volltrommelläufer, der bei jeder Stellung den gleichen magnetischen Widerstand aufweist.

Im Gegensatz dazu kann man beim Schenkelpolläufer zwei Achsen mit unterschiedlicher Leitfähigkeit definieren:

Sie werden durch Komponentenzerlegung berücksichtigt.

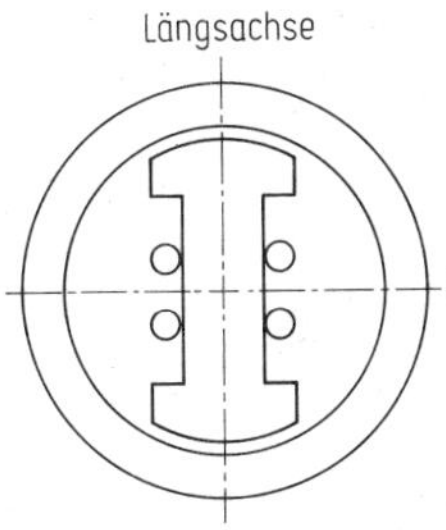

Bild 7.7–1
Die verschiedenen Achsen beim Schenkelpolläufer

Das führt z. B. anstelle von (7.7.4–2) zur Definition von:

– Synchrone Längsreaktanz X_d
– Synchrone Querreaktanz X_q

Zu Ergebnissen kommt man durch Überlagerung, die aber den Rahmen dieses Lernbuches übersteigen.

Eine Besonderheit ist das *Reaktionsmoment* M_r.

Reaktionsmoment M_r

Es sorgt dafür, daß der Schenkelpolläufer bei mäßiger Last auch ohne Erregung synchron weiterläuft.

Das mit n_d umlaufende Ständerdrehfeld kann auf den Zylinder des Vollpolläufers kein Drehmoment ausüben. Dagegen stellt sich der Schenkelpolläufer mit seiner magnetischen

Vorzugsrichtung auf die Achse des Ständerdrehfeldes ein und wird mitgenommen.

Da sich beim unerregten Läufer die magnetischen Verhältnisse bereits nach 180°-Drehung wiederholen, ändert sich das Reaktionsmoment sinusförmig mit dem doppelten Polradwinkel δ:

$$\boxed{M_r \sim \sin(2\delta)} \qquad (7.7\text{--}1)$$

Bei der Überlagerung zur Bildung des resultierenden Drehmomentes bei erregtem Läufer muß das Reaktionsmoment Berücksichtigung finden.

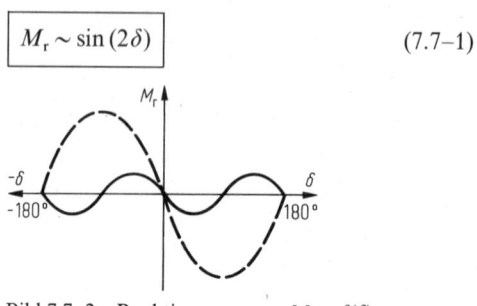

Bild 7.7–2   Reaktionsmoment $M_r = f(\delta)$

Lernzielorientierter Test zu Kapitel 7

1. Wieviel Anschlußklemmen besitzt die normale Drehstrom-Synchronmaschine im Gegensatz zum Asynchronmotor mit Kurzschlußläufer?

2. Wie unterscheidet sich im Normalfall die Ausführung des Läufers einer zweipoligen von der einer sechspoligen Synchronmaschine, wenn man in beiden Fällen Innenpolmaschinen voraussetzt?

3. Wie unterscheidet sich das Betriebsverhalten der Synchronmaschine im Inselbetrieb von dem am starren Netz, wenn Sie insbesondere an das Spannungs- und Drehzahl- (Frequenz-) Verhalten denken?

4. Nennen Sie die vier Bedingungen, die beim Zuschalten der Synchronmaschine auf ein starres Netz beachtet werden müssen.

5. Zur Kontrolle, ob diese Zuschaltbedingungen eingehalten wurden, wendet man bei einem Versuch die skizzierte Lampenschaltung an.
   a) Wie muß das Verhalten dieser Lampen im Zuschaltaugenblick sein?

b) Für welche Spannung müssen diese Lampen unter Berücksichtigung des ungünstigsten Falles bemessen sein?

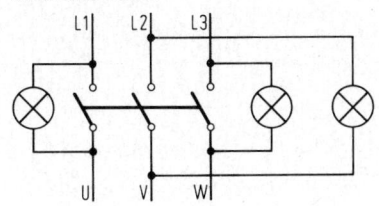

6. Von einer V-Kurven-Schar ist nebenstehend eine spezielle Kurve skizziert.
   a) Bestimmen Sie die Beschriftung von Abszisse und Ordinate.
   b) Bestimmen Sie den speziellen Parameterwert für die Kurve.
   c) Welche Voraussetzung muß bei der Kennzeichnung zu b) gemacht werden, wenn die Kurve angenähert für Motor- und Generatorbetrieb gelten soll?

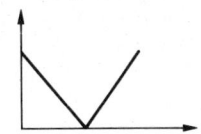

7. In einem Drehstromständer bewegt sich – von außen angetrieben – ein unerregtes Polrad mit ausgeprägten Polen mit geringem Schlupf, etwa mit asynchroner Drehzahl.
   a) Geben Sie mit Begründung an, ob der aufgenommene Leerlaufstrom konstant oder veränderlich ist.
   b) Ist die Spannung, die man an den offenen Schleifringen des Polrades während des Umlaufs messen kann, konstant oder veränderlich?

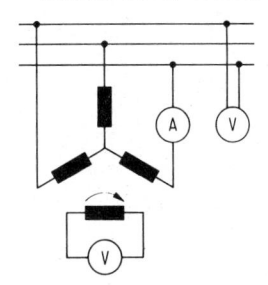

8. Bei einem Synchrongenerator im Inselbetrieb steigt die Spannung mit zunehmender Belastung an, obwohl Polraderregung und Drehzahl konstant gehalten werden. Unter welchen Voraussetzungen kommt es zu dieser Erscheinung? Wie ist sie zu erklären?

9. Bei welchem Polradwinkel δ kommt es beim Synchronmotor zum Kippen? Wodurch ist die Höhe dieses Kippmomentes beeinflußbar?

10. Welche Maßnahme hilft bei mechanischen Pendelungen des Polrades?

8 Drehstrom-Stromwendermaschinen

Lernziele

Nach der Durcharbeitung dieses Kapitels können Sie
- den grundsätzlichen Aufbau der Drehstrom-Stromwendermaschinen erläutern,
- die Abgrenzung gegenüber der reinen Drehstrommaschine und der Gleichstrom-Stromwendermaschine vornehmen,
- die Unterschiede in Schaltung und Betriebsverhalten zwischen dem Nebenschlußmotor und dem Reihenschlußmotor verstehen,
- verschiedene Ausführungsformen des Nebenschlußmotors beschreiben.

8.0 Allgemeines

Der Name „Drehstrom-Stromwendermaschine" ergibt sich aus der Kombination eines Drehstrom-Ständers und eines Gleichstrom-Läufers, gekennzeichnet durch seinen Stromwender. Letzteren haben wir als mechanischen Frequenzwandler kennengelernt und verbinden damit die Vorstellung einer Maschine mit wirtschaftlich steuerbarer Drehzahl.

Diese Vorteile bei einem drehstromgespeisten Motor zu nutzen, war der eigentliche Sinn der Entwicklung dieses Maschinentyps.

Moderne Techniken haben Alternativlösungen gebracht und damit die Bedeutung etwas zurückgehen lassen.

Weniger wegen der Schaltung, sondern mehr wegen des Verlaufes der Drehzahlkennlinien $n = f(M)$ unterscheidet man zwischen

– Nebenschlußmotor
– Reihenschlußmotor

8.1 Nebenschlußmotor

Wir kennen die Nebenschlußkennlinie als schwach geneigte Kurve $n = f(M)$ und erwarten Kennlinien, die abhängig von einem noch zu definierenden Parameter den in Bild 8.1–1 skizzierten Verlauf haben.

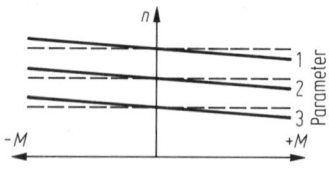

Bild 8.1–1 Prinzipieller Verlauf der Nebenschlußkennlinien $n = f(M)$

8.1.1 Ständerspeisung

Wenn wir in einen Drehstromständer mit z.B. im Stern geschalteter Wicklung einen

8.1 Nebenschlußmotor

"Gleichstrom"-anker mit Stromwender stecken und auf diesem in zweipoliger Ausführung drei Bürstensätze anbringen, so ergibt sich die Darstellung des Bildes 8.1.1–1.

Bei Anschluß der Ständerwicklung an das Netz (50 Hz) entsteht in bekannter Weise ein Drehfeld, das mit n_d umläuft. In der zunächst noch stillstehenden Läuferwicklung wird eine Spannung erzeugt, die zwischen benachbarten Bürsten den Betrag U_{q20} erreichen möge.

Sobald der Läufer in irgendeiner Weise in Umdrehungen versetzt wird, gelten die Überlegungen, die wir bereits im Abschnitt 5.2.2 in Zusammenhang mit dem Schlupf s angestellt haben.

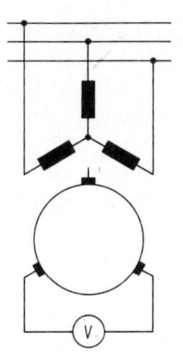

Bild 8.1.1-1 Prinzipskizze des ständergespeisten Nebenschlußmotors

Stillstand $\quad s=1 \qquad U_{q2} = U_{220}$

allgemein $\qquad\qquad\quad U_{q2} = s \cdot U_{q20}$

Die Frequenz im Innern der Läuferwicklung entspricht nach (5.2.3–2)

$$f_2 = s \cdot f_1 = s \cdot 50\,\text{Hz}$$

Außen an den Bürsten bleibt es bei der Netzfrequenz $f_1 = 50\,\text{Hz}$. Das ist bei Läuferstillstand ohne weiteres verständlich, gilt aber auch für jede andere Läuferdrehzahl.

Wir machen uns das am besten verständlich, wenn wir uns bei einer Gleichstrommaschine mit rotierendem Läufer zusätzlich einen drehbaren Ständer vorstellen.

Steht der Ständer – wie üblich – im Raume still ($n_{Stdr} = 0$), ist die Bürstenfrequenz $f_{Bü} = 0$ (Gleichstrom).

Lassen wir den Ständer gem. Bild 8.1.1–2 z. B. mit $n_{Stdr} = 1\,\text{s}^{-1}$ rotieren, ist das Ergebnis $f_{Bü} = 1\,\text{Hz}$.

Bei der Gleichstrommaschine diente der Stromwender oder Kommutator als automatischer Frequenzwandler zwischen der jeweiligen Läuferfrequenz und der äußeren Frequenz $f = 0$; hier übernimmt er die Funktion:

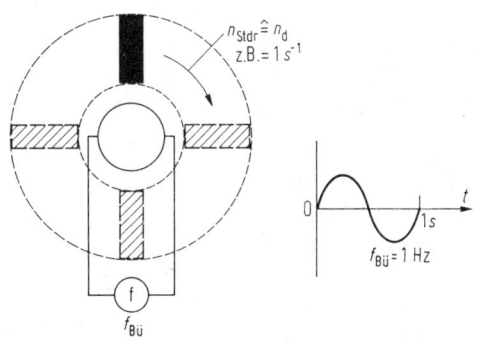

Bild 8.1.1-2 Schema zur Verdeutlichung der Bürstenfrequenz $f_{Bü} = f(n_d)$

> Stromwender = automatischer Frequenzwandler zwischen der inneren Schlupffrequenz und der äußeren Netzfrequenz.

Wenn man also die Spannung U_{q2} mit Netzfrequenz – gleichsam als Sollwertvorgabe – den Stromwenderbürsten zuführt, übernimmt dieser Kommutator die automatische Übertragung auf die passende Schlupffrequenz.

Damit ist bereits das Prinzip dieses Drehstrom-Stromwendermotors deutlich geworden, und wir werden an die im Abschnitt 6.8.1 behandelten Verfahren zur Steuerung der Drehzahl des Asynchronmotors über die Beeinflussung des Schlupfes erinnert. Der Kommutatormotor ist im Wirkungsgrad der dort beschriebenen Lösung überlegen.

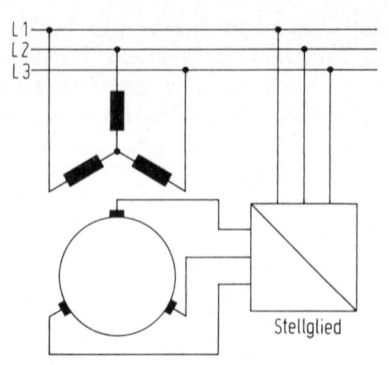

Bild 8.1.1–3 Prinzip des ständergespeisten Drehstrom-Nebenschlußmotors

Die Spannungsvorgabe für den Läufer kann auf verschiedene Arten erfolgen; von Bedeutung sind:

– Transformator mit angezapfter Sekundärwicklung

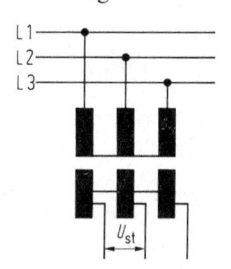

Sobald die sekundäre Anzapfung die Mittelverbindung überschreitet, ändert sich das Vorzeichen der Steuerspannung U_{st} bei gleichbleibender Wirkungslinie.

– Einfachdrehtransformator in Verbindung mit einer transformatorisch erzeugten festen Zusatzspannung

Den Drehtransformator haben wir schon im Abschnitt 4.2 kennengelernt. In der hier diskutierten Nutzung als Stellglied wird z. B. die bewegliche Läuferwicklung zusammen mit der Haupt-Ständerwicklung der Drehstrom-Stromwendermaschine an das Netz gelegt. Die Ständerwicklung des Drehtransformators liegt in Reihe mit einer Zusatzwicklung, die in den Ständernuten der Hauptmaschine untergebracht ist, an den Bürsten des Kommutators.

Die geometrische Summe aus der festen Zusatzspannung und der im Betrag ebenfalls konstanten, in der Phasenlage aber veränderlichen Drehtransformatorspannung bildet die Steuerspannung U_{st}.

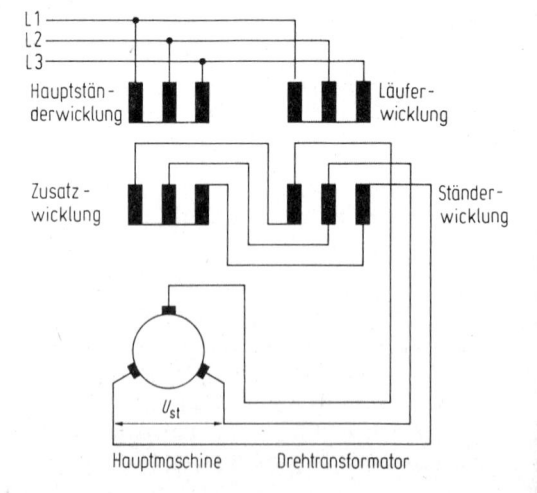

8.1 Nebenschlußmotor

Bei gleichen Beträgen der Zusatzspannung U_{zus} und der Spannung des Drehtransformators U_{DTr} ergibt sich bei veränderlichem Winkel α die skizzierte Zusammenfassung zur Steuerspannung U_{st}, die sich selbst in der Phasenlage um den Winkel β dreht.

$$\beta = \tfrac{1}{2}\alpha$$

Um die Steuerspannung gleichphasig zur abgegriffenen Läuferstillstandsspannung U_{20} zu bekommen, muß bei Veränderung der Drehtransformatorspannung um den Winkel α das Bürstenjoch der Hauptmaschine gleichzeitig um den Winkel β gedreht werden.

Das führt dazu, daß bei Überschreitung von 180° für den Winkel α die Steuerspannung U_{st} in Gegenphase zur Stillstandsspannung U_{20} kommt.

Die Extremwerte der Steuerspannung U_{st} bestimmen die Grenzen des Drehzahlstellbereiches.

Es gilt für die Leerlaufdrehzahl n_0:

$$\boxed{n_0 = \frac{U_{20} - U_{st}}{U_{20}} n_d = (1-s)n_d} \quad (8.1.1\text{-}1)$$

Die Steuerspannung U_{st} wird zur kennzeichnenden Parametergröße für die Kennliniendarstellung nach Bild 8.1-1.

Mit sinkender Steuerspannung steigt die Motordrehzahl, erreicht bei $U_{st} = 0$ den Wert $n = n_d$ und geht bei Wechsel des Vorzeichens auf übersynchrone Werte über.

Beispiel für den Drehzahlbereich eines 6-poligen Drehstrom-Stromwendermotors am 50 Hz-Netz

$n_0 = 500 \ldots 1500 \text{ min}^{-1}$

Übung 8.1.1-1

In welchem Verhältnis stehen Steuerspannung U_{st} und Läuferstillstandsspannung U_{20} bei den Grenzen des oben gekennzeichneten Drehzahlbereiches?

Lösung:

Übung 8.1.1-2

Welche Polzahl hat ein Drehstrom-Stromwendermotor, der bei gleichen Beträgen der Steuerspannung am 50 Hz-Netz die Grenzwerte der Leerlaufdrehzahlen $n_{01} = 400 \text{ min}^{-1}$ bzw. $n_{02} = 800 \text{ min}^{-1}$ aufweist?

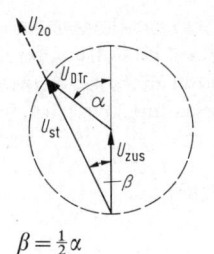

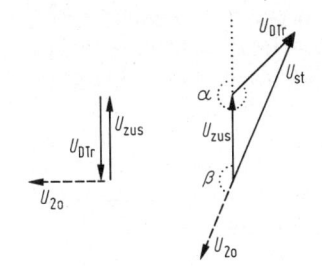

Lösung:

Innere Spannungsabfälle führen bei konstanter Steuerspannung zu den im Bild 8.1–1 dargestellten schwach geneigten Drehzahlkennlinien in Abhängigkeit von der Belastung.

8.1.2 Läuferspeisung

Hier werden die Rolle von Ständer und Läufer des Drehstrom-Stromwendermotors vertauscht. Dazu erhält der Läufer zwei getrennte Wicklungen, von denen die eine – dreiphasig ausgeführt – als Primärwicklung über Schleifringe am Netz angeschlossen ist.

Die zweite Wicklung – in den gleichen Nuten liegend – ist eine normale Gleichstromankerwicklung, die zum Stromwender geführt ist.

Auf diesem schleifen zwei gegeneinander bewegliche Bürstensätze, die – abhängig von der Stellung – eine unterschiedlich große Spannung abgreifen. Diese wird als Steuerspannung U_{st} den offenen Anschlußenden der Ständerwicklung, die hier als Sekundärwicklung fungiert, zugeführt.

Das Drehfeld, das von der Netzwicklung im Läufer hervorgerufen wird, läuft relativ zum Läufer mit Drehfelddrehzahl n_d um. Relativ zum Ständer ist dagegen die Schlupfdrehzahl maßgebend, und die in der Ständerwicklung induzierte Spannung entspricht der Schlupfspannung $U_2 = s \cdot U_{20}$.

Die Steuerspannung U_{st}, die bestimmend für diese Schlupfspannung und damit die Läuferdrehzahl wird, ergibt sich aus dem gewählten Bürstenabgriff.

Für einen Strang erläutern dies die Skizzen:

Bild 8.1.2–1 Prinzip eines läufergespeisten Drehstrom-Nebenschlußmotors

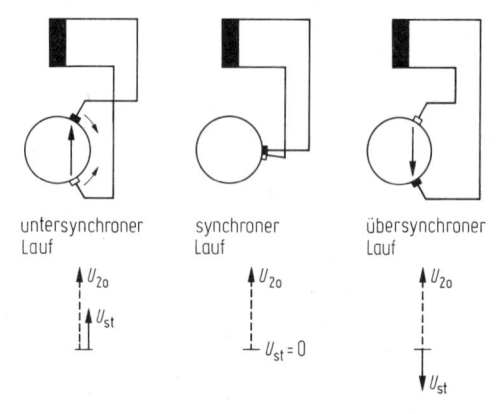

untersynchroner Lauf

synchroner Lauf

übersynchroner Lauf

Die Steuerspannung des läufergespeisten Nebenschlußmotors gehorcht etwa dem Gesetz:

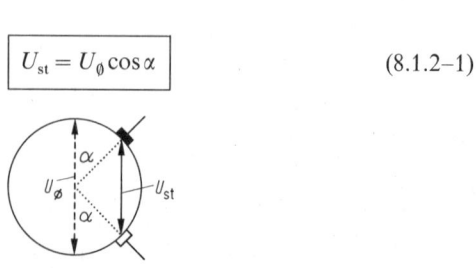

$$U_{st} = U_\emptyset \cos \alpha \qquad (8.1.2–1)$$

Übung 8.1.2–1

Bei einem läufergespeisten Nebenschlußmotor möge die Durchmesserspannung am Stromwender 40% der hier an der Ständerwicklung auftretenden Stillstandsspannung U_{20} betragen.

a) Welcher Winkel α muß eingestellt werden, um bei dem am 50 Hz-Netz arbeitenden 8-poligen Motor eine Leerlaufdrehzahl von $600\,\text{min}^{-1}$ zu erreichen?

b) Handelt es sich bei dem Winkel α um einen elektrischen oder einen räumlichen Winkel?

Lösung:

Übung 8.1.2–2

Welcher Winkel α muß eingestellt werden, wenn man bei der in Übung 8.1.2–1 betrachteten Maschine eine Leerlaufdrehzahl von $900\,\text{min}^{-1}$ erreichen will?

Lösung:

8.2 Reihenschlußmotor

Wir kennen die Reihenschlußkennlinie als stark geneigte Kurve mit der Tendenz zu sehr großen Drehzahlwerten bei geringer Last und erwarten Kennlinien, die abhängig von einem noch zu definierenden Parameter den in Bild 8.2–1 skizzierten Verlauf haben.

Der Motor hat wieder eine Drehstromwicklung im Ständer und eine Gleichstromwicklung mit Stromwender im Läufer. Beide sind in Reihe geschaltet und zwar so, daß sie gleichsinnig umlaufende Drehfelder erzeugen. Die drei Bürstensätze bilden gegeneinander einen festen Winkel, sind aber insgesamt auf dem Stromwender verschiebbar.

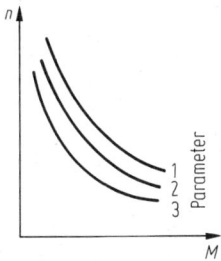

Bild 8.2–1 Prinzipieller Verlauf der Reihenschlußkennlinien $n = f(M)$

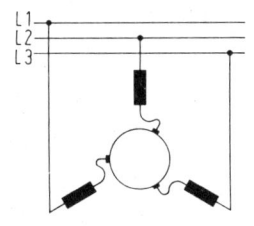

Bild 8.2–2 Prinzip eines Drehstrom-Reihenschlußmotors

Betrachten wir zunächst im Augenblick des Läuferstillstands zwei extreme Bürstenstellungen:

– Ständer- und Läuferdurchflutung wirken genau in gleicher Richtung

Die algebraische Addition der beiden Durchflutungen Θ_S und Θ_L führt zu einem starken Drehfeld, das – wie auch die Durchflutungen – mit n_d umläuft.

Der starke Fluß induziert eine Spannung, die der Netzspannung fast das Gleichgewicht hält; dadurch ist die Stromaufnahme gering.

Da das Feld völlig symmetrisch zu den Strömen im Läufer liegt, kommt es zu keiner Drehmomentbildung.

Bei annähernd gleicher Ständer- und Läuferdurchflutung heben sich beide praktisch auf. Abgesehen vom Streufluß kommt es zu keinem resultierenden Fluß. Bei minimaler Gegenspannung fließt ein sehr großer Strom, der praktisch den Kurzschlußstrom darstellt.

Zu einer Drehmomentbildung kommt es wegen des fehlenden Flusses auch hier nicht.

Betrachten wir jetzt eine Zwischenstellung mit z. B.:

Die beiden Durchflutungen Θ_S und Θ_L sind um den Winkel $\alpha = 90°$ verschoben.

Es entsteht ein resultierender Fluß Φ, der – zusammen mit dem Läuferstrom – jetzt zu einem Drehmoment führt, das entgegen der Bürstenverschiebung wirkt.

Das Feldbild und die Stromverteilung bleiben auch erhalten, wenn sich der Läufer dreht.

Wir erinnern uns in diesem Zusammenhang an die Funktion des Kommutators bei der Gleichstrommaschine:

Auch zur Drehrichtungsangabe ergibt sich diese Übereinstimmung.

Zurück zum Drehstrom-Reihenschlußmotor.

Bei der bevorzugten Bürstenverschiebung gegen den Drehsinn des Drehfeldes läuft der Motor wie ein Asynchronmotor mit Kurzschlußläufer im Sinne des Drehfeldes an.

Bei kleinen Verstellwinkeln unter 100° reicht das Drehmoment meistens nicht aus; bei Verstellwinkeln über 160 bis 170° fällt das Drehmoment wieder ab, weshalb diese Bereiche meist verriegelt sind.

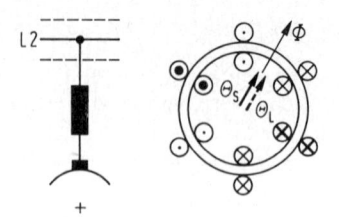

– Ständer- und Läuferdurchflutung wirken einander genau entgegen

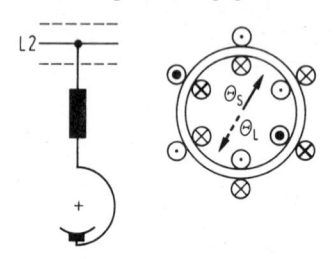

Bürstenjochverschiebung um den Winkel $\alpha = 90°$

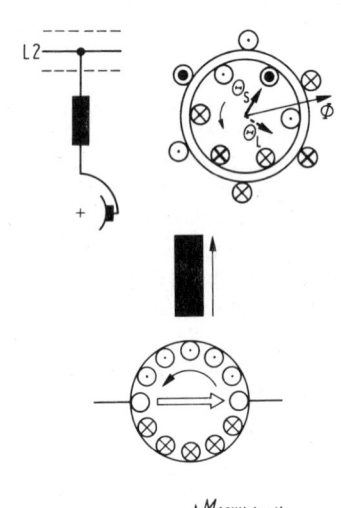

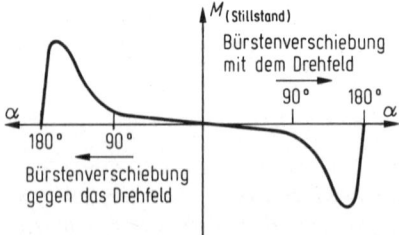

Bild 8.2-3 Stillstandsmoment des Reihenschlußmotors abhängig von der Bürstenverschiebung

8.2 Reihenschlußmotor

Bei der bevorzugten Drehrichtung im Sinne des Drehfeldes hat man den Vorteil der kleineren Frequenz im Läufer mit positiven Konsequenzen für die Eisenverluste und die Kommutierung.

Das skizzierte Stillstandsmoment würde beim Fehlen jeglichen Gegenmomentes voll als Beschleunigungsmoment wirken und den Läufer zum Durchgehen bringen. Das äußere Lastmoment und das innere Verlustmoment – insbesondere durch die Reibung – führen zu einem Gleichgewichtszustand. Dieser tritt bei um so höheren Drehzahlen ein, je stärker der Bürstenverschiebungswinkel α ist.

Damit können wir die Darstellung des Bildes 8.2–1 ergänzen:

> Der Bürstenverschiebungswinkel α wird zum Parameterwert für die jeweilige Reihenschlußkennlinie.

In den meisten Fällen ist die Netzspannung höher als die zulässige Kommutatorspannung. In solchen Fällen schaltet man zwischen Ständer und Läufer einen Transformator.

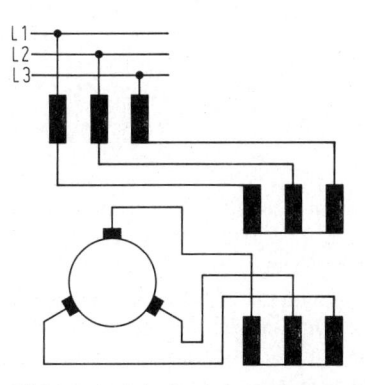

Bild 8.2–4 Prinzip eines Drehstrom-Reihenschlußmotors mit Zwischentransformator

Übung 8.2–1

Was ist zu tun, wenn bei einem Drehstrom-Reihenschlußmotor eine Drehrichtungsumkehr vorgenommen werden soll?

Lösung:

Übung 8.2–2

Den drei nebenstehend skizzierten Reihenschlußkennlinien können die Bürstenverschiebungswinkel $\alpha = 130°$; $150°$ und $170°$ zugeordnet werden.
Markieren Sie, welcher Winkel zu welcher Kennlinie gehört.

Lösung:

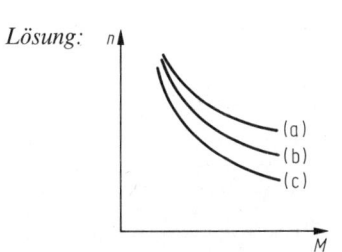

Lernzielorientierter Test zu Kapitel 8

1. Geben Sie mit Begründung an, ob Sie die Läuferwicklung des Drehstrom-Stromwendermotors mit den drei Bürstensätzen auf dem Kommutator als „Sternschaltung" oder als „Dreieckschaltung" deuten würden.

2. In einem achtpoligen Drehstromständer, der am 50 Hz-Netz liegt, rotiert ein Läufer, dessen Wicklung einerseits zu drei Schleifringen und andererseits zu einem Kommutator geführt ist, auf dem drei Bürstensätze schleifen.
Welche Frequenz mißt man a) an den Schleifringen und b) an den Kommutatorbürsten, wenn der Läufer mit 500 min^{-1} im Sinne des Drehfeldes umläuft?

3. Geben Sie mit Begründung an, ob der Drehstrom-Stromwendermotor mit Wendepolen ausgerüstet wird oder werden könnte.

4. Kennzeichnen Sie durch Markierung, bei welchem der nachfolgend gekennzeichneten Schaltungen für einen Drehstrom-Stromwendermotor im Zuge der betrieblichen Drehzahleinstellung eine Veränderung der Bürstenstellung am Kommutator notwendig wird.
   □ Ständergespeister Nebenschlußmotor mit Steuerung über Transformator mit angezapfter Sekundärwicklung
   □ Ständergespeister Nebenschlußmotor mit Steuerung über Einfachdrehtransformator
   □ Läufergespeister Nebenschlußmotor
   □ Reihenschlußmotor

5. Jede der beschriebenen Ausführungsarten des Drehstrom-Stromwendermotors kann auch in Sechsbürstenschaltung betrieben werden. Skizzieren Sie die erforderlichen Schaltverbindungen am Beispiel des Drehstrom-Reihenschlußmotors mit Zwischentransformators (vgl. Bild 8.2–4).

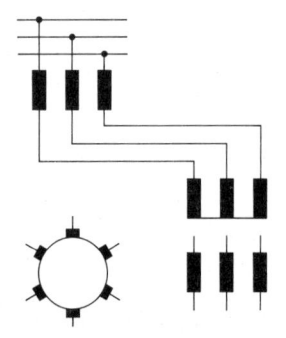

9 Einphasen-Wechselstrommotoren

Lernziele

Nach Durcharbeitung dieses Kapitels können Sie
- die wichtigsten Einphasenmotoren benennen,
- ihren Aufbau und ihre Funktion beschreiben,
- eine Zuordnung zu den schon bekannten Motortypen vornehmen,
- sich zu Kennlinien und Anlaufbedingungen äußern.

9.0 Allgemeines

Bei den Einphasen-Wechselstrommotoren handelt es sich überwiegend um Klein- und Kleinstmotoren. Für die von Ihnen angetriebenen Geräte steht meist nur ein Einphasennetz zur Verfügung.

Dabei haben sich viele eigene Motorarten entwickelt, die sich in der physikalischen Wirkungsweise, im Betriebsverhalten und im konstruktiven Aufbau von bekannten Typen unterscheiden. Schon die enge Kombination mit dem Gerät führt zu besonderen Aufgabenstellungen.

9.1 Repulsionsmotor

Nach dem Drehstrom-Kommutatormotor betrachten wir jetzt einen Einphasen-Stromwendermotor. Er besteht aus einem Ständer mit einphasiger, aber verteilter Wicklung und einem Läufer mit Gleichstromwicklung und Stromwender, bei dem die Bürsten in sich kurzgeschlossen sind.

Das Bürstenjoch ist drehbar.

Der Repulsionsmotor wirkt auf das Netz wie ein Einphasentransformator mit kurzgeschlossener Sekundärwicklung, die – abhängig von der Bürstenstellung – mehr oder weniger gekoppelt ist.

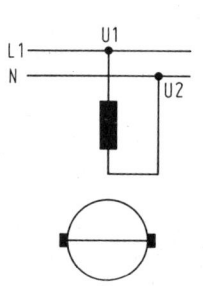

Bild 9.1–1 Prinzip des Repulsionsmotors

In den beiden dargestellten extremen Stellungen des Bürstenjoches wirkt der Motor links wie der uns gewohnte Transformator, der bei sekundärseitigem Kurzschluß einen sehr großen Strom aufnimmt und demzufolge auch im Läufer einen hohen Strom führt.

In der rechts skizzierten Stellung ist der Läufer praktisch stromlos. Der Motor wirkt wie eine Drosselspule und entnimmt dem Netz nur einen kleinen Magnetisierungsstrom.

In beiden Fällen ist das Drehmoment gleich Null.

Bei jeder Zwischenstellung des Bürstenjoches entwickelt der Motor ein Drehmoment. Bei Verschiebung der Bürstenachse aus der Leerlaufstellung läuft er sanft entgegen der Verschiebung an. Bei Verdrehung aus der Kurzschlußstellung läuft er dagegen schroff im Sinne der Verschiebung an.

Das Stillstandsmoment abhängig von der Bürstenstellung erinnert ganz an das Diagramm, das wir im Bild 8.2-1 für den Drehstrom-Reihenschlußmotor kennengelernt haben.

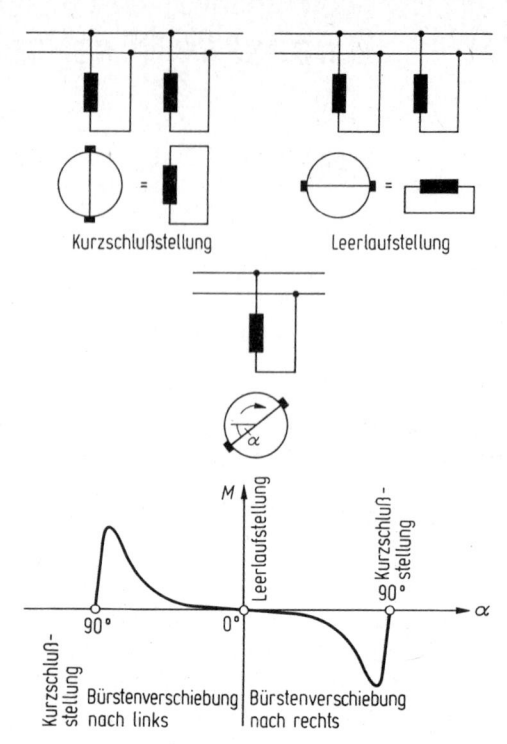

Bild 9.1-2 Stillstandsmoment des Repulsionsmotors abhängig von der Bürstenstellung α

Bei Bürstenverschiebung aus der Leerlaufstellung wird der Anker gleichsam „zurückgestoßen". Daher kommt der Name des Motors:

repellere (lat) = zurückstoßen

Die Gegebenheiten bei verschobener Bürstenachse lassen sich auch erreichen, wenn man die Bürsten in der Ausgangsstellung beläßt und die Achse der Ständerwicklung um den Winkel α dreht.

Gehen wir hiervon aus, so können wir uns in einem weiteren Schritt diese verschobene Ständerwicklung durch zwei elektrisch um 90° versetzte Teilwicklung ersetzt denken.

Bei unserem Gedankenexperiment müßten die Windungszahlen der in Reihe geschalteten Teilwicklungen im Verhältnis zur Gesamtwicklung entsprechend dem $\cos\alpha$ bzw. $\sin\alpha$ gewählt werden.

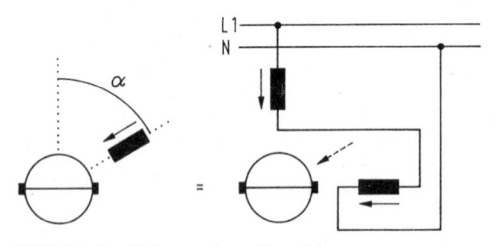

Bild 9.1-3 Schema eines Repulsionsmotors mit aufgespaltener Ständerwicklung

Diese Aufspaltung wird auch tatsächlich praktiziert.

Man nennt dann die senkrechte Wicklung „Erregerwicklung" E, da sie vollkommen an die Erregerwicklung der Gleichstrommaschine erinnert.

Die waagerecht dargestellte Wicklung führt den Namen „Arbeitswicklung" A; sie erinnert etwas an die Kompensationswicklung der Gleichstrommaschine.

Übung 9.1-1

a) Tragen Sie in das Bild 9.1-3 die Kennzeichnungen „E" und „A" ein.
b) Bestimmen Sie für unser Gedankenexperiment die Windungszahlen dieser Teilwicklungen, wenn man bei einem Winkel $\alpha = 60°$ von einer Gesamtwindungszahl $N = 100$ ausgeht.

Wir deuten das Bild 9.1-3 jetzt zunächst einmal für den Fall des Stillstandes:

Die Erregerwicklung baut in der Erregerachse den für die Drehmomentbildung wichtigen magnetischen Fluß auf. Die Arbeitswicklung bildet zusammen mit der Ankerwicklung einen sekundär kurzgeschlossenen Transformator.

Das Feld in der Erregerachse liegt mit dem relativ hohen induzierten Ankerstrom in Phase und bildet damit die Voraussetzung für ein starkes Anzugsmoment.

In der durch die Arbeitswicklung gekennzeichneten Querachse tritt nur ein Streufluß auf, der an der Arbeitswicklung eine kleine Streuspannung induziert. Die Netzspannung liegt mit ihrem größten Anteil somit an der Erregerwicklung.

Die Verhältnisse ändern sich grundlegend mit beginnender Umdrehung des Läufers. Vom Feld der Erregerwicklung wird eine Quellenspannung induziert, die einen zusätzlichen Strom in der Ankerwicklung zur Folge hat. Das beeinflußt die Gegebenheiten in der Querachse mit der Konsequenz einer höheren Spannung an der Arbeitswicklung. Da die Gesamtspannung aber durch die Netzspannung konstant gehalten wird, sinkt die Spannung an der Erregerwicklung und damit der Fluß in der Längsachse mit zunehmender Drehzahl.

Das aber bedeutet Reihenschlußverhalten des Repulsionsmotors, da das Drehmoment mit steigender Drehzahl sinkt.

Entsprechende Überlegungen gelten für andere Bürstenwinkel α.

Lösung:

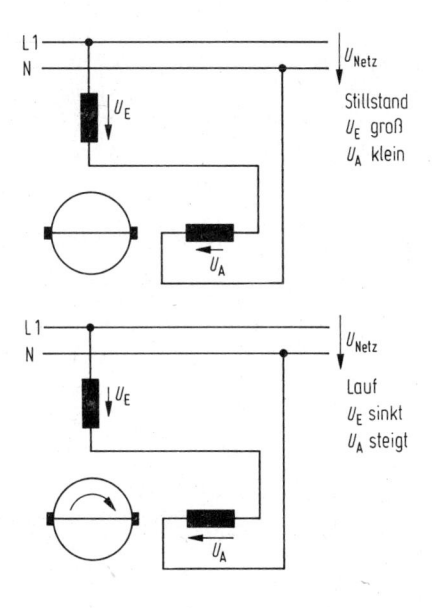

Stillstand
U_E groß
U_A klein

Lauf
U_E sinkt
U_A steigt

Die Betriebsstellung der Bürsten liegt bei etwa $\alpha = 68°$ bis $78°$.

Es ergeben sich Drehzahl – Drehmoment-Kennlinien, wie das Beispiel Bild 9.1–4 zeigt.

Ein wesentlicher Vorteil des Repulsionsmotors besteht darin, daß die Stromwenderwicklung von der Netzspannung unabhängig ist, da Ständer und Läufer nicht leitend, sondern nur transformatorisch verbunden sind. Das schafft günstige Voraussetzungen für die Auslegung des Ankers, während der Ständer praktisch für jede Netzspannung vorgesehen werden kann.

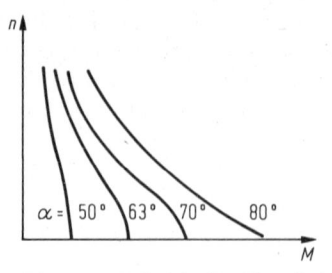

Bild 9.1–4 Beispiel für Kennlinie $n = f(M)$ für einen Repulsionsmotor mit verschiedener Bürstenstellung

Übung 9.1–2

Wie erreicht man bei einem Repulsionsmotor mit einfacher Ständerwicklung eine Drehrichtungsumkehr?
Erläutern Sie Ihre Stellungnahme durch Ergänzung der nebenstehenden Prinzipskizzen.

Lösung:

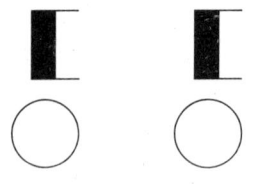

Übung 9.1–3

Wie erreicht man bei einem Repulsionsmotor mit aufgespaltener Ständerwicklung eine Drehrichtungsumkehr?

Lösung:

9.2 Universalmotor

Die Kennlinien eines Repulsionsmotors kommen dem eines Gleichstrom-Reihenschlußmotors sehr nahe. Dieser Reihenschlußmotor ist vom Prinzip her auch für Wechselstrom geeignet.

Feld- und Ankerstrom, die ja identisch sind, ändern gleichzeitig ihre Richtung. Dadurch bleibt die Richtung des Drehmomentes erhalten. Die so genutzten Reihenschlußmotoren – vornehmlich für kleine Leistungen bis zu einigen 100 W – bezeichnet man deshalb als „Universalmotoren".

Der Anker entspricht der normalen Gleichstromausführung. Der Ständer wird vollständig aus Blechen geschichtet. Er enthält ausgeprägte Hauptpole, aber keine Wendepole und keine Kompensationswicklung. Einen typischen Komplettschnitt zeigt Bild 9.2–1.

$M \sim \Phi \cdot I$

Bild 9.2–1
Ständerblechschnitt eines Universalmotors

Bei Wechselstromspeisung schwankt das Drehmoment um den konstanten Mittelwert mit doppelter Netzfrequenz, was besondere Maßnahmen zur Minderung von Geräuschen notwendig macht.

Unter dem Einfluß der induktiven Spannungsabfälle verlaufen die Drehzahlkennlinien – besonders im Bereich höherer Ströme bei Wechselstromspeisung deutlich niedriger als bei Gleichstromspeisung. Einen gewissen Ausgleich kann man erreichen, indem man bei Wechselstromspeisung über eine Anzapfung eine etwas geringere Windungszahl der Feldwicklung wählt.

Der relativ große Innenwiderstand und die bei den meist großen Drehzahlen vergleichsweise hohen Reibungsverluste begrenzen die maximale Drehzahl bei Entlastung.

Die stationäre Betriebsdrehzahl stellt sich wieder als Gleichgewichtszustand zwischen der Drehmomentforderung des anzutreibenden Gerätes und dem Drehmoment, das der Motor an der Welle erzeugen kann.

Bei den Überlegungen, wie man eine gezielte Drehzahlsteuerung erreichen kann, gehen wir von den Maßnahmen aus, die uns von der Gleichstrommaschine noch in Erinnerung sind:

Von der meist symmetrisch zum Anker angeordneten Feldwicklung erhält die eine Teilwicklung Anzapfungen. Die entsprechenden Anschlüsse führen bei konstanter Netzspannung zu einer stufenweisen Drehzahländerung (Feldschwächung).

Diese Spannungsänderung kann über einen Vorwiderstand, einen Stelltransformator oder mit Methoden der Leistungselektronik erfolgen. Im Idealfall führt sie zu einer stufenlosen Drehzahländerung.

Der Ankerstrom ist kleiner als der Feldstrom. Das kann im Gegensatz zur Anzapfung der Feldwicklung als relative Feldverstärkung gedeutet werden.

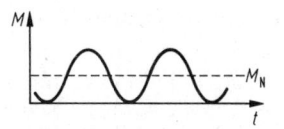

Bild 9.2–2 Drehmomentenverlauf bei Wechselstromspeisung eines Universalmotors

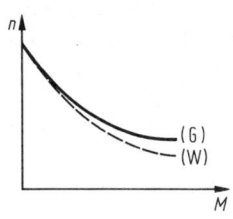

Bild 9.2–3 Verlauf der Kennlinien $n = f(M)$ bei Gleichstrom (G)- und Wechselstrom (W) – Speisung eines Universalmotors

Drehzahlsteuerung

– durch Wicklungsanzapfungen

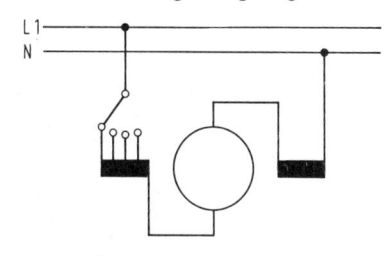

– durch Änderung der Motorspannung

– durch Ankerparallelwiderstand

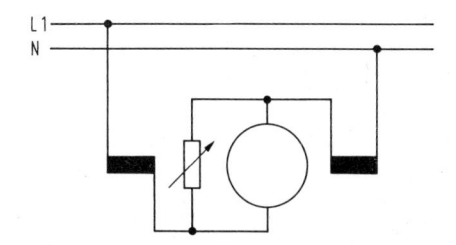

Die Kombination eines Vorwiderstandes und eines Anker-Parallelwiderstandes ist bekannt geworden unter dem Namen:

– Barkhausenschaltung

Die Barkhausenschaltung ermöglicht eine Drehzahländerung in weiten Grenzen.

Der wirksame Ankerparallelwiderstand R_p mildert gleichzeitig das oft unerwünschte Reihenschlußverhalten des Universalmotors.

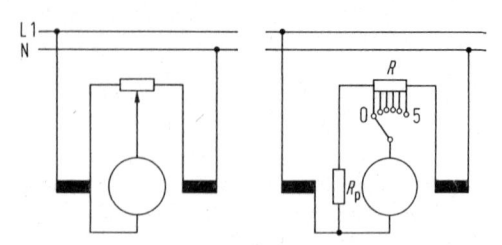

Bild 9.2-4 Barkhausenschaltung zur Drehzahlsteuerung eines Universalmotors am Einphasennetz
a) ohne b) mit festem Ankerparallelwiderstand

Die gestrichelte Kurve entspricht der Motorkennlinie ohne jeden Zusatzwiderstand.

Die Kurven für $R =$ „5" bis „0" gelten für die verschiedenen Schaltstellungen am Vorwiderstand. Bei $R = 0$ ist der konstante Parallelwiderstand R_p allein wirksam.

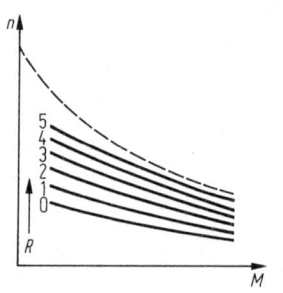

Bild 9.2-5 Drehzahlkennlinien des Universalmotors unter Einfluß der Zusatzwiderstände der Barkhausenschaltung bei festem Ankerparallelwiderstand

Übung 9.2–1

Bei einem Universalmotor am Einphasennetz möge sich bei konstanter Spannung und vollem Feld die nebenstehend skizzierte Drehzahlkennlinie ergeben.

Tragen Sie die Drehzahlkennlinie ein, die sich in der Tendenz bei konstanter Spannung und Nutzung einer Feldanzapfung ergeben würde.

Lösung:

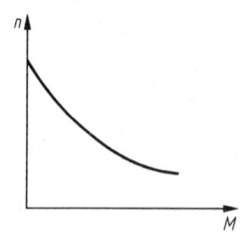

Übung 9.2–2

Bei einem Universalmotor am Einphasennetz soll die Drehrichtung geändert werden. Der Motor besitzt eine unterteilte Feldwicklung bzw. Doppelfeldwicklung.

Skizzieren Sie in Ergänzung nebenstehender Darstellung die sich ergebende Schaltung, wenn

a) beide Teilwicklungen eingeschaltet bleiben sollen,

Lösung:

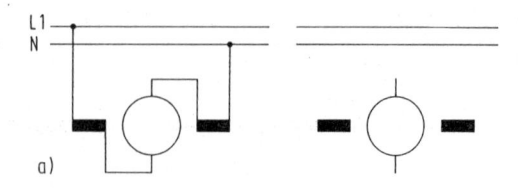

b) der Motor – wie dann meist üblich – so ausgelegt ist, daß Betrieb mit nur einer der beiden Feldwicklungen möglich ist.

Lösung:

b)

Wir verlassen damit die Einphasen-Wechselstrommaschinen, deren Aufbau durch einen Stromwender gekennzeichnet ist, und kommen zu Beispielen, die Elemente der Drehfeldmaschinen nachahmen.

9.3 Spaltpolmotor

Der Spaltpolmotor ist im Ständer gekennzeichnet durch ausgeprägte Pole, die die meist in Reihe geschaltete Ständerwicklung tragen. Ein Teil des Pols ist durch eine Nut „abgespalten". In dieser Nut ist ein Kupferring als Spaltpolwicklung untergebracht.

Der Läufer ist ein Käfigläufer, wie wir ihn vom Asynchronmotor her kennen. Der Käfig besteht normalerweise aus Aluminium.

In der Darstellung des Bildes 9.3–1 ist der Übersichtlichkeit halber auf den meist weit ausladenden Polschuh verzichtet worden.

Die am Einphasennetz liegende Ständerwicklung erregt im Hauptpol den Gesamtfluß Φ, von dem ein Teil $\Phi_2 = \Phi - \Phi_1$ den Spaltpol durchsetzt und in der Spaltpolwicklung eine Spannung induziert. Diese führt in der kurzgeschlossenen Wicklung zu einem nacheilenden Strom, der eine besondere Spaltpoldurchflutung aufbaut.

Unter dem Spaltpol entsteht dadurch ein gegenüber dem Hauptpol zeitlich nacheilendes Wechselfeld. Unter weiterer Berücksichtigung der räumlichen Verschiebung zwischen Hauptpol und Spaltpol – gekennzeichnet durch den Winkel β – setzen sich beide Wechselfelder zu einem resultierenden Feld zusammen, dessen Maximum vom Hauptpol zum Spaltpol wandert.

Wir lernen hier in der Praxis zum ersten Male ein elliptisches Drehfeld kennen, nachdem uns der Begriff schon im Abschnitt 5.2 beschäftigt hat.

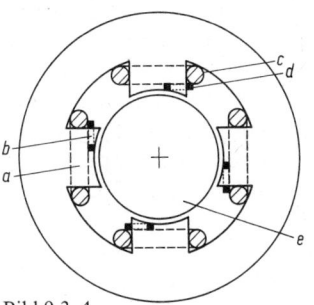

Bild 9.3–1
Schnitt durch einen vierpoligen Spaltpolmotor
a Hauptpol, *b* Spaltpol, *c* Ständerwicklung, *d* Spaltpol mit Spaltpolwindung, *e* Käfigläufer mit Welle

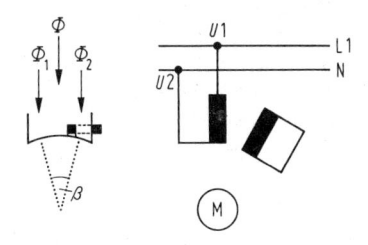

Dieses elliptische Drehfeld ermöglicht ein selbsttätiges Anlaufen des Motors in der Richtung Hauptpol – Spaltpol.
Damit wird zugleich deutlich:

> Die Drehrichtung des Motors wird durch die räumliche Anordnung des Spaltpols zum Hauptpol festgelegt.

Beispiel 9.3-1

Wie könnte man trotz der starren Anordnung im Bereich des Polschuhs die Drehrichtung eines Spaltpolmotors ändern?

Lösung:

Das Ständerpaket muß umgekehrt eingebaut werden. Dazu sind die Lagerschilde mit dem Läufer vertauscht anzuordnen.

Der Verlauf des inneren Drehmomentes in Abhängigkeit von der Drehzahl entspricht etwa dem, den wir vom normalen Asynchronmotor mit Kurzschlußläufer her kennen. Dabei tritt praktisch immer ein Sattel- oder Hochlaufmoment auf.

Würde man das Bild 9.3-2 in die Darstellung $n = f(M)$ umzeichnen, so wird deutlich, daß der Spaltpolmotor im interessierenden Bereich – oberhalb des Kippmomentes – „Nebenschluß"-Verhalten zeigt.

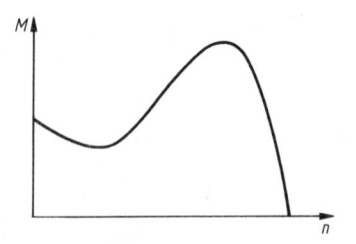

Bild 9.3-2 Drehmomentenverlauf $M = f(n)$ bei einem Spaltpolmotor

Übung 9.3-1

Wo würde die in Bild 9.3-2 dargestellte Drehmomentenkennlinie bei einem vierpoligen Spaltpolmotor am 50 Hz-Netz etwa die Drehzahlachse schneiden?

Lösung:

Spaltpolmotoren werden bis zu einer Leistung von wenigen hundert Watt gebaut. Der Wirkungsgrad liegt meist unter 50%.

9.4 Einphasenmotor mit Hilfsphase

Der normale Drehstromasynchronmotor läuft als Einphasenmotor weiter, wenn bei Lauf einer der drei Netzanschlüsse unterbrochen wird. Zwei Ständerwicklungsstränge liegen dann in Reihe an der verketteten Leiterspannung U_L.
Die Belastung muß natürlich stark zurückgesetzt werden.

9.4 Einphasenmotor mit Hilfsphase

Vom Stillstand aus kann ein so geschalteter Motor nicht anlaufen, da er kein Drehmoment entwickelt.

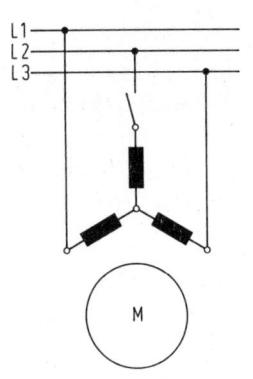

Bild 9.4-1 Drehstromasynchronmotor mit einer unterbrochenen Netzzuleitung

Das auftretende Wechselfeld kann man sich als Ergebnis zweier gegenläufiger Drehfelder vorstellen. Beide wirken mit gleichem, aber entgegengesetztem Drehmoment auf den Läufer ein. Sobald der Läufer in irgendeiner Drehrichtung angeworfen wird, folgt er dem dann mitläufigen Drehfeld. Es ergibt sich in der Drehrichtung ein überschießender Drehmomentenbetrag, der hier beschleunigend wirkt.

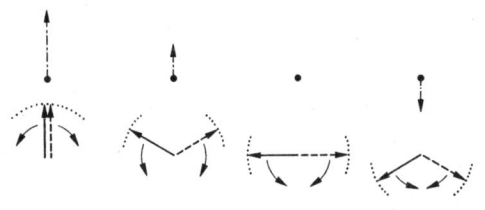

Bild 9.4-2 Schematische Darstellung des Wechselfeldes bei Ersatz durch zwei gegenläufige Drehfelder

Um dieses Verhalten verständlich zu machen, skizzieren wir die bekannten Drehmomentkennlinien für die beiden gegenläufigen Drehfelder und verlängern sie bis in den jeweils benachbarten Quadranten.

Aus der algebraischen Addition der jeder Drehzahl bzw. jedem Schlupf zugeordneten Einzelmomente ergibt sich der resultierende Drehmomentenverlauf für den Drehstromasynchronmotor mit einer unterbrochenen Netzzuleitung und natürlich auch für den Motor, der von vornherein mit einer einphasigen Ständerwicklung ausgerüstet ist.

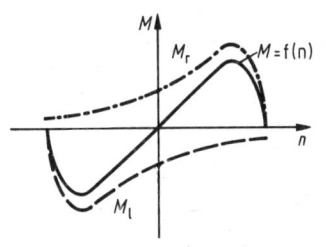

Bild 9.4-3 Resultierendes Drehmoment $M = f(n)$ eines Drehstrom-Asynchronmotors mit einer unterbrochenen Netzzuleitung als Ergebnis der Überlagerung eines rechts- und eines linksdrehenden Momentes
M_r = rechtsdrehendes Moment
M_l = linksdrehendes Moment

Die beiden gegenläufigen Momente drücken sich auch im zeitlichen Verlauf des Läuferstromes aus. Würde man ihn oszillographieren, ergibt sich bei Nenndrehzahl etwa der Verlauf, den Bild 9.4-4 zeigt.

Die Grundschwingung hat Schlupffrequenz f_1; die überlagerte Oberschwingung hat eine Frequenz f_2 vom Wert: Doppelte Netzfrequenz minus Schlupffrequenz.

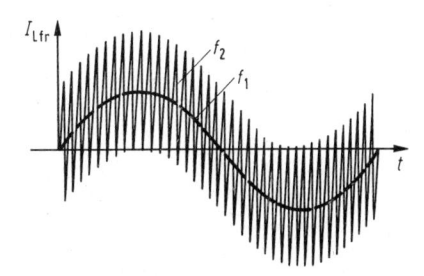

Bild 9.4-4 Oszillogramm des Läuferstromes eines Asynchronmotors bei einphasiger Speisung

Beispiel 9.4–1

Ein einphasig am 50 Hz-Netz betriebener 6-poliger Asynchronmotor erreicht eine Drehzahl von $957\,\text{min}^{-1}$.
Welche Frequenzen f_1 bzw. f_2 weisen die Grund- und die Oberwelle des Läuferstromes auf?

Lösung:

Grundwelle aus dem mitlaufenden Drehfeld

$$f_1 = \text{Schlupffrequenz} = s_1 \cdot f_N = \frac{n_d - n}{n_d} \cdot f_N$$

$$n_d = \frac{60 \cdot f}{p} = \frac{60\,\text{s} \cdot \text{min}^{-1} \cdot 50\,\text{s}^{-1}}{3}$$
$$= 1000\,\text{min}^{-1}$$

$$f_1 = \frac{(1000 - 957)\,\text{min}^{-1}}{1000\,\text{min}^{-1}} \cdot 50\,\text{Hz} = \mathbf{2{,}15\,Hz}$$

Oberwelle aus dem gegenläufigen Drehfeld

$$f_2 = s_2 \cdot f_N = \frac{n_d - (-n)}{n_d} \cdot f_N$$

$$f_2 = \frac{(1000 - (-957))\,\text{min}^{-1}}{1000\,\text{min}^{-1}} \cdot 50\,\text{Hz}$$
$$= \mathbf{97{,}85\,Hz}$$

Übung 9.4–1

Wie würde bei sonst vergleichbaren Daten der Läuferstrom nach zeitlichem Verlauf und Frequenz aussehen, wenn es sich um einen dreiphasig betriebenen Drehstrommotor handelt?

Lösung:

Um vom Stillstand aus zu einem selbsttätigen Anlauf zu kommen, muß der Versuch unternommen werden, das reine Wechselfeld des nur über eine Hauptwicklung gespeisten Einphasenmotors in ein mehr oder weniger vollkommenes Drehfeld umzuwandeln.

Ansätze zur Lösung liefern Überlegungen, die wir schon beim Spaltpolmotor angestellt haben.

Aber auch von den Lissajous-Figuren des Zweistrahl-Oszilloskops wissen wir:

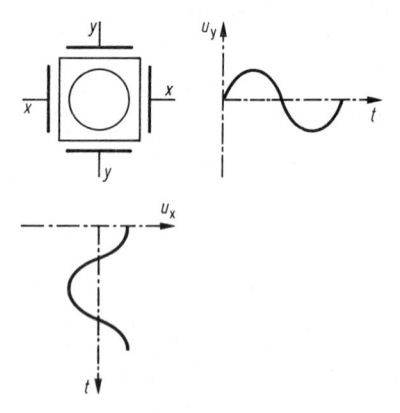

> Werden an die zueinander senkrechten Plattenpaare des Zweistrahl-Oszilloskops Spannungen angelegt, die um 90° in der Phase verschoben sind, so entsteht auf dem Bildschirm ein Kreis.

9.4 Einphasenmotor mit Hilfsphase

Überträgt man diesen Gedanken auf unseren Einphasenmotor, so wird es notwendig, elektrisch senkrecht zu der bekannten Einphasenwicklung im Ständer eine zweite Wicklung unterzubringen:

senkrecht dazu: Hauptwicklung
Hilfswicklung

Man spricht von einem zweisträngigen Motor.

Die Analogie zum Oszilloskop wäre vollkommen, wenn zwei um 90° verschobenen Wechselspannungen zur Verfügung stünden.

Das ist z.B. bei Vorhandensein eines Drehstromnetzes mit Nulleiter der Fall. Bekanntlich steht die verkettete Spannung zwischen zwei Netz-Zuleitungen und die Strangspannung zwischen der dritten Netzzuleitung und dem Nullpunkt aufeinander senkrecht.

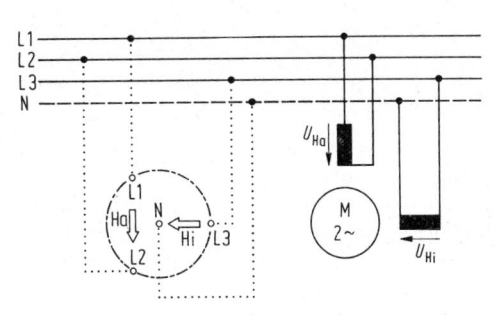

Bild 9.4–5 Zweisträngiger Einphasenmotor mit zweiphasigem Anschluß

$I_{Ha} \cdot N_{Ha} = I_{Hi} \cdot N_{Hi}$

Ein reines Kreisdrehfeld – wie bei einer Drehstrom-Asynchronmaschine – entsteht, wenn die Durchflutungen in den beiden Achsen gleich sind.

Anderenfalls ergibt sich wieder ein elliptisches Drehfeld.

In der Praxis steht meist nur ein Einphasennetz zur Verfügung. Man muß dann dafür sorgen, daß über die Hilfswicklung ein Strom fließt, der gegenüber dem Strom über die Hauptwicklung eine Phasenverschiebung von möglichst 90° besitzt. Das gelingt in Annäherung, wenn man vor die Hilfswicklung entweder einen

kapazitiven,
induktiven oder
ohmschen Widerstand

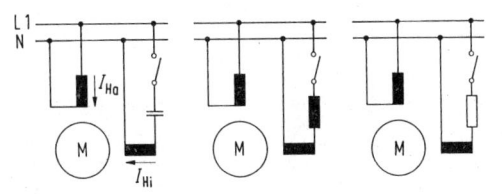

schaltet.

Bild 9.4–6 Anlaufschaltungen des Einphasen-Asynchronmotors mit Hilfsphase

Am Beispiel der am häufigsten vorkommenden Kondensatorschaltung sollen die Zusammenhänge erläutert werden. Die Netzspannung liegt als $\underline{U}_{Ha}$ unmittelbar an der Hauptwicklung an. Sie ist identisch mit der geometrischen Summe aus $\underline{U}_C$ und $\underline{U}_{Hi}$, wobei die Teilspannungen wegen der Resonanzerscheinung durchaus größer sein können.

Ziel der Dimensionierung muß sein, daß – wie gesagt – die Ströme $\underline{I}_{Ha}$ und $\underline{I}_{Hi}$ aufeinander senkrecht stehen.

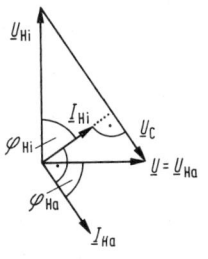

Bild 9.4–7
Zeigerdiagramm für die Kondensatorschaltung

Berücksichtigt man dabei die Tatsache, daß der Strom $\underline{I}_{Hi}$ der Spannung $\underline{U}_C$ um 90° voreilen muß, so ergibt sich das in Bild 9.4–7 dargestellte Zeigerdiagramm.

Gleiche Phasenwinkel φ_{Ha} und φ_{Hi} führen dazu, daß auch die Spannungen $\underline{U}_{Ha}$ und $\underline{U}_{Hi}$ aufeinander senkrecht stehen.

Spannung am Kondensator etwa

$$\underline{U}_C = \frac{U}{\cos \varphi_{Hi}} \qquad (9.4-1)$$

Bei z. B. $\cos \varphi_{Hi} = \cos \varphi_{Ha} = 0{,}5$: $\ U_C = 2\,U$

und $\quad U_{Hi} = I_{Hi} \cdot Z_{Hi} = \mathbf{1{,}73\,U}$

Die Bedingungen für die Dimensionierung des Kondensators ändern sich innerhalb des Betriebsbereiches, da mit dem Schlupf Widerstände, Ströme und Phasenwinkel in den beiden Zweigen beeinflußt werden.

Häufig arbeitet man deshalb mit einem Betriebskondensator C_B und einem bei Anlauf zusätzlich parallel geschalteten Anlaufkondensator C_A.

Mit dem Betriebskondensator ist das Anlaufmoment gering; es wird durch die Parallelschaltung des Anlaufskondensators beträchtlich erhöht.

Als ungefähre Richtwerte für einen Einphasenmotor am 220 V-Netz können wir uns etwa merken:

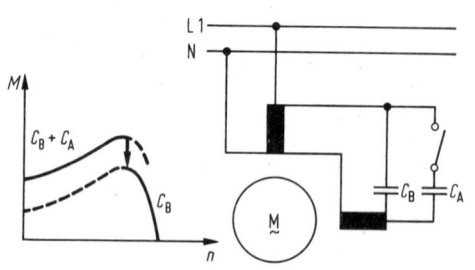

Bild 9.4–8   Einphasen-Asynchronmotor mit Betriebs- und Anlaufkondensator in der Hilfsphase. Zugehörige Drehmoment/Drehzahl-Kennlinien

Betriebskondensator	25 µF bis 35 µF je kW Motorleistung
Anlaufkondensator	100 µF bis 120 µF je kW Motorleistung

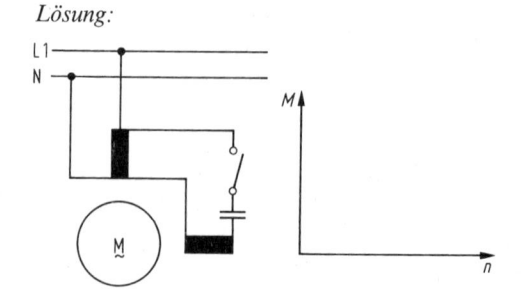

Übung 9.4–2

Ein Einphasen-Asynchronmotor wird nur im Anlauf mit einem in Reihe mit der Hilfswicklung geschalteten Anlaufkondensator betrieben. Später ist die Hilfswicklung ausgeschaltet.

Geben Sie in Ergänzung des nebenstehend skizzierten Schaltbildes in der Tendenz den Verlauf der beiden Drehmoment-Kennlinien an.

Lösung:

Neben den beiden um 90° versetzten Wicklungen im Ständer geht man häufig auch von einer Drehstromwicklung aus und schafft sich so die

9.4 Einphasenmotor mit Hilfsphase

Möglichkeit, den Motor sowohl am Drehstromnetz als auch – mit Kondensator – am Einphasennetz betreiben zu können.

Die hier übliche Schaltung ist bekannt unter dem Namen *Steinmetzschaltung*.

Von den drei Wicklungen übernimmt eine – die durchgehend gekennzeichnete – die Rolle der Hauptwicklung, die beiden anderen – schraffiert gekennzeichnet – die Rolle der Hilfswicklung.

Für die Potentiale der beiden Anschlußpunkte ist die Netzspannung maßgebend; für das Potential des dritten Punktes ist die Kondensatorspannung $\underline{U}_C$ bestimmend.

Die angestrebte Symmetrierung wird bei dieser Schaltung erreicht, wenn es gelingt:

Dabei steht die Kondensatorspannung $\underline{U}_C$ senkrecht auf dem Stromzeiger $\underline{I}_C$, der kennzeichnend für den resultierenden Strom in der „Hilfswicklung" wird.

Im Idealfall steht dieser Stromzeiger $\underline{I}_C$ senkrecht auf dem Stromzeiger $\underline{I}$ – kennzeichnend für die „Arbeitswicklung". Das wird erreicht, wenn dieser Strom $\underline{I}$ um 60° gegenüber der angelegten Spannung $\underline{U}$ nacheilt.

Bei Abweichungen erhält die Steinmetzschaltung Modifizierungen.

Für den Drehsinn ergibt sich dieselbe Regel wie beim Drehstrommotor:

Für die Drehrichtungsumkehr bedeutet dies, daß bei Ausführung mit Haupt- und Hilfswicklung entweder die Zuleitung an den Klemmen der Hauptphase oder an den Klemmen der Hilfsphase erfolgen muß.

Bei gleichen Wicklungssträngen kann man auch die Funktion von Haupt- und Hilfswicklung vertauschen. Hierfür zeigt Bild 9.4–10 ein Beispiel.

Damit wird auch ohne weiteres die Reversierschaltung eines Kondensatormotors in Dreieck-Steinmetzschaltung verständlich (Bild 9.4–11).

Steinmetzschaltung

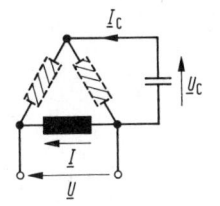

Bild 9.4–9
Drehstrom-Asynchronmotor am Einphasennetz

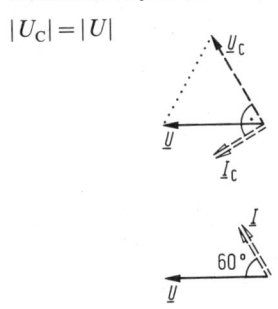

$|U_C| = |U|$

Der Läufer folgt dem Drehfeld.

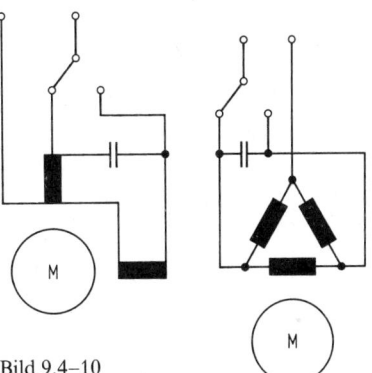

Bild 9.4–10
Reversierschaltung eines zweisträngigen Kondensatormotors mit gleichen Wicklungssträngen

Bild 9.4–11
Reversierschaltung eines Kondensatormotors in Dreieck-Steinmetzschaltung

Übung 9.4–3

Kennzeichnen Sie die drei Wicklungsstränge des Bildes 9.4–11 – abhängig von der Schalterstellung – nach ihrer Funktion als „Haupt"- oder „Hilfs"-Wicklung.

Wählen Sie dazu die Kennzeichnung des Bildes 9.4–9.

Lösung:

Übung 9.4–4

Bestimmen Sie zu der nebenstehend skizzierten Schaltung eines Kondensatormotors die Richtung des Drehfeldes.

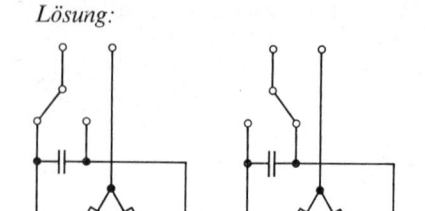

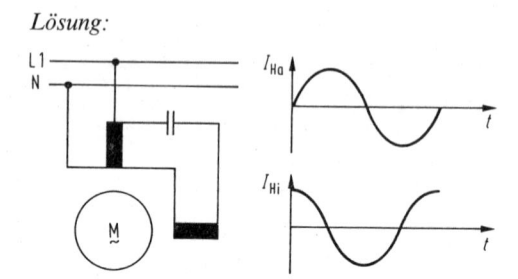

Lösung:

Drehfelddrehrichtung:

9.5 Magnetläufermotor — Nutzung als Schrittmotor

Um auch eine Analogie zum Drehstrom-Synchronmotor herzustellen, ein kurzer Hinweis auf den Magnetläufermotor. Sein Name deutet an, daß der Läufer an seinem Umfang Dauermagnetpole wechselnder Polarität aufweist und so mit dem gleichstrom-erregten Polrad vergleichbar ist.

Als Ständer werden bevorzugt Spaltpolsysteme eingesetzt, wobei das selbsttätige „Intrittfallen" (Läuferdrehzahl = Drehfelddrehzahl) vorzugsweise nur bei vielpoliger Ausführung und kleinen zu beschleunigenden Massen gelingt.

Wir wollen uns hier mit der besonderen Nutzung dieses Läufer-Bauprinzips als Schrittmotor beschäftigen. Damit soll gleichzeitig ein Gebiet angerissen werden, dem immer größere Bedeutung zukommt. Es geht darum, Steuerbefehle und Daten in mechanische Bewegung umzuwandeln.

9.5 Magnetläufermotor Nutzung als Schrittmotor

Schrittmotoren wandeln elektrische Steuerbefehle in proportionale Winkelschritte um. Die Welle dreht sich bei jedem Steuerimpuls um einen Schritt weiter. Bei schneller Folge der Impulse geht die Schrittbewegung in eine kontinuierliche Drehbewegung über. Der Schrittmotor kann beliebige Schrittfolgen in beiden Drehrichtungen ohne Schrittfehler ausführen.

Die Position der Läuferstellung des Schrittmotors entspricht dem Erregungszustand der Spulen und damit der Polarität der Ständerpole. Wird diese Polarität durch Umkehrung der Erregerstromrichtung nach festgelegtem Schaltrhythmus geändert, so stellt sich der Läufer schrittweise auf die jeweils neue Position ein.

Das Prinzip verdeutlicht Bild 9.5–1 am Beispiel eines Schrittmotors mit zwei Strängen, die gleichzeitig eine zweiphasige Ständerwicklung darstellen. Polpaarzahl des Läufers $p = 1$.

In der oben skizzierten Schaltstellung ergibt sich die gekennzeichnete Raststellung des Läufers entsprechend der Symmetrielinie zwischen benachbarten Süd- bzw. Nordpolen.

In der unteren Darstellung ist der Schalter „A" betätigt worden; die Schaltstellung „B" blieb unverändert. Entsprechend der neuen Symmetrielinie ergibt sich eine neue Rastlage nach einer Linksdrehung um 90° (Schrittwinkel).

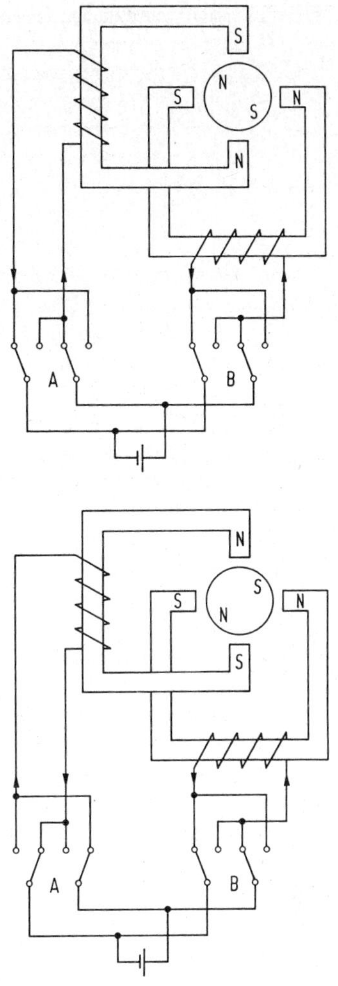

Bild 9.5–1 Zweisträngiger Schrittmotor mit zwei von mehreren möglichen Schaltstellungen

Allgemein läßt sich für beide Drehrichtungen folgende Taktfolge angeben:

Drehung	Schritt	Schalterstellung A	Schalterstellung B
links	0	links	links
	1	rechts	links
	2	rechts	rechts
	3	links	rechts
	4	links	links
rechts	0	links	links
	1	links	rechts
	2	rechts	rechts
	3	rechts	links
	4	links	links

Der Schrittwinkel α läßt sich allgemein angeben zu:

$$\alpha = \frac{360°}{2 \cdot m \cdot p}$$ (9.5–1)

mit m = Phasenzahl
p = Polpaarzahl

$$\alpha = \frac{360°}{2 \cdot 2 \cdot 1} = \mathbf{90°}$$

Typische Nenn-Schrittwinkel liegen zwischen: 1,8° und 45°

Dabei treten natürlich auch andere Bauformen auf.
Die Betrachtung der Steuerelektronik, die heute die mechanischen Schalter ersetzt, gehört nicht in dieses Lernbuch.

Übung 9.5–1
Lösung:

a) Wie groß ist der Schrittwinkel bei einem Schrittmotor mit
  $m = 2$ Phasen und
  $p = 10$ Polpaaren?
b) Wieviel Schritte führen zu einer vollen Umdrehung des Läufers?

Übung 9.5–2
Lösung:

Ist ein Schrittwinkel von
$\alpha = 11,25°$
ausführbar?

Lernzielorientierter Test zu Kapitel 9

1. Ordnen Sie die betrachteten Einphasen-Wechselstrommotorenden Grundtypen zu

	Repulsions-motor	Universal-motor	Spalt-polm.	Motor m. Hilfsphase	Magnet-läuferm.
Stromwendermotor					
Asynchronmotor					
Synchronmotor					

2. Geben Sie mit Begründung an, ob für die Inbetriebnahme eines Repulsionsmotors ein Anlasser benötigt wird?

3. Bei einem Repulsionsmotor steht die Bürstenachse senkrecht zur Feldachse. Handelt es sich um die „Leerlauf"- oder „Kurzschluß"-Stellung?

4. Bei einem Universalmotor strebt man bei Gleichstrom- bzw. Wechselstromspeisung Drehzahl-Kennlinien an, die sich gem. Skizze im Nennpunkt schneiden. Bei welcher Speisung muß dazu mit Feldanzapfung gefahren werden?

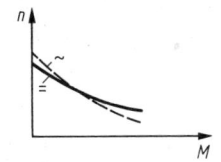

5. Geben Sie mit Begründung an, ob sich bei Speisung eines Universalmotors mit Gleich- bzw. Wechselstrom gleiche oder unterschiedliche Kommutierungsbedingungen ergeben. Falls unterschiedlich, geben Sie an, bei welcher Speisung der Motor eher zum Bürstenfeuer neigt.

6. Zeigt die Drehzahlkennlinie eines Spaltpolmotors im interessierenden Bereich Nebenschluß- oder Reihenschlußverhalten?

7. Warum läuft ein Drehstrom-Asynchronmotor bei Unterbrechung einer Zuleitung weiter, aber mit dieser Unterbrechung nicht selbsttätig an?

8. Ein Drehstrom-Asynchronmotor soll wahlweise am Drehstromnetz mit der Leiterspannung $U_L = 380$ V und am Einphasennetz mit der Spannung $U = 220$ V betrieben werden. Wie ist in jedem der beiden Fälle die Ständerwicklung zu schalten?

9. Wie kann man bei einem Schrittmotor mit 2 Strängen die Drehrichtung ändern?

10. Der zweisträngige Schrittmotor in der Art des Bildes 9.5–1 möge 20 Pole haben. Er wird – wie nebenstehend skizziert – angesteuert, wobei die Schrittfrequenz 1000 Hz beträgt. Welche Drehzahl nimmt der Läufer an, wenn man dessen Bewegung als kontinuierlich betrachtet?

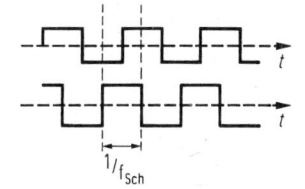

10 Prüfung elektrischer Maschinen

Lernziele

Nach Durcharbeitung dieses Kapitels können Sie
- die Bedeutung der meist in einem besonderen Prüffeld erfolgenden Untersuchungen erläutern,
- einige grundsätzliche Prüfungen angeben,
- zwischen einer Typen- und einer Stückprüfung unterscheiden,
- auf einzuhaltende Prüfbedingungen hinweisen.

10.0 Allgemeines

Der Kreis unserer Betrachtungen schließt sich. Wir begannen mit Hinweisen auf die Nenndaten der Maschine. Der Nachweis, ob die geforderten Daten auch tatsächlich erreicht werden, ist eine der Hauptaufgaben der Prüfung, die sich an die Fertigung der elektrischen Maschine anschließt. Dazu unterhalten die Herstellerfirmen Prüffelder, die – organisatorisch unabhängig – objektiv den Tatbestand festzustellen haben.

Bei dieser Prüfung bekommt die neu erstellte Maschine zum ersten Male Berührung mit Spannung und Strom und muß dabei ihre elektrische und mechanische Festigkeit unter Beweis stellen. Dabei interessieren auch Grenzwerte, die die Nennwerte überschreiten und damit Hinweise auf die Reichlichkeiten geben.

Der Umfang der Untersuchungen richtet sich im wesentlichen danach, ob es sich um eine Einzel- oder Serienfertigung handelt. Im ersteren Falle müssen bei jeder Maschine umfangreiche Messungen durchgeführt werden. Man spricht von der Stückprüfung. Im letzteren Falle genügt es, im Rahmen der Typenprüfung nur an wenigen Maschinen ausführliche Messungen zu machen. Bei jeder einzelnen Maschine beschränkt man sich dann auf einfache Kontrollen – etwa die Lagerung oder die Isolationsfestigkeit betreffend.

10.1 Allgemeine/spezielle Prüfungen

Die Eigenart der jeweiligen Maschinentype bedingt spezielle Prüfungen, auf die schon im Rahmen der Maschinen-Beschreibung eingegangen wurde. Wir erinnern uns u.a. an die Kommutierungsuntersuchungen bei der Gleichstrommaschine, an den Leerlauf- und Kurzschlußversuch beim Transformator oder an die Messungen zur Bestimmung des Kreisdiagramms beim Asynchronmotor.

Eine ganze Reihe von Untersuchungen kehrt in der gleichen Weise bei den verschiedenen Maschinengattungen wieder und soll deshalb als „Allgemeine Maschinenprüfung" gesondert behandelt werden.

10.1.1 Erwärmung

Bereits im Abschnitt 1.2.2 lernten wir, daß die isolierten Wicklungen mit verschiedenen, durch Buchstaben gekennzeichneten Isolierstoffklassen ausgeführt werden können, wobei jeweils eine zulässige Grenztemperatur ϑ_{max} zugeordnet ist.

Die tatsächlich erreichte Temperatur ϑ_w ergibt sich aus der Ausgangstemperatur (Kühlmitteltemperatur) ϑ_k und der durch die Belastung bedingten Erwärmung $\vartheta_ü$.

Die VDE-Bestimmungen setzen eine maximale Kühlmitteltemperatur von 40 °C als Basis an. Da aber die tatsächliche Ausgangstemperatur stark schwankend sein kann, bietet sich als bessere Aussage und Vergleichsmöglichkeit an:

Die Übertemperatur (Erwärmung)

$$\vartheta_ü \text{ in K} = \vartheta_{warm} \text{ in °C} - \vartheta_{kalt} \text{ in °C}$$

(10.1.1–1)

Die VDE-Bestimmungen nennen deshalb auch zulässige Grenz-Übertemperaturen für die jeweiligen Isolierstoffklassen. Die wichtigsten Werte sind im Bild 10.1.1–1 zusammengestellt; die Klammerwerte gelten für besondere Wicklungsausführungen.

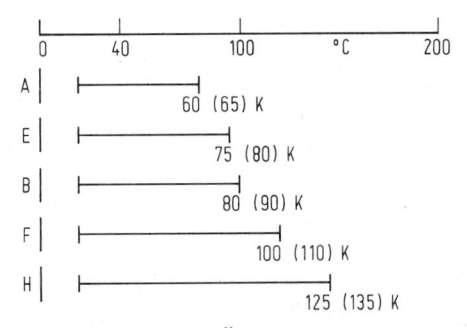

Bild 10.1.1–1 Grenz-Übertemperaturen von indirekt mit Luft gekühlten Maschinen

Im Vordergrund der Meßverfahren steht das
- Widerstandsverfahren, welches uns anschließend beschäftigen wird.

— Widerstandsverfahren,

Für einige Maschinenteile sind auch zugelassen das
- Verfahren mit eingebauten Temperaturfühlern (ETF).
  Hier wird die Temperatur z. B. mittels Widerstandsthermometern, die während der Fertigung an später nicht mehr zugänglichen Stellen eingebaut wurden, ermittelt.

— Verfahren mit eingebauten Temperaturfühlern (ETF)

und das
- Thermometerverfahren
  Temperaturmessung an zugänglichen Oberflächenteilen.

— Thermometerverfahren

Zur Ermittlung der tatsächlich erreichten Erwärmung muß ein Belastungsversuch – Temperaturlauf genannt – mit Nennspannung, Nennstrom und Nenndrehzahl durchgeführt werden. Die Belüftung muß den Originalgegebenheiten möglichst genau entsprechen. Die zeitliche Dauer des Versuches bestimmt die Nennbetriebsart. Dabei genügt es bei Nenn-Dauerbetrieb (Betriebsart S1), den Lauf nur so weit auszudehnen, bis thermische Beharrung eingetreten ist.

Kennt man:
- den Widerstand der kalten Wicklung (vor Beginn des Temperaturlaufes) mit

R_k in Ω

und
- den Widerstand der warmen Wicklung (unmittelbar nach dem Abschalten) mit

R_w in Ω

so gilt für:
- die Temperatur der kalten Wicklung:

ϑ_k in °C

und
- die Temperatur der warmen Wicklung:

ϑ_w in °C

bei Kupferwicklungen die Beziehung:

$$\boxed{\frac{R_w}{R_k} = \frac{235 + \vartheta_w}{235 + \vartheta_k}} \qquad (10.1.1-2)$$

Bild 10.1.1–2 veranschaulicht die Zusammenhänge in graphischer Darstellung. Bei einer Temperatur von −235 °C würde bei Kupfer praktisch jeglicher Widerstand verschwinden.

10.1 Allgemeine/spezielle Prüfungen

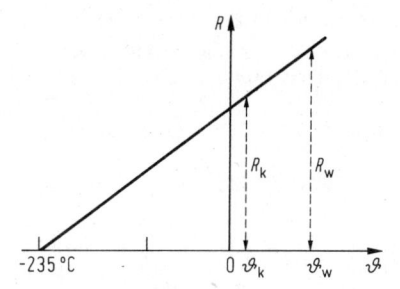

Bild 10.1.1-2 Zusammenhang zwischen Widerstand und Temperatur

Nach Umstellung der Gleichung (10.1.1-2) ergibt sich für die Übertemperatur

$$\vartheta_{\text{ü}} = \vartheta_{\text{w}} - \vartheta_{\text{k}} = \frac{R_{\text{w}} - R_{\text{k}}}{R_{\text{k}}}(235 + \vartheta_{\text{k}}) \text{ in K}$$

(10.1.1-3)

Beispiel 10.1.1-1

Bei der Prüfung einer elektrischen Maschine werden folgende Wicklungswiderstände gemessen:

$R_{\text{k}} = 1,5\,\Omega$ bei $\vartheta_{\text{k}} = 20\,°C$ (Raumtemperatur)
$R_{\text{w}} = 2,13\,\Omega$ bei $25\,°C$ (Raumtemperatur)

Wie groß ist die erreichte Übertemperatur $\vartheta_{\text{ü}}$ als Ergebnis des Temperaturlaufes?

Lösung:

$$\vartheta_{\text{ü}} = \frac{R_{\text{w}} - R_{\text{k}}}{R_{\text{k}}}(235 + \vartheta_{\text{k}})$$

$$= \frac{(2,13 - 1,5)\,\Omega}{1,5\,\Omega}(235 + 20)\,°C \rightarrow K$$

$\vartheta_{\text{ü}} = \mathbf{107\,K}$

Da aber während des Temperaturlaufes die Umgebungstemperatur – gleich aus welchem Grunde – um 5 °C gestiegen ist, kann man diese Differenz in Abzug bringen. Sie hätte ja auch ohne Temperaturlauf zu einer gewissen Widerstandserhöhung geführt.
Korrigierte Erwärmung:

$\vartheta'_{\text{ü}} = (107 - 5)\,K = \mathbf{102\,K}$

Übung 10.1.1-1

Um wieviel % steigt der Widerstand einer Kupferwicklung, wenn sich die Wicklungstemperatur von 0 °C auf 100 °C ändert?

Lösung:

Übung 10.1.1-2

Bei der im Beispiel 10.1.1-1 betrachteten Wicklung möge in Ausführung nach Isolierstoffklasse F eine Grenz-Übertemperatur von 100 K zulässig sein.
Was ist zu tun, wenn Sie
a) bei gegebenen Verlusten an die Belüftung denken,

Lösung:

b) bei gegebener Belüftung eine Verringerung der Verluste in Erwägung ziehen und dabei nur die Kupferverluste $I^2 \cdot R$ als maßgebend betrachten?

(*Lösung:*)

10.1.2 Überlastbarkeit

Die elektrische Maschine wird im Rahmen ihres betrieblichen Einsatzes oft kurzzeitig auch überlastet, d. h. mit Größen betrieben, die oberhalb des Nennwertes liegen. Das gilt insbesondere für den Strom. Grenzwerte müssen im Einzelfall vereinbart werden.

Die VDE-Bestimmungen legen keine Prüfverfahren fest, nennen aber Richtwerte, die gleichsam als Mindestforderungen zu werten sind.

Es müssen ausgehalten werden:
Gelegentliche Stromüberlastung

- bei Wechselstromgeneratoren
  1,5facher Nennstrom 15 s lang
- bei Wechselstrommotoren
  1,5facher Nennstrom mindestens 2 min lang
- bei Gleichstrommotoren und -generatoren
  1,5facher Nennstrom bei höchster Drehzahl mindestens 30 s bzw. 1 min lang

Drehmoment-Überlastbarkeit

- bei Mehrphasen-Induktionsmotoren und Gleichstrommotoren
  1,5faches Nennmoment 15 s lang

10.1.3 Schleuderprüfung

Um die Sicherheit aller fliehkraft-beanspruchten Bauteile zu gewährleisten, muß als Basis der mechanischen Dimensionierung eine Schleuderdrehzahl berücksichtigt werden.

Es gilt überwiegend:

Schleuderdrehzahl = 1,2fache höchste Nenndrehzahl

Eine Schleuderprüfung kann zwischen Hersteller und Betreiber vereinbart werden und dauert dann:

2 min

Bei Durchführung muß der Nachweis erbracht werden, daß keine bleibenden schädlichen Verformungen oder andere Mängel auftreten. Das gilt insbesondere auch für die anschließend durchzuführende Wicklungsprüfung.

Übung 10.1.3–1

Auf dem Leistungsschild eines Gleichstrommotors finden sich u.a. folgende Angaben:

500 kW; 400 bis 800 min^{-1}.

Für welche Schleuderdrehzahl muß z.B. der Kommutator dimensioniert werden?

Lösung:

10.1.4 Isoliervermögen – Wicklungsprüfung

Die Wicklungen stellen das Herzstück der Maschine dar. Die dabei notwendige Isolation der Leiter ist in besonderem Maße elektrischen, thermischen und mechanischen Beanspruchungen ausgesetzt. Jede Fehlstelle führt zum sofortigen Ausfall der Maschine.

Die VDE-Bestimmungen schreiben deshalb als Wicklungsprüfung eine besondere Spannungsprüfung vor, die zwischen den Wicklungen und dem Körper (Eisen) durchgeführt werden muß. Die Prüfspannung ist in jedem Falle eine Wechselspannung von Netzfrequenz.

VDE 0530 (DIN 57530) Teil 1 gibt zur Höhe der Prüfspannung eine umfangreiche Detaillierung, die zu beachten ist.

Überwiegend gilt als Richtwert:

Prüfspannung als Effektivwert

$$U_{Pr} = 2 \cdot U + 1000 \text{ V} \qquad (10.1.4-1)$$

mit U Nennspannung der betreffenden Wicklung

Die allmählich zu steigende Prüfspannung muß mit dem festgelegten Wert ...

1 min lang

einwirken.

Die Wicklungsprüfung soll möglichst an der betriebswarmen Maschine (nach dem Erwärmungslauf) durchgeführt werden.

Bei einem etwaigen Isolationsschaden geht die Anzeige des Spannungsmessers auf fast Null zurück. Die Fehlerstelle kann meist an einem knisternden Geräusch oder sogar an einem sichtbaren Flammbogen erkannt werden.

Übung 10.1.4–1

Für eine isolierte Wicklung mit der Nennspannung $U = 600$ V möge die Bestimmungsgleichung (10.1.4–1) für die Prüfspannung maßgebend sein.

a) Bestimmen Sie die anzulegende Prüfspannung.
b) Welcher Scheitelwert (Spitzenwert) ist dabei wirksam?

Lösung:

10.1.5 Bestimmung des Massenträgheitsmomentes J

Die erwähnten Überströme treten häufig in Zusammenhang mit Beschleunigungsvorgängen auf. Hierbei sind nicht nur die Trägheitsmomente der Arbeitsmaschine und der Übertragungsglieder, sondern auch das Trägheitsmoment des Motors selbst von entscheidendem Einfluß. Deshalb wird dessen Kontrolle häufig in die allgemeinen Prüfungen einbezogen.

Aus der Mechanik ist bekannt für das erforderliche Drehmoment:

$$M = J \frac{\Delta\omega}{\Delta t} = J \frac{2\pi}{60} \frac{\Delta n}{\Delta t} \quad (10.1.5\text{–}1)$$

mit M = Beschleunigungsmoment in

$$\text{Nm} = \frac{\text{kg m}}{\text{s}^2} \cdot \text{m} = \frac{\text{kg m}^2}{\text{s}^2}$$

J = (Massen-) Trägheitsmoment in kg m²
$\quad = m \cdot r^2$ (r = Trägheitsradius)
ω = Winkelgeschwindigkeit in s^{-1}
n = Drehzahl in min^{-1}
t = Zeit in s

bei linearer Drehzahländerung (konstanter Beschleunigung)

$$M = 0{,}1047 \, J \frac{n}{t}$$

mit Gleichung (1.3.2–3)

$$P = \frac{0{,}1047}{9550} J \frac{n^2}{t} \approx \frac{J n^2}{91220 \, t} \quad (10.1.5\text{–}2)$$

mit P Beschleunigungsleistung in kW

Was für die Beschleunigung maßgebend ist, gilt analog auch für die Verzögerung.

Man nutzt deshalb diese Beziehung für die Bestimmung des Trägheitsmomentes aus, das im Prüffeld grundsätzlich im Rahmen eines Auslaufversuches ermittelt wird.

Der Prüfling wird auf etwa Nenndrehzahl hochgefahren, dann vom Netz getrennt und sich selbst überlassen. Die Verlustleistung, das sind die Reibungsverluste und gegebenenfalls die Eisenverluste, führen dazu, daß die kinetische Energie in Wärme umgewandelt wird und die Maschine allmählich zum Stillstand kommt.

Bild 10.1.5–1 zeigt im Prinzip eine solche Auslaufkurve $n = f(t)$.

Die Auswertung bezieht sich meist auf einen Punkt unterhalb der Höchstdrehzahl. Durch diesen Drehzahlpunkt wird eine Tangente an die Auslaufkurve gelegt. Ihr Schnittpunkt mit der waagerechten Achse kennzeichnet eine idealisierte Auslaufzeit t_1.

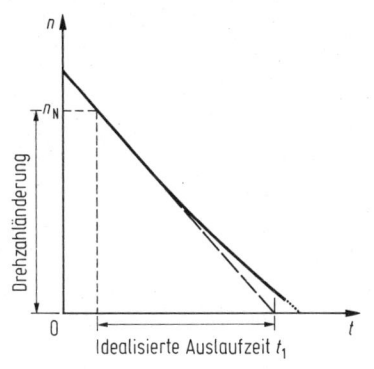

Bild 10.1.5–1
Auslaufkurve als Ergebnis des Auslaufversuches

Beispiel 10.1.5–1

Bei der im Bild 10.1.5–1 dargestellten Auslaufkurve mögen sich folgende Werte ergeben haben:

Drehzahldifferenz $\quad n_1 = 850\,\text{min}^{-1}$
Idealisierte Auslaufzeit $\quad t_1 = 38\,\text{s}$
Für den Bezugspunkt maßgebende Verluste:
$P_0 = 1{,}75\,\text{kW}$.
Wie groß ist das Trägheitsmoment J?

Lösung:

Zahlenwertgleichung

$$J = \frac{91220 \cdot t_1 \cdot P_0}{n_1^2}$$

mit $\quad t_1$ in s
$\quad P_0$ in kW
$\quad n_1$ in min^{-1}

$$J = \frac{91220 \cdot 38 \cdot 1{,}75}{850^2} = \mathbf{8{,}4\,kg\,m^2}$$

Übung 10.1.5–1

Welche Verluste sind bei der Ermittlung des Trägheitsmomentes einzusetzen,
a) bei einem alleinlaufenden Asynchronmotor,
b) bei einer alleinlaufenden, erregten Synchronmaschine?

Lösung:

10.2 Zulässige Abweichungen von gewährleisteten Werten

Wie überall in der Technik verlangt die wirtschaftliche Ausführung auch im Elektromaschinenbau das Zugeständnis von Toleranzen. Dabei gebieten die Betriebssicherheit und die Vermeidung zu großer Nachteile beim Kunden jedoch Einschränkungen.

VDE 0530 gibt in einer besonderen Tabelle eine Übersicht über:

Hier nur einige Hinweise mit Bezug auf die gewährleisteten Größen

η; $\cos\varphi$; n; M_A bzw. J:

Zulässige Abweichungen:

Erwärmung
- nach oben keine Toleranz
- nach unten unbegrenzt

Wirkungsgrad
- nach oben unbegrenzt
- nach unten (bei größeren Maschinen)

$$\Delta\eta = -0{,}1\,(1-\eta) \qquad (10.2\text{-}1)$$

Leistungsfaktor $\cos\varphi$ von Induktionsmaschinen
- nach oben unbegrenzt
- nach unten

$$\Delta\cos\varphi = -\frac{1-\cos\varphi}{6} \qquad (10.2\text{-}2)$$

Drehzahl
(bei größeren fremd erregten Gleichstrommaschinen)

$$\Delta n = \pm 5\%\,n \qquad (10.2\text{-}3)$$

Anzugsmoment von Induktionsmotoren

$$-15\%\,M_A \leqq \Delta M_A \leqq +25\%\,M_A \qquad (10.2\text{-}4)$$

Trägheitsmoment

$$\Delta J = \pm 10\%\,J \qquad (10.2\text{-}5)$$

Beispiel 10.2–1

Bei einer Maschine ist ein Wirkungsgrad $\eta = 0{,}9$ gewährleistet.

Welcher Wert muß durch Messung mindestens bestätigt werden, wenn die Toleranzgrenze gem. (10.2–1) gilt?

Lösung:

$\Delta\eta = -0{,}1\,(1-\eta) = -0{,}1\,(1-0{,}9) = -0{,}01$

Die Messung muß mindestens einen Wirkungsgrad

$\eta_{gr} = \eta - \Delta\eta = 0{,}9 - 0{,}01 = \mathbf{0{,}89}$

nachweisen.

Übung 10.2–1

Bei einer Induktionsmaschine wurde ein Leistungsfaktor $\cos\varphi = 0{,}86$ gewährleistet.

Welcher Wert muß durch Messung mindestens bestätigt werden, wenn die Toleranzgrenze gem. (10.2–2) gilt?

Lösung:

Übung 10.2–2

Bei einer Maschine wurde ein Trägheitsmoment $J = 76\,\text{kg}\,\text{m}^2$ gewährleistet.

Ist ein tatsächlich ermittelter Wert $J = 80{,}5\,\text{kg}\,\text{m}^2$ nach der VDE-Toleranz zulässig?

Lösung:

Lernzielorientierter Test zu Kapitel 10

1. Eine Fabrik ist auf Serienfertigung eingestellt. Ist zu erwarten, daß an jeder der gleichartigen Maschinen umfangreiche Prüfungen durchgeführt werden?

2. Im Rahmen einer Maschinenuntersuchung sind vorgesehen:
   o Wicklungsprüfung,
   o Schleuderprüfung,
   o Erwärmungslauf.
   Geben Sie die zweckmäßige Reihenfolge an.

3. Wird die „Wicklungsprüfung" als o Typenprüfung oder als o Stückprüfung vorgesehen?

4. Geben Sie die Begründung an, warum man bei der Ermittlung des Trägheitsmomentes eine idealisierte Auslaufzeit einführt und nicht die Originalzeit wählt.

5. Beim Start eines Erwärmungslaufes beträgt die Raumtemperatur 18 °C. Nach Abschluß wird die Kommutatortemperatur zu 80 °C bestimmt, während die Raumtemperatur auf 22 °C gestiegen ist. Wie groß ist die Erwärmung?

11 Zusammenspiel zwischen Antriebsmotor und Arbeitsmaschine

Lernziele

Nach Durcharbeitung dieses Kapitels können Sie
- die Begriffe Widerstandskraft und Widerstandsmoment zusammenfassend erläutern,
- den Einfluß eines Getriebes erklären,
- bei zusammengesetzten Drehmomenten bzw. Leistungen deren Mittelwert angeben,
- Hinweise zur Berechnung der Anlaufzeit geben,
- sich zum mechanischen Äquivalent der elektrischen Leistung äußern,
- einige Beispiele zum Leistungsbedarf von Arbeitsmaschinen nennen.

11.0 Allgemeines

Bisher sind wir immer von gegebenen Nennleistungen bzw. Nenndrehmomenten des Motors ausgegangen. Diese Daten festzulegen, ist Aufgabe des Antriebstechnikers, der die elektrische Maschine in Zusammenhang mit der gekuppelten Arbeitsmaschine und dem gesamten Technologieprozeß zu sehen hat.

Einige typische Beispiele für Arbeitsmaschinen:
- Dreh-, Fräs-, Bohrmaschinen
- Krane, Aufzüge, Fahrzeuge
- Ventilatoren, Pumpen
- Walzanlagen, Pressen

In jedem Falle gilt:

> Kräfte bzw. Drehmomente und Geschwindigkeiten bzw. Winkelgeschwindigkeiten müssen entsprechend den Erfordernissen des technologischen Prozesses zur Verfügung stehen.

Dabei sollen der technologische Prozeß mit hoher Effektivität ablaufen und die Umwandlung von elektrischer in mechanische Energie mit möglichst geringen Verlusten erfolgen.

In jedem Falle sind im Interesse der Betriebssicherheit und der hohen Verfügbarkeit die natürlichen Grenzen der elektrischen Maschine zu berücksichtigen. Da diese dazu neigt, weitgehend auch überhöhten Forderungen zu entsprechen, kommt es nicht selten zu unsachgemäßem Einsatz. Auftretende Schäden werden dann fälschlicherweise der elektrischen Maschine zur Last gelegt.

11.1 Widerstandskraft bzw. Widerstandsmoment

Bei gleichförmiger Bewegung (Beschleunigung gleich Null) gilt:

> Antreibende Kraft F
> = Widerstandskraft F_W

> Motordrehmoment M
> = Widerstandsmoment M_W

In unserem Beispiel sind der Wirkungsgrad der Seilscheibe = 100% gesetzt und damit das dort auftretende Reibungsmoment vernachlässigt.

In den Energiefluß zwischen Motor und Arbeitsmaschine ist nicht selten ein Getriebe eingeschaltet, gekennzeichnet durch das Übersetzungsverhältnis des Getriebes:

Bild 11.1–1 Energieübertragung rotorisch → translatorisch

$$i = \frac{\text{Antriebsdrehzahl}}{\text{Abtriebsdrehzahl}} \qquad (11.1\text{--}1)$$

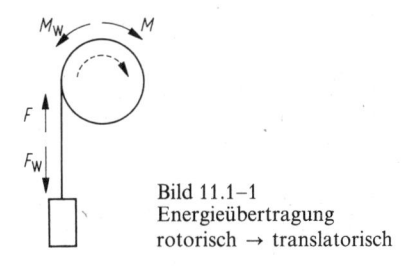

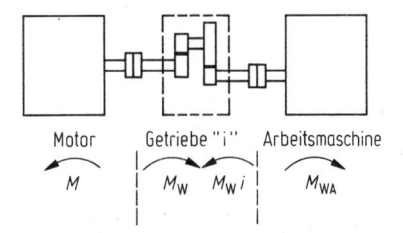

Bild 11.1–2 Energieübertragung mit Getriebe rotorisch – rotorisch

Wird der Wirkungsgrad des Getriebes analog wieder zu 100% angenommen, so gilt:

$$M_W = M = M_{WA}\frac{1}{i} \qquad (11.1\text{--}2)$$

Wählt man z.B. das Getriebeübersetzungsverhältnis $i = 2$, so ist

die Antriebsdrehzahl
= Motordrehzahl gleich $2 \times$ Abtriebsdrehzahl
= Drehzahl der Arbeitsmaschine

und das an der Motorwelle geforderte Moment M gleich $1/2 \times$ dem von der Arbeitsmaschine benötigten Moment M_{WA}.

Wie aus Abschnitt 1.3.2 erinnerlich, führt das kleinere Motormoment zu kleineren Abmessungen $d_A^2 \cdot \pi \cdot l$ und damit evtl. zu einer günstigeren Auslegung des Motors.

11.1.1 Widerstandsmomenten-Kennlinien

Bei vielen Arbeitsmaschinen ist das Widerstandsmoment abhängig von der Drehzahl bzw. der Winkelgeschwindigkeit. In diesen Fällen bedient man sich zweckmäßig der graphischen Darstellung.

Man unterscheidet zwischen

- natürlichen Kennlinien und
- eingeprägten Kennlinien der Arbeitsmaschine.
- natürliche Kennlinien
- eingeprägte Kennlinien der Arbeitsmaschine

Einige Beispiele für natürliche Kennlinien:

- Das Widerstandsmoment der Arbeitsmaschine ergibt sich im wesentlichen aus der mechanischen Reibung, die in weitem Drehzahlbereich konstant bleibt. Lediglich bei Beginn der Bewegung ist die erhöhte Haftreibung zu überwinden.

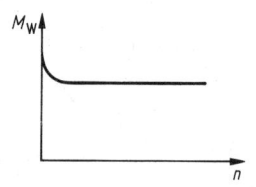

Bild 11.1.1–1 Widerstandsmomenten-Kennlinie – beispielsweise einer spanabhebenden Werkzeugmaschine

- Das Widerstandsmoment ändert sich etwa quadratisch mit der Drehzahl. Solche Verläufe ergeben sich vornehmlich, wenn Gas- bzw. Flüssigkeitsreibung vorliegt.

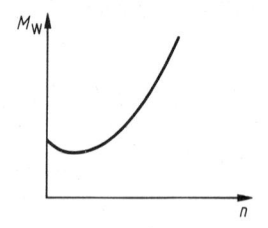

Bild 11.1.1–2 Widerstandsmomenten-Kennlinie – beispielsweise eines Lüfters

Bei unterschiedlichen Überlagerungen in den einzelnen Drehzahlbereichen können sich recht komplizierte Kurvenverläufe ergeben.

In jedem Falle ändert sich der Drehmomentenbedarf bei einer Drehzahlverstellung entsprechend der jeweiligen Kennlinie.

Den Begriff der „eingeprägten Kennlinie" machen wir uns am besten mit dem Beispiel des Wickel- oder Haspelantriebs deutlich.

11.1 Widerstandskraft bzw. Widerstandsmoment

Je mehr Draht oder Band aufgewickelt ist, um so größer ist der Bunddurchmesser. Bei angestrebtem konstanten Bandzug steigt proportional das erforderliche Drehmoment M_W.

Solange die Drehzahl unverändert bleibt, würde auch die Umfangsgeschwindigkeit und damit die Wickelgeschwindigkeit für das Band proportional steigen. Das ist unerwünscht, und man strebt neben der konstanten Zugkraft auch eine gleichbleibende Geschwindigkeit an. Die Kennlinie muß durch Steuerung oder Regelung des Antriebmotors erreicht werden.

Das Gleichgewicht $M = M_W$ für jeden Punkt der Kurve gilt für den Beharrung-(stationären) Zustand.

Jede Drehzahlveränderung – auch im Zuge des Überganges von einem Betriebspunkt zum anderen – bedingt ein zusätzliches Beschleunigungsmoment.

Dann gilt:

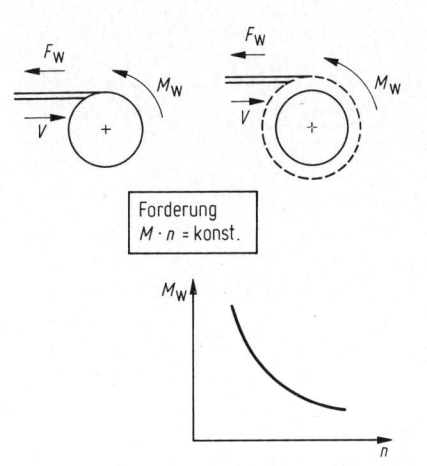

Bild 11.1.1–3 Eingeprägte Widerstandsmomenten-Kennlinie eines Wickelantriebs

$$M = M_W + M_B = M_W + J \frac{\Delta\omega}{\Delta t} \qquad (11.1.1-1)$$

Für J ist das Gesamtträgheitsmoment einzusetzen, wobei Motor, Arbeitsmaschine und Übertragungsglieder zu berücksichtigen sind.

11.1.2 Einfluß der Zeit Mittleres Drehmoment

Auch im Beharrungszustand ist die Belastungsdauer von großer Bedeutung. Wir brauchen uns nur an die Betriebsarten des Motors (Dauerbetrieb, Kurzzeitbetrieb) zu erinnern. Die Bedeutung der Zeit steigt, wenn die Belastungen schwanken und Beschleunigungs- bzw. Verzögerungsvorgänge zu berücksichtigen sind.

Wir betrachten eine Arbeitsmaschine, deren Widerstandsmomenten-Kennlinie dem Typ des Bildes 11.1.1–1 entspricht. Der Wert M_W ist im Beharrungszustand also in einem weiten Drehzahlbereich konstant.

Gemäß Bild 11.1.2–1 wird diese Maschine im Zeitabschnitt $t_1 \ldots t_2$ linear von der Drehzahl n_1 auf die Drehzahl n_2 beschleunigt.

Um dies zu erreichen, überlagert sich während der Zeit $t_1 \ldots t_2$ dem Widerstandsmoment M_W ein konstantes Beschleunigungsmoment M_B.

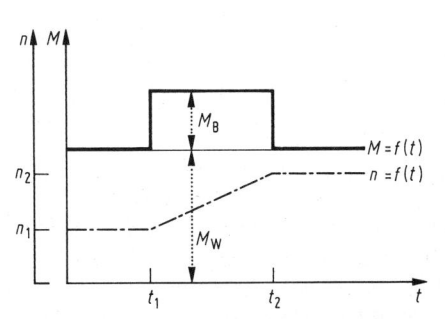

Bild 11.1.2–1 Beispiel für den zeitlichen Verlauf von Drehmoment und Drehzahl bei einer Arbeitsmaschine

Beispiel 11.1.2–1

Für das im Bild 11.1.2–1 skizzierte Beispiel ist unter Vernachlässigung aller Wirkungsgradeinflüsse das Beschleunigungsmoment M_B unter folgenden Voraussetzungen zu bestimmen:
Gesamtträgheitsmoment $J = 5 \text{ kg m}^2$;
$n_1 = 500 \text{ min}^{-1}$; $n_2 = 1000 \text{ min}^{-1}$;
$t_1 = 15 \text{ s}$; $t_2 = 20 \text{ s}$.

Lösung:

$$M_B = J \frac{\Delta \omega}{\Delta t} = J \frac{2 \cdot \pi}{60} \frac{\Delta n}{\Delta t}$$

als Zahlenwertgleichung

mit $[J]$ in kg m^2; $[n]$ in min^{-1}; $[t]$ in s; $[M_B]$ in Nm

$\Delta n = n_2 - n_1 = (1000 - 500) \text{ min}^{-1}$
$\quad = 500 \text{ min}^{-1}$

$\Delta t = t_2 - t_1 = (20 - 15) \text{ s} = 5 \text{ s}$

$$M_B = 5 \cdot \frac{2 \cdot \pi}{60} \cdot \frac{500}{5} = 52{,}36 \text{ Nm}$$

Aus solchen Überlagerungen und aus unterschiedlichen Belastungen kann sich ein Belastungskollektiv ergeben, wie es Bild 11.1.2–2 zeigt.
Die Spieldauer t_S ist gekennzeichnet.

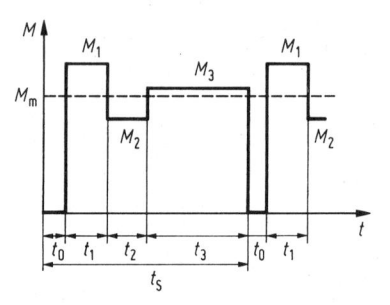

Bild 11.1.2–2
Lastspiel mit quadratischem Mittelwert M_m

Das Drehmoment ist in erster Näherung dem Strom proportional.
Insofern kann man analog auch für das schwankende Moment einen quadratischen Mittelwert bilden.

Für das dargestellte Beispiel gilt:

$$M_m = \sqrt{\frac{M_1^2 t_1 + M_2^2 t_2 + M_3^2 t_3}{t_0 + t_1 + t_2 + t_3}} \qquad (11.1.2-1)$$

Bei weiteren Lastwechseln innerhalb der Periode wäre die Gleichung entsprechend zu ergänzen.
Dieses mittlere Moment kann angenähert der Motordimensionierung zugrunde gelegt werden.
Negative Bremsmomente schlagen in dieser Bilanz voll zu Buche, wenn sie den Motor beanspruchen. Das gilt für jede elektrische Bremsung, natürlich nicht für eine mechanische Bremsung.
Wenn z. B. bei aussetzendem Betrieb mit wechselnden Einschaltungen und stromlosen Pausen für jeden Arbeitsvorgang praktisch immer dieselbe Drehzahl gilt, kann man die Leistung als Funktion der Zeit bestimmen und bei der Motor-Dimensionierung vom quadratischen Mittelwert der Leistung ausgehen.
Bild 11.1.2–3 zeigt ein Beispiel.

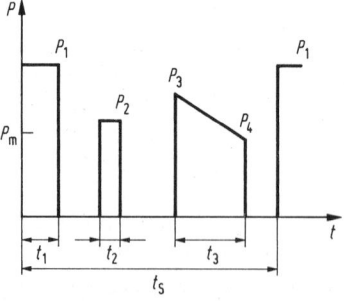

Bild 11.1.2–3   Leistungsbedarf $P = f(t)$ und quadratischer Mittelwert der Leistung

11.1 Widerstandskraft bzw. Widerstandsmoment

Trägt man das Quadrat der Leistung über der Zeit auf, so ergibt sich die Darstellung gem. Bild 11.1.2–4.

Die Summe der Flächen unter den Kurvenabschnitten ist wesentlich für den quadratischen Mittelwert. Wenn sich kein Rechteck ergibt, kann man sich zur Flächenbestimmung einer Näherung bedienen, die für den Zeitabschnitt „t_3" demonstriert ist.

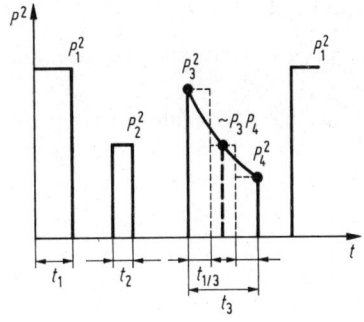

Bild 11.1.2–4
Darstellung $P^2 = f(t)$ passend zu Bild 11.1.2–3

Der quadratische Mittelwert der Leistung läßt sich für die Darstellung der Bilder 11.1.2–3 bzw. 11.1.2–4 wie folgt bestimmen:

$$P_m = \sqrt{\frac{P_1^2 t_1 + P_2^2 t_2 + \frac{1}{3}(P_3^2 + P_3 P_4 + P_4^2) t_3}{t_S}}$$

(11.1.2–2)

Beispiel 11.1.2–2

Im Aussetzbetrieb eines Motors sei der Leistungsbedarf im Prinzip durch Bild 11.1.2–3 mit folgenden Werten gegeben:

$P_1 = 370\,\text{W}$; $P_2 = 240\,\text{W}$; $P_3 = 300\,\text{W}$;

$P_4 = 190\,\text{W}$. $t_S = 10\,\text{min}$;

$t_1 = 1{,}6\,\text{min}$; $t_2 = 0{,}8\,\text{min}$; $t_3 = 2{,}6\,\text{min}$.

Bestimmen Sie den quadratischen Mittelwert der Leistung.

Lösung:

$$P_m = \sqrt{\frac{(370\,\text{W})^2 \cdot 1{,}6\,\text{min} + (240\,\text{W})^2 \cdot 0{,}8\,\text{min} + \frac{2{,}6\,\text{min}}{3}(300^2 + 300 \cdot 190 + 190^2)\,\text{W}^2}{10\,\text{min}}}$$

$P_m = 206\,\text{W}$

Übung 11.1.2–1

Definieren Sie für die Werte des Beispiels 11.1.2–2 den Begriff der „relativen Einschaltdauer" t_r in % und bestimmen Sie deren Größe.

Lösung:

Übung 11.1.2–2 *Lösung:*

Nachstehendes Diagramm kennzeichnet die Belastung eines Motors mit

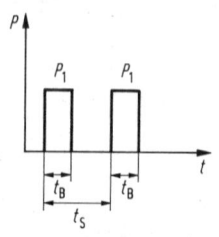

$P_1 = 750\,\text{W}$; $t_B = 20\,\text{s}$; $t_S = 50\,\text{s}$.

a) Mit welchem Kurzzeichen wird diese Betriebsart verdeutlicht?
b) Wie groß ist der quadratische Mittelwert der Leistung?

11.2 Anlauf unter Berücksichtigung der Motorkennlinie

Jedes Antriebssystem muß vom Stillstand aus in Bewegung gesetzt werden. Dabei kann das Anlaufmoment u.U. wesentlich höher als das Belastungsmoment bei Nenndrehzahl sein. Der Aussetzbetrieb mit Einfluß des Anlaufvorganges führt zu Diagrammen $P = f(t)$, wie sie etwa Bild 11.2–1 zeigt.

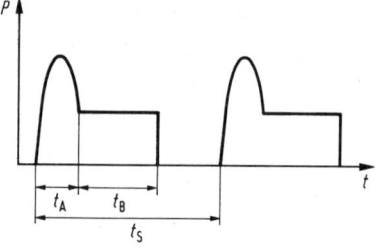

Bild 11.2–1
Aussetzbetrieb mit Einfluß des Anlaufvorganges
t_A = Anlaufzeit, t_B = Belastungszeit, t_S = Spieldauer

Wie bereits früher ausgeführt, ist ein Anlauf nur gewährleistet, wenn die Gleichung erfüllt ist:

$$M_B = M - M_W = J\frac{\Delta\omega}{\Delta t} > 0 \qquad (11.2\text{-}1)$$

Im Rahmen des Bildes 11.1.2–1 haben wir das sich ergebende Gesamtmoment als Reaktionsmoment betrachtet, dem der Motor zu entsprechen hat.

Nun kann der Motor selbst für das Gesamtmoment M Grenzen bieten. Das gilt insbesondere für den Asynchronmotor, dessen mögliches Moment $M = f(n)$ in Form der Motorkennlinie noch deutlich in Erinnerung ist.

Setzen wir:

$$\Delta n = n_N - 0 = n_N,$$

$$\Delta t = t_A - 0 = t_A$$

so ergibt sich eine Bestimmungsgleichung für die Anlaufzeit t_A.

11.2.1 Anlaufzeit

Die Gleichung (11.2.1-1) gilt nur unter der Voraussetzung, daß das Beschleunigungsmoment M_B während des ganzen Hochlaufs konstant ist. Diese Annahme ist aber auch für eine Näherungsrechnung meist nicht zulässig.

Deshalb geht man in der Regel abschnittsweise vor, wie dies Bild 11.2.1-1 am Beispiel der Unterteilung der Fläche zwischen Motormomentkurve $M = f(n)$ und Widerstandsmomentkurve $M_W = f(n)$ in drei gleichbreite Abschnitte demonstriert.

Man wählt z. B. für $n_3 = 0{,}95\,n_d$ (Drehfelddrehzahl) und unterteilt $n_1 = 1/3\,n_3$; $n_2 = 2/3\,n_3$.

Die sich ergebenden drei Flächenteile werden jeweils ersetzt durch etwa flächengleiche Rechtecke mit den Höhen M_{B1}; M_{B2} und M_{B3}.

Für jeden Abschnitt gelten die Voraussetzungen der Gleichung (11.2.1-1), so daß wir die Teilzeiten t_{A1}; t_{A2} und t_{A3} bestimmen können. Aus der Summe ergibt sich die Gesamtanlaufzeit von $n = 0$ auf $n = 0{,}95\,n_d$.

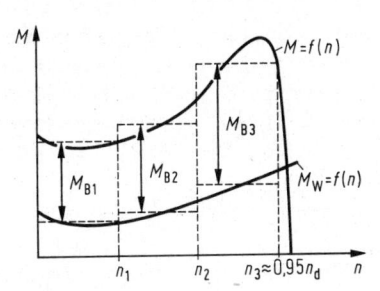

$$t_A = \frac{J}{M_B}\,\omega_N = \frac{J}{M_B}\,\frac{2\pi}{60}\,n_N \quad (11.2.1\text{-}1)$$

Bild 11.2.1-1
Abschnittsweise Ermittlung der Anlaufzeit

$$\begin{aligned} & t_{A1} + t_{A2} + t_{A3} \\ & = J\,\frac{2\pi}{60}\left(\frac{1}{M_{B1}} + \frac{1}{M_{B2}} + \frac{1}{M_{B3}}\right)\frac{n_3}{3} \end{aligned} \quad (11.2.1\text{-}2)$$

Durch weitere Unterteilungen kann man die Genauigkeit der Ermittlung der Gesamtanlaufzeit t_A bis zur Nenndrehzahl steigern.

Für den oben betrachteten Asynchronmotor mit Kurzschlußläufer ist die Anlaufzeit eine für das jeweilige Antriebssystem typische Größe.

Im Gegensatz dazu bestehen beim Schleifringläufer Beeinflussungsmöglichkeiten über die Widerstände im Läuferkreis, die ja bekanntlich auf das Anlaufmoment und den Kennlinienverlauf $M = f(n)$ einwirken.

Beispiel 11.2.1-1

Ein Antriebssystem mit einem Asynchronmotor besitzt ein Gesamtträgheitsmoment $J = 97\,\text{kg m}^2$. Die Drehzahl beträgt $586\,\text{min}^{-1}$.
Bei bekanntem Verlauf der Motor- und der Widerstandskennlinie hat man die von beiden begrenzte Fläche in 10 gleiche Drehzahlabschnitte unterteilt und dabei folgende mittleren Beschleunigungsmomente ermittelt:

Lösung:

Als Zahlenwertgleichung

$$t_v = J \cdot \frac{2 \cdot \pi \cdot \Delta n}{60} \cdot \frac{1}{M_{Bv}}$$

mit $\quad \Delta n = \dfrac{n_N}{10} = \dfrac{586\,\text{min}^{-1}}{10}$

$[J] = \text{kg m}^2$; $[\Delta n] = \text{min}^{-1}$; $[M_{Bv}] = \text{Nm}$; $[t_v] = \text{s}$

$M_{B1}; M_{B2}; \ldots M_{B10} = M_{Bv}$ in Nm
$= 1570; 1830; 1900; 2050; 2250;$
$2500; 2900; 3200; 2900; 1500.$

Berechnen Sie die Zeiten $t_1; t_2; \ldots t_{10} = t_v$, die zum Durchlaufen der einzelnen Drehzahl-Abschnitte benötigt werden, und die gesamte Anlaufzeit t_A.

$$t_v = 97 \cdot \frac{2 \cdot \pi \cdot 586}{60 \cdot 10} \cdot \frac{1}{M_{Bv}} = 595{,}25 \frac{1}{M_{Bv}}$$

Es ergibt sich für $t_1; t_2; \ldots t_{10} = t_v$ in ms
$= 379; 325; 313; 290; 265;$
$238; 205; 186; 205; 397.$

Gesamte Anlaufzeit

$$t_A = \sum_{v=1}^{10} t_v \approx 2{,}8\,\text{s}$$

Übung 11.2.1–1

a) Wie sähe als Ergebnis des Beispiels 11.2.1–1 die Anlaufkennlinie $n = f(t)$ aus?
b) Begründung?

Lösung:

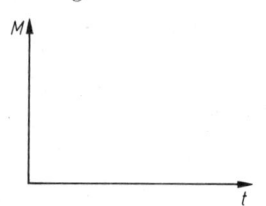

11.3 Mechanische Antriebsleistung

Die Arbeitsmaschine nimmt als Leistung auf

– bei geradliniger Bewegung

$$P_W = F \cdot \frac{\Delta s}{\Delta t} = F \cdot v \qquad (11.3\text{–}1)$$

mit $F =$ Kraft in N
$v =$ Geschwindigkeit in $\frac{\text{m}}{\text{s}}$

– bei Drehbewegung

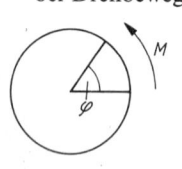

$$P_W = M \cdot \frac{\Delta \varphi}{\Delta t} = M \cdot \omega = M \cdot \frac{2\pi n}{60} \qquad (11.3\text{–}2)$$

mit $M =$ Drehmoment in Nm
$\omega =$ Winkelgeschwindigkeit in s^{-1}
$n =$ Drehzahl in min^{-1}

– bei geradliniger Beschleunigung

$$P_B = m \cdot a \cdot \frac{\Delta s}{\Delta t} = m \cdot a \cdot v = m \cdot v \cdot \frac{\Delta v}{\Delta t}$$

$$(11.3\text{–}3)$$

mit $m =$ Masse in kg
$a =$ Beschleunigung in $\frac{\text{m}}{\text{s}^2}$

- bei Drehbeschleunigung

$$P_B = J \cdot \frac{\Delta \omega}{\Delta t} \cdot \omega = J \cdot \omega \cdot a \qquad (11.3\text{-}4)$$

mit J = Trägheitsmoment in kg m²

Einheit der Leistung in jedem Falle:

$$[P] = N \frac{m}{s} = kg \frac{m}{s^2} \frac{m}{s} = kg \frac{m^2}{s^3} = W$$

Die Leistung (11.3-1) und (11.3-2) muß in jedem Falle vom Motor abgegeben werden. Das gilt auch für die Leistungen (11.3-3) und (11.3-4) im Falle der positiven Beschleunigungen.
Im Falle der negativen Beschleunigung (Verzögerung durch el. Bremsen) nimmt die elektrische Maschine diese Leistung auf.

11.3.1 Einige Beispiele für den Leistungsbedarf von Arbeitsmaschinen

Der Anlagen-Techniker wird sich in der Praxis immer auf bestimmte Einsatzgebiete spezialisieren und hier umfangreiche Erfahrung sammeln. Das macht schon deutlich, daß man mit wenigen Formeln nicht das ganze Wissen vermitteln kann, das Voraussetzung für eine zweckdienliche Festlegung der Nenndaten ist.

● **Drehmaschine**

$$P_W = \frac{1}{\eta} \cdot A_S \cdot p_S \cdot v \qquad (11.3.1\text{-}1)$$

mit η = Wirkungsgrad der Zerspanung
A_S = Spanquerschnitt
p_S = Schnittdruck
v = Schnittgeschwindigkeit

Beispiel 11.3.1-1

Auf einer Drehmaschine soll ein zylindrisches Werkstück mit dem Durchmesser $D = 120$ mm bearbeitet werden.
Schnittgeschwindigkeit $v = 50$ m/min
Schnittdruck $p_S = 1000$ N/mm²
Spanquerschnitt $A_S = 1{,}2$ mm²
Zerspanungswirkungsgrad $\eta = 0{,}8$.
Bestimmen Sie:
a) die Antriebsdrehzahl,
b) die erforderliche Antriebsleistung.

Lösung:

a) $n = \dfrac{v}{D \cdot \pi} = \dfrac{50 \dfrac{m}{min}}{0{,}12\, m \cdot \pi} = \mathbf{133\, min^{-1}}$

b) $P_W = \dfrac{1}{\eta} \cdot A_S \cdot p_S \cdot v$

$= \dfrac{1}{0{,}8} \cdot 1{,}2\, mm^2 \cdot 1000 \dfrac{N}{mm^2} \cdot$

$\cdot \dfrac{50}{60} \dfrac{m}{min} \cdot \dfrac{min}{s}$

$= 1250\, N \dfrac{m}{s} = \mathbf{1{,}25\, kW}$

• **Bohrmaschine**

Antriebsleistung

$$P_W = \frac{1}{\eta} \cdot A_S \cdot p_S \cdot n \cdot s_v \qquad (11.2.1-2)$$

mit η = Wirkungsgrad der Zerspanung
A_S = Bohrquerschnitt
p_S = Schnittdruck
n = Bohrerdrehzahl
s_v = Vorschub je Umdrehung

Beispiel 11.3.1–2

Es soll ein Loch von $D = 10$ mm Durchmesser mit einem Schnittdruck von $p_S = 1500$ N/mm² bei einer Bohrerdrehzahl $n = 740$ min^{-1} gebohrt werden.

Vorschub je Umdrehung $s_v = 0,16$ mm.
Zerspanungswirkungsgrad $\eta = 0,75$.

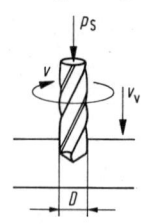

Bestimmen Sie:
a) Die Schnittgeschwindigkeit am äußeren Umfang des Bohrers;
b) die Vorschubgeschwindigkeit und
c) die erforderliche Antriebsleistung.

Lösung:

a) $v = D \cdot \pi \cdot n = 0,01$ m $\cdot \pi \cdot 740$ min^{-1}

$= 23,25 \dfrac{\text{m}}{\text{min}}$

b) $v_v = n \cdot s_v = 740$ min$^{-1} \cdot 0,16$ mm

$= 118,4 \dfrac{\text{mm}}{\text{min}} = \dfrac{118,4}{60} \cdot 10^{-3} \dfrac{\text{mm}}{\text{min}} \dfrac{\text{min}}{\text{s}} \dfrac{\text{m}}{\text{mm}}$

$= 1,97 \cdot 10^{-3} \dfrac{\text{m}}{\text{s}}$

c) $P_W = \dfrac{1}{\eta} \cdot A_S \cdot p_S \cdot v_v$

mit $A_S = \dfrac{D^2 \pi}{4} = \dfrac{(10\,\text{mm})^2 \cdot \pi}{4} = 78,5\,\text{mm}^2$

$P_W = \dfrac{1}{0,75} \cdot 78,5\,\text{mm}^2 \cdot 1500 \dfrac{\text{N}}{\text{mm}^2}$

$\cdot 1,97 \cdot 10^{-3} \dfrac{\text{m}}{\text{s}}$

$\approx 310 \dfrac{\text{Nm}}{\text{s}} = \mathbf{310\,W}$

• **Lüfter**

Lüfter sollen in der Regel große Fördermengen z. B. an Luft aufbringen und müssen dazu einen Gesamtdruck erzeugen, der Widerstände in Rohren, Krümmern und Filtern überwindet.

Antriebsleistung des Lüfters

$$P_W = \frac{1}{\eta} \cdot Q \cdot p \qquad (11.3.1-3)$$

mit η = Lüfterwirkungsgrad
Q = Förderstrom, meist in $\dfrac{\text{m}^3}{\text{s}}$
p = Gesamtdruck, meist in $\dfrac{\text{N}}{\text{m}^2}$

Bei der Ermittlung des nötigen Gesamtdruckes spielen Rohrdurchmesser, Rohrlänge, aber auch Erfahrungswerte bzgl. Rohrbeschaffenheit, Krümmer und Filter eine Rolle.

Beispiel 11.3.1–3

Ein Lüfter soll einen Luftstrom von $Q = 6 \dfrac{m^3}{s}$ über ein langes Rohr mit Krümmern fördern. Mittlerer Rohrdurchmesser $D = 0,8$ m; Lüfterwirkungsgrad $\eta = 0,4$.

Der Gesamtdruck wurde zu $p = 150 \dfrac{N}{m^2}$ ermittelt.

Bestimmen Sie:
a) Die mittlere Luftgeschwindigkeit;
b) die erforderliche Antriebsleistung des Lüfters.

Lösung:

a) $v = \dfrac{Q}{A} = \dfrac{Q \cdot 4}{D^2 \cdot \pi} = \dfrac{6 \dfrac{m^3}{s} \cdot 4}{(0,8\,m)^2 \cdot \pi}$

$= 11{,}94 \dfrac{m}{s}$

b) $P_W = \dfrac{1}{\eta} \cdot Q \cdot p$

$= \dfrac{1}{0,4} \cdot 6 \dfrac{m^3}{s} \cdot 150 \dfrac{N}{m^2} = 2250 \dfrac{Nm}{s}$

$= 2{,}25\,kW$

Übung 11.3.1–1

Zu bestimmen sind
a) die Drehzahl und
b) die Antriebsleistung eines Fräsers,

der bei einem Walzendurchmesser $D = 60$ mm mit einer Umfangsgeschwindigkeit $v = 20$ m/min arbeitet. Die Vorschubgeschwindigkeit beträgt $v_v = 2{,}8 \cdot 10^{-3} \dfrac{m}{s}$, der Schnittdruck $p_s = 1200 \dfrac{N}{mm^2}$.

Fräsbreite: 40 mm; Schnittiefe: 5 mm
Wirkungsgrad der Zerspanung: $\eta = 0,8$.

Lösung:

Lernzielorientierter Test zu Kapitel 11

1. Ordnen Sie den nachfolgend gekennzeichneten Arbeitsmaschinen

    1) Walzwerk, 2) Lüfter, 3) Hebezeug, 4) Drehmaschine,

    die als sicher oder wahrscheinlich anzusehende Art des Anlaufs zu:

    a) Leeranlauf, b) Lastanlauf mit steigendem Drehmoment, c) Vollastanlauf, d) Schweranlauf.

2. Ein Antrieb ist gem. Skizze wie folgt belastet:

    Während $\quad t_1 = 30\,s \quad M_1 = 50\,Nm$
    $\quad t_2 = 40\,s \quad M_2 = 30\,Nm$
    $\quad t_3 = 20\,s \quad M_3 = 40\,Nm$
    $\quad t_4 = 30\,s \quad M_4 = 0\,Nm$ (Pause)

    Bestimmen Sie den effektiven Mittelwert des Drehmomentes.

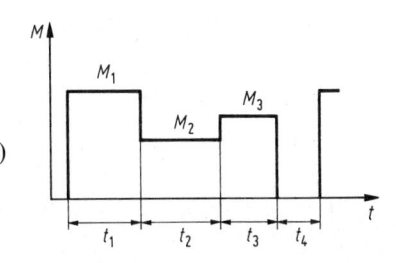

3. Welche Annahmen lagen bezüglich des Stromes und der Verluste der bei Testaufgabe 2 benutzten Berechnungsformel zugrunde?

4. Ein Motor beschleunigt eine Arbeitsmaschine während 5 s mit $M = 100$ Nm = konst. Es folgt ein Beharrungsbetrieb während 60 s mit $M = 50$ Nm = konst., und schließlich wird der Antrieb über eine an der Arbeitsmaschine angebrachte Bremsscheibe während 8 s mit $M = 63$ Nm = konst. abgebremst.
Welche Drehmomentblöcke müssen neben der Pause bei der Motor-Dimensionierung berücksichtigt werden?

5. Eine Arbeitsmaschine benötigt bei einer Drehzahl von $n = 100 \text{ min}^{-1}$ ein Drehmoment von $M = 150$ Nm. Sie ist über ein Getriebe mit $i = 10$ mit einem Motor gekuppelt.
Für welche Drehzahl und welches Drehmoment muß dieser Motor dimensioniert werden?

6. Wie könnte man die im Bild 11.1.1–3 dargestellte eingeprägte Widerstandsmomenten-Kennlinie erreichen, wenn der Antrieb über einen fremd-erregten Gleichstrommotor mit Feldsteuerungsmöglichkeit erfolgt?

7. Betrachten Sie noch einmal Bild 6.3.2–2 mit dem Verlauf $M = f(s)$ bei verschiedenen Stabformen eines asynchronen Kurzschlußläufers. Mit welcher Stabform würden Sie danach bei gegebenem Verlauf der Widerstandsmomenten-Kennlinie die kürzeste Anlaufzeit t_A erreichen?

12 Anpassungsmöglichkeiten an veränderte Betriebs und Einsatzbedingungen

Lernziele

Nach Durcharbeitung dieses Kapitels können Sie
- über Möglichkeiten diskutieren, eine gegebene Maschine veränderten Betriebs- und Einsatzbedingungen auszusetzen,
- unter Beachtung der VDE-Bestimmungen für gegebene Fälle neue Nennleistungen angeben.

12.0 Allgemeines

Im Zuge des Verkaufs oder der nachträglichen Änderung der Nutzung tritt nicht selten die Frage auf, ob eine gegebene Maschine für diesen neuen Zweck verwendet werden kann. Es gibt auch die Möglichkeit, durch gewisse Modifikationen Anpassungen zu erreichen, wobei die dann entstehenden Kosten wesentlich unter denen einer neuen Maschine bleiben. Die gegebenenfalls neu festzulegende Nennleistung muß in jedem Falle den VDE-Bestimmungen entsprechen.

12.1 Nennleistung und Isolierstoffklasse

Wir erinnern uns noch einmal des Abschnittes 1.2.2 und der Bemerkungen zum Thema „Erwärmung" im Rahmen der Maschinen-Prüfungen.

Die bei höherwertigen Isolierstoffen – gekennzeichnet durch ihre Klasse – zugestandenen größeren Grenz-Übertemperaturen führen dazu, daß mit höheren Verlusten eine größere Nennleistung bei gegebenem Bauvolumen der Maschine zugestanden werden kann.

Nicht selten erhalten aus diesem Grunde ältere Maschinen eine neue Wicklung.

Zwischen den Verlusten und der sich ergebenden Erwärmung besteht annähernd Proportionalität

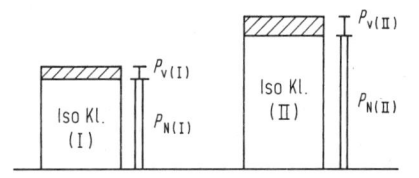

Bild 12.1–1 Schematische Darstellung des Zusammenhanges zwischen Nennleistung und Isolierstoffklasse

$$P_{v(I)} \sim \vartheta_{ü(I)} \qquad P_{v(II)} \sim \vartheta_{ü(II)}$$

In vielen Fällen bilden die Kupferverluste den entscheidenden Anteil der Gesamtverluste.

Kupferverluste
$$P_{v\,cu} = I^2 \cdot R$$

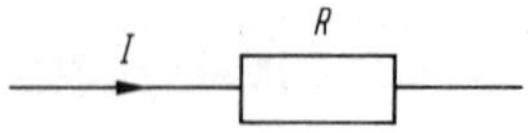

In Annäherung kann man dann davon ausgehen, daß das Quadrat der Ströme bestimmend für die Verluste und damit auch die Erwärmung ist:

$$\frac{P_{v(II)}}{P_{v(I)}} \approx \frac{I^2_{(II)}}{I^2_{(I)}} \approx \frac{\vartheta_{ü(II)}}{\vartheta_{ü(I)}}$$

Es folgt:

$$\frac{I_{N(II)}}{I_{N(I)}} \approx \sqrt{\frac{\vartheta_{ü\,zul(II)}}{\vartheta_{ü\,zul(I)}}} \qquad (12.1-1)$$

Berücksichtigt man noch die bei den höheren Temperaturen gestiegenen Wicklungswiderstände, so ergeben sich – falls im Einzelfall keine anderen Begrenzungen dem entgegenstehen – etwa die nebenstehend gekennzeichneten Werte für das Verhältnis:

neuer Nennstrom (II)
alter Nennstrom (I)

Isol-Kl.	$\vartheta_{ü\,max}$
F	100 K
B	80 K
A	60 K

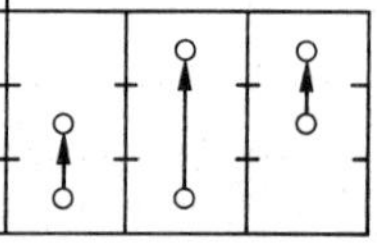

$\frac{I_{N(II)}}{I_{N(I)}} \approx$ 1,12 1,22 1,09

Bild 12.1–2 Mögliche Steigerung des Nennstromes bei Änderung der Isolierstoffklasse (Neuwicklung)

Eine Begrenzung könnte sich beispielsweise im zulässigen mechanischen Moment ergeben. Bei Erhöhung der Nennleistung würde sich bei annähernd gleicher Drehzahl auch eine entsprechende Steigerung des Momentes ergeben. Wenn aber z.B. nur die Wicklung mit ihrer Isolation erneuert wurde, alle anderen Konstruktionselemente aber unverändert blieben, muß die Zulässigkeit einer solchen Drehmomentensteigerung besonders untersucht werden.

Beispiel 12.1–1

Eine Wicklung mit der Isolierstoffklasse F erreicht bei einem Strom $I = 100$ A eine Erwärmung $\vartheta_ü = 90$ K.
Welcher Strom würde zur zulässigen Grenzerwärmung führen, wenn nur die Kupferverluste maßgebend sind und eine Erhöhung des Wicklungswiderstandes vernachlässigt wird?

Lösung:

$$I_{(II)} = I_{(I)} \sqrt{\frac{\vartheta_{ü(II)}}{\vartheta_{ü(I)}}}$$

Bei Isolierstoffklasse F:
$\vartheta_{ü(II)} = \vartheta_{ü\,max} = 100$ K

$$I_{(II)} = 100 \text{ A} \sqrt{\frac{100 \text{ K}}{90 \text{ K}}} \approx \mathbf{105\,A}$$

Übung 12.1–1

Bei einer elektrischen Maschine mögen in der Gesamtbilanz die Eisen- und Reibungsverluste, die bei einer Stromsteigerung praktisch konstant bleiben, eine entscheidende Rolle spielen. Der relative Einfluß der Kupferverluste tritt damit zurück.

Geben Sie mit Begründung an, ob die im Bild 12.1–2 angegebenen Steigerungswerte bei Änderung der Isolierstoffklasse auf der sicheren oder unsicheren Seite liegen.

Lösung:

Übung 12.1–2

Eine Wicklung, die bisher in der Isolierstoffklasse B ausgeführt war, erreichte bei einem Strom $I = 80$ A eine Erwärmung $\vartheta_ü = 70$ K bei $\vartheta_k = 20\,°C$.

Man entschließt sich zu einer Neuwicklung bei gleichem Kupferquerschnitt, aber in der Isolierstoffklasse F.

a) Um wieviel Prozent würde der warme Wicklungswiderstand steigen, wenn man die Grenzerwärmung nach Klasse F anstrebt?
b) Welcher erhöhte Strom wäre bei dieser Grenzerwärmung etwa zulässig, wenn man I) die Widerstandserhöhung vernachlässigt, bzw. II) sie berücksichtigt und dabei immer nur an die Kupferverluste denkt?

Lösung:

12.2 Nennleistung und Betriebsart

Die Angabe der Nennleistung ist nur in Verbindung mit der Betriebsart (S...) eindeutig. Wir erinnern uns an die Hinweise zu Abschnitt 1.2.1 „Nenndaten". Sind für eine gegebene Maschine unterschiedliche Betriebsarten vorgesehen, so ergeben sich in der Regel jeweils andere Nennleistungen.

Bei konstanter Belastung folgt die Wicklungserwärmung ϑ in Abhängigkeit von der Zeit t recht genau einer Exponentialfunktion mit der Basis des natürlichen Logarithmus $e = 2{,}718$ und strebt dabei asymptotisch der maximalen Erwärmung $\vartheta_{ü\,max}$ – das ist die Erwärmung bei Dauerbetrieb – zu.

$$\vartheta_ü = \vartheta_{ü\,max}\left(1 - e^{-\frac{t}{T_{th}}}\right) \quad (12.2.1)$$

Im Exponenten tritt als charakteristische Größe auf

– die thermische Zeitkonstante T_{th} in s

Sie ist bei gegebenen Randbedingungen typisch für die jeweilige Wicklung und kennzeichnet gleichsam die Anstiegsgeschwindigkeit der Erwärmung. Zu den Randbedingungen gehört in erster Linie das Kühlungsprinzip.
Es werden erreicht

– nach einer Zeit $t = T_{th}$:
ca. 63% der Enderwärmung $\vartheta_{ü\,max}$
– nach einer Zeit $t = 5 \cdot T_{th}$:
~100% der Enderwärmung $\vartheta_{ü\,max}$

Bei Fortsetzung des Betriebes ergibt sich keine nennenswerte Steigerung der Temperatur mehr.

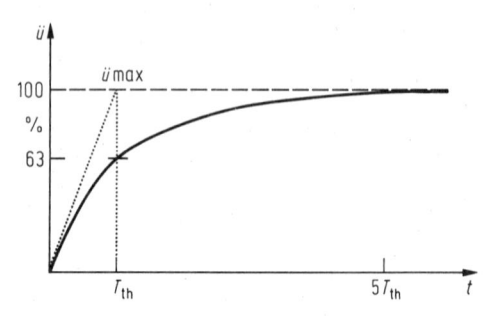

Bild 12.2–1 Zeitlicher Verlauf der Wicklungserwärmung bei Dauereinschaltung mit I bzw. P = konst.

Man spricht von

– Dauerbetrieb (Betriebsart S1)

Beispiel 12.2–1

Wann erreicht eine Wicklung mit einer thermischen Zeitkonstanten $T_{th} = 30$ min bei konstanter Belastung etwa 50% ihrer Enderwärmung?

Lösung:

$$\frac{\vartheta_ü}{\vartheta_{ü\,max}} = 1 - e^{-\frac{t}{T_{th}}}; \quad 0{,}5 = 1 - e^{-\frac{t}{30\,min}}$$

$$e^{-\frac{t}{30\,min}} = 0{,}5; \quad -\frac{t}{30\,min} = \ln 0{,}5 = -0{,}693$$

Nach $t = 0{,}693 \cdot 30$ min = **20,8 min** werden 50% der Enderwärmung erreicht.

Übung 12.2–1

Nach welcher Zeit würde die im Beispiel 12.2–1 betrachtete Wicklung die Enderwärmung (stationärer Zustand) erreichen?

Lösung:

Übung 12.2–2

Wieviel % der Enderwärmung erreicht die vorher betrachtete Wicklung mit $T_{th} = 30$ min nach der doppelten Zeitkonstanten $t = 60$ min = 1 h?

Lösung:

12.2 Nennleistung und Betriebsart

Unterstellen wir jetzt einmal, die Maschine, für deren Wicklung die thermische Zeitkonstante $T_{th} = 30$ min gilt, wäre überhaupt nur für eine Einschaltdauer von 30 min vorgesehen. An den jeweiligen Belastungsvorgang schließt sich dann eine Pause an, die genügend Zeit zur Abkühlung auf Umgebungstemperatur läßt.

Es kann überhaupt nur eine Erwärmung von 63% des Wertes bei Dauereinschaltung auftreten. Damit ist es zulässig, für diesen begrenzten Zeitabschnitt eine höhere Nennleistung zuzugestehen.

Man spricht von

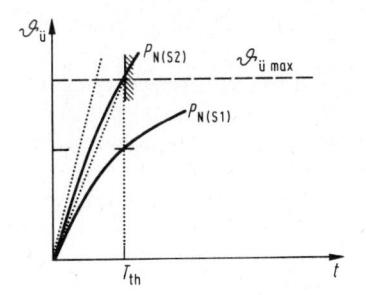

Bild 12.2-2 Vergleich der Erwärmungen bei angepaßten Nennleistungen im Dauerbetrieb S1 und Kurzzeitbetrieb S2

Kurzzeitbetrieb – Betriebsart S2 –

Übung 12.2-3

Die im Beispiel 12.2-1 betrachtete Wicklung mit der thermischen Zeitkonstante $T_{th} = 30$ min möge bei Dauerbelastung mit dem Strom $I = 80$ A eine zulässige Grenzerwärmung $\vartheta_{ü\,max} = 100$ K erreichen.

Welcher Strom wäre bei Kurzzeitbetrieb – Einschaltdauer 30 min – zuzulassen, wenn nur die Kupferverluste als maßgebend betrachtet und Veränderungen des Wicklungswiderstandes vernachlässigt werden?

Lösung:

Ähnliche Überlegungen ergeben sich auch für die anderen Betriebsarten. Als Beispiel sei der Fall herausgegriffen, in dem kurzen Belastungen in regelmäßigen Abständen Pausen folgen, die nicht zur Abkühlung auf Umgebungstemperatur ausreichen.

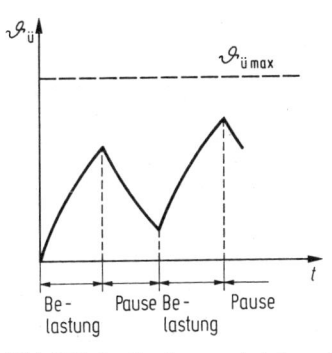

Bild 12.2-3 Erwärmung bei Aussetzbetrieb S3

Man spricht von

Aussetzbetrieb ohne Einfluß des Anlaufvorganges – Betriebsart S3 –

Im Vergleich gilt:

$P_{N(S2)} > P_{N(S3)} > P_{N(S1)}$

Das zuzuordnende Belastungsdiagramm haben wir bereits im Rahmen der Übung 11.1.2–2 kennengelernt, und der zugeordnete Abschnitt 11 gab uns Hinweise für die Berechnung des quadratischen Mittelwertes der Leistung, der zur neuen Nennleistung $P_{N(S3)}$ wird.

Von entscheidendem Einfluß ist dabei die
– relative Einschaltdauer

$$t_r = \frac{\text{Betriebszeit}}{\text{Betriebszeit} + \text{Stillstandszeit}}$$

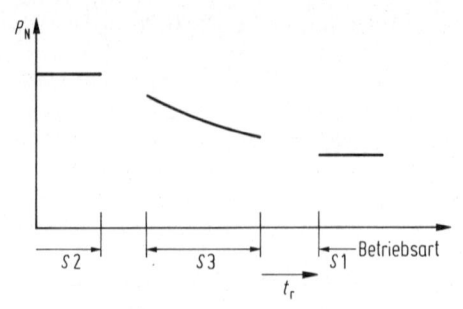

Bild 12.2–4 Nennleistung einer gegebenen Maschine bei verschiedenen Betriebsarten

Den Überlegungen liegen wieder ausschließlich thermische Gesichtspunkte zugrunde. Im Einzelfall muß natürlich untersucht werden, ob nicht andere Randbedingungen dem entgegenstehen.

Übung 12.2–4

Wir übernehmen das Belastungsdiagramm $P = f(t)$, das etwa zu dem Erwärmungsverlauf $\vartheta_ü = f(t)$ des Bildes 12.2–3 führt.
Ergänzen Sie die Darstellung durch den zeitlichen Verlauf der Verluste $P_v = f(t)$, die diese Erwärmung zur Folge haben.

Lösung:

t_B = Betriebszeit

t_{St} = Stillstandszeit

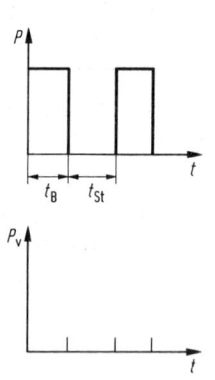

12.3 Nennleistung und Kühlung der Maschine

Die bei einer bestimmten Maschinengröße auf der Basis einer gegebenen Betriebsart erreichbare Nennleistung hängt weiter wesentlich davon ab, inwieweit es möglich wird, die entstehende Wärme abzuführen.

Ohne den sich anbahnenden Gleichgewichtszustand würde es bei konstanter Verlustleistung P_v nicht zu einer endlichen Temperaturzunahme kommen.

Bereits aus den einführenden „Aussagen zur Ausführung der Maschine" – Abschnitt 1.2.2 – kennen wir die Hinweise zur Kühlung. Dort wurde unterschieden zwischen Selbstkühlung/ Eigenkühlung/Fremdkühlung, wobei deren Wirksamkeit in der angegebenen Reihenfolge steigt.

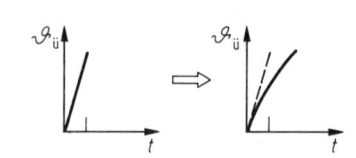

Als Richtwert kann man sich merken:

> Je Verlust-kW sollte etwa eine Luftmenge von 3,5 m³/min zugeführt werden.

Bei der Selbst- und der Eigenkühlung ist man hinsichtlich der Realisierungsmöglichkeit weitgehend von den Abmessungen und der Drehzahl der Maschine abhängig. Dagegen bietet die Fremdkühlung bei allerdings höherem Aufwand die größte Freizügigkeit. Durch Leitbleche kann man erreichen, daß die Kühlluft besonders an die Stellen geführt wird, wo die größten Verluste auftreten.

Durch Umbau und Anpassung sind gelegentlich auch nachträglich noch Leistungssteigerungen bei einem gegebenen Modell zu erreichen. Dabei können die Richtlinien in Zusammenhang mit der Bauform und der Schutzart einschränkend wirken. In jedem Falle müssen Rückwirkungen auf den Wirkungsgrad beachtet werden.

Übung 12.3–1

Bestimmen Sie den Richtwert für die Kühlluftmenge einer Maschine, die bei einer Nennleistung $P_N = 300$ kW einen Wirkungsgrad η von 94% aufweist.

Lösung:

12.4 Nennleistung und Aufstellungshöhe der Maschine

Die Wirkung der Kühlluft nimmt wegen geringerer Dichte mit zunehmender Aufstellungshöhe ab.

DIN VDE 0530 geht davon aus, daß die Aufstellungshöhe normalerweise bei maximal 1000 m über NN liegt.

Für Maschinen, die an einem Aufstellungsort betrieben werden sollen, der mehr als 1000 m über NN liegt oder wo die Temperatur infolge der großen Höhe niedrig ist, gelten besondere Bedingungen, die natürlich auch bei einer nachträglichen Änderung des Einsatzortes berücksichtigt werden müssen:

Erfolgt die spätere Aufstellung in einer Höhe zwischen 1000 m und 4000 m, die Prüfung aber in einer Höhe unter 1000 m, so liegt die hierbei

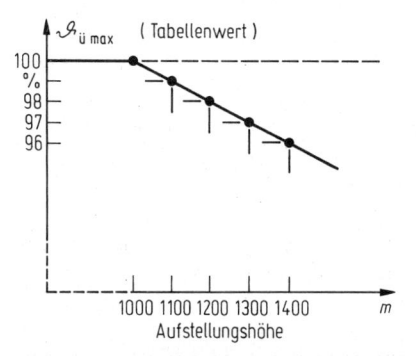

Bild 12.4–1 Einfluß der Aufstellungshöhe der Maschine auf die zulässige Erwärmung am Prüfort

zulässige Grenzübertemperatur je 100 m um 1 % unter dem früher genannten Wert.

Beispiel 12.4–1

Die Wicklung einer elektrischen Maschine erreicht nach dem Temperaturlauf in normaler Höhe den Grenzwert ihrer Isolierstoffklasse $\vartheta_{ü\,max} = 100\,\text{K}$.
Die Maschine soll später in 1400 m aufgestellt werden.
a) Welcher Grenzwert der Erwärmung wäre dann bei der Prüfung in normaler Höhe zulässig?
b) Um wieviel % muß der Strom gegenüber dem Wert beim ursprünglichen Temperaturlauf zurückgesetzt werden, wenn man nur die Kupferverluste in Betracht zieht?

Lösung:

$\Delta h = 1400\,\text{m} - 1000\,\text{m} = 400\,\text{m} = 4 \cdot 100\,\text{m}$
  (ist)   (soll)

a) Der Grenzwert liegt um $4 \cdot 1\% = 4\%$ unter 100 K, also bei **96 K**

b) $I_{(II)} = I_{(I)} \sqrt{\dfrac{96\,\text{K}}{100\,\text{K}}} = 0{,}9798\,I_{(I)}$

$I_{(II)} \approx \mathbf{97{,}9\%\,I_{(I)}}$

Übung 12.4–1

Die Wicklung einer elektrischen Maschine erreicht beim Temperaturlauf in normaler Höhe mit I_N eine Erwärmung von 76 K, wobei $\vartheta_ü = 80\,\text{K}$ zulässig wäre.
Bis zu welcher Aufstellungshöhe wäre der Einsatz unter Beachtung der VDE-Bestimmungen zulässig?

Lösung:

Lernzielorientierter Test zu Kapitel 12

1. Geben Sie einige Betriebsbedingungen an, bei denen die Änderung der Nennleistung auch nachträglich möglich oder notwendig wird.

2. Im Zuge der Entwicklung der Isolierstofftechnik wird es nicht selten möglich, bei der Neuwicklung einen Isolierstoff einzusetzen, der nicht nur thermisch höherwertig ist, sondern auch einen geringeren Auftrag benötigt. Da eine gegebene Nut zur Verfügung steht, kann man bei dieser Gelegenheit auch einen größeren Kupferquerschnitt einzusetzen. Wie wirkt sich dies auf die Tabellenwerte des Bildes 12.1–2 aus?

3. Eine Maschine kann von vornherein für den Einsatz nach mehreren Betriebsarten vorgesehen sein. Müssen alle zugeordneten Daten auf dem Leistungsschild erscheinen?

4. Zu vergleichen ist eine völlig gekapselte Maschine mit einer solchen mit idealer Fremdbelüftung. Wo erwarten Sie die höhere thermische Zeitkonstante?

Lösungen

Übung 1.2.1–1

Art der Maschine:	„Mot" = Motor
Stromart:	„−" = Gleichstrom
Nennspannung:	$U_N = 800\,\text{V}$
Nennstrom:	$I_N = 2010\,\text{A}$
Nennleistung:	$P_N = 1500\,\text{kW}$
Nennbetriebsart:	„S1" = Dauerbetrieb
Bereich der Nenndrehzahlen:	$n_{N1} \div n_{N2} = 380 \div 1160\,\text{min}^{-1}$
Drehrichtung:	„↔" = Umkehrbetrieb
Nennerregerspannung:	$U_{eN} = 110\,\text{V}$
Nennerregerstrom:	$I_{eN} = 112\,\text{A}$.

Übung 1.3.1–1

$$\eta = \frac{P_{ab}}{P_{zu}} = \frac{P_{ab}}{P_{ab} + P_v} \qquad P_v = \frac{P_{ab}}{\eta} - P_{ab}.$$

Bei $\quad P_{ab} = P_N = 80\,\text{kW} \qquad P_{vN} = \dfrac{80\,\text{kW}}{0{,}88} - 80\,\text{kW} = \mathbf{10{,}91\,kW}$

Bei $\quad P_{ab} = 0{,}5\,P_N = 40\,\text{kW} \qquad P_v = 0{,}25\,P_{vN} = \dfrac{10{,}91\,\text{kW}}{4} = \mathbf{2{,}727\,kW}$

$$\eta = \frac{40\,\text{kW}}{(40 + 2{,}727)\,\text{kW}} = \mathbf{0{,}936}$$

Übung 1.3.1–2

$$\eta = \frac{P_N}{U_N \cdot I_N + U_{eN} \cdot I_{eN}} = \frac{1500 \cdot 10^3\,\text{W}}{800\,\text{V} \cdot 2010\,\text{A} + 110\,\text{V} \cdot 112\,\text{A}} = \mathbf{0{,}9257}$$

Übung 1.3.2–1

$$M = 9550\,\frac{P}{n} \quad \text{mit}\ [M] = \text{Nm};\quad [P] = \text{kW};\quad [n] = \text{min}^{-1}$$

$M_N = 9550\,\dfrac{400}{730} = \mathbf{5233\,Nm}; \quad M_{II} = 1{,}6\,M_N = 1{,}6 \cdot 5233\,\text{Nm} = 8372\,\text{Nm} = 9550\,\dfrac{P_{II}}{n_{II}} = 9550\,\dfrac{P_{II}}{700}$

$P_{II} = \dfrac{8372 \cdot 700}{9550} = \mathbf{613{,}7\,kW}. \qquad \text{Hinweis:}\ \dfrac{P_{II}}{P_N} = \dfrac{613{,}7\,\text{kW}}{400\,\text{kW}} = 1{,}53 < 1{,}6.$

Lernzielorientierter Test zu Kapitel 1

1. Sie definieren vergleichbare Kenndaten für Maschinen verschiedener Fabrikate.
   Sie legen Grenzen der Gewährleistung fest.

2. Es können mehrere Nennbetriebspunkte auftreten.
   Die Maschine kann z.B. für mehrere Nennbetriebsarten oder verschiedene Nennspannungen vorgesehen sein. Die anderen Nenndaten passen sich der veränderten Basis an.

3. Die Wicklung muß mindestens mit Materialien der Isolierstoffklasse F ausgeführt sein ($\vartheta_{max} = 155\,°C$). Dabei wird auch eine Zusatzbedingung erfüllt, daß die erreichte Erwärmung $\vartheta_{ü} = (140-40)\,°C$ einen Wert von $\vartheta_{ü\,max} = 100\,K\,(°C)$ nicht überschreiten soll.
   Betriebsart: $S1$.

4. Fremdkörperschutz: IP 21 ($>$ IP 12)
   Wasserschutz: IP 12 ($>$ IP 21)

5. Basiswerte: $M_N = 2\,kNm$; $n_N = 600\,min^{-1}$

   $M = 9550\,\dfrac{P}{n}$ mit $[M] = Nm$; $[P] = kW$; $[n] = min^{-1}$

   $P_N = \dfrac{M_N \cdot n_N}{9550} = \dfrac{2000 \cdot 600}{9550} = \mathbf{125{,}6\,kW}$

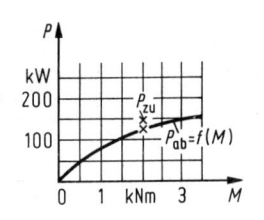

   $P_N = P_{ab}$; $P_{zu} = \dfrac{P_{ab}}{\eta}$

   Im Nennpunkt: $P_{zu} = \dfrac{125{,}6\,kW}{0{,}897} = \mathbf{140\,kW}$

Übung 2.2.1–1

Mit den Ergebnissen des Beispiels 2.2.1–2: $R_m = \dfrac{\Theta}{\Phi} = \dfrac{796\,A}{0{,}0075\,Vs} = 10{,}6 \cdot 10^4\,\dfrac{A}{Vs}$

Direkt: $R_m = \dfrac{l}{\mu_0 \cdot A} = \dfrac{10^{-3}\,m}{4 \cdot \pi \cdot 10^{-7}\,\dfrac{Vs}{Am} \cdot 150 \cdot 10^{-3}\,m \cdot 50 \cdot 10^{-3}\,m} = \mathbf{10{,}6 \cdot 10^4\,\dfrac{A}{Vs}}$

Übung 2.2.2–1

$v = d \cdot \pi \cdot n$; $n = \dfrac{v}{d \cdot \pi} = \dfrac{0{,}5\,\dfrac{m}{s}}{20 \cdot 10^{-2}\,m \cdot \pi} = 0{,}796\,s^{-1} = 0{,}796 \cdot 60\,min^{-1} = \mathbf{47{,}75\,min^{-1}}$

$f = p \cdot n = 1 \cdot 0{,}796\,s^{-1} = \mathbf{0{,}796\,Hz}$.

Übung 2.2.3–1

$F = N \cdot B \cdot I \cdot l = \Theta \cdot B \cdot l$; $B = \dfrac{F}{\Theta \cdot l} = \dfrac{60\,\dfrac{Ws}{m}}{240\,A \cdot 50 \cdot 10^{-2}\,m} = \mathbf{0{,}5\,\dfrac{Vs}{m^2}}$

Lösungen   265

Lernzielorientierter Test zu Kapitel 2

1. Mischspannung.

2. Lage b) und d).

3. Auf die Abmessungen des aktiven Teils.

4. Als Bereich, in dem die Drehzahl stetig einstellbar ist.

5. Es entwickelt sich kein Drehmoment; die Kräfte wirken senkrecht zu den Feldlinien und heben sich bezüglich der beiden Spulenseiten auf.

6.

7. Die Läuferwicklung.

Übung 3.1.2.3–1

a) Siehe Textblatt.

b) Links herum: Segment 10 – UL 7 – OL 4 – Segment 4, auf dem eine Bürste gleicher Polarität schleift.

Rechts herum: Segment 10 – OL 10 – UL 13 – OL 3 – UL 6 – OL 9 – UL 12 – OL 2 – UL 5 – OL 8 – UL 11 – Segment 1, das (gleichzeitig mit Segment 13) von einer Bürste entgegengesetzter Polarität bedeckt ist.

Übung 3.1.2.3–2

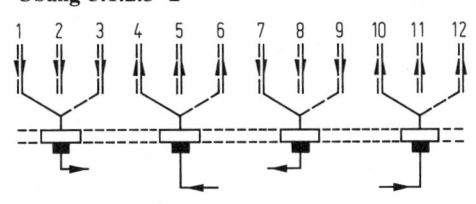

Übung 3.1.3–1

$$U_q = k \cdot w_s \cdot \frac{2p}{2a} \cdot \frac{1}{30} \cdot \Phi \cdot n.\quad [U_q]\,\text{V};\quad [\Phi]\,\text{Vs} = \text{Wb};\quad [n]\,\text{min}^{-1}$$

mit $k = 135$; $w_s = 2$; $2p = 4$; $2a = 2$; $\Phi = 0{,}01\,\text{Vs}$; $n = 600\,\text{min}^{-1}$

$$U_q = 135 \cdot 2 \cdot \frac{4}{2} \cdot \frac{1}{30} \cdot 0{,}01 \cdot 600 = \mathbf{108\,V}$$

Übung 3.1.3–2

a) $U_{q1} = C_{Masch} \cdot \Phi_1 \cdot n_1$; $\quad U_{q2} = C_{Masch} \cdot \Phi_2 \cdot n_2 \quad C_{Masch} = $ konst.

$\dfrac{U_{q2}}{U_{q1}} = \dfrac{\Phi_2}{\Phi_1} \cdot \dfrac{n_2}{n_1}$; $\quad \Phi_2 = \dfrac{U_{q2}}{U_{q1}} \dfrac{n_1}{n_2} \cdot \Phi_1$; $\quad \Phi_2 = \dfrac{850\,\text{V}}{850\,\text{V}} \dfrac{400\,\text{min}^{-1}}{500\,\text{min}^{-1}} \cdot 0{,}12\,\text{Vs} = \mathbf{0{,}096\,Vs}$

b) $f = \dfrac{p \cdot n}{60}$; $\quad [f]$ Hz; $\quad [n]$ min^{-1} mit $2p = 8$; $p = 4$

$f_1 = \dfrac{4 \cdot 400}{60} = 26{,}7\,\text{Hz}$; $\quad f_2 = \dfrac{4 \cdot 500}{60} = 33{,}3\,\text{Hz}$

Übung 3.2–1

$M_{i1} = C'_{Masch} \cdot \Phi_1 \cdot I_1$; $\quad M_{i2} = C'_{Masch} \cdot \Phi_2 \cdot I_2$; $\quad M_{i1} = M_{i2}$; $\quad C'_{Masch} = $ konst.

$\dfrac{I_2}{I_1} = \dfrac{\Phi_1}{\Phi_2}$; $\quad I_1 = I_N$; $\quad \Phi_1 = \Phi_N$; $\quad I_2 = \dfrac{1 \cdot \Phi_N}{0{,}8 \cdot \Phi_N} I_N = \mathbf{1{,}25\,I_N}$

Übung 3.4.2–1

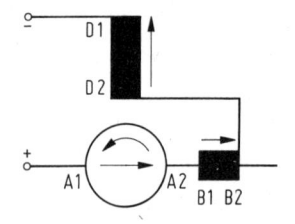

Übung 3.4.2–2

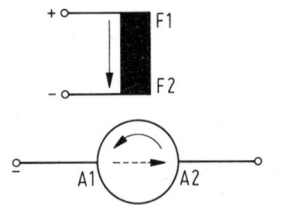

Übung 3.5–1

$U_0 = U_q$ bei gegebenen Werten für n und Φ

Generatorbetrieb $U = U_q - (I_a \, \Sigma R_i + 2\,\text{V})$

$\Sigma R_i = \dfrac{U_q - U - 2\,\text{V}}{I_a} = \dfrac{530\,\text{V} - 500\,\text{V} - 2\,\text{V}}{150\,\text{A}} = \mathbf{0{,}187\,\Omega}$

Übung 3.6.5–1

$\dfrac{M}{M_N} = \dfrac{\Phi}{\Phi_N} \cdot \dfrac{I}{I_N}$

1) $I_1 = 1\ I_N$ $\quad \Phi_1 = 1\ \Phi_N$ $\quad M_1 = 1\ M_N$
2) $I_2 = 0{,}5\,I_N$ $\quad \Phi_2 = 0{,}94\,\Phi_N$ $\quad M_2 = 0{,}47\,M_N$
2) $I_3 = 0$ $\quad \Phi_3 = 0{,}83\,\Phi_N$ $\quad M_3 = 0$

Übung 3.7–1

$\eta = \dfrac{P_{ab}}{P_{zu}} = \dfrac{P_{ab}}{P_{ab} + \Sigma P_v}$; $\quad$ dazu Kenngrößen und Einzelverluste:

$I = \dfrac{P_{ab}}{U} = \dfrac{44000\,\text{W}}{440\,\text{V}} = 100\,\text{A}; \qquad I_e = \dfrac{U}{R_e} = \dfrac{440\,\text{V}}{146{,}7\,\Omega} = 3\,\text{A}; \qquad I_a = I + I_e = (100 + 3)\,\text{A} = 103\,\text{A}$

$\Sigma R_i = R_a + R_w = (0{,}09 + 0{,}06)\,\Omega = 0{,}15\,\Omega$

$P_{v\,cu} = I_a^2 \cdot \Sigma R_i = 103^2\,\text{A}^2 \cdot 0{,}15\,\Omega = 1591\,\text{W}; \qquad P_{v\,e} = U_e \cdot I_e = 440\,\text{V} \cdot 3\,\text{A} = 1320\,\text{W}$

$P_{v\,bü} = I_a \cdot 2\,\text{V} = 103\,\text{A} \cdot 2\,\text{V} = 206\,\text{W}; \qquad P_{v\,zus} = 1\%\,P_{el} = 0{,}01 \cdot 44000\,\text{W} = 440\,\text{W}$

$\Sigma P_v = (1591 + 1320 + 206 + 440 + 500 + 400)\,\text{W} = 4457\,\text{W}$

$\eta = \dfrac{44000\,\text{W}}{(44000 + 4457)\,\text{W}} = \dfrac{44000\,\text{W}}{48457\,\text{W}} = \mathbf{90{,}8\,\%}$

Übung 3.7–2

Vollast $\Sigma P_v = 52750\,\text{W}; \qquad P_{ab} = P_N = 590000\,\text{W}; \qquad P_{zu} = 590000\,\text{W} + 52750\,\text{W} = 642750\,\text{W}$

$\eta = \dfrac{P_{ab}}{P_{zu}} = \dfrac{590000\,\text{W}}{642750\,\text{W}} = 0{,}9179 = \mathbf{91{,}79\,\%}$

Halblast:
Kupfer- und Zusatzverluste ändern sich quadratisch, Bürstenübergangsverluste linear mit dem Strom.

$P'_{v\,cu} = \tfrac{1}{4} \cdot 32000\,\text{W} = 8000\,\text{W}; \qquad P'_{v\,e} = 7750\,\text{W} = \text{konst.}; \qquad P'_{v\,bü} = \tfrac{1}{2} 2100\,\text{W} = 1050\,\text{W};$

$P'_{v\,zus} = \tfrac{1}{4} \cdot 3150\,\text{W} = 788\,\text{W}; \qquad P'_{v\,fe} = 5000\,\text{W} = \text{konst.}; \qquad P'_{v\,rbg} = 2750\,\text{W} = \text{konst.}$

$\Sigma P'_v = 25338\,\text{W}; \qquad P'_{zu} \approx \tfrac{1}{2} P_a + P_{v\,e} = \tfrac{1}{2}(642750\,\text{W} - 7750\,\text{W}) + 7750\,\text{W} = 325250\,\text{W}$

$P'_{ab} = P'_{zu} - \Sigma P'_v = 325250\,\text{W} - 25338\,\text{W} = 299912\,\text{W};$

$\eta' = \dfrac{299912\,\text{W}}{325250\,\text{W}} = 0{,}9221 = \mathbf{92{,}21\,\%}$

Übung 3.8.1–1

Gesamtzahl der Leiter: $\quad Z = 2 \cdot k \cdot w_s = 2 \cdot 200 \cdot 1 = 400$
Ankerwindungszahl, bezogen auf einen Pol und vollen Ankerstrom:

$N_a = \dfrac{Z}{2 \cdot 2p \cdot 2a} = \dfrac{400}{2 \cdot 4 \cdot 4} = 12{,}5\,\text{Windungen}$

Ankerdurchflutung $\quad \Theta_a = I_a \cdot N_a = 100\,\text{A} \cdot 12{,}5 = \mathbf{1250\,\text{A}}$

Übung 3.8.4–1

$N_a = 12{,}5\,\text{Windungen}; \qquad N_k = \dfrac{b_p}{t_p} N_a = 0{,}65 \cdot 12{,}5 = 8{,}125;$

ausgeführt: $\quad N_k = \mathbf{8\,\text{Windungen je Pol.}}$

Übung 3.9.1–1

$N_a = 12{,}5\,\text{Windungen}; \qquad N_k = 8\,\text{Windungen}$
$(N_w + N_k) = c \cdot N_a = 1{,}2 \cdot 12{,}5\,\text{Wdgn} = 15\,\text{Windungen};$
$N_w = (15 - 8)\,\text{Wdgn} = \mathbf{7\,\text{Windungen je Pol}}$

Übung 3.10.3–1

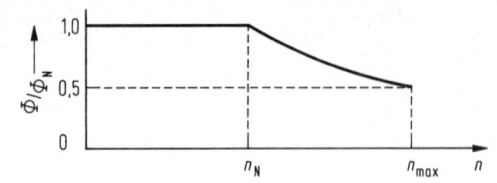

[Diagramm: Φ/Φ_N vs. n; konstant 1,0 bis n_N, dann abfallend auf 0,5 bei n_{max}]

Übung 3.10.3–2

a) $n_1 = \dfrac{U_1}{U_N} \cdot n_N = \dfrac{300\,\text{V}}{440\,\text{V}} \, 600\,\text{min}^{-1} = \mathbf{409\,min^{-1}}$

$P_{zul_1} = \dfrac{U_1}{U_N} P_N = \dfrac{300\,\text{V}}{440\,\text{V}} \, 150\,\text{kW} = \mathbf{102\,kW}$

b) $M_{zul_2} = 9550 \, \dfrac{P_N}{n_2} = 9550 \, \dfrac{150\,\text{kW}}{900\,\text{min}^{-1}} = \mathbf{1592\,Nm}$ (Zahlenwertgleichung)

c) $M_N = 9550 \, \dfrac{P_N}{n_N} = 9550 \, \dfrac{150\,\text{kW}}{600\,\text{min}^{-1}} = \mathbf{2388\,Nm}$;

$\dfrac{I_2}{I_N} = \dfrac{M_N}{M_{zul_2}}$ wegen $M = C \cdot I \cdot \Phi$ bei $\Phi = $ konst.

$\dfrac{I_2}{I_N} = \dfrac{2388\,\text{Nm}}{1592\,\text{Nm}} = \mathbf{1,5}$; der Strom steigt um 50%.

Übung 3.12–1

Motor (A) Feldverstärkung; Motor (B) Feldschwächung.

Lernzielorientierter Test zu Kapitel 3

1. a) S N S b4) mit Darstellung der Bürsten in der neutralen Zone
      N

2. Die räumliche Lage der Bürsten vor Mitte Hauptpol ergibt sich aus der symmetrischen Abkröpfung der Spulen; entscheidend ist die Lage der angeschlossenen Leiter.

3. (a) Relativ hohe Spannung --- Wellenwicklung;   (b) Relativ hoher Strom --- Schleifenwicklung

4. Ausgleichsverbinder Segment 1–51–1 (101)

5. a) Motor „A1" → „A2"; b) $I_{bü} = \dfrac{100\,\text{A}}{4} = \mathbf{25\,A}$; c) $I_1 = \dfrac{I}{2a} = \dfrac{100\,\text{A}}{8} = \mathbf{12,5\,A}$

6. Motor-Betrieb

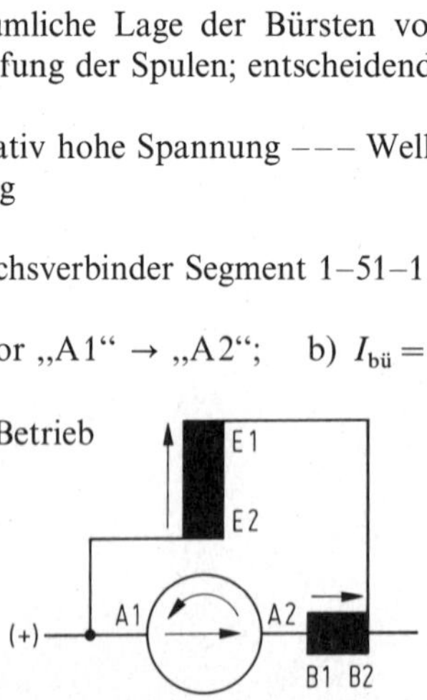

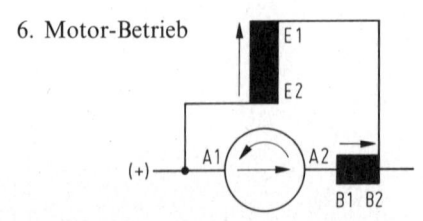

[Schaltbild: (+) an A1, A2 an B1 B2 an E2, E1 zurück; Motor]

Lösungen

7. $\Delta U = I_a \Sigma R_i + 2\,\text{V}$
   $\Delta U = \Delta U\% \cdot U_N = 0{,}05 \cdot 500\,\text{V} = 25\,\text{V}$
   a) $\Sigma R_i = \dfrac{\Delta U - 2\,\text{V}}{I_a} = \dfrac{25\,\text{V} - 2\,\text{V}}{100\,\text{A}} = \mathbf{0{,}23\,\Omega}$

   b) Bürstenvorschub beim Generator → Feldschwächung
   Spannungs-Differenz steigt

8. Zwei Möglichkeiten:
   a) Betriebspunkt liegt im geradlinigen Teil der Magnetisierungskurve
   b) Maschine ist mit einer Kompensationswicklung ausgerüstet.

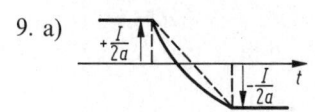

9. a)

   b) Windungszahl Wendepol verkleinern; Luftspalt Wendepol vergrößern.
   c) Nein. Wendespannung und Reaktanzspannung würden gleichsinnig beeinflußt.

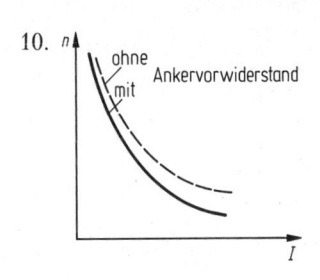

10.

Übung 4.1.1–1

a) $I_1 = \dfrac{I_2}{\ddot{u}} = \dfrac{15\,\text{A}}{30} = \mathbf{0{,}5\,A}$; b) $\begin{aligned}S_1 &= U_1 \cdot I_1 = 6000\,\text{V} \cdot 0{,}5\,\text{A} = 3\,\text{kVA}\\ S_2 &= U_2 \cdot I_2 = 200\,\text{V} \cdot 15\,\text{A} = 3\,\text{kVA}\end{aligned}\Bigg\} \; S_1 = S_2$

Übung 4.1.2–1

$\ddot{u}^2 = \dfrac{Z_1}{Z_2}$ $Z_1 = \dfrac{1}{\omega C_1}$ mit $C_1 = 1\,\text{F}$;

$Z_2 = \dfrac{1}{\omega C_2}$ mit $C_2 = 25\,\mu\text{F}$

$\ddot{u}^2 = \dfrac{C_2}{C_1} = \dfrac{25 \cdot 10^{-6}}{1}\dfrac{\text{F}}{\text{F}} = 25 \cdot 10^{-6}$; $\ddot{u} = \sqrt{25 \cdot 10^{-6}} = \mathbf{5 \cdot 10^{-3}}$

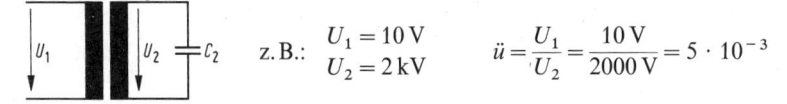

z.B.: $\begin{aligned}U_1 &= 10\,\text{V}\\ U_2 &= 2\,\text{kV}\end{aligned}$ $\ddot{u} = \dfrac{U_1}{U_2} = \dfrac{10\,\text{V}}{2000\,\text{V}} = 5 \cdot 10^{-3}$

Übung 4.1.3.2–1

Wir zählen: $N_1 = 20$ Windungen bei 4 Lagen.

a) Windungsspannung $\dfrac{110\,\text{V}}{20} = \mathbf{5{,}5\,V}$; Lagenspannung $\dfrac{110\,\text{V}}{4} = \mathbf{27{,}5\,V}$.

b) Die sekundäre Windungsspannung ist zwingend gleich; die sekundäre Lagenspannung hängt von der Anordnung der Wicklung ab und kann unterschiedlich sein.

Übung 4.1.7.2–1

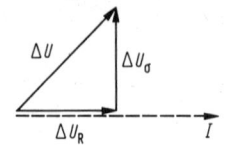

[Vector diagram showing ΔU, ΔU_σ, ΔU_R, and I]

Übung 4.1.7.2–2

Wir übernehmen aus dem Beispiel 4.1.7.2–1: $R = 52{,}3\,\Omega$; $X_{L\sigma} = 50{,}6\,\Omega$

$$R_1 \approx R_2' \approx \frac{R}{2} = 26{,}15\,\Omega; \quad R_1 = \mathbf{26{,}15\,\Omega}; \quad R_2 = \frac{R_2'}{\ddot{u}^2} = \frac{26{,}15\,\Omega}{26^2} = \mathbf{0{,}0387\,\Omega}$$

$$X_{L\sigma_1} \approx X_{L\sigma_2}' \approx \frac{X_{L\sigma}}{2} = 25{,}3\,\Omega; \quad X_{L\sigma_1} = \mathbf{25{,}3\,\Omega}; \quad X_{L\sigma_2} = \frac{X_{L\sigma_2}'}{\ddot{u}^2} = \frac{25{,}3\,\Omega}{26^2} = \mathbf{0{,}0374\,\Omega}$$

$$L = \frac{X_L}{2\cdot\pi\cdot f} \quad L_{\sigma_1} = \frac{25{,}3\,\Omega}{2\cdot\pi\cdot 50\,\text{s}^{-1}} = \mathbf{80{,}5\,\text{mH}}; \quad L_{\sigma_2} = \mathbf{0{,}119\,\text{mH}}$$

Übung 4.1.8.3–1

$$\frac{U_2}{U_{q2}} = 1 - u_\varphi = 1 - (u_R\cos\varphi_2 + u_\sigma\sin\varphi_2); \quad \varphi_2 = -90°; \quad \sin(-90°) = -1; \quad \cos(-90°) = 0$$

$$U_2 = 230\,\text{V}\left[1 - \left(-\frac{2{,}88}{100}\right)\right] = 230\,\text{V}\cdot 1{,}0288 = \mathbf{236{,}6\,\text{V}}$$

Übung 4.1.9.1–1

$P_2 = U_2\cdot I_2\cdot\cos\varphi_2 = U_{20}(1-u_\varphi')I_2\cdot\cos\varphi_2$ mit $U_{20} = 230\,\text{V}$; $I_{2N} = 85{,}8\,\text{A}$

Wegen $I_2 = 0{,}8\,I_{2N}$ reduziert sich auch die relative Spannungsänderung auf $u_\varphi' = 0{,}8\,u_\varphi$

$$\begin{aligned}P_2 &= U_{20}[1 - 0{,}8\,(u_R\cos\varphi_2 + u_\sigma\sin\varphi_2)]\cdot 0{,}8\cdot I_{2N}\cdot\cos\varphi_2\\ &= 230\,\text{V}\,[1 - 0{,}8\,(0{,}0288\cdot 0{,}9 + 0{,}0278\cdot 0{,}4358)]\,0{,}8\cdot 85{,}8\,\text{A}\cdot 0{,}9\\ &= \mathbf{13776\,\text{W}}\end{aligned}$$

$$P_{v\,\text{ges}} = \left(\frac{I_2}{I_{2N}}\right)^2 P_k + P_0 = 0{,}8^2\cdot 570\,\text{W} + 260\,\text{W} = \mathbf{625\,\text{W}}$$

$$\eta = \frac{P_{ab}}{P_{zu}} = \frac{P_2}{P_2 + P_{v\,\text{ges}}} = \frac{13776\,\text{W}}{(13776 + 625)\,\text{W}} = \mathbf{95{,}66\,\%}$$

Übung 4.1.9.2–1

a) Vollast
$\quad t_a = 0{,}5\,\text{J}$
$\quad P_{2a} = 13{,}26\,\text{kW}$
$\quad P_{vcu\,a} = 0{,}26\,\text{kW}$

b) Halblast
$\quad t_b = 0{,}25\,\text{J}$
$\quad P_{2b} = 6{,}63\,\text{kW}$
$\quad P_{vcu\,b} = 0{,}065\,\text{kW}$

c) Leerlauf
$\quad t_c = 0{,}25\,\text{J}$
$\quad P_{2c} = 0 \qquad P_{vfe} = 0{,}57\,\text{kW}$
$\quad P_{vcu\,c} = 0$

Lösungen

Gemäß (4.1.9.2–3)

$$\eta_A = \frac{13{,}26\,\text{kW} \cdot 0{,}5\,\text{J} + 6{,}63\,\text{kW} \cdot 0{,}25\,\text{J}}{(13{,}26 + 0{,}26)\,\text{kW} \cdot 0{,}5\,\text{J} + (6{,}63 + 0{,}065)\,\text{kW} \cdot 0{,}5\,\text{J} + 0{,}57\,\text{kW} \cdot 1\,\text{J}}$$

$$= \frac{8{,}2875\,\text{kW Jahre}}{9{,}0\,\text{kW Jahre}} = \mathbf{92{,}08\%}$$

Gegenüber dem Beispiel 4.1.9.2–1 hat sich der Jahreswirkungsgrad um 1,37% verschlechtert.

Übung 4.2.2–1

a) $\dfrac{U_1}{U_{20}} = \ddot{u}'$ bei Stern/Stern: $\ddot{u}' = \dfrac{N_1}{N_2}$

$U_{20} = \dfrac{N_2}{N_1} U_1 = \dfrac{46}{350} \cdot 300\,\text{V} = \mathbf{39{,}4\,V}$

b) Zahlenwertgleichung $U_{1\text{Str}} = 4{,}44\,N_1 \cdot f \cdot \hat{\Phi}$. $[U] = \text{V}$; $[f] = \text{Hz} = \text{s}^{-1}$; $[\Phi] = \text{Vs}$

$\hat{\Phi} = \dfrac{\dfrac{3000\,\text{V}}{\sqrt{3}}}{4{,}44 \cdot 350 \cdot 50\,\text{s}^{-1}} = \mathbf{0{,}0223\,Vs}$

Übung 4.2.2–2

a) $S_N = \sqrt{3}\,U_{20} \cdot I_{2N} = \sqrt{3}\,U_{1N} \cdot I_{1N} = \sqrt{3} \cdot 6{,}0\,\text{kV} \cdot 170\,\text{A} = \mathbf{1767\,kVA}$

b) $\cos\varphi_0 = \dfrac{P_0}{\sqrt{3}\,U_{1N} \cdot I_0} = \dfrac{5000\,\text{W}}{\sqrt{3} \cdot 6000\,\text{V} \cdot 5\,\text{A}} = \mathbf{0{,}096}$

$\cos\varphi_k = \dfrac{P_k}{\sqrt{3}\,U_{1k} \cdot I_{1N}} = \dfrac{30000\,\text{W}}{\sqrt{3} \cdot 300\,\text{V} \cdot 170\,\text{A}} = \mathbf{0{,}3396}$

c) $u_k = \dfrac{U_{1k}}{U_{1N}} = \dfrac{300\,\text{V}}{6000\,\text{V}} = 0{,}05 = \mathbf{5\%}$

d) $(R_1 + R_2') = Z_k \cdot \cos\varphi_k$
$(X_{\sigma_1} + X_{\sigma_2}') = Z_k \cdot \sin\varphi_k$

Kurzschlußscheinwiderstand je Strang $Z_k = \dfrac{U_{1k\,\text{Str}}}{I_{1N\,\text{Str}}}$

$(R_1 + R_2') = 3{,}06\,\Omega \cdot 0{,}3396 = \mathbf{1{,}04\,\Omega}$
$(X_{\sigma_1} + X_{\sigma_2}') = 3{,}06\,\Omega \cdot 0{,}9406 = \mathbf{2{,}88\,\Omega}$

Eingangsschaltung: Dreieck $Z_k = \dfrac{300\,\text{V}}{\dfrac{170\,\text{A}}{\sqrt{3}}} = \mathbf{3{,}06\,\Omega}$

e) $\eta = \dfrac{P_2}{P_2 + P_0 + P_k} = \dfrac{1250\,\text{kW}}{(1250 + 5 + 30)\,\text{kW}} = 0{,}9728 = \mathbf{97{,}28\%}$

Übung 4.2.3.2–1

Übung 4.2.5–1

Schaltung US-Wicklung

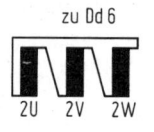

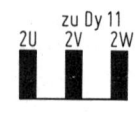

zu Dd 6   zu Dy 11
2U 2V 2W   2U 2V 2W

Übung 4.3.1–1

Abschnitt I: Abschnitt II:
Strom $I_2 - I_1$ Strom I_1
Querschnitt A_I Querschnitt A_{II}

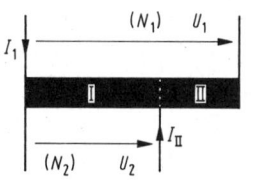

$\dfrac{A_I}{A_{II}} = \dfrac{1}{3}$; bei gleicher Stromdichte: $\dfrac{I_2 - I_1}{I_1} = \dfrac{1}{3}$; $I_1 = 3(I_2 - I_1)$; $I_2 = \dfrac{4}{3} I_1$

a) $\dfrac{N_1}{N_2} = \dfrac{I_2}{I_1}$; $N_2 = \dfrac{I_1}{I_2} N_1 = \dfrac{3}{4} \cdot 300 = \mathbf{225}$

b) $\dfrac{U_1}{U_2} = \dfrac{N_1}{N_2} = \dfrac{I_2}{I_1}$; $U_2 = \dfrac{N_2}{N_1} U_1 = \dfrac{3}{4} \cdot 600\,\text{V} = \mathbf{450\,V}$

c) $I_1 = \dfrac{S_N}{U_1} = \dfrac{1200\,\text{VA}}{600\,\text{V}} = \mathbf{2\,A}$

Übung 4.3.1–2

Ein- und Ausgangsseite: Sternschaltung

a) $\dfrac{U_1}{U_2} = \ddot{u}' = \dfrac{N_1}{N_2}$; $U_2 = U_1 \cdot \dfrac{N_2}{N_1} = 500\,\text{V} \cdot \dfrac{55}{60} = \mathbf{458\,V}$

b) Gesamte Strangspannung $\dfrac{U_1}{\sqrt{3}} = \dfrac{500\,\text{V}}{\sqrt{3}} = \mathbf{288{,}7\,V}$

Abgriff bei $\dfrac{U_2}{\sqrt{3}} = \dfrac{458\,\text{V}}{\sqrt{3}} = \mathbf{264{,}5\,V}$

Lernzielorientierter Test zu Kapitel 4

1. Der Hersteller kann nur zulässige Werte von Spannung und Strom angeben; das ergibt im Produkt die Scheinleistung S_N. Die Phasenlage und damit die Aufteilung in Wirk- und Blindleistung bestimmt der Verbraucher.

2. a) $U_2 > U_{20}$. Der belastende Scheinwiderstand enthält einen kapazitiven Anteil.
   b) In Zusammenhang mit dem magnetischen Fluß steht unmittelbar die Quellen-, d.h. Leerlaufspannung. Im Falle eines Drehstrom-Transformators ist es die jeweilige Strangspannung.

3. In jedem der beiden Fälle besteht eine quadratische Abhängigkeit.
   Bei der Darstellung ergibt sich eine Parabel.
   Vergleiche hierzu im Ersatzschaltbild:
   Längswiderstand für die Kupferverluste,
   Querwiderstand für die Eisenverluste.

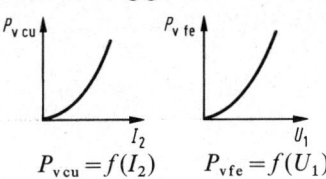

   $P_{vcu} = f(I_2) \qquad P_{vfe} = f(U_1)$

4. Eine Kurzschlußspannung $U_{1k} = u_k \cdot U_{1N} = 0{,}045 \cdot 1000\,\text{V} = \textbf{45 V}$ würde bei kurzgeschlossener Sekundärwicklung zum Nennstrom führen.
   Der kurzgeschlossene Transformator stellt einen linearen Widerstand dar; demzufolge nach dem Ohmschen Gesetz: Bei $I' = 0{,}8\,I_N$ muß angelegt werden: $U'_{1k} = 0{,}8\,U_{1k} = 0{,}8 \cdot 45\,\text{V} = \textbf{36 V}$.

5. a) + b) Über die Anzapfungen wird die Windungszahl der angelegten Spannung angepaßt. Damit bleiben die Windungsspannung U_1/N_1, der magnetische Fluß Φ und somit auch die Eisenverluste praktisch konstant.

6. a) $U_1 = 1000\,\text{V}; \quad U_{20} = 500\,\text{V}; \quad$ Windungsspannung $= \dfrac{U_1}{N_1} = \dfrac{U_{20}}{N_2} = 5\,\text{V};$

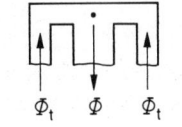

   $N_1 = \dfrac{1000\,\text{V}}{5\,\text{V}} = \textbf{200}; \quad N_2 = \dfrac{500\,\text{V}}{5\,\text{V}} = \textbf{100}$

   b) Zahlenwertgleichung $\hat{\Phi} = \dfrac{U_1}{4{,}44 \cdot f \cdot N_1} = \dfrac{1000\,\text{V}}{4{,}44 \cdot 50\,\text{s}^{-1} \cdot 200} = \textbf{0{,}0225 Vs}$

   Dieser Fluß tritt im Mittelschenkel auf, wo die Spulen untergebracht sind.
   Nach dem Knotenpunktsatz: $2\hat{\Phi}_t = \hat{\Phi}$
   Fluß in den Außenschenkeln: $\hat{\Phi}_t = \dfrac{\hat{\Phi}}{2} = \textbf{0{,}01126 Vs}$

7. $U_2 > U_1$. Der Differenzstrom $I_1 - I_2$ tritt in der linken Teilwicklung der Ursprungsdarstellung auf.

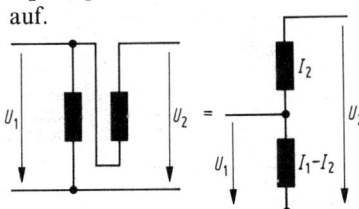

8. Die Instrumente müssen alle vom Sekundärstrom durchflossen werden und sind deshalb grundsätzlich in Reihe zu schalten. Ihre Zahl ist begrenzt, da man sich zunehmend vom Idealzustand des Kurzschlusses entfernt und so die Genauigkeit negativ beeinflußt.

9. Nennleistung
   Betriebsart (z. B. „S1" – vgl. Bild 1.2.1–2)
   Frequenz
   Nennspannung primär/sekundär
   Nennstrom primär/sekundär
   Arbeitsweise (z. B. „LT" = Leistungstransformator)
   Rel. Kurzschlußspannung
   Schaltgruppe
   Isolierstoffklasse (z. B. „B" – vgl. 1.2.2)

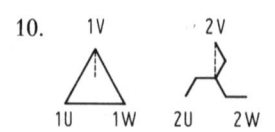

10.

    Die (gedachten) Zeiger vom Sternpunkt zu den Anschlüssen 1 V bzw. 2 V verlaufen parallel; primär: **Dreieck**, sekundär: **Zickzack**; also: **DzO**.

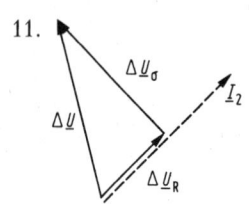

11.

12. X_h bzw. L_h ist maßgebend für den Haupt- (Nutz-) Fluß, der mit Primär- und Sekundärwicklung verkettet ist.

Übung 5.2.1–1

$n_d = \dfrac{60 \cdot f}{p}$ mit $f = 60\,\text{Hz}; p = 2$ $n_d = \dfrac{60\,\text{s}\cdot\text{min}^{-1}\cdot 60\,\text{s}^{-1}}{2} = \mathbf{1800\,\text{min}^{-1}}$

Übung 5.2.1–2

Allgemein

a) $\alpha_{\text{elektrisch}} = 180°$
b) $\alpha_{\text{elektrisch}} = 120°$

$\alpha_{\text{räumlich}} = \dfrac{1}{p}\,\alpha_{\text{elektrisch}}$. Mit $2p = 12;\ p = 6$:

a) $\alpha_{\text{räumlich}} = \tfrac{1}{6} 180° = \mathbf{30°}$
b) $\alpha_{\text{räumlich}} = \tfrac{1}{6} 120° = \mathbf{20°}$

Übung 5.2.2–1

$s = -1{,}2 = \dfrac{n_d - n}{n_d} = 1 - \dfrac{n}{n_d};\quad n = n_d(1-s)$

$n_d = \dfrac{60 \cdot f}{p} = \dfrac{60\,\text{s}\cdot\text{min}^{-1}\cdot 50\,\text{s}^{-1}}{2} = 1500\,\text{min}^{-1}$

$n = 1500\,\text{min}^{-1}(1-(-1{,}2)) = 1500\,\text{min}^{-1}(1+1{,}2) = \mathbf{3300\,\text{min}^{-1}}$

Übung 5.2.3–1

Im Stillstand Verhalten wie beim Transformator

$\dfrac{U'_{q20}}{U_{q20}} = \dfrac{U'_1}{U_1}$ mit $U_1 = 1000\,\text{V}$; $U'_1 = 600\,\text{V}$; $U_{q2} = 500\,\text{V}$: $U'_{q20} = 500\,\text{V}\,\dfrac{600\,\text{V}}{1000\,\text{V}} = \mathbf{300\,V}$

Lernzielorientierter Test zu Kapitel 5

1. Der Beobachter hat den Eindruck einer Geschwindigkeit, die der Relativ-, d.h. Differenz-Geschwindigkeit entspricht.
   a) $v_{rel} = (60 - 60)\,\text{km/h} = \mathbf{0\,km/h}$;
   b) $v_{rel} = (80 - 60)\,\text{km/h} = \mathbf{20\,km/h}$;
   c) $v_{rel} = (-60 - 60)\,\text{km/h} = \mathbf{-120\,km/h}$

2. Formelapparat:

$n_d = \dfrac{60 \cdot f}{p}$; $n = n_d(1-s)$; $n_{rel} = n_d - n$; $s = \dfrac{n_d - n}{n_d}$; $f_2 = s \cdot f_1$; $U_{q2} = s \cdot U_{q20}$

Ergebnisse:

n_d min^{-1}	n min^{-1}	n_{rel} min^{-1}	s	f_2 Hz	U_{q2} V
1000		1000	1,0	50	100
1000		0	0	0	0
1000		1700	1,7	85	170
1000		-200	$-0,2$	-10	-20
1000	1500	-500		-25	-50
1000	400	600	0,6		60

3. $\alpha_{räumlich} = \dfrac{1}{p}\alpha_{elektrisch}$

   Allgemein (b) $\alpha_{elektrisch} = \mathbf{180°}$

   a) $p = \dfrac{\alpha_{elektrisch}}{\alpha_{räumlich}} = \dfrac{180°}{36°} = 5$; $\mathbf{2p = 10}$

Übung 6.1–1

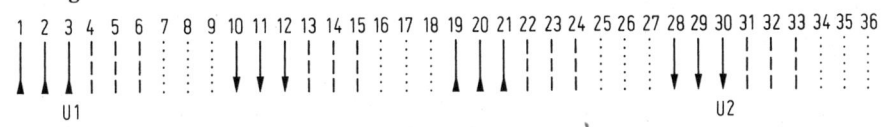

1 2 3 4 5 6 7 8 9 10 11 12 13 14 15 16 17 18 19 20 21 22 23 24 25 26 27 28 29 30 31 32 33 34 35 36

U1 .... U2

Übung 6.1–2

1 2 3 4 5 6 7 8 9 10 11 12 13 14 15 16 17 18 19 20 21 22 23 24 25 26 27 28 29 30 31 32 33 34 35 36

V1

Übung 6.1–3

Wir übernehmen aus Beispiel 6.1–1: Polzahl $2p = 2$; Wicklungsfaktor $\xi = 0{,}9598$

a) $n_d = \dfrac{60 \cdot f}{p} = \dfrac{60\,\text{s} \cdot \text{min}^{-1} \cdot 50\,\text{s}^{-1}}{1} = 3000\,\text{min}^{-1}$

b) $U_q = 4{,}44 \cdot f \cdot \hat{\Phi} \cdot N_w \cdot \xi$

Drei versetzte Spulen mit je 8 Windungen führen zu einer Windungszahl je Strang $N_w = 3 \cdot 8 = \mathbf{24}$.

$\hat{\Phi} = \dfrac{U_q}{4{,}44 \cdot f \cdot N_w \cdot \xi}$ als Zahlenwertgleichung mit $[\Phi] = \text{Vs}$; $[U_q] = \text{V}$; $[f] = \text{s}^{-1}$

$\hat{\Phi} = \dfrac{220\,\text{V}}{4{,}44 \cdot 50\,\text{s}^{-1} \cdot 24 \cdot 0{,}9598} = \mathbf{0{,}043\,\text{Vs}}$

c) Diesen Scheitelwert repräsentiert auch der Drehfeldzeiger Φ_d.

Übung 6.2.2–1

$\dfrac{I_r}{I_{st}} = \dfrac{1}{2 \cdot \sin \alpha/2}$; aus Beispiel 6.2.2–1: $\alpha = 16{,}36°$

$\dfrac{I_r}{I_{st}} = \dfrac{1}{2 \cdot \sin 8{,}18°} = \dfrac{1}{2 \cdot 0{,}142} = \mathbf{3{,}52}$

Übung 6.4.1–1

Für Schweranlauf wird ein möglichst hoher mittlerer Anlaßstrom von etwa $I_{\text{A mit}} = \dfrac{I_{\text{Sp}} + I_{\text{Sch}}}{2} = 2 \cdot I_N$ angestrebt. Diesen erreicht man mit a) $I_{\text{Sch1}} = \mathbf{1{,}5 \cdot I_N}$.

Dann: $I_{\text{A mit}} = \dfrac{2{,}5 + 1{,}5}{2} I_N = \mathbf{2 \cdot I_N}$

Übung 6.4.2.1–1

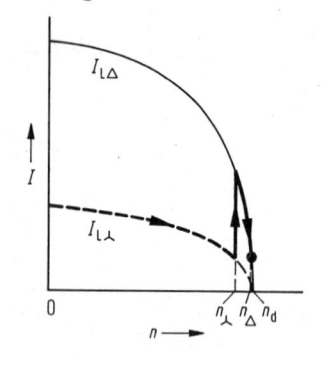

Übung 6.4.2.1–2

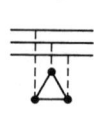

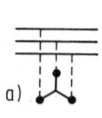

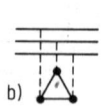

a) $U_L = 220\,\text{V}$; $I_{\text{AL}\triangle} = 15\,\text{A}$

a) $U_L = 220\,\text{V}$; $I_{\text{AL}\curlywedge} = \tfrac{1}{3} I_{\text{AL}\triangle} = \tfrac{1}{3} \cdot 15\,\text{A} = \mathbf{5\,\text{A}}$

b) $U_L = 380\,\text{V}$; $I'_{\text{AL}\triangle} = I_{\text{AL}\triangle} \dfrac{380\,\text{V}}{220\,\text{V}} = 15\,\text{A} \cdot \dfrac{380\,\text{V}}{220\,\text{V}} = \mathbf{25{,}91\,\text{A}}$

c) $U_L = 380\,\text{V}$; $I'_{\text{AL}\curlywedge} = I_{\text{AL}\curlywedge} \cdot \dfrac{380\,\text{V}}{220\,\text{V}} = 5\,\text{A} \cdot \dfrac{380\,\text{V}}{220\,\text{V}} = \mathbf{8{,}64\,\text{A}}$

Übung 6.4.2.2–1

a) Schaltung in zwei Stufen:
   Halbe Spannung
   Volle Spannung
b) Es ergibt sich eine Zwischenstufe, bei der ein Teil des Transformators als Vorschaltdrossel wirkt:
   Halbe Spannung
   Zwischenstufe
   Volle Spannung

Übung 6.5.1–1

a) $P_d = P_1 - \Sigma P_{v\,stdr} = 110\,\text{kW} - 6\,\text{kW} = \mathbf{104\,kW}$

b) $P_{v\,cu\,2} = P_d \cdot s = P_d\left(1 - \dfrac{n}{n_d}\right)$

$n_d = \dfrac{60 \cdot f}{p} = \dfrac{60\,\text{s} \cdot \text{min}^{-1} \cdot 50\,\text{s}^{-1}}{3} = 1000\,\text{min}^{-1}$

$P_{v\,cu\,2} = 104\,\text{kW}\left(1 - \dfrac{970\,\text{min}^{-1}}{1000\,\text{min}^{-1}}\right) = \mathbf{3{,}12\,kW}$

c) $P_2 = P_d - P_{v\,cu\,2} - P_{v\,rbg} = (104 - 3{,}12 - 1{,}0)\,\text{kW} = \mathbf{99{,}88\,kW}$

$\eta = \dfrac{P_2}{P_1} = \dfrac{99{,}88\,\text{kW}}{110\,\text{kW}} = 0{,}908 = \mathbf{90{,}8\,\%}$

d) $P_1 = \sqrt{3}\,U \cdot I \cdot \cos\varphi \qquad I = \dfrac{P_1}{\sqrt{3}\cdot U \cdot \cos\varphi} = \dfrac{110000\,\text{W}}{\sqrt{3}\cdot 500\,\text{V}\cdot 0{,}88} = \mathbf{144{,}3\,A}$

Übung 6.5.1–2

Die Näherungslösung führt mit $P_{2\,mech} = 100\,\text{kW}$ und $P_{2\,el} = 12\,\text{kW}$ zu:

$P_d = P_1 = P_{2\,mech} + P_{2\,el} = (100 + 12)\,\text{kW} = \mathbf{112\,kW}$

$n = n_d(1-s) = \dfrac{60 \cdot f}{p}\left(1 - \dfrac{P_{2\,el}}{P_d}\right) = \dfrac{60\,\text{s}\cdot\text{min}^{-1}\cdot 50\,\text{s}^{-2}}{4}\left(1 - \dfrac{12\,\text{kW}}{112\,\text{kW}}\right) = \mathbf{670\,min^{-1}}$

Übung 6.6.1–1

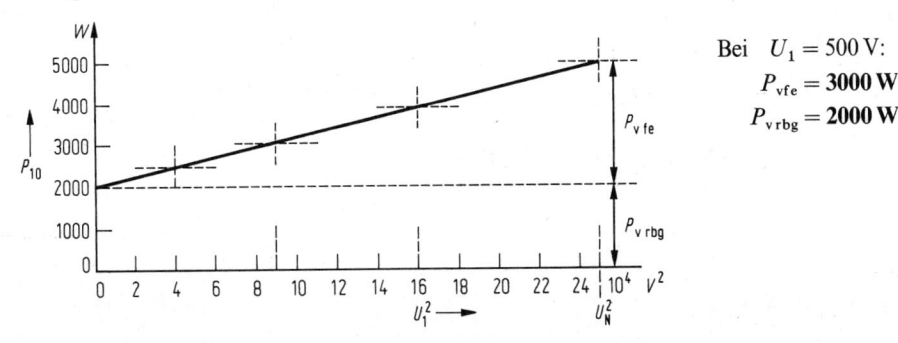

Bei $U_1 = 500\,\text{V}$:
$P_{vfe} = \mathbf{3000\,W}$
$P_{v\,rbg} = \mathbf{2000\,W}$

Übung 6.7.3–1

a) Der Punkt der größten abgegebenen Leistung findet sich dort, wo eine Senkrechte zur mechanischen Leistungslinie, die durch den Kreismittelpunkt geht, den Kreis schneidet.

b) Der Punkt des größten Drehmomentes findet sich dort, wo eine Senkrechte zur Drehmomentenlinie, die durch den Kreismittelpunkt geht, den Kreis schneidet.

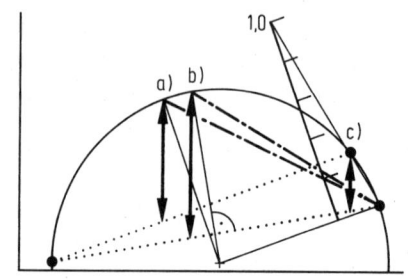

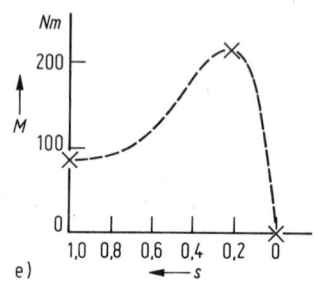

Zu a) $P_{2\,max}$: abgelesen: 28 mm

$$= 28 \cdot w = 28\,\text{mm} \cdot 658\,\frac{\text{W}}{\text{mm}} = 18\,424\,\text{W} = \mathbf{18{,}42\,kW}$$

Zu b) M_{max}: abgelesen: 35 mm

$$= 35 \cdot m = 35\,\text{mm} \cdot 6{,}28\,\frac{\text{Nm}}{\text{mm}} = \mathbf{219{,}8\,Nm}$$

Zu c) M_A: am Betriebspunkt für $s = 1$ abgelesen: 14 mm

$$= 14 \cdot m = 14\,\text{mm} \cdot 6{,}28\,\frac{\text{Nm}}{\text{mm}} = \mathbf{87{,}9\,Nm}$$

Zu d) Schlupfgerade nach Bild 6.7.3–4
für a) $s = 0{,}2$
für b) $s = 0{,}23$
für c) $s = 1$
Alle Angaben im Rahmen der zeichnerisch möglichen Genauigkeit.

Übung 6.8.1–1

Mit den Daten des Beispiels 6.8.1–1:

b1) $n = n_d(1 - s) = 1500\,\text{min}^{-1}\,(1 - (-0{,}3))$
    $= 1500\,\text{min}^{-1} \cdot 1{,}3 = \mathbf{1950\,min^{-1}}$

b2) $P_{2\,mech} = P_d - P_{2\,el} = (10{,}21 - (-3{,}06))\,\text{kW} = \mathbf{13{,}27\,kW}$

b3) $f_2 = s \cdot f_1 = -0{,}3 \cdot 50\,\text{Hz} = \mathbf{-15\,Hz}$

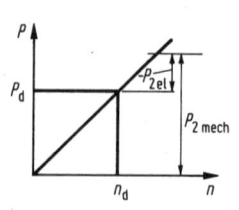

Kontrolle: $M = 9550\,\dfrac{P}{n} = 9550\,\dfrac{13{,}27\,(\text{kW})}{1950\,(\text{min}^{-1})} = \mathbf{65\,Nm}$

Übung 6.8.2–1

Getrennte Wicklung für $\mathbf{2p = 4}$

Übung 6.8.2–2

Anschlüsse: 1Ub 1Vb 1Wb

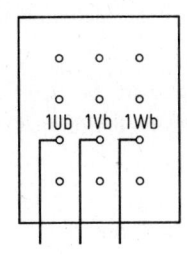

Lernzielorientierter Test zu Kapitel 6

1. $N = q \cdot 2p \cdot m$; $q = \dfrac{N}{2p \cdot m} = \dfrac{72}{4 \cdot 3} = 6$

2. Bei $q = 1$ keine verteilt angeordneten Spulen; also $\xi = 1$

3. Der Schleifringläufer ist – wie der Ständer – dreiphasig gewickelt; beim Kurzschlußläufer ergibt sich – abhängig von der Nutenzahl – eine vielphasige Wicklung.

4. Durch Einschalten eines genügend großen Läuferwiderstandes, der die Drehmoment-Drehzahl-Kennlinie zu höheren Schlupfwerten hin verschiebt.

5. Drosselspulen sind ungeeignet, da sie die Phasenverschiebung zwischen Läuferspannung und Läuferstrom nicht – wie gewünscht – verringern, sondern vergrößern.

6. Doppelnut- bzw. Doppelkäfigläufer. Diese Ausführung gehört zu den Stromverdrängungsläufern. Während des Anlaufs führt vorwiegend der außen liegende Käfig Strom.

7. Der Anlauf ist möglich. Die asynchrone Nenndrehzahl wird aber nicht erreicht, da das Sattelmoment das geforderte Lastmoment nicht übersteigt.

8. a) Das Anfahrmoment ändert sich quadratisch mit der angelegten Spannung
$$\dfrac{M'_A}{M_A} = \dfrac{2}{1} = \left(\dfrac{U'_1}{U_1}\right)^2; \quad \dfrac{U'_1}{U_1} = \dfrac{\sqrt{2}}{1}$$

   b) Der Anfahrstrom ändert sich proportional der angelegten Spannung
$$\dfrac{I'_A}{I_A} = \dfrac{U'_1}{U_1} = \dfrac{\sqrt{2}}{1}$$

9. a) $\eta = \dfrac{P_{ab}}{P_{zu}} = \dfrac{P_N}{\sqrt{3} \cdot U_N \cdot I_N \cdot \cos\varphi} = \dfrac{100\,000\,\text{W}}{\sqrt{3} \cdot 380\,\text{V} \cdot 187\,\text{A} \cdot 0{,}89} = \mathbf{91{,}29\%}$

   b) Maschine ist für eine Strangspannung $U_{Str} = 380\,\text{V}$ und für einen Strangstrom $I_{Str} = \dfrac{1}{\sqrt{3}} 187\,\text{A} = 108\,\text{A}$ geeignet.

   Bei Sternschaltung demzufolge: $U_L = \sqrt{3}\, U_{Str} = \sqrt{3} \cdot 380\,\text{V} = 658\,\text{V}$; $I_L = I_{Str} = 108\,\text{A}$.
   Nennleistung und Leistungsfaktor unverändert.

10. $P_{v\,cu1} = 3 \cdot I_{Str}^2 = 3 \left(\dfrac{10\,\text{A}}{\sqrt{3}}\right)^2 \cdot 0{,}5\,\Omega = (10\,\text{A})^2 \cdot 0{,}5\,\Omega = \mathbf{50\,W}$

11. $P_{vo} = P_{vfe} + P_{vrbg}$. Die Eisenverluste ändern sich annähernd quadratisch mit der Spannung

$P'_{vfe} = P_{vfe} \left(\dfrac{0{,}8\,U_{1N}}{U_{1N}}\right)^2 = P_{vfe} \cdot 0{,}64$

Die Reibungsverluste bleiben wegen konstanter Drehzahl unverändert.

12. Unmittelbar nur der Leerlaufstrom nach Größe und Phasenlage. Kurzschlußstrom I_{1k} Umrechnung auf Nennspannung.

13. Theoretischer Betriebspunkt für unendlich großen Schlupf; wichtig für die Konstruktion der Drehmomentenlinie.

Übung 7.4.4–1

Beim Phasenwinkel $\varphi = 90°$ schrumpft das Erregerstrom-Dreieck zur Geraden mit gleicher Wirkungslinie für alle Ströme. 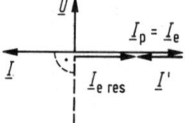
Abschnitte gem. Beispiel 7.4.4–1: $I_p = I_e = 55\,\text{A}$; $I' = 25\,\text{A}$.
Aus dem Diagramm ablesbar: $I_{e\,res} = I_p - I' = 55\,\text{A} - 25\,\text{A} = \mathbf{30\,A}$.

Übung 7.4.4–2

Der Generator ist mit einem idealen Kondensator belastet.
Die Zeiger $\underline{U}_q$ und $\underline{I}X_d$ sind gleichgerichtet.
Mit den Werten des Beispiels 7.4.4–2 ergibt sich für die Stranggrößen:

$\underline{U} = \underline{U}_q + \underline{I}X_d = \dfrac{380\,\text{V}}{\sqrt{3}} + 50\,\text{A} \cdot 1{,}8\,\Omega = 310\,\text{V}$

Gesucht: Maximale Leiterspannung $U_L = \sqrt{3} \cdot 310\,\text{V} = \mathbf{537\,V}$.

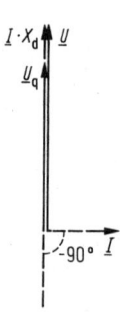

Übung 7.5.4–1

a) $\cos\varphi = \dfrac{I_{min}}{I}$

z.B. $= \dfrac{1{,}25}{1{,}6}$

$\cos\varphi = \mathbf{0{,}78}$

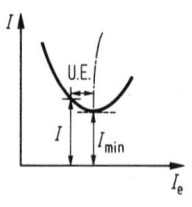

b) Untererregung (U.E.). Synchronmaschine wirkt für das Netz zusätzlich wie eine *Drosselspule*.

Übung 7.5.5–1

a) $Q = \sqrt{S^2 - P^2} = \sqrt{500^2 - 300^2}$ kvar = **400 kvar**

b) Blindleistung je Strang $Q_{Str} = \dfrac{400 \text{ kvar}}{3} = 133{,}3 \text{ kvar}$;

$Q_{Str} = U_{Str}^2 \cdot \omega \cdot C = U_{Str}^2 \cdot 2 \cdot \pi \cdot f \cdot C$

$C = \dfrac{Q_{Str}}{U_{Str}^2 \cdot 2 \cdot \pi \cdot f} = \dfrac{133333 \text{ VA}}{\left(\dfrac{6000}{\sqrt{3}}\text{V}\right)^2 2 \cdot \pi \cdot 50 \text{ s}^{-1}} = 3{,}537 \cdot 10^{-5} \dfrac{\text{As}}{\text{V}} = \mathbf{35{,}37 \ \mu F}$

Übung 7.6.1–1

a) Zahlenwertgleichung

$M \text{ in Nm} = 9550 \dfrac{P_{ab} \text{ in kW}}{n \text{ in min}^{-1}} = 9550 \dfrac{P_{zu} \cdot \eta}{n} = 9550 \dfrac{\sqrt{3} \, U \cdot I \cdot \cos\varphi \cdot \eta \cdot 10^{-3}}{\dfrac{60 \cdot f}{p}}$

$M \text{ in Nm} = 9550 \dfrac{\sqrt{3} \cdot 500 \text{ V} \cdot 15 \text{ A} \cdot 0{,}85 \cdot 0{,}982 \cdot 10^{-3}}{\dfrac{60 \text{ s} \cdot \text{min}^{-1} \cdot 50 \text{ s}^{-1}}{1}} = \mathbf{34{,}5 \text{ Nm}}$

b) $\dfrac{M_K}{M_N} = \dfrac{C \sin 90°}{C \sin \delta} = 2{,}2 \quad \sin\delta = \dfrac{1{,}0}{2{,}2} = 0{,}4545; \quad \text{Polradwinkel } \delta = \mathbf{27°}$

Lernzielorientierter Test zu Kapitel 7

1. Synchronmaschine: In der Regel 3 Anschlußklemmen für die Ständerwicklung und 2 Anschlußklemmen für die Erregerwicklung auf dem Polrad.

   Asynchronmotor: Meist nur 3 Anschlußklemmen für die Ständerwicklung.

2. Zweipolig: Volltrommelläufer
   Sechspolig: Einzelpolläufer mit 6 ausgeprägten Polen.

3. Im Inselbetrieb reagieren Spannung und Frequenz auf die Polraderregung und die Drehzahl. Bei Netzbetrieb werden beide vom starren Netz bestimmt. Die Maschine muß sich durch Wirk- und Blindstrom diesen Gegebenheiten anpassen.

4. – Gleiche Spannung,
   – gleiche Phasenlage,
   – gleiche Phasenfolge,
   – gleiche Frequenz.

5. a) Voraussetzung für das Zuschalten ist, daß alle drei Lampen erloschen sind.
   b) Die Lampen sind für die doppelte Strangspannung zu bemessen.

6. a) Senkrechte Achse: Netzstrom I; waagerechte Achse: Erregerstrom I_e
   b) Parameter: Wirkleistung P; hier: Leerlauf, $P = 0$
   c) Ideale, ungesättigte und verlustlose Volltrommelmaschine.

7. a) Wegen des unterschiedlichen magnetischen Widerstandes schwankt der Leerlaufstrom zwischen einem Kleinstwert bei Längsstellung und einem Höchstwert bei Querstellung des Polrades.
   b) Die Spannung schwankt. Beim Kleinstwert des Leerlaufstromes ist die gemessene Spannung an den Schleifringen Null; beim Größtwert erreicht auch die Spannung ihren Höchstwert.

8. Die Spannung steigt bei kapazitiver Last. Das erklärt sich aus der Ankerrückwirkung bei der sich ergebenden Phasenlage des Stromes.

9. Das Kippen des Synchronmotors tritt bei einem Polradwinkel $\delta \approx 90°$ auf. Die Höhe des Kippmomentes ist durch den Erregerstrom und damit die Quellenspannung beeinflußbar.

10. Bei Pendelungen des Polrades hilft die Dämpferwicklung; sie wirkt wie der Kurzschlußkäfig des Asynchronmotors.

Übung 8.1.1–1

$$n_d = \frac{60 \cdot f}{p} = \frac{60\,\text{s} \cdot \text{min}^{-1} \cdot 50\,\text{s}^{-1}}{3} = 1000\,\text{min}^{-1}$$

$$n_0 = \frac{U_{20} - U_{st}}{U_{20}} n_d = \left(1 - \frac{U_{st}}{U_{20}}\right) n_d$$

$$\frac{U_{st}}{U_{20}} = 1 - \frac{n_0}{n_d}$$

Bei $n_0 = 500\,\text{min}^{-1}$: $\quad \dfrac{U_{st}}{U_{20}} = 1 - \dfrac{500\,\text{min}^{-1}}{1000\,\text{min}^{-1}} = 1 - 0{,}5 = \mathbf{0{,}5}$

bei $n_0 = 1500\,\text{min}^{-1}$: $\quad \dfrac{U_{st}}{U_{20}} = 1 - \dfrac{1500\,\text{min}^{-1}}{1000\,\text{min}^{-1}} = 1 - 1{,}5 = \mathbf{-0{,}5}$

Übung 8.1.1–2

$$\frac{U_{st1}}{U_{20}} = \frac{-U_{st2}}{U_{20}} \quad \text{und damit} \quad 1 - \frac{n_{01}}{n_d} = -\left(1 - \frac{n_{02}}{n_d}\right); \quad \frac{n_{01} + n_{02}}{n_d} = 2$$

$$n_d = \frac{n_{01} + n_{02}}{2} = \frac{(400 + 800)\,\text{min}^{-1}}{2} = \mathbf{600\,\text{min}^{-1}}$$

$$n_d = \frac{60 \cdot f}{p}; \quad p = \frac{60 \cdot f}{n_d} = \frac{60\,\text{s} \cdot \text{min}^{-1} \cdot 50\,\text{s}^{-1}}{600\,\text{min}^{-1}} = 5; \quad 2p = 10$$

Übung 8.1.2–1

a) $U_{st} = U_\emptyset \cos \alpha; \quad \cos \alpha = \dfrac{U_{st}}{U_\emptyset} = \dfrac{U_{st}}{0{,}4\,U_{20}} = \dfrac{1}{0{,}4} \dfrac{U_{st}}{U_{20}} = \dfrac{1}{0{,}4}\left(1 - \dfrac{n_0}{n_d}\right)$

$$n_d = \frac{60 \cdot f}{p} = \frac{60\,\text{s} \cdot \text{min}^{-1} \cdot 50\,\text{s}^{-1}}{4} = \mathbf{750\,\text{min}^{-1}}$$

$$\cos \alpha = \frac{1}{0{,}4}\left(1 - \frac{600\,\text{min}^{-1}}{750\,\text{min}^{-1}}\right) = 0{,}5 \quad \mathbf{\alpha = 60°}$$

b) Es handelt sich um einen elektrischen Winkel.

Lösungen

Übung 8.1.2–2

$$\cos\alpha = \frac{1}{0{,}4}\frac{U_{st}}{U_{20}} = \frac{1}{0{,}4}\left(1 - \frac{n_0}{n_d}\right) = \frac{1}{0{,}4}\left(1 - \frac{900\,\text{min}^{-1}}{750\,\text{min}^{-1}}\right) = -0{,}5 \qquad \boldsymbol{\alpha = 120°}$$

Übung 8.2–1

– Es sind zwei der drei Netzzuleitungen zu vertauschen.
– Die Bürstenbrücke ist im umgekehrten Sinne, also entgegen der neuen Drehrichtung, zu verschieben.

Übung 8.2–2

Kurve (a) $\triangleq \alpha = 170°$
Kurve (b) $\triangleq \alpha = 150°$
Kurve (c) $\triangleq \alpha = 130°$

Lernzielorientierter Test zu Kapitel 8

1. Dreieckschaltung.
   Die in sich geschlossene Ringwicklung ist an drei Punkten von Bürsten angezapft.

2. $n_d = \dfrac{60 \cdot f}{p} = \dfrac{60\,\text{s} \cdot \text{min}^{-1} \cdot 50\,\text{s}^{-1}}{4} = 750\,\text{min}^{-1}$

   a) An den Schleifringen mißt man die innere Frequenz, d.i. die Schlupffrequenz

   $$f_{SchlR} = s \cdot f_{Netz} = \frac{(750 - 500)\,\text{min}^{-1}}{750\,\text{min}^{-1}} \cdot 50\,\text{Hz} = \boldsymbol{16{,}67\,\text{Hz}}$$

   b) Am Kommutator – bedingt durch dessen Funktion – die Netzfrequenz $f_{Ktr} = f_{Netz} = \boldsymbol{50\,\text{Hz}}$

3. Der Drehstrom-Stromwendermotor hat keine Wendepole; das verbieten schon die überwiegend notwendigen Bürstenverschiebungen.

4. – Ständergespeister Nebenschlußmotor mit Steuerung über Einfachdrehtransformator
   – Läufergespeister Nebenschlußmotor
   – Reihenschlußmotor

5. Darstellung nur für die Sekundärwicklung des Zwischentransformators:

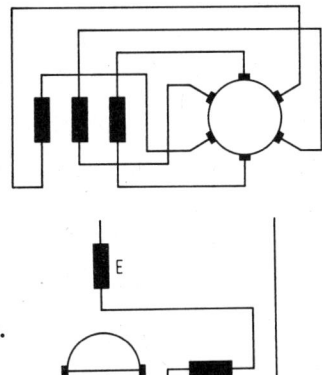

Übung 9.1–1

Erregerwicklung E

$N_E = N_{ges} \cdot \cos\alpha = 100\,\text{Wdgn} \cdot \cos 60° = \boldsymbol{50\,\text{Wdgn.}}$

Arbeitswicklung A

$N_A = N_{ges} \cdot \sin\alpha = 100\,\text{Wdgn} \cdot \sin 60° = \boldsymbol{86{,}6\,\text{Wdgn.}}$

Übung 9.1–2

Drehrichtungsumkehr erfolgt durch Verstellen der Bürstenbrücke im umgekehrten Sinne.

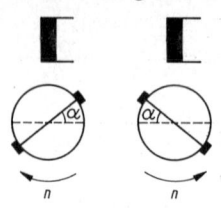

Übung 9.1–3

Drehrichtungsumkehr erfolgt durch Änderung der Stromrichtung in der Erreger- oder der Arbeitswicklung. Beispiel:

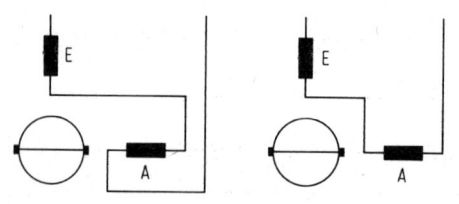

Übung 9.2–1

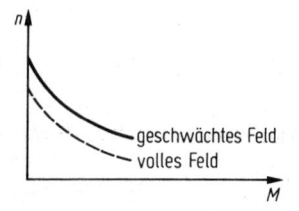

Übung 9.2–2

Die Drehrichtung ändert sich, wenn entweder die Feldwicklung oder die Ankerwicklung umgepolt wird.

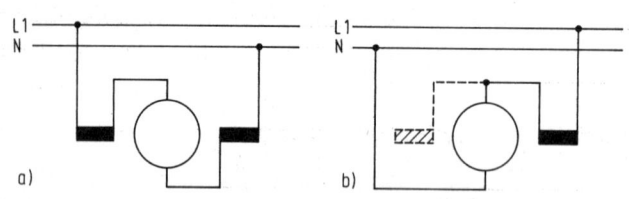

a) Es müssen zwei innere Verbindungen vertauscht werden.
b) Es braucht nur ein äußerer Anschluß geändert zu werden.

Übung 9.3–1

Der Schnittpunkt der Kurve liegt etwa bei $n = n_d$.

$$n_d = \frac{60 \cdot f}{p} = \frac{60\,\text{s} \cdot \text{min}^{-1} \cdot 50\,\text{s}^{-1}}{2} = 1500\,\text{min}^{-1}$$

Lösungen

Übung 9.4–1
Der Läuferstrom zeigt etwa den Verlauf der im Beispiel errechneten Grundwelle mit $f_1 = 2{,}15\,\text{Hz}$.

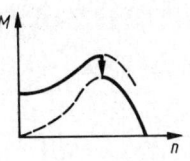

Übung 9.4–2
Die Drehmomenten-Kennlinie bei abgeschaltetem Kondensator geht durch den Nullpunkt.

Übung 9.4–3

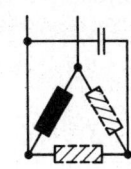

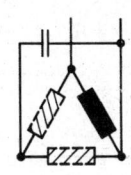

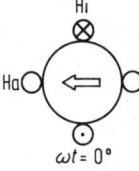

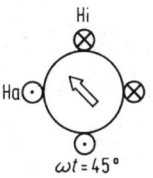

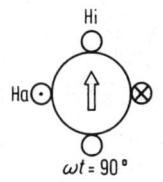

Übung 9.4–4
Drehrichtung: *rechts*

Übung 9.5–1
a) $\alpha = \dfrac{360°}{2 \cdot m \cdot p} = \dfrac{360°}{2 \cdot 2 \cdot 10} = \mathbf{9°}$

b) Schrittzahl $= \dfrac{360°}{9°} = \mathbf{40\ \text{Schritte/Umdrehung}}$

Übung 9.5–2
Der Schrittwinkel $\alpha = 11{,}25°$ ist ausführbar, z. B. mit $m = 2$ Phasen; $p = 8$ Polpaare.

Lernzielorientierter Test zu Kapitel 9

1.		Rep.	Univ.	Sp. p.	M. m. Hiph.	Magn.
	Str. w.	×	×			
	Asyn			×	×	
	Syn					×

2. Ein Anlasser ist für den Repulsionsmotor unnötig. Der Motor nimmt beim Anlauf aus der Leerlaufstellung der Bürsten einen nur kleinen Strom auf.

3. Bürstenachse senkrecht zur Feldachse entspricht der „Leerlaufstellung".

4. Da die Drehzahlkennlinie bei Wechselstromspeisung etwas niedriger verläuft, muß hier mit Feldanzapfung gefahren werden.

5. Es ergeben sich unterschiedliche Kommutierungsbedingungen, da bei Wechselstromspeisung in der von Bürsten kurzgeschlossenen Spulen nicht nur die von der Gleichstrommaschine her bekannte Reaktanzspannung wirkt. Es tritt vom Wechselfeld her zusätzlich eine transformatorische Spannung auf. Der Motor neigt also bei Wechselstromspeisung eher zu Bürstenfeuer.

6. Der Spaltpolmotor hat – wie der Asynchronmotor – Nebenschlußverhalten.

7. Wenn der Motor bereits läuft, überwiegt das Mitfeld. Im Stillstand halten sich Mit- und Gegenfeld das Gleichgewicht.

8. Am Drehstromnetz mit der Leiterspannung $U_L = 380$ V ist die Dreiphasenwicklung im Stern zu schalten. Am 220 V-Einphasennetz ist die Dreieck-Steinmetzschaltung zu wählen.

9. Drehrichtungsänderung erfolgt beim Schrittmotor durch Änderung der Reihenfolge der Steuerimpulse.

10. Wir haben als Schrittfrequenz die Frequenz der Ansteuerung, nicht der einzelnen Impulse, gekennzeichnet. Bei $f_{Sch} = 1$ Hz würde sich eine Drehzahl $n = \dfrac{1\,\text{s}^{-1}}{2 \cdot 2 \cdot 10} = 0{,}025\,\text{s}^{-1}$ ergeben.

Bei $f_{Sch} = 1000$ Hz: $n = \dfrac{1000\,\text{Hz}}{1\,\text{Hz}} \cdot 0{,}025\,\text{s}^{-1} = 25\,\text{s}^{-1} = 25\,\text{s}^{-1} \cdot 60\,\text{s} \cdot \text{min}^{-1} = \mathbf{1500\,min^{-1}}$.

Übung 10.1.1–1

$\vartheta_w - \vartheta_k = \dfrac{R_w - R_k}{R_k}(235 + \vartheta_k); \quad \dfrac{R_w - R_k}{R_k} = \dfrac{\vartheta_w - \vartheta_k}{235 + \vartheta_k} = \dfrac{(100 - 0)\,°C}{(235 + 0)\,°C} = 0{,}4255.$

Der Widerstand steigt um **42,5 %**.

Übung 10.1.1–2

Erreicht: $\vartheta_{üI} = 102$ K; zulässig $\vartheta_{üII} = 100$ K. Abhilfemaßnahmen:

a) Luftmenge erhöhen
b) Strom mindern $\quad \dfrac{I_{II}}{I_I} = \sqrt{\dfrac{\vartheta_{üII}}{\vartheta_{üI}}} \quad I_{II} = I_I \sqrt{\dfrac{100\,K}{102\,K}} \quad I_{II} = \mathbf{0{,}99\,I_I}$

Übung 10.1.3–1

$n_{schl} = 1{,}2 \cdot n_{max} = 1{,}2 \cdot 800\,\text{min}^{-1} = \mathbf{960\,min^{-1}}$

Übung 10.1.4–1

a) $U_{pr} = (2 \cdot U_N + 1000)\,\text{V} = (2 \cdot 600 + 1000)\,\text{V} = \mathbf{2200\,V}$

b) Sinusförmige Wechselspannung mit U_{pr} als Effektivwert
Scheitelwert $U_{max} = \sqrt{2} \cdot 2200\,\text{V} = \mathbf{3111\,V}$

Übung 10.1.5–1

a) Asynchronmotor im Auslauf unerregt; daher nur P_{vrbg} berücksichtigen.
b) Synchronmaschine im Auslauf erregt; daher Summe $P_{vrbg} + P_{vfe}$ berücksichtigen.

Übung 10.2–1

$$\Delta\cos\varphi = -\frac{1-\cos\varphi}{6} = -\frac{1-0{,}86}{5} = -0{,}023.$$

Die Messung muß mindestens einen Leistungsfaktor
$\cos\varphi_{gr} = \cos\varphi - \Delta\cos\varphi = 0{,}86 - 0{,}023 = \mathbf{0{,}837}$
nachweisen.

Übung 10.2–2

Die Grenze wäre $J_{max} = 1{,}1 \cdot J = 1{,}1 \cdot 76\,\text{kg m}^2 = 83{,}6\,\text{kg m}^2$. Damit ist ein Wert von $80{,}5\,\text{kg m}^2$ *zulässig*.

Lernzielorientierter Test zu Kapitel 10

1. Nein. Umfangreiche Prüfungen werden nur am Prototyp und zur Kontrolle an einigen zusätzlichen Maschinen ausgeführt.

2. Größte Sicherheit für die Bewertung der Maschine erreicht man mit Untersuchungen in folgender Reihenfolge:
   1. Erwärmungslauf;   2. Schleuderprüfung;   3. Wicklungsprüfung.

3. Die Wicklungsprüfung ist immer eine „Stückprüfung".

4. Man geht von den Reibungsverlusten bei der Ausgangs- (Nenn-)Drehzahl aus und betrachtet diese als konstant. Tatsächlich nehmen sie aber mit der Drehzahlminderung ab.

5. Erwärmung $\vartheta_{\ddot{u}} = \vartheta_w - \vartheta_{Raum(2)} = (80-22)\,°\text{C} = \mathbf{58\,K}$

Übung 11.1.2–1

$$t_r = \frac{\text{Belastungszeit } t_B}{\text{Spieldauer } t_S};$$

im speziellen Fall $t_r = \dfrac{t_1 + t_2 + t_3}{t_S} = \dfrac{(1{,}6 + 0{,}8 + 2{,}6)\,\text{min}}{10\,\text{min}} = 0{,}5 \triangleq \mathbf{50\%}$

Übung 11.1.2–2

a) **Aussetzbetrieb S3**; b) $P_m = \sqrt{\dfrac{P_1^2 \cdot t_B}{t_S}} = \sqrt{\dfrac{(750\,\text{W})^2 \cdot 20\,\text{s}}{50\,\text{s}}} = \mathbf{474\,W}$

Übung 11.2.1–1

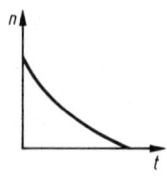

Bei $\Delta n = 58{,}6\,\text{min}^{-1}$ und den Ergebnissen des Beispiels 11.2.1–1 für $t_1; t_2; \ldots; t_{10}$ ergibt sich folgende Zuordnung:

n in min^{-1}	586,0	527,4	468,8	410,2	351,2	293,0	234,4	175,8	117,2	58,6	0
t in ms	0	379	704	1017	1307	1572	1810	2015	2201	2406	2803

Spalte 2: $t = t_1$;   Spalte 3: $t = t_1 + t_2$;   Spalte 3: $t = t_1 + t_2 + t_3$ usw.

Übung 11.3.1–1

Drehzahl $n = \dfrac{v}{D \cdot \pi} = \dfrac{20\,\text{m/min}}{0{,}06\,\text{m} \cdot \pi} = \mathbf{106\,min^{-1}}$

Antriebsleistung $P_W = \dfrac{1}{\eta} p_S \cdot A_S \cdot v_v = \dfrac{1}{0{,}8} \cdot 1200\,\dfrac{N}{\text{mm}^2} \cdot (40 \cdot 5)\,\text{mm}^2 \cdot 2{,}8 \cdot 10^{-3}\,\dfrac{\text{m}}{\text{s}} = \mathbf{840\,W}$

Lernzielorientierter Test zu Kapitel 11

1. Wahrscheinliche Zuordnung: $1 - d$; $2 - b$; $3 - c$; $4 - a$.

2. $M_m = \sqrt{\dfrac{M_1^2 t_1 + M_2^2 t_2 + M_3^2 t_3}{t_1 + t_2 + t_3 + t_4}} = \sqrt{\dfrac{(50^2 \cdot 30 + 30^2 \cdot 40 + 40^2 \cdot 20)(\text{Nm})^2 \cdot \text{s}}{(30 + 40 + 20 + 30)\,\text{s}}}$

   $= \sqrt{\dfrac{143000\,(\text{Nm})^2 \cdot \text{s}}{120\,\text{s}}} = \mathbf{34{,}5\,Nm}$

3. Annahmen: Momente proportional dem Strom; Verluste proportional dem Quadrat des Stromes.

4. Zu berücksichtigen sind nur die Drehmomentblöcke für den Beschleunigungs- und Beharrungsbetrieb (100 Nm/5 s und 50 Nm/60 s); der Bremsvorgang (63 Nm/8 s) wird durch die Bremsscheibe verursacht und belastet den Motor nicht.

5. Motordrehzahl $n_{\text{Mot}} = i \cdot n_A = 10 \cdot 100\,\text{min}^{-1} = \mathbf{1000\,min^{-1}}$

   Motormoment $M_{\text{Mot}} = M_W = \dfrac{1}{i} M_{WA} = \dfrac{150\,\text{Nm}}{10} = \mathbf{15\,Nm}$

Lösungen

6. Durch Feldschwächung bei konstanter Ankerspannung.

7. Maßgebend ist die Fläche zwischen einer der drei eingezeichneten Kurven $M_i = f(s)$ und einer gedachten, nicht dargestellten Widerstandsmomenten-Kennlinie. Ganz offensichtlich führt hier die Kurve mit dem höchsten Anlaufmoment (DN = Doppelnut-Läufer) zur kürzesten Anlaufzeit.

Übung 12.1–1

Beispiel:

Fälle I und II:
Unterschiedlicher Anteil der Kupferverluste P_{vcu} an den Gesamtverlusten $P_{vges\,1}$.
Das Ergebnis $P_{vges\,2}$ nach Verdoppelung der Kupferverluste läßt erkennen:
Die Steigerungswerte des Bildes 12.1–2 liegen auf der sicheren Seite; es sind unter den gegebenen Voraussetzungen höhere Steigerungen möglich.

Übung 12.1–2

a) $\dfrac{R_{w2}}{R_{w1}} = \dfrac{235 + \vartheta_{w2}}{235 + \vartheta_{w1}} = \dfrac{235 + (\vartheta_{\ddot{u}zul} + \vartheta_k)}{235 + (\vartheta_{\ddot{u}ist} + \vartheta_k)} = \dfrac{(235 + 100 + 20)\,°C}{(235 + 70 + 20)\,°C} = \mathbf{1{,}092}$

bI) $\dfrac{I_2^2 \cdot R}{I_1^2 \cdot R} = \dfrac{\vartheta_{\ddot{u}zul}}{\vartheta_{\ddot{u}ist}} = \dfrac{100\,K}{70\,K} = 1{,}428.$

$I_2 = \sqrt{1{,}428} \cdot I_1 = 1{,}195 \cdot 80\,A = \mathbf{95{,}6\,A}$

bII) $\dfrac{I_2'^2 \cdot R_{w2}}{I_1^2 \cdot R_{w1}} = \dfrac{\vartheta_{\ddot{u}zul}}{\vartheta_{\ddot{u}ist}} = 1{,}428;\quad \dfrac{I_2'^2}{I_1^2} = \dfrac{1{,}428}{1{,}092} = 1{,}308;$

$I_2' = \sqrt{1{,}308} \cdot I_1 = 1{,}144 \cdot 80\,A = \mathbf{91{,}5\,A}$

Übung 12.2–1

Der stationäre Zustand wird nach etwa $t = 5 \cdot T_{th} = 5 \cdot 30\,\text{min} = 150\,\text{min} = \mathbf{2{,}5\,Std}$ erreicht.

Übung 12.2–2

$\dfrac{\vartheta_{\ddot{u}}}{\vartheta_{\ddot{u}max}} = 1 - e^{-\frac{t}{T_{Th}}} = 1 - e^{-\frac{60\,\text{min}}{30\,\text{min}}} = 1 - e^{-2} = 1 - 0{,}135 = 0{,}865$

Nach 1 Stunde werden **86,5%** der Enderwärmung erreicht.

Übung 12.2–3

Nach $t = T_{th}$ werden 63,2% der Enderwärmung erreicht; d.h. $\vartheta_{ü\,ist} = 0,632\, \vartheta_{ü\,max} = 0,632 \cdot 100\,K = \mathbf{63{,}2\,K}$

Bei $R = \text{konst}$: $\dfrac{I_2^2}{I_1^2} = \dfrac{\vartheta_{ü\,zul}}{\vartheta_{ü\,ist}} = \dfrac{100\,K}{63{,}2\,K} = 1{,}582 \qquad I_2 = \sqrt{1{,}582}\, I_1$

$I_2 = 1{,}258\, I_1 = 1{,}258 \cdot 80\,A = \mathbf{100{,}6\,A}$

Übung 12.2–4

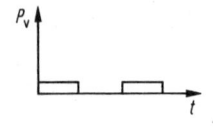

Übung 12.3–1

$Q = \Sigma P_v(\text{kW}) \cdot 3{,}5\,\dfrac{m^3}{\min \cdot kW} = (P_{zu} - P_{ab}) \cdot 3{,}5 = \left(\dfrac{P_{ab}}{\eta} - P_{ab}\right) \cdot 3{,}5 = \dfrac{1-\eta}{\eta}\, P_{ab} \cdot 3{,}5$

$Q = \dfrac{1-0{,}94}{0{,}94}\, 300\,\text{kW} \cdot 3{,}5\,\dfrac{m^3}{\min \cdot kW} = \mathbf{67\,\dfrac{m^3}{\min}}$

Übung 12.4–1

Die zulässige Grenzübertemperatur liegt bei Aufstellung über 1000 m oberhalb NN je 100 m um 1% unter dem sonst üblichen Maximalwert von 80 K.
Eine Isterwärmung von 76 K unterschreitet diesen Maximalwert um **5%**.
Damit Aufstellungshöhe $h = (1000 + 5 \cdot 100)\,m = \mathbf{1500\,m\ \ddot{u}ber\ NN}$ möglich.

Lernzielorientierter Test zu Kapitel 12

1. Änderung der Isolierstoffklasse, der Betriebsart, der Kühlung oder der Aufstellungshöhe.

2. Bei größerem Querschnitt sinkt der Widerstand der Wicklung; die zulässige Stromsteigerung wird höher.

3. Alle Betriebsarten müssen – gegebenenfalls auf mehreren Leistungsschildern – erscheinen.

4. Die völlig gekapselte Maschine mit der schlechteren Wärmeabfuhr hat die wesentlich größere thermische Zeitkonstante.

Sachwortverzeichnis

Abmessungen (Haupt-) siehe Bauvolumen
Aktiver Maschinenteil 29
Äußeres Moment 42, 148
Anfahrkennlinien 74, 153
Ankerrückwirkung 59, 189
Ankerkreis-Vorwiderstand 70
Ankerwicklung 30
Anlaßspitzenstrom 75, 153
Anlaßwiderstände 75, 142, 153
Anlaßtransformator 156
Anlaufkondensator 226
Anlaufmoment 147
Anlaufmotor 203
Anlaufstrom 152
Anlaufzeit 249
Anschlußbezeichnungen siehe Klemmenbezeichnungen
Arbeitswirkungsgrad 104
Asynchronmotor 136
Asynchroner Anlauf 202
Aufbau allgemein 29
Aufstellungshöhe 261
Ausgleichsleiter 38
Auslaufversuch 239
Aussetzbetrieb 15, 259
Außenpolmaschine 182

Barkhausenschaltung 220
Bauform 16
Bauvolumen 19
Bauleistung Trafo 119
Beschleunigungsmoment 245
Betriebsart 15, 257
Betriebskennlinien 72
Betriebskondensator 226
Bürstenfeuer 66
Bürstenlose Erregung 186
Bürstenspannungsabfall 47
Bürstenverschiebung 62

Compounderregung 43

Dämpfung 76
Dämpferkäfig 185
Dahlanderschaltung 175
Dauerbetrieb 15
Doppelnutläufer 149
Drehfeld 127
Drehfelddrehzahl 129
Drehfeldleistung 158
Drehfeldmaschine allgemein 134
Drehmoment 18, 41
Drehmoment, inneres 41, 147, 201

Drehstromsystem 105
Drehstrom-Erregermaschine 186
Drehstrom-Stromwendermaschine 206
Drehtransformator 105, 208
Drehzahlsteuerung 69, 173
Dreieckschaltung 105
Dreischenkel-Kern-Transformator 107
Druckgußverfahren (Alu) 143
Durchgangsleistung Trafo 119
Durchziehwicklung 137, 142
Dynamische Beanspruchung 75
Dynamoblech 30
Dynamoelektrisches Prinzip 51

Einschichtwicklung 138
Einschaltdauer 245
Einphasenmotoren 222
Einzelpolläufer 183
Elektrischer Winkel 129
Elliptisches Drehfeld 129, 222, 225
Erregerarten 43, 186
Ersatzschaltung 90, 162, 191
Erwärmung 233

Feldsteuerung 73
Formspulen 137
Fremderregung 49
Frequenz 26, 40
Frequenzanlauf 203
Frequenzsteuerung 177
Frequenzumformer 134
Frequenzwandler, mechanisch 40
Fünfschenkelkern (Trafo) 106

Ganzlochwicklung 138
Generator 12
Getriebe 243
Glättungsdrossel 77
Gleichstrommaschine 32
Grenzübertemperaturen 233

Halbgeschlossene Nut 137
Hauptpol (Gs. M) 23
Heylandkreis siehe Kreisdiagramm
Hilfsphase (Einph. M.) 222
Hochlaufmoment siehe Sattelmoment
Hochstab 149

Inaktiver Maschinenteil 29
Induktionsgesetz 25
Induktionsmaschine 136
Innenpolmaschine 183
Inselbetrieb 195
Isolierstoffklasse 15, 237, 255

Jahreswirkungsgrad (Trafo) 104

Käfigläufer 142
Kappsches Dreieck 93
Keilstab 149
Kennlinien 49
Kerntransformator 86
Kippmoment 147, 201
Klemmenbezeichnungen 44, 113
Klemmenspannung 47
Kommutator 33
Kommutierung 66
Kommutierungsstörung 67
Kompensationswicklung 64
Kondensatorschaltung (Einph. H.) 226
Kraftwirkung magn. Feld 23
Kreisdiagramm 166
Kühlung 16, 260
Kurzschlußläufer siehe Käfigläufer
Kurzschlußversuch 95, 163, 190
Kurzschlußspannung 96

Läuferfrequenz 132
Läuferkupferverluste 149
Läuferstillstandsspannung 132
Läufergespeister Ds-Ns-M. 210
Längsreaktanz 203
Lagenspannung 87
Lamellenspannung siehe Segmentspannung
Leerlaufversuch 93, 163
Leerverluste, Trennung 164
Leistungsfaktor-Kompensation 198
Leistungsbedarf 251
Leistungsschild-Angaben 14
Leonardschaltung 71
Lissajous-Figuren 224
Lochzahl 138

Magnetischer Kreis 23
Magnetläufermotor 228
Manteltransformator 86, 106
Massenträgheitsmoment 238
Mechanisches Leistungs-Äquivalent 250
Meßwandler 122
Mischstrom 76
Mittleres Drehmoment 245
Motor 12

Nebenschlußerregung 43
Nebenschlußkennlinie (As. M.) 152
Nebenschlußmotor (Ds-) 206
Nenndaten 14
Nennleistung Trafo 88

Offene Nut 137
Ortskurve As. M. 166

Parallelbetrieb 78, 117, 195
Phasenschieberbetrieb 198
Polrad 184
Polradwinkel 196, 200
Polumschaltung 175
Potierdreieck 190
Prinzipschaltbilder 43
Prüfung 232

Quellenspannung 38
Querreaktanz, synchrone 203

Reaktanzspannung 67
Reaktionsmoment 203
Reihen-/Parallelschaltung 70
Reihenschlußerregung 52
Reihenschlußmotor (Ds-) 211
Relative Kurzschlußspannung siehe Kurz-
  schlußspannung
Relative Einschaltdauer 260
Repulsionsmotor 215
Ringstrom As. M. 144
Roebelstab 183

Sättigung Polschuhkante 59
Sattelmoment 151, 222
Schaltgruppen IEC 115
Schaltstrom 75, 153
Scheibenwicklung 98
Schenkelpolmaschine 183
Schlagwetterschutz 15
Schleifenwicklung 35
Schleifringläufer 141
Schleuderprüfung 236
Schlupf 131
Schlupfgerade 171
Schrittmotor 228
Schutzart 15
Segmentspannung 70
Selbsterregung 50
Spaltpolmotor 221
Spannungsänderung Trafo 98
Spannungssteuerung Gs. M. 69
Spartransformator 118
Stabilitätsgrenze 198
Stabstrom 144
Stabwicklung 142
Ständergespeister DsNs. M 206
Steinmetzschaltung 227
Stelltransformator 123
Stern-/Dreieck-Anlauf 154
Sternpunktverschiebung 111
Sternschaltung 105
Streuung Trafo 90
Streufeldtransformator 123
Stromverdrängungseffekt 148

Stromart 21
Stromwandler 122
Stromwender siehe Kommutator
Stromwendung siehe Kommutierung
Stromwendermaschinen, Ds- 206
Stückprüfung 232
Synchronisierter Asynchronmotor 181
Synchronmaschine 181
Synchronreaktanz 194

Teilungsfehler 69
Temperaturverlauf 234
Toleranzen 240
Träufelwicklung 137, 142
Transformator 81
Transformator, Grundgleichungen 81
Transformatorblech, kornorientiert 85
Turboläufer siehe Volltrommelläufer
Typenprüfung 232

Übererregung 198
Überlastbarkeit 236
Übersetzungsverhältnis Trafo 83
Unipolarmaschine 32
Universalmotor 218
Unsymmetrie Trafo 109
Untererregung 198

VDE-Bestimmungen 13
Verluste 56, 158

V-Kurven 197
Volltrommelläufer 185

Wechselfeld 127
Wellengenerator siehe Ds.-Erregermaschine
Wellenwicklung 36, 142
Welligkeit 76
Wendepole 63, 68
Wendespannung 67
Wicklungsfaktor 138
Wicklungsprüfung 237
Widerstandsgerade 50
Widerstandskraft 243
Widerstandsmoment 243
Widerstandsmomentenkennlinie 244
Widerstandstransformation 84
Widerstandsverfahren 256
Windungsspannung 83
Wirkleistungfluß As. M. 158
Wirkungsgrad 17, 56, 102, 158

Zeigerdiagramm 91, 167, 188
Zeitkonstante, therm. 258
Zickzackschaltung 112
Zusatzverluste 56, 159
Zweischichtwicklung 34, 139
Zwischentransformator 213
Zylinderwicklung 86

Fachwissen der Technik

Bisher liegen vor:

Charchut/Tschätsch, Werkzeugmaschinen

Decker, Maschinenelemente

Decker/Kabus, Maschinenelemente – Aufgaben

Haage, Maschinenkunde

Kabus, Mechanik und Festigkeitslehre

Kabus, Mechanik und Festigkeitslehre – Aufgaben

Meyer/Schacht, Das große BASIC-Lernbuch *

Meyer/Schacht/Conrad, BASIC – tabellarisch *

Möschwitzer, Grundkurs Mikroelektronik

Müseler/Schneider, Elektronik

Ringhandt, Feinwerkelemente

Schleiffer, Vorrichtungsbau

Weinert, Schaltungszeichnen in der elektrischen Energietechnik

Weinert/Baumgart, Aufgaben zum Schaltungszeichnen in der elektrischen Energietechnik

* herausgegeben von Dipl.-Gewerbelehrer Manfred Mettke,
Oberstudiendirektor an der Schule für Elektrotechnik in Essen

Carl Hanser Verlag München Wien